A Teoria Que Não Morreria

Coleção Big Bang
Dirigida por Gita K. Guinsburg

Edição de texto: Marcio Honorio de Godoy
Revisão de provas: Iracema A. de Oliveira
Capa e projeto gráfico: Sergio Kon
Produção: Ricardo Neves, Sergio Kon e Luiz Henrique Soares.

sharonbertsch**mcgrayne**

a**teoria**que**não**morreria

como a lei de bayes decifrou o código enigma, perseguiu submarinos russos & emergiu triunfante de dois séculos de controvérsias

tradução
gita k. guinsburg
marcio honorio de godoy

Título do original em inglês
The Theory that Would Not Die

Copyright © 2011 by Sharon Bertsch McGrayne – Yale University Press

CIP-Brasil. Catalogação na Publicação
Sindicato Nacional dos Editores de Livros, RJ

M429T

Mcgrayne, Sharon Bertsch
    A teoria que não morreria : como a lei de Bayes decifrou o código enigma, perseguiu submarinos russos e emergiu triunfante de dois séculos de controvérsis / Sharon Bertsch Mcgrayne ; tradução Gita K. Guinsburg , Marcio Honorio de Godoy. - 1. ed. - São Paulo : Perspectiva, 2015.
    480 p. : il. ; 21 cm. (Big bang)

    Tradução de: The theory that would not die
    Apêndice
    Inclui bibliografia e índice
    ISBN 978-85-273-1034-5

    1. Probabilidades. I. Título. II. Série.

15-24191   CDD: 519.2
                                                          CDU: 519.2

29/06/2015   29/06/2015

Direitos reservados em língua portuguesa à

EDITORA PERSPECTIVA S.A.

Av. Brigadeiro Luís Antônio, 3025
01401-000 São Paulo SP Brasil
Telefax: (011) 3885-8388
www.editoraperspectiva.com.br

2015

Quando os fatos mudam, mudo minha opinião.
O senhor faz o que, senhor?

JOHN MAYNARD KEYNES

sumário

11	Prefácio e Nota aos Leitores
15	Agradecimentos

PARTE UM
Iluminismo e a Reação Antibayesiana

21	1. Causas no Ar
37	2. O Homem Que Fez Tudo
69	3. Muitas Dúvidas, Poucos Defensores

PARTE DOIS
O Período da Segunda Guerra Mundial

111	4. Bayes Vai à Guerra
153	5. Morto e Enterrado Novamente

PARTE TRÊS
O Glorioso Ressurgimento

159	6. Arthur Bailey
169	7. Da Ferramenta à Teologia
187	8. Jerome Cornfield, Câncer de Pulmão e Ataque Cardíaco
203	9. Sempre Há uma Primeira Vez
219	10. 46.656 Variedades

PARTE QUATRO
Para Provar o Seu Valor

233	11. Decisões de Negócios
257	12. Quem Escreveu *O Federalista*?
271	13. O Guerreiro Frio
293	14. Three Mile Island
303	15. Buscas da Marinha

PARTE CINCO
Vitória

349	16. Eureca!
381	17. Pedras de Roseta

Apêndices

411	O Livro de Registros do Dr. Fisher: O Doutor Vê a Luz [Michael Campbell]
413	Aplicando a Lei de Bayes em Mamogramas e em Câncer de Mama
417	Glossário
421	Bibliografia
463	Índice Remissivo

prefácioenotaaosleitores

em um célebre modelo da ciência que fracassou, geólogos acumularam evidências a respeito da Deriva Continental em 1912 e, em seguida, passaram cinquenta anos discutindo sobre a impossibilidade de os continentes se moverem.

A batalha científica em torno da lei de Bayes é bem menos conhecida, entretanto durou muito mais tempo; por 150 anos. Tratava-se de uma questão mais ampla e fundamental: como analisarmos evidências, mudarmos nossas mentes na medida em que temos novas informações e tomarmos decisões racionais em face da incerteza? Esse impasse não teve resolução até o início do século XXI.

Aparentemente, a lei de Bayes é simples, um teorema de uma linha: atualizando nossa crença inicial sobre algo com novas informações objetivas, temos uma opinião nova e melhorada. Para seus seguidores, esta é uma afirmação elegante a respeito do aprendizado pela experiência. Gerações de conversos, por sua vez, lembram ter experimentado uma quase epifania religiosa, pois caíram no encanto da lógica interna da teoria. Oponentes, entretanto, consideram a lei de Bayes uma subjetividade possessa.

A lei de Bayes começou sua vida em meio a uma inflamada controvérsia religiosa na Inglaterra em 1740: podemos tornar racional conclusões sobre Deus baseadas em evidências a respeito do mundo que nos rodeia? Um matemático amador, o reverendo Thomas Bayes, descobriu a lei, e nós o celebramos hoje como o icônico pai da matemática para a tomada de decisão. No entanto, Bayes consignou sua descoberta ao esquecimento. Na sua época, ele era uma figura menor. E conhecemos seu trabalho hoje só por causa do seu amigo e editor Richard Price, um quase esquecido herói da Revolução Norte-americana.

Por direito, a lei de Bayes deveria ter o nome de outra pessoa, o de um francês, Pierre Simon Laplace, um dos mais influentes matemáticos e cientistas da história. Para lidar com uma torrente de dados sem precedentes, Laplace descobriu a lei por si mesmo em 1774. Durante os quarenta anos seguintes ele desenvolveu a lei até chegar na forma que a usamos hoje. Aplicando seu método, ele concluiu que um fato bem estabelecido – nascem mais meninos que meninas – era quase certamente o resultado da lei natural. Somente uma convenção histórica nos obriga a chamar a descoberta de Laplace de lei de Bayes.

Depois da morte de Laplace, pesquisadores e acadêmicos em busca de respostas precisas e objetivas declararam morto e sepultado o método subjetivo da chamada lei de Bayes. No entanto, ao mesmo tempo, solucionadores de problemas práticos se utilizaram dele para lidar com emergências reais do mundo. Um fato espetacular ocorreu durante a Segunda Guerra Mundial, quando Alan Turing desenvolveu Bayes para quebrar uma Enigma, o código secreto da marinha alemã, e nesse processo ajudou tanto a salvar a Grã-Bretanha como inventou os modernos computadores eletrônicos e o software. Outros importantes matemáticos pensadores – Andrei Kolmogorov, da Rússia, e Claude Shannon, de Nova York – também repensaram a teoria de Bayes para empregá-la em tomadas de decisões realizadas na época da guerra.

Durante os anos em que teóricos em torres de marfim pensavam em tornar Bayes um tabu, seu legado teórico ajudava no início da instalação de um sistema de seguros contra acidente para os trabalhadores dos Estados Unidos; salvou o sistema telefônico Bell do pânico financeiro de 1907; libertou Alfred Dreyfus da prisão na França;

prefácio e nota aos leitores 13

direcionou o fogo da artilharia dos Aliados e detectou submarinos alemães; localizou epicentros de terremotos e deduziu (erroneamente) que o núcleo da Terra é constituído de ferro fundido. Teoricamente, a lei de Bayes era *proibida*. Mas ela conseguia lidar com todo tipo de dados, tanto abundantes como escassos. Durante a Guerra Fria, Bayes ajudou a encontrar uma bomba-H desaparecida e submarinos dos EUA e da Rússia, a investigar a segurança de instalações nucleares, a prever a tragédia do ônibus espacial Challenger, a demonstrar que o fumo causa câncer de pulmão e que o colesterol alto causa ataque de coração, a prever os vencedores de eleições presidenciais nos mais populares noticiários da TV e muito mais.

Como poderia, de resto, cientistas racionais, matemáticos e estatísticos ficarem tão obcecados com um teorema cuja discussão tornou-se, como um observador chamou, uma monumental guerra entre dois grupos atirando comida uns contra os outros? A resposta é simples. Fundamentalmente, a lei de Bayes segue contestando a profunda convicção de que a ciência moderna requer objetividade e precisão. Bayes é uma medida da crença. E isso quer dizer que podemos aprender mesmo a partir de dados ausentes e inadequados, a partir de aproximações e da ignorância.

Como resultado desse profundo desacordo filosófico, a lei de Bayes é uma história de natureza humana acerca de um pequeno grupo de fiéis sitiados que lutou pela legitimidade e aceitação da lei durante a maior parte do século XX. É a história a respeito de como a lei teve seu destino entrelaçado com os sigilos da Segunda Guerra Mundial e da Guerra Fria. É sobre um teorema em busca de um computador e de um pacote de software. E é sobre um método que – atualizado por *outsiders* da física, da ciência da computação e da inteligência artificial – foi adotado quase do dia para a noite porque, de repente, ele funcionou. Em um novo tipo de paradigma deslocado para um mundo pragmático, o homem que chamou um dos principais métodos bayesianos de "a pedra de crack da estatística... sedutora, viciante e basicamente destrutiva" começou a recrutar bayesianos para o Google.

Hoje, filtros de *spam* bayesianos repelem pornografia e mandam e-mails fraudulentos para as lixeiras dos nossos computadores. Quando um navio afunda, a Guarda Costeira chama Bayes e localiza sobreviventes náufragos que podem estar boiando no mar por semanas. Cientistas descobrem como genes são controlados e regulados. Bayes até mesmo ganha Prêmios Nobel. Conectada, a lei de Bayes varre a *web* e vende músicas e filmes. Ela penetrou na ciência da computação, na inteligência artificial, nas máquinas de aprendizagem, em Wall Street, na astronomia e na física, na Homeland Security, na Microsoft e no Google. Ela auxilia computadores a traduzir de uma língua para outra, derrubando a velha e milenar Torre de Babel do mundo. Ela tornou-se uma metáfora de como nosso cérebro aprende e funciona. Bayesianos proeminentes até mesmo aconselham o governo nos campos da energia, educação e pesquisa.

Contudo, a lei de Bayes não é apenas uma obscura controvérsia científica morta e enterrada. Ela afeta a todos nós. É uma lógica de raciocínio no amplo espectro da vida que reside na zona cinzenta entre a verdade absoluta e a incerteza total. Com frequência temos informação sobre apenas uma pequena parte do que queremos saber. No entanto, todos nós desejamos prever alguma coisa baseados em nossas experiências passadas; mudamos nossas crenças na medida em que adquirimos nova informação. Depois de anos sofrendo um desprezo passional, Bayes tem proporcionado, de modo racional, uma maneira de pensar o mundo que nos rodeia.

Esta é a história de como essa transformação notável ocorreu.

Nota da edição inglesa: Leitores mais observadores podem notar que uso muito a palavra "probability" (probabilidade) neste livro. No discurso comum, a maioria de nós trata as palavras "probability" (probabilidade), "likelihood" (possibilidade) e "odds" (chances) de forma intercambiável. Em estatística, no entanto, esses termos não são sinônimos; eles têm distintos significados técnicos. Por tentar utilizar uma terminologia correta em *A Teoria Que Não Morreria*, "probability" (probabilidade) aparece constantemente.

agradecimentos

por seus conselhos e perspectivas científicas, e por sua paciência com alguém que fez uma multidão de perguntas, sou profundamente grata a Dennis V. Lindley, Robert E. Kass e George F. Bertsch. Além de tudo, os três leram e fizeram comentários agudos sobre o livro inteiro em um ou mais dos seus muitos esboços. Eu não poderia ter escrito o livro, em absoluto, sem o meu marido, George Bertsch.

Pela orientação perspicaz em vários tópicos cruciais da minha narrativa, agradeço a James O. Berger, David M. Blei, Bernard Bru, Andrew I. Dale, Arthur P. Dempster, Persi Diaconis, Bradley Efron, Stephen E. Fienberg, Stuart Geman, Roger Hahn, Peter Hoff, Tom J. Loredo, Albert Madansky, John W. Pratt, Henry R. ("Tony") Richardson, Christian P. Robert, Stephen M. Stigler e David L. Wallace.

Muitos outros *experts* e especialistas falaram comigo, frequentemente durante muito tempo, sobre épocas, problemas, detalhes ou pessoas. Entre eles estão o capitão Frank A. Andrews, Frank Anscombe, George Apostolakis, Robert A. e Shirley Bailey, Friedrich L. Bauer, Robert T. Bell, David R. Bellhouse, Julian Besag, Alan S. Blinder, George E.P. Box, David R. Brillinger, Bruce Budowle, Hans Bühlmann, Frank Carter, Herman Chernoff, Juscelino F. Colares, Jack Copeland,

Ann Cornfield, John Piña Craven, Lorraine Daston, Philip Dawid, Joseph H. Discenza, Ralph Erskine, Michael Fortunato, Karl Friston, Chris Frith, John ("Jack") Frost, Dennis G. Fryback, Mitchell H. Gail, Alan E. Gelfand, Andrew Gelman, Edward I. George, Edgar N. Gilbert, Paul M. Goggans, I.J. "Jack" Good, Steven N. Goodman, Joel Greenhouse, Ulf Grenander, Gerald N. Grob, Thomas L. Hankins, Jeffrey E. Harris, W. Keith Hastings, David Heckerman, Charles C. Hewitt Jr., Ray Hilborn, David C. Hoaglin, Antje Hoering, Marvin Hoffenberg, Susan P. Holmes, David Hounshell, Ronald H. Howard, David Howie, Bobby R. Hunt, Fred C. Iklé, David R. Jardini, William H. Jefferys, Douglas M. Jesseph.

E ainda, Michael I. Jordan, David Kahn, David H. Kaye, John G. King, Kenneth R. Koedinger, Daphne Koller, Tom Kratzke, James M. Landwehr, Bernard Lightman, Richard F. Link, Edward P. Loane, Michael C. Lovell, Thomas L. Marzetta, Scott H. Mathews, John McCullough, Robert L. Mercer, Richard F. Meyer, Glenn G. Meyers, Paul J. Miranti Jr., Comandante Adjunto Dewitt Moody, Contra-Almirante Brad Mooney, R. Bradford Murphy, John W. Negele, Vice-Almirante John "Nick" Nicholson, Peter Norvig, Stephen M. Pollock, Theodore M. Porter, Alexandre Pouget, S. James Press, Alan Rabinowitz, Adrian E. Raftery, Howard Raiffa, John J. Rehr, John T. Riedl, Douglas Rivers, Oleg Sapozhnikov, Peter Schlaifer, Arthur Schleifer Jr., Michael N. Shadlen, Edward H. ("Ted") Shortliffe, Edward H. Simpson, Harold C. Sox, David J. Spiegelhalter, Robert F. Stambaugh, Lawrence D. Stone, William J. Talbott, Judith Tanur, The Center for Defense Information, Sebastian Thrun, Oakley E. (Lee) Van Slyke, Gary G. Venter, Christopher Volinsky, Paul R. Wade, Jon Wakenfield, Homer Warner Frode Weierud, Robert B. Wilson, Wing H. Wong, Judith E. Zeh e Arnold Zellner.

Gostaria de agradecer a dois revisores externos, Jim Berger e Andrew Dale; ambos leram o manuscrito cuidadosamente e fizeram comentários úteis para melhorá-lo.

Vários amigos e membros da família – Ruth Ann Bertsch, Cindy Vahey Bertsch, Fred Bertsch, Jean Colley, Genevra Gerhart, James

agradecimentos

Goodman, Carolyn Keating, Timothy W. Keller, Sharon C. Rutberg, Beverly Schaefer e Audrey Jensen Weitkamp – fizeram observações cruciais. Devo agradecer aos funcionários do departamento de matemática da biblioteca da Universidade de Washington. À minha agente Susan Rabiner, e ao editor William Frucht, que se mostraram sempre firmes em seu apoio.

Apesar de toda essa ajuda, sou, é claro, a responsável pelos erros deste livro.

parte um

iluminismoea reação**antibayesiana**

1.
causasnoar

em algum momento, durante a década de 1740, o reverendo Thomas Bayes fez a genial descoberta que leva seu nome, mas, em seguida, misteriosamente a abandonou. Ela foi redescoberta de modo independente por outro homem, muito mais renomado, Pierre Simon Laplace, que deu a ela sua moderna forma matemática e aplicação científica – e movimentou outros métodos. Embora a lei de Bayes tenha atraído a atenção dos grandes estatísticos do século XX, alguns deles vilipendiaram o método e seus seguidores, aniquilando-a e declarando-a morta.

No entanto, ao mesmo tempo, ela resolveu questões que não tinham resposta através de qualquer outro meio: os defensores do capitão Dreyfus usaram-na para demonstrar sua inocência; atuários de seguro se utilizaram dela para definir as taxas; Alan Turing usou-a para decodificar o criptograma da Enigma Alemã e, sem dúvida, salvar os Aliados de perder a Segunda Guerra Mundial; a marinha norte-americana empregou-a para procurar uma bomba H desaparecida e localizar submarinos soviéticos; a RAND Corporation aplicou-a para avaliar a possibilidade de um acidente nuclear; e pesquisadores de Harvard e Chicago fizeram uso dela na verificação da autoria do *Federalist Papers**. Ao descobrir o seu valor

---

* *Federalist Papers* é uma série de 85 artigos que pretendiam ratificar a Constituição dos Estados Unidos; é o resultado de ▷

para a ciência, muitos dos seus seguidores sofreram uma conversão quase religiosa, tendo de esconder que usavam a lei de Bayes e fingir que utilizavam-se de alguma outra coisa. Apenas no século XXI o método perdeu seu estigma e foi ampla e entusiasticamente adotado. A história começou com uma simples experiência mental.

Pelo motivo de na lápide de Bayes constar que ele morreu em 1761 aos 59 anos de idade, sabemos que ele viveu durante os esforços da Inglaterra para se recuperar de quase dois séculos de lutas religiosas, guerra civil e regicídio. Como membro da Igreja Presbiteriana, uma denominação religiosa perseguida por se recusar a apoiar a Igreja da Inglaterra, ele foi considerado um dissidente ou não conformista. Durante a geração dos seus avós, dois mil dissidentes morreram nas prisões da Inglaterra. Na época de Bayes, a matemática estava dividida em linhas religiosas e políticas, e muitos matemáticos produtivos eram amadores porque, como dissidentes, estavam impedidos de entrar nas universidades inglesas[1].

▷ reuniões que ocorreram na Filadélfia, em 1787, para a elaboração da Constituição norte-americana. Os artigos foram publicados em Nova York e a reunião de todos eles deu origem ao livro *The Federalist* (O Federalista). (N. da T.)

1 Dois erros sobre a morte e o retrato de Bayes têm sido amplamente disseminados. Primeiro, Bayes morreu em 7 de abril de 1761, segundo os registros do cemitério e outros documentos contemporâneos reunidos pelos biógrafos de Bayes, Andrew Dale e David Bellhouse. Bayes foi enterrado em 15 de abril, que com frequência é dada como a data de sua morte. A degradada condição do seu jazigo deve ter contribuído para a confusão.

Em segundo lugar, a frequente reprodução do retrato de Thomas Bayes é quase sem dúvida de alguma outra pessoa chamada "T. Bayes". O primeiro esboço apareceu em 1936 em *History of Life Insurance in its Formative Years* (História do Seguro de Vida em Seus Anos de Formação), de Terence O'Donnell. Entretanto, a legenda da figura na página 335 diz o seguinte: "Reverendo Thomas Bayes, aperfeiçoador do Método Colunar desenvolvido por Barrett", e Barrett não havia desenvolvido seu método até 1810, meio século depois da morte do "nosso" reverendo Thomas Bayes.

David R. Bellhouse, foi o primeiro autor a denunciar que o estilo do corte de cabelo no retrato é anacrônico. Sharon North, curador da parte de tecidos e de moda no museu Victoria e Albert, de Londres, concorda: "O estilo do cabelo nesse retrato se parece muito com o do século XX [...]. O hábito clerical é muito difícil [de identificar], pois as vestes e bandas [colares] mudam ▷

Incapaz de ter uma graduação na Inglaterra, Bayes estudou teologia e, presumivelmente, matemática na University of Edinburgh in Presbyterian Scotland, onde, felizmente para ele, os padrões acadêmicos eram muito mais rigorosos. Em 1711, ele partiu para Londres, onde seu pai pastor ordenou-o e, ao que parece, empregou-o como ministro assistente.

A perseguição transformou muitos dissidentes ingleses em críticos fervorosos, e em seus vinte e tantos anos Bayes tomou uma posição sobre um candente assunto teológico: pode a presença do mal ser reconciliada com a beneficência presumida de Deus? Em 1731 ele escreveu um panfleto – uma espécie de blog – declarando que Deus dá às pessoas "a maior felicidade da qual são capazes [de usufruir]".

Durante seus quarenta anos, os interesses de Bayes pela matemática e teologia começaram a se entrelaçar com grande vigor. Um bispo irlandês-anglicano – George Berkeley, cujo nome é o emblema do campus da Universidade da Califórnia – publicou um panfleto inflamado atacando matemáticos dissidentes, o cálculo, a matemática abstrata, o venerado Isaac Newton e todos os outros "livre-pensadores" e "matemáticos infiéis" que acreditavam que a razão podia iluminar qualquer assunto. O panfleto de Berkeley foi o mais espetacular evento da matemática inglesa do século XVIII.

Saltando novamente para dentro da guerra panfletária, Bayes publicou um artigo defendendo e expondo os cálculos de Newton. Esta foi sua única publicação matemática durante toda sua vida. Pouco tempo depois, em 1742, cinco homens, incluindo um amigo próximo de Newton, nomearam Bayes como membro da Royal Society. Sua nomeação evitou qualquer indício de controvérsia e

▷ muito pouco ao longo do tempo. Contudo, eu diria que o cabelo do homem [...] é completamente incorreto para os anos de 1750. Ele teria que pôr peruca para um retrato. Clérigos usavam um estilo de peruca (que com o tempo passou a ser conhecido como 'peruca clerical'), uma peruca muito curta e espessa de pelo de cavalo polvilhada de pó branco". D.R. Bellhouse, The Reverend Thomas Bayes, FRS: A Biography to Celebrate the Tercentenary of His Birth, *Statistical Science*, v. 19, n. 1, p. 28, descreveu-o como "um Cavalheiro de reconhecido mérito, bem qualificado em Geometria e em todas as partes do Ensino de Matemática e Filosofia". A Royal Society não era a organização profissional que é hoje; era uma organização privada de pagantes amadores provenientes da aristocracia rural. Porém desempenhou um papel vital, pois os amadores produziriam alguns dos avanços da época.

Naquele momento, Bayes uniu-se a um segundo grupo dos mais avançados matemáticos amadores. Havia se mudado para uma pequena congregação em um elegante *resort*, a estância de águas frias Tunbridge Wells. Como um solteirão rico e independente – sua família fez fortuna com a fabricação de talheres de aço Sheffield –, ele alugava quartos, ao que parece de uma família dissidente. Seus deveres religiosos – um sermão de domingo por semana – eram leves. E a etiqueta da estância permitia que dissidentes, judeus, católicos romanos e até mesmo estrangeiros se mesclassem com a sociedade inglesa, até com ricos condes, de um modo não visto em outro lugar qualquer.

Um visitante frequente de Tunbridge Wells, Philip, o segundo conde de Stanhope, era apaixonadamente interessado por matemática desde a infância, mas seu tutor havia proibido seus estudos alegando que essa matéria era pouco requintada. Quando Stanhope completou vinte anos e estava livre para fazer o que quisesse, ele raramente tirava os olhos de Euclides. De acordo com a estudiosa Elizabeth Montagu, Stanhope estava "sempre fazendo rabiscos matemáticos em sua caderneta, de modo que metade das pessoas tinham-no como um feiticeiro, e a outra, como um tolo". Ou por causa de sua posição aristocrática ou por ter começado tarde, Stanhope nunca publicou nada de sua autoria. Em vez disso, ele se tornou o principal patrono dos matemáticos da Inglaterra.

O conde e o enérgico secretário da Royal Society, John Canton, dirigiam uma rede informal de pareceristas que criticavam os trabalhos uns dos outros. Em algum momento Bayes juntou-se à rede. Um dia, por exemplo, Stanhope enviou a Bayes uma cópia de um projeto de um matemático chamado Patrick Murdoch.

Bayes discordou de algumas coisas e enviou seus comentários de volta a Stanhope, que os transmitiu a Murdoch que, por sua vez, respondeu através de Stanhope, e a troca de comentários ocorreu assim sucessivamente. O relacionamento entre o jovem conde e o velho reverendo Bayes, no entanto, parece ter amadurecido em amizade, e como Stanhope pagou a Bayes pelo menos com uma visita pessoal a Tunbridge Wells, ele resgatou dois maços dos seus trabalhos matemáticos para a biblioteca da propriedade de Stanhope e também apoiou sua série de sermões.

Outra mistura incendiária de religião e matemática explodiu na Inglaterra em 1748, quando o filósofo escocês David Hume publicou um ensaio atacando algumas narrativas fundamentais do cristianismo. Hume acreditava que não podemos estar absolutamente certos a respeito de nada que seja baseado apenas em crenças tradicionais, testemunhos, relações habituais, ou causa e efeito. Em suma, podemos confiar apenas no que aprendemos com a experiência.

Por Deus ser visto como a Primeira Causa de tudo, o ceticismo de Hume a respeito das relações de causa e efeito era especialmente perturbador. Hume argumentou que certos objetos são constantemente associados um ao outro. Mas o fato de guarda-chuvas e chuva aparecerem juntos, não significa que os guarda-chuvas causam chuva. O fato de que o Sol tem se erguido milhares de vezes não garante que ele aparecerá no dia seguinte. E, o mais importante, o "projeto do mundo" não prova a existência de um criador, uma causa final. Devemos nos contentar em encontrar apenas causas prováveis e efeitos prováveis, porque raramente conseguimos ter certeza de que uma causa particular teria um efeito particular. Ao criticar conceitos sobre causa e efeito, Hume estava minando as crenças centrais do cristianismo.

O ensaio de Hume não era matemático, mas tinha profundas implicações científicas. Muitos matemáticos e cientistas acreditavam com fervor que as leis naturais, de fato, provavam a existência de Deus, a Primeira Causa delas. Entre eles estava um eminente matemático, Abraham De Moivre, que escreveu, em seu influente livro *Doctrine of Chances* (Doutrina dos Acasos), que os cálculos sobre eventos naturais acabariam finalmente por revelar a subjacente ordem do universo e sua requintada "Sabedoria e Projeto".

Com a circulação das dúvidas de Hume a respeito da causa e efeito, Bayes começou a considerar maneiras de tratar do problema matematicamente. Hoje, a probabilidade, a matemática da incerteza, seria a ferramenta óbvia para ser empregada nesse caso, no entanto, durante os anos de 1700 a probabilidade mal existia. Sua única aplicação extensiva era no jogo de azar, onde lidava com questões básicas como as chances de obter quatro ases em uma mão de pôquer. De Moivre, que havia passado vários anos em prisões na França por ser um protestante, já havia resolvido esse problema trabalhando a partir da causa em direção ao efeito. Porém ninguém havia descoberto como dar um giro em seu trabalho, invertendo-o para procurar o assim chamado problema inverso do efeito em direção à causa: e se um jogador de pôquer distribuir a si mesmo quatro ases em cada uma das três mãos consecutivas? Qual é a chance subjacente (ou causa) de que o seu baralho esteja adulterado?

Não sabemos com precisão o que despertou o interesse de Bayes pelo problema de probabilidade inversa. Ele leu o livro de De Moivre, e o conde de Stanhope estava interessado na probabilidade que se aplicava ao jogo de azar. Por outro lado, seu interesse pode ter vindo das principais questões levantadas pela teoria da gravitação de Newton. Newton, que havia morrido vinte anos antes, tinha ressaltado a importância de confiar em observações, e desenvolveu sua teoria da gravitação para explicá-las, e então empregou sua teoria para prognosticar novas observações. Mas Newton não explicou a *causa* da gravidade ou lutou com o problema de quão verdadeira sua teoria poderia ser. Finalmente, o interesse de Bayes pode ter sido estimulado pelo ensaio filosófico de Hume. Em qualquer evento, problemas envolvendo causa e efeito e incerteza tomaram conta da atmosfera, e Bayes preparou-se para lidar com eles quantitativamente.

Ao cristalizar a essência do problema da probabilidade inversa em sua mente, Bayes decidiu que sua meta era aprender a probabilidade aproximada de um evento futuro do qual não sabia nada a respeito, exceto sobre o seu passado, isto é, o número de vezes que tinha ocorrido ou não. Para quantificar o problema precisava de um número, e em algum momento entre 1746 e 1749 ele alcançou uma solução engenhosa. Como ponto de partida, simplesmente inventa um número – que chamou de palpite – e o apura mais tarde, quando reúne mais informações.

Em seguida, desenvolveu um experimento mental, uma versão do século XVIII de uma simulação computacional. Despojando o problema de suas noções básicas, Bayes imaginou uma mesa quadrada tão nivelada que uma bola lançada sobre ela teria a mesma chance de parar em um lugar como em outro qualquer. Gerações posteriores chamariam sua construção de mesa de bilhar, mas, como um ministro dissidente, Bayes teria desaprovado tais jogos e sua experiência não envolvia bolas quicando nas bordas da mesa ou colidindo umas com as outras. Como ele a concebeu, uma bola rolava aleatoriamente sobre a mesa podendo parar com igual probabilidade em qualquer lugar.

Podemos imaginá-lo sentado de costas para a mesa de modo que não conseguisse ver nada sobre ela. Em um pedaço de papel ele desenhou um quadrado para representar a superfície da mesa. Ele começa sua experiência tendo um auxiliar que lança uma imaginária bola mestra* sobre a mesa simulada. Por estar de costas para a mesa, Bayes não sabe onde a bola mestra parou.

Depois, nós o imaginamos pedindo ao seu colega para lançar uma segunda bola sobre a mesa e relatar se ela parou à direita ou à esquerda da bola mestra. Se à esquerda, Bayes percebe que a bola mestra tem maior possibilidade de estar pousada no lado direito da mesa. De novo, o amigo de Bayes joga uma bola e relata apenas se ela pousa ao lado direito ou esquerdo da bola mestra. Se estiver

---

* Equivalente da bola branca do bilhar. (N. da T.)

do lado direito, Bayes se dá conta de que a bola mestra não pode estar na extremidade direita da mesa.

Ele pede ao seu colega que lance uma bola atrás da outra; jogadores e matemáticos já sabiam que quanto mais vezes se joga uma moeda, mais confiáveis seriam suas conclusões. O que Bayes descobriu é que, quanto mais bolas eram lançadas, cada novo pedaço de informação fez sua bola mestra imaginária oscilar, para lá e para cá, dentro de uma área mais limitada.

Como um caso extremo, se todos os lançamentos subsequentes caíssem à direita da primeira bola, Bayes teria que concluir que provavelmente ela parou na margem esquerda da sua mesa. Em contrapartida, se todos os lançamentos pararam à esquerda da primeira bola, provavelmente ela se fixou no lado direito. Finalmente, realizados suficientes lançamentos da bola, Bayes poderia estreitar a faixa de lugares onde a bola mestra teria tendência de estar.

A genialidade de Bayes foi tomar a ideia de estreitamento da faixa de posições para a bola mestra e – com base nessa escassa informação – inferir que ela havia pousado em algum lugar entre dois limites. Essa abordagem não poderia produzir uma resposta exata. Bayes nunca conseguiria saber precisamente onde a bola mestra pousaria, mas ele podia dizer com confiança cada vez maior que muito provavelmente ela estaria dentro de uma determinada faixa. O sistema simples e limitado de Bayes fez com que voltassem, dessa forma, as observações sobre o mundo e sua provável origem e causa. Usando seu conhecimento do presente (as posições esquerda e direita das bolas lançadas), Bayes descobriu como dizer algo sobre o passado (a posição da primeira bola). Ele conseguia até mesmo avaliar o quão confiante podia ficar sobre sua conclusão.

Conceitualmente, o sistema de Bayes era simples. Modificamos nossas opiniões com informações objetivas: Crenças Iniciais (nossa suposição de onde a bola mestra parou) + Dados Objetivos Recentes (se a bola mais recentemente lançada parou à esquerda ou à direita da nossa suposição original) = Uma Crença Nova e

Aperfeiçoada. Por fim, foram atribuídos nomes a cada parte do seu método: Antecedente para a probabilidade da crença inicial; Possibilidade para a probabilidade de outras hipóteses com novos dados objetivos; e Posterior, para a probabilidade da crença recentemente revisada. Cada vez que o sistema é recalculado, o posterior torna-se o antecedente da nova iteração. Era um sistema em evolução, com o qual cada novo pedaço de informação levava cada vez mais à certeza. Em resumo:

A possibilidade antecedente é proporcional à possibilidade posterior.

(Na linguagem mais técnica dos estatísticos, a possibilidade é a probabilidade de hipóteses concorrentes para os dados marcados que foram observados. Contudo, Andrew Dale, um historiador sul-africano de estatística, simplificou o problema consideravelmente quando observou: "Colocando de modo um tanto grosseiro, a possibilidade é o que resta do Teorema de Bayes, uma vez que o antecedente é removido da discussão.")[2]

Como um caso especial de bolas jogadas aleatoriamente sobre uma mesa plana, a lei de Bayes não deixa controvérsias. Mas Bayes queria tratar de *todo* caso que envolvesse incerteza, mesmo casos em que absolutamente nada se conhecia de sua história – em suas palavras, em que "não se sabe absolutamente nada com antecedência a qualquer teste"[3]. Essa ampliação do seu experimento com a mesa para cobrir qualquer situação incerta provocaria 150 anos de incompreensão e de severos ataques. Dois alvos especialmente particulares para o ataque eram as conjecturas de Bayes e sua sugestão de atalho.

A princípio, Bayes imaginou o possível valor de sua crença inicial (a posição da bola mestra, mais tarde conhecida como a

---

2   A.I. Dale, *A History of Inverse Probability from Thomas Bayes to Karl Pearson*, p. 15.
3   Todas as citações de Bayes e Price são dos seus ensaios.

antecedente). Em suas próprias palavras, ele decidiu dar "um palpite sobre o paradeiro dela é [sic] probabilidade, e... [então] ver a chance de o palpite estar correto". Futuros críticos ficariam horrorizados com a ideia do uso de um mero palpite – uma crença subjetiva – na matemática objetiva e rigorosa.

Pior ainda, Bayes acrescentou que se ele *não soubesse o suficiente* para distinguir a posição das bolas em sua mesa, ele daria por certo que elas tinham a mesma possibilidade de cair em qualquer lugar da mesa. Ao assumir probabilidades iguais, fez uma abordagem pragmática para lidar com circunstâncias incertas. A prática estava enraizada no cristianismo tradicional e na proibição da Igreja Católica Romana com relação à usura. Em situações incertas, tais como anuidades ou apólices de seguro marítimo, a todas as partes eram atribuídas partes iguais e os lucros eram igualmente divididos. Mesmo proeminentes matemáticos atribuíram probabilidades iguais a chances de jogos, assumindo, com uma notável falta de realismo, que todos os tenistas ou galos de briga eram igualmente hábeis.

Com o tempo, a prática de atribuir probabilidades iguais adquiriu uma quantidade de nomes, incluindo antecedentes iguais, igualdade de *a priori*, equiprobabilidade, probabilidade de distribuição uniforme e a lei da razão insuficiente (o que significa que, sem dados suficientes para atribuir probabilidades específicas, as iguais seriam suficientes). Apesar dessa venerável história, as probabilidades iguais iriam se tornar o para-raios para denúncias de que Bayes estava quantificando a ignorância.

Hoje, alguns historiadores procuram absolvê-lo, dizendo que ele pode ter aplicado probabilidades iguais aos seus dados (os lances subsequentes) e não ao inicial, o chamado lance antecedente. Mas isso também é suposição. E para muitos que trabalham com estatística, a questão é irrelevante, porque no caso rigorosamente circunscrito das bolas que rolam em qualquer lugar sobre uma superfície cuidadosamente nivelada, ambos produzem os mesmo resultados matemáticos.

O que quer seja que Bayes quis dizer, o estrago estava feito. Para os próximos anos, a mensagem parecia clara: antecedentes que se danem. Neste ponto, Bayes terminou sua discussão. Ele poderia ter mencionado sua descoberta para outros. Em 1749, alguém contou a um médico e filósofo chamado David Hartley algo que parecia, de modo suspeito, com a lei de Bayes. Hartley era um membro da Royal Society que acreditava nas relações de causa-efeito. Em 1749 ele escreveu que "um engenhoso amigo comunicou-me uma Solução do problema inverso [...] o qual mostrou que podemos ter a esperança de determinar as Proporções e, aos poucos, a Natureza inteira, de Causas desconhecidas, por uma Observação suficiente dos seus Efeitos". Quem era esse engenhoso amigo? Os atuais investigadores têm sugerido que se tratava de Bayes ou Stanhope e, em 1999, Stephen M. Stigler, da University of Chicago, sugeriu que Nicholas Saunderson, um matemático cego de Cambridge, fez a descoberta ao invés de Bayes. Independentemente de quem tenha falado a respeito disso, parece muito improvável que qualquer outra pessoa tenha produzido os avanços de Bayes. Hartley utilizou terminologia quase idêntica ao ensaio publicado de Bayes, e ninguém que leu esse artigo entre a data de sua publicação, em 1764, e 1999 duvidou da autoria de Bayes. Se havia alguma questão acerca da identidade do autor, é difícil imaginar que o editor de Bayes e o seu divulgador não tenham dito algo publicamente. Trinta anos mais tarde, Price ainda se referia ao trabalho como sendo de Thomas Bayes.

Embora a ideia de Bayes fosse discutida nos círculos da Royal Society, ele mesmo parece não ter acreditado nela. Em vez de enviar a ideia à Royal Society para publicação, ele enterrou-a entre os seus papéis, onde permaneceu por cerca de uma década. Por tê-la apresentado em notas datadas entre 1746 e 1749, podemos concluir que ele atingiu seus avanços em algum momento no final da década de 1740, talvez logo após a publicação do ensaio de Hume em 1748.

A razão de Bayes para esconder seu ensaio dificilmente pode ter como motivo o medo de controvérsias; ele já havia se lançado duas vezes em guerras de panfletos na Grã-Bretanha. Talvez ele tenha achado que sua descoberta fosse inútil; no entanto, se um clérigo piedoso como Bayes pensava que seu trabalho poderia provar a existência de Deus, certamente ele o teria publicado. Alguns achavam que Bayes era muito modesto. Outros se perguntavam se ele estava inseguro quanto à sua matemática. Qualquer que seja a razão, Bayes deu uma importante contribuição para um problema significativo – e ocultou-o. Esta foi a primeira das várias vezes que a "lei de Bayes" ganharia vida para em seguida desaparecer de vista.

A descoberta de Bayes ainda estava acumulando poeira quando ele morreu em 1761. Naquele momento, parentes de Bayes pediram ao seu jovem amigo, Richard Price, para examinar os artigos matemáticos de Bayes.

Price, outro ministro presbiteriano e matemático amador, alcançou fama mais tarde, como advogado das liberdades civis e das revoluções norte-americana e francesa. Entre seus admiradores estão o Congresso Continental, que lhe pediu para emigrar e gerenciar suas finanças; Benjamin Franklin, que nomeou-o para a Royal Society; Thomas Jefferson, que pediu a ele para que escrevesse aos jovens da Virgínia sobre os males da escravidão; John Adams e a feminista Mary Wollstonecraft, que participou de sua igreja; o reformador prisional, John Howard, que era seu melhor amigo; e Joseph Priestley, o descobridor do oxigênio, que disse, "Eu pergunto se o doutor Price alguma vez já teve um superior". Quando a Yale University concedeu dois títulos honoríficos em 1781, um foi entregue a George Washington e o outro a Price. Uma revista inglesa imaginava que Price entraria para a história norte--americana ao lado de Franklin, Washington, Lafayette e Paine. No entanto, ainda hoje Price é conhecido principalmente pelo auxílio que prestou ao seu amigo Bayes.

Ao fazer uma seleção dos papéis de Bayes, Price encontrou "uma solução imperfeita de um dos mais difíceis problemas na doutrina das chances". Era um ensaio de Bayes, sobre a probabilidade de causas, que se movia a partir de observações acerca do mundo real indo em direção à sua causa mais provável.

A princípio Price não viu razão para devotar muito tempo ao ensaio. Impropriedades e imperfeições matemáticas prejudicavam o manuscrito, e parecia não prático. Suas iterações contínuas – jogando a bola várias e várias vezes e a cada vez recalculando a fórmula – produziram extensos números que seriam difíceis de se calcular.

Mas uma vez que Price decidiu que o ensaio de Bayes era uma resposta ao ataque de Hume à causalidade, ele começou a preparálo para ser publicado. Dedicando, por quase dois anos, "uma boa dose de trabalho" ao que fazia parte do ensaio e a outras coisas que estavam além dele, acrescentou referências e citações que faltavam e excluiu detalhes irrelevantes das derivações de Bayes. Lamentavelmente, ele também jogou fora a introdução do seu amigo, de modo que nunca saberemos quanto o ensaio editado reflete o próprio pensamento de Bayes.

Em uma carta de apresentação endereçada à Royal Society, Price forneceu uma razão religiosa para publicar o ensaio. Deslocando-se matematicamente a partir de observações do mundo natural e retornando inversamente à sua causa última, o teorema visava mostrar que "o mundo deve ser o efeito da sabedoria e do poder de uma causa inteligente; e, assim, para confirmar... partindo das causas finais... a existência da Divindade". O próprio Bayes era mais reticente; sua parte do ensaio não mencionava Deus.

Um ano mais tarde a *Philosophical Transactions* da Royal Society publicava "An Essay toward Solving a Problem in the Doctrine of Chances" (Um Ensaio Para Solucionar um Problema na Doutrina das Chances). O título evitava controvérsias religiosas por destacar aplicações do método de jogo de apostas. Criticando Hume, alguns anos depois, Price utilizou Bayes pela primeira e única vez. Tanto quanto sabemos, ninguém mais mencionou o ensaio nos dezessete anos seguintes, quando Price traria novamente à luz a lei de Bayes.

Pelos padrões modernos, deveríamos nos referir à lei Bayes--Price. Price descobriu o trabalho de Bayes, reconheceu sua importância, corrigiu-o, contribuiu para o artigo e encontrou uma utilidade para ele. A moderna convenção de empregar o nome de Bayes sozinho é injusta, mas tão arraigada que qualquer outra nomeação faz pouco sentido.

Embora tenha sido ignorada por anos, a solução de Bayes para a probabilidade inversa das causas foi uma obra-prima. Ele transformou a probabilidade partindo da medida de frequência de um jogador em uma medida de crença informada. Um jogador de cartas poderia começar a acreditar que o seu oponente jogou com um baralho honesto, sem truques, e depois mudar de opinião cada vez que uma mão fosse distribuída. Enfim, o jogador poderia acabar por ter uma avaliação melhor da honestidade do seu oponente.

Bayes combinou julgamentos baseado em palpites prévios com probabilidades baseadas em experimentos repetidos. Ele introduziu a marca característica do método bayesiano: uma crença inicial modificada por uma nova informação objetiva. Ele podia se mover a partir de observações do mundo para abstrações sobre sua provável causa. E descobriu o graal da probabilidade há muito procurado, o que futuros matemáticos chamariam de probabilidade das causas, princípio de probabilidade inversa, estatística bayesiana ou simplesmente lei de Bayes.

Dado o reverenciado *status* do seu trabalho hoje, é importante também reconhecer o que Bayes *não* fez. Ele não produziu a versão moderna da lei de Bayes. Nem tampouco empregou uma equação algébrica; ele empregou a antiquada notação geométrica de Newton para calcular e adicionar áreas. Também não desenvolveu seu teorema em um método matemático poderoso. Acima de tudo, ao contrário de Price, ele não mencionou Hume, a religião ou Deus.

Em vez disso, cautelosamente limitou-se à probabilidade de eventos e não fez menção a hipóteses, previsões, decisões, nem tomou nenhuma ação. Ele não sugeriu possíveis usos para o seu trabalho, seja em teologia, na ciência ou nas ciências sociais.

Futuras gerações ampliariam as descobertas de Bayes a todas essas coisas e para resolver uma miríade de problemas práticos. Bayes nem mesmo nomeou seu avanço. Ele seria chamado de probabilidade de causas ou probabilidade inversa somente duzentos anos mais tarde. Não era denominado bayesiano até a década de 1950.

Em resumo, Bayes deu os primeiros passos. Ele compôs o prelúdio para o que estava por vir.

Nos duzentos anos seguintes poucos leram o artigo de Bayes-Price. No fim, esta é a história de dois amigos, um clérigo dissidente e um matemático amador, cujo trabalho quase não provocou impacto. Quase, isto é, exceto por uma pessoa que foi capaz de fazer algo com isso tudo, o grande matemático francês Pierre Simon Laplace.

2.
ohomemquefeztudo

do outro lado do canal inglês Tunbridge Wells, no tempo em que Thomas Bayes imaginava sua mesa perfeitamente lisa, o prefeito de uma pequena aldeia na Normandia celebrava o nascimento do seu filho, Pierre Simon Laplace, o futuro Einstein de sua era.

Pierre Simon, nascido em 23 de março de 1749, batizado dois dias mais tarde, veio de várias gerações de pessoas letradas e dignitários. Os parentes de sua mãe eram fazendeiros bem-sucedidos, mas ela morreu quando ele ainda era jovem, e ele nunca se referiu a ela. Seu pai conservou a diligência de uma estalagem na pitoresca Beaumont-en-Auge, era um líder da comunidade de 472 habitantes e serviu por trinta anos como prefeito. No tempo em que Pierre Simon era um adolescente, parece que seu pai era seu único parente mais próximo. Nos anos em que Pierre Simon tomou a decisão de se tornar um matemático, isso abalaria a relação dele com seu pai de maneira quase irremediável[1].

---

[1] Para detalhes da vida pessoal de Laplace, recorro aos livros de R. Hahn, *Le Système du monde: Pierre Simon Laplace, un itinéraire dans la science*; e *Pierre Simon Laplace, 1749-1827: A Determined Scientist*. Pensou-se que todos os documentos sobre a vida de Laplace haviam sido perdido depois que um incêndio, em 1925, destruiu a casa dos seus descendentes, mas Hahn, de forma meticulosa, localizou muitos documentos originais que revelaram fatos novos e corrigiram suposições apressadas a respeito da vida e da obra de Laplace.

Felizmente, para o garoto não havia nenhum problema quanto a sua educação. Frequentar a escola tornou-se a norma na França no século XVIII: [acontecia] uma enorme revolução estimulada pela luta da Igreja Católica contra a heresia protestante e pelos pais convictos de que a educação iria enriquecer seus filhos espiritual, intelectual e financeiramente. O problema era, que tipo de educação.

Décadas de guerra religiosas entre protestantes e católicos e várias fomes terríveis causadas pelo tempo frio haviam feito da França um país decididamente secular com a intenção de desenvolver seus recursos. Pierre Simon poderia ter estudado ciência moderna e geometria em uma das muitas novas escolas de formação secular da região. Ao invés disso, o velho Laplace matriculou seu filho no curso primário e secundário de uma escola local onde monges beneditinos formavam clérigos para a igreja e soldados, advogados e burocratas para a coroa. Graças ao patrocínio do duque de Orleans, estudantes locais, como Pierre Simon, tinham acesso livre. O currículo era conservador e com base no latim, denso nas atividades de copista, memorização e filosofia. Mas isso deu a Laplace uma memória fabulosa e uma perseverança quase inacreditável.

Embora os monges provavelmente não soubessem disso, eles estavam competindo com o Iluminismo francês no cuidado com as crianças. Contemporâneos àquela época chamavam-na de Século das Luzes e Idade da Ciência e da Razão, e a popularização da ciência foi o mais importante fenômeno intelectual daquele momento. Dada a quase vertiginosa curiosidade da época, não é surpresa que, logo após seu décimo aniversário, Pierre Simon estivesse profundamente afetado por uma previsão científica espetacular[2].

Décadas antes, o astrônomo inglês Edmond Halley previu o ressurgimento do cometa de cauda longa que agora leva seu nome. Três astrônomos franceses, Aléxis Claude Clairaut, Joseph Lalande e Nicole-Reine Lepaute, esposa de um célebre relojoeiro, resolveram

---

2 "Uma expansão vertiginosa da curiosidade" é uma frase original de Daniel Roche no seu clássico *France in the Enlightenment*.

o difícil problema dos três corpos* e descobriram que a atração gravitacional de Júpiter e Saturno atrasaria a chegada do cometa Halley. Os astrônomos franceses identificaram com precisão a data – meados de abril de 1759, mais ou menos um mês – que os europeus seriam capazes de ver o cometa retornando de sua órbita em torno do sol. O aparecimento do cometa dentro do cronograma e do curso [previsto] eletrizou os europeus. Anos mais tarde Laplace diria ter sido esse evento que fez sua geração compreender que acontecimentos extraordinários como cometas, eclipses e severas secas eram causados não pela cólera divina, mas por leis naturais que matemáticos podiam revelar.

A extraordinária habilidade matemática de Laplace ainda não era evidente quando ele completa dezessete anos em 1766, pois ele não partira para a Universidade de Paris, que tinha uma forte faculdade de ciência. Em vez disso, foi para a Universidade de Caen, que era próxima de sua casa e tinha um sólido programa teológico adequado a um futuro clérigo.

No entanto, mesmo Caen teve matemáticos instigadores oferecendo preleções avançadas sobre os cálculos diferencial e integral. Enquanto matemáticos ingleses estavam mergulhados na desajeitada versão geométrica do cálculo de Newton, seus rivais no continente empregavam o cálculo algébrico mais flexível de Gottfried Leibniz. Com ele, elaboravam equações e descobriam uma fabulosa riqueza de novas informações sedutoras sobre planetas, suas massas e pormenores a respeito de suas órbitas. Laplace surgiu de Caen como um arrojado matemático virtuoso com grande anseio para enfrentar o mundo científico. Ele havia se tornado também, sem dúvida para o horror do seu pai, um cético religioso.

Na graduação Laplace enfrentou um dilema angustiante. Seu grau de mestre permitia-lhe tomar os votos sacerdotais de celibato ou o título de abade, o que significava um baixo escalão no

---

* Trata-se do estudo do movimento de três corpos, como o caso particular Terra-Lua-Sol, sujeito à ação exclusiva da força de atração newtoniana entre cada par de corpos.(N. da T.).

clérigo, que podia se casar e herdar bens. Abades não tinham boa reputação. Voltaire dizia deles: "que ser indefinível que não é nem eclesiástico nem secular [...] jovens rapazes, que são conhecidos por sua devassidão"[3]. Uma gravura daquele período, *O Que o Abade Pensa Disso?*, mostra o clérigo espiando com apreciação os seios de uma mulher enquanto ela se veste[4]. Além disso, o velho Laplace desejava que seu filho se tornasse um clérigo.

Se Laplace estava disposto a se tornar um abade, seu pai poderia tê-lo ajudado financeiramente, e Laplace saberia como unir igreja e ciência. Um certo número de abades se sustentava da ciência, e o mais famoso dentre eles era Jean Antoine Nollet, que demonstrou experimentos físicos espetaculares para um público pagante. Para a instrução do rei e da rainha da França, Nollet enviou uma carga de eletricidade estática através de uma fila de 180 soldados para fazê-los pular de modo cômico no ar. Além disso, dois abades foram eleitos para a prestigiosa Academia Real de Ciências. Ainda assim, a sorte da maioria dos abades cientistas não era nem relevante nem intelectualmente desafiadora. Boa parte deles se encontrava em empregos de baixo nível, na tutoria de filhos de ricos nobres, ou ensinando matemática elementar e ciência na escola secundária. As oportunidades no nível universitário eram limitadas porque durante o século XVIII os professores transmitiam conhecimento do passado em vez de realizar pesquisas originais.

Mas Caen havia convencido Laplace de que ele queria fazer algo completamente novo. Ele desejava ser, em tempo integral, um pesquisador profissional, secular, da matemática. E gostaria ainda de explorar a nova álgebra-gerada, rica em dados do mundo da ciência. Para seu pai, um homem ambicioso na França bucólica, uma carreira em matemática deve ter parecido um absurdo.

O jovem Laplace mudou-se no verão de 1769, pouco depois de completar seus estudos em Caen. Ele deixou a Normandia e viajou

---

[3] On the Church of England, on the Presbyterians, on Academies, *Philosophical Letters*.
[4] H. Koda; A. Bolton, *Dangerous Liaisons*, p. 21.

para Paris, portando uma carta de recomendação para Jean Le Rond d'Alembert, o mais poderoso matemático da época, um anticlerical dos mais notórios da Europa, e objeto de quase incessantes ataques dos jesuítas. D'Alembert foi uma estrela dos iluministas e o porta-voz chefe da *Encyclopédie*, para a qual estava elaborando um enorme corpo de conhecimento empírico universalmente acessível, científico e livre de dogmas religiosos. Lançando sua sorte com D'Alembert, Laplace efetivamente corta seus laços com a Igreja Católica. Podemos apenas imaginar a reação do seu pai, porém sabemos que Laplace não retornou para casa por vinte anos e não assistiu ao funeral do velho pai.

Uma vez em Paris, Laplace imediatamente aproximou-se do grande D'Alembert e mostrou-lhe um ensaio de quatro páginas sobre inércia elaborado quando era estudante. Anos mais tarde, Laplace ainda era capaz de dizer passagens desse ensaio. Embora assediado por candidatos, D'Alembert ficou tão impressionado que em poucos dias arranjou um emprego pago para Laplace como instrutor de matemática em uma nova escola leiga, e da mesma disciplina na Real Escola Militar para jovens filhos de pequenos nobres. A escola, localizada atrás de Les Invalides, em Paris, provia Laplace com um salário, alojamento, refeições e dinheiro para lenha com a finalidade de aquecer seu quarto no inverno. Esse era precisamente o tipo de emprego que tinha esperança de evitar.

Laplace poderia ter tentado encontrar trabalho aplicando matemática a problemas práticos em um dos numerosos estabelecimentos de pesquisa da monarquia ou em fábricas manufatureiras. Muitos jovens matemáticos de talento saídos de famílias modestas estavam empregados em tais instituições. Mas Laplace e seu mentor tinham objetivos muito maiores. Laplace ambicionava o desafio de realizar pesquisa básica em tempo integral. E para fazer isso, como D'Alembert deve ter dito a ele, tinha que ser eleito para a Academia Real de Ciência.

Em flagrante contraste com o amadorismo da Royal Society of London, a Academia Real de Ciências da França era a instituição científica mais profissional da Europa. Apesar de aristocráticos amadores conseguirem tornar-se membros honorários, os mais altos escalões da organização eram compostos por cientistas que trabalhavam com ciência e eram escolhidos por mérito e pagos para observar, coletar e investigar fatos livres de dogmas, para publicar suas descobertas após a revisão dos seus pares e para assessorar o governo em questões técnicas tais como patentes. Com o intuito de aumentar seus baixos salários, acadêmicos podiam usar seu prestígio para reunir vários empregos de meio expediente.

Sem ter suporte financeiro da igreja ou do seu pai, Laplace, contudo, teve que trabalhar rápido. Uma vez que a maioria dos membros da academia foi escolhida com base em longo histórico de realização sólida, ele teria que ser eleito passando sobre a cabeça dos mais velhos e experientes. E para que isso acontecesse, ele precisava causar um impacto espetacular.

D'Alembert, que fez da revolução de Newton o foco da matemática francesa, estimulou Laplace a se concentrar na astronomia. D'Alembert tinha um claro problema em mente.

Ao longo dos dois séculos anteriores, matemáticos astrônomos haviam feito grandes progressos. Nicolau Copérnico deslocou a Terra do centro do sistema solar para uma modesta porém precisa posição entre os planetas; Johannes Kepler havia conectado os corpos celestes por meio de leis simples; e Newton havia introduzido o conceito de gravidade. Newton, porém, descreveu de modo grosseiro os movimentos dos corpos celestes e sem explicação. Sua morte, em 1727, deixou à geração de Laplace um enorme desafio; demonstrar que a gravitação não era uma hipótese, mas uma lei fundamental da natureza.

Astronomia era a ciência mais quantificada e respeitada da época, e só ela podia testar as teorias de Newton explicando de modo preciso como a gravitação afeta o movimento das marés, interagindo com planetas e cometas, com nossa lua e na forma da Terra e de outros planetas. Quarenta anos de dados empíricos tinham sido coletados, mas, como D'Alembert advertiu, uma única exceção podia fazer um edifício inteiro ser desmoronado.

A questão científica quente do dia era saber se o universo era estável. Se a força gravitacional assinalada por Newton opera em todo universo, por que os planetas não colidem um com o outro e causam o Armagedom cósmico descrito no livro bíblico da Revelação? O fim do mundo estava próximo?

Astrônomos tinham consciência de evidências alarmantes sugerindo que era inerente ao sistema solar sua condição instável. Comparando a posição atual dos mais remotos planetas conhecidos com séculos de observação astronômica, eles podiam ver que Júpiter acelerava lentamente em sua órbita em torno do Sol enquanto Saturno estava desacelerando. Consequentemente, eles pensaram, Júpiter iria colidir com o Sol e Saturno giraria para fora do espaço. O problema de prever os movimentos de muitos corpos interagindo por longos períodos de tempo é complexo até hoje, e Newton concluiu que as intervenções milagrosas de Deus mantinham os céus em equilíbrio. Aceitando o desafio, Laplace decidiu fazer da tentativa de compreender a estabilidade do universo o trabalho de sua vida. Ele disse que sua ferramenta seria a matemática e isso funcionaria como um telescópio nas mãos de um astrônomo.

Por um curto espaço de tempo Laplace realmente considerou modificar a teoria de Newton fazendo variar a gravidade com a velocidade de um corpo, bem como com a massa dele e a distância. Ele também questionou ligeiramente se os cometas poderiam afetar as órbitas de Júpiter e Saturno. Mas mudou sua opinião quase de imediato. O problema não estava na teoria de Newton. O problema estava nos dados utilizados pelos astrônomos.

O sistema de gravitação de Newton podia ser aceito como verdade apenas se ele concordasse com medições precisas, no entanto a astronomia observacional estava inundada de informações, algumas delas incertas e inadequadas. Trabalhando no problema de Júpiter e Saturno, por exemplo, Laplace empregava observações de astrônomos chineses realizadas em 1100 a.C., de caldeus em 600 a.C., de gregos em 200 a.C., de romanos em 100 d.C., de árabes em 1000 d.C. Da mesma forma, obviamente, nenhum desses dados era valioso. Como resolver erros, conhecendo tão delicadas discrepâncias, era uma incógnita.

A Academia Francesa combatia o problema encorajando o desenvolvimento de telescópios mais precisos e de arcos graduados. E com instrumentação aperfeiçoada de álgebra, experimentalistas estavam produzindo mais resultados quantitativos. Em uma verdadeira explosão de informação, a pura coleta e sistematização de dados se acelerou por todo o mundo Ocidental. Assim como o número conhecido de plantas e animais teve grande expansão durante o século XVIII, também o conhecimento sobre o universo físico foi ampliado. Assim que Laplace chegou a Paris, a academia francesa e a britânica estavam enviando observadores treinados com instrumentos de tecnologia de ponta para 120 locais cuidadosamente selecionados em torno do globo no momento em que Vênus cruzava a face do Sol: esta foi uma parte crítica da missão original do capitão James Cook nos mares do sul. Ao comparar todas as medições, matemáticos franceses determinariam a distância aproximada entre o Sol e a Terra, uma constante natural fundamental que informaria a eles o tamanho do sistema solar. Porém, às vezes, mesmo as mais avançadas expedições forneceram dados contraditórios sobre se, por exemplo, a Terra tinha a forma de uma bola de futebol americano ou de uma abóbora.

Lidar com grandes quantidades de dados complexos surgia como um grande problema científico. Dada uma riqueza de observações, como os cientistas poderiam avaliar os dados à sua disposição e escolher o mais válido? Como de costume, astrônomos observacionais extraiam em média três de suas melhores observações de um fenômeno particular, mas a prática era tão simples como era *ad hoc*; nenhum deles havia tentado provar a validade das observações empírica ou teoricamente. A teoria dos erros na matemática ainda estava em sua infância.

Os problemas estavam maduros para serem colhidos e, com seus olhos voltados para obter uma vaga como membro da Academia Real, Laplace bombardeou a sociedade com treze artigos em cinco anos. Apresentou centenas de páginas de uma poderosa e original matemática necessárias à astronomia, à mecânica celeste e a importantes temas relacionados. De modo astuto, calculou a apresentação dos seus relatórios para quando ocorresse a abertura de vagas para membros da academia. O secretário da academia, o marquês de Condorcet, escreveu que nunca antes tinha visto na sociedade "alguém tão jovem, presente nela em tão pouco tempo, com tantas dissertações tão importantes, e envolvido em tão diversos e difíceis temas"[5].

Os membros da academia consideraram a adesão de Laplace como membro por seis vezes, mas rejeitaram todas em favor de cientistas mais velhos. D'Alembert queixou-se furiosamente da organização que se recusou a reconhecer o talento. Laplace pensou em emigrar para a Prússia ou para a Rússia a fim de trabalhar em suas academias.

Durante esse período de frustração Laplace passou suas tardes livres mergulhado na literatura matemática na biblioteca de quatro mil volumes da Real Escola Militar. Analisar grandes volumes de dados tornou-se um problema enorme, e Laplace já começava a achar que isso iria requerer fundamentalmente uma nova maneira de pensar. Começava a enxergar a probabilidade como uma forma de lidar com as incertezas que permeiam muitos eventos e suas causas. Navegando em pilhas da biblioteca, ele descobriu um velho livro sobre a probabilidade em jogos de azar, *The Doctrine of Chances* (A Doutrina das Chances), de Abraham De Moivre. O livro teve três edições entre 1718 e 1756, e talvez Laplace tenha lido a versão de 1756. Thomas Bayes estudou uma edição anterior.

Ao ler De Moivre, Laplace ficou cada vez mais convencido de que a probabilidade poderia ajudá-lo a lidar com as incertezas referentes ao sistema solar. Probabilidade mal existia como um termo matemático, muito menos como uma teoria. Fora do jogo ela era aplicada de forma rudimentar a questões filosóficas, como a existência de Deus, e para avaliar riscos comerciais, incluindo contratos, seguros marítimos e de vida, anuidades e empréstimo de dinheiro.

5   S.M. Stigler, Laplace's Early Work, *Isis* (69), p. 234-235.

O crescente interesse de Laplace pela probabilidade criou um problema diplomático um tanto quanto delicado, pois D'Alembert acreditava que probabilidade era algo muito subjetivo para a ciência. Como era jovem, Laplace estava confiante o bastante em seu julgamento matemático para discordar do seu poderoso patrono. Para Laplace, os movimentos dos corpos celestes pareciam tão complexos que ele não podia esperar soluções precisas. A probabilidade não daria a ele respostas absolutas, mas ela poderia mostrar a ele quais dados tinham mais chance de serem corretos. Ele começou a pensar sobre um método para deduzir as prováveis causas de divergências, das observações repletas de erros na astronomia. Estava sentindo um amplo caminho em direção a uma teoria geral para mover-se matematicamente a partir de eventos conhecidos para retornar a suas causas mais prováveis. Matemáticos do continente não sabiam nada ainda a respeito das descobertas de Bayes, então Laplace chamou sua ideia de "a probabilidade das causas" e de "a probabilidade das causas e futuros eventos, derivada de eventos passados"[6].

Defrontando-se com a matemática da probabilidade em 1773, ele pensou em seu contraponto filosófico. Em um artigo submetido e lido para a academia em março, o ex-abade comparou a humanidade ignorante não com Deus, mas com uma inteligência imaginária capaz de conhecer Tudo. Pelo motivo de os humanos nunca poderem conhecer algo com certeza, a probabilidade é uma expressão matemática de sua ignorância: "Temos para a fragilidade da mente humana uma das mais delicadas e engenhosas teorias da matemática, a saber, a ciência da chance ou das probabilidades."[7]

---

6   Mémoire sur la probabilité des causes par les événements, *Oeuvres Complètes de Laplace*, v. 8, p. 27. Sur les naissances, les mariages, et les morts à Paris, depuis 1771 jusqu'en 1784, et dans toute l'etendue de la France, pendant les années 1781 et 1782, idem [1783-1786], v. 11, p. 37; e S.M. Stigler, Laplace's 1774: Memoir on Inverse Probability, *Statistical Science* (1), p. 359.

7   *Oeuvres Complètes de Laplace*, p. 113. Para uma tradução inglesa, ver Hahn, em D.C. Lindberg; R.L. Numbers (eds.), *God and Nature: Historical Essays on the Encounter Between Christianity and Science*.

iluminismo e a reação antibayesiana

O ensaio apresentava uma grande combinação entre matemática, metafísica e os céus que Laplace manteve por toda sua vida. Sua busca por uma probabilidade de causas e sua visão acerca da deidade eram profundamente convenientes. Laplace era uma pessoa singular e, por essa razão, o mais extraordinário de todos. Muitas vezes disse que não acreditava em Deus, e nem mesmo seu biógrafo conseguiu decidir se ele foi um ateísta ou um deísta. Porém sua probabilidade de causas era uma expressão matemática do universo, e pelo resto dos seus dias ele seguiu atualizando suas teorias sobre Deus, e como tornar disponível a probabilidade das causas, considerada como nova evidência.

Laplace estava lutando com a probabilidade quando um dia, dez anos depois da publicação do ensaio de Bayes, ele se deparou com um periódico de astronomia e ficou chocado ao ler que outros estavam firmes na mesma trilha que ele percorria. Não eram concorrentes dele, mas a ameaça dessa possibilidade inflamou-o. Tirando a poeira de um dos seus manuscritos descartados, Laplace transformou-o em um método geral para determinar as causas mais prováveis dos acontecimentos e fenômenos. Ele chamou isso de "Dissertação Sobre a Probabilidade das Causas Determinarem Acontecimentos".

Isso deu origem à primeira versão do que hoje chamamos de lei de Bayes, probabilidade bayesiana, ou inferência estatística bayesiana. Ainda não reconhecida como a lei moderna de Bayes, esse era um passo do processo para movimento em sentido contrário, ou inverso, partindo de um efeito para a sua causa mais provável. Como um matemático [interessado] em uma cultura de jogos de azar, Laplace sabia como trabalhar com probabilidades futuras do jogador de um evento sabendo a causa do evento (o dado). Porém ele queria resolver problemas científicos, e na vida real nem sempre sabia as chances do jogador, e muitas vezes tinha dúvidas sobre quais números colocar em seus cálculos. Em um salto gigantesco e intelectualmente ágil, ele percebeu que poderia introduzir essas incertezas em seu pensamento, considerando *todas* as causas possíveis e, em seguida, escolhendo entre elas.

Laplace não expôs sua ideia como uma equação. Ele a intuiu como um princípio e descreveu-a apenas em palavras: a probabilidade de uma causa (dado um evento) é proporcional à probabilidade do evento (dada essa causa). Laplace não traduziu sua teoria para a álgebra neste ponto, mas os leitores modernos podem achar útil observar que a afirmação teria hoje a seguinte forma:

$$P(C|E) = \frac{P(E|C)}{\Sigma P(E|C')}$$

Em que P(C|E) é a probabilidade de uma causa particular (dado os dados), e P(E|C) representa a probabilidade de um evento ou de um dado (dada a causa). O signo no denominador representado pelo sigma de Newton faz com que a probabilidade total de todas as possíveis causas totalize um.

Munido de seus princípios, Laplace podia fazer tudo que Thomas Bayes poderia ter feito – contanto que ele aceitasse a suposição restritiva de que todas as suas possíveis causas ou hipóteses fossem igualmente prováveis. O objetivo de Laplace, no entanto, era muito mais ambicioso. Como cientista, ele tinha necessidade de estudar as várias possíveis causas de um fenômeno e em seguida determinar a melhor entre elas. Ele não sabia ainda como fazer isso matematicamente. Ele precisaria realizar mais dois grandes avanços e gastar décadas nessa reflexão.

O princípio de Laplace, a proporcionalidade entre eventos prováveis e suas causas prováveis, parece simples nos dias de hoje. Contudo ele foi o primeiro matemático a trabalhar com grandes conjuntos de dados, e a proporcionalidade de causa e efeito tornaria viável a realização de complexos cálculos numéricos usando somente penas de ganso e potes de tinta.

Em uma dissertação lida em voz alta para a academia, Laplace aplicou pela primeira vez sua nova probabilidade de causas em dois problemas de jogos de azar. Em cada caso ele compreendia intuitivamente o que deveria acontecer, mas complicou-se tentando provar isso matematicamente. Em primeiro lugar, imaginou uma urna contendo uma proporção desconhecida de bilhetes pretos e brancos (sua causa). Extraiu um número de bilhetes da urna e, baseado nessa experiência, perguntou qual a probabilidade de que o próximo bilhete a ser retirado seja branco. Então, em uma batalha frustrante para chegar à resposta, escreveu nada menos que 45 equações abrangendo oito páginas de papel tamanho ofício.

Seu segundo problema feito com jogos de azar envolvia o jogo de cartas chamado piquet, que requer sorte e habilidade. Duas pessoas começam jogando, mas param no meio do jogo e têm que descobrir como dividir o bolo de dinheiro estimando seus níveis de habilidade relativa (a causa). De novo, Laplace compreendia instintivamente como resolver o problema, porém ainda não conseguia fazer isso matematicamente.

Depois de lidar com jogos de azar, os quais detestava, Laplace felizmente foi conduzido para o crítico problema científico enfrentado por astrônomos profissionais. Como eles deveriam tratar com as diferentes observações de um mesmo fenômeno? Três dos maiores problemas científicos da época envolviam atração gravitacional nos movimentos da nossa lua, os movimentos dos planetas Júpiter e Saturno, e a forma da Terra. Mesmo se os observadores repetiam suas medições em um mesmo tempo e lugar com os mesmos instrumentos, seus resultados podiam ser levemente diferentes a cada vez. Tentando calcular o valor médio para tais observações discrepantes, Laplace limitou-se a três observações, mas ainda precisava de sete páginas de equações para formular o problema. Cientificamente, ele compreendeu a resposta certa – calcular a média dos três pontos dados – mas não tinha uma justificativa matemática para fazê-lo até 1810, quando, sem utilizar-se da probabilidade de causas, inventou o teorema do limite central.

Embora Bayes tenha dado origem à probabilidade das causas, Laplace claramente descobriu por si sua versão. Laplace tinha quinze anos quando o ensaio de Bayes-Price foi publicado; ele foi apresentado em um periódico de língua inglesa para a pequena aristocracia inglesa e aparentemente nunca foi mencionado outras vezes. Mesmo cientistas franceses que acompanhavam os periódicos estrangeiros pensavam que Laplace havia sido o primeiro e o congratularam com sinceridade por sua originalidade.

Matemáticos confirmam que Laplace descobriu o princípio de modo independente. Bayes resolveu um problema especial sobre uma mesa plana usando um processo de dois passos que envolvia uma estimativa prévia e novos dados. Laplace ainda não conhecia a estimativa inicial, porém lidou com o problema de modo geral, tornando-o útil para uma variedade de problemas. Bayes laboriosamente explicou e elucidou que probabilidades uniformes eram admissíveis; Laplace supôs isso de maneira instintiva. O inglês queria saber a gama de probabilidades de que algo vai acontecer à luz de experiências anteriores. Laplace desejava mais: como um cientista inquieto, ele queria saber qual a probabilidade de certas medidas e valores numéricos associados a um fenômeno serem realistas. Se Bayes e Price procuraram saber através da probabilidade, com base nas poças d'água de hoje, quanto choveu ontem e que choveria amanhã, Laplace perguntou, qual seria a probabilidade de uma quantidade particular de chuva cair e, em seguida, refinou sua opinião cada vez mais com novas informações para obter um valor melhor. O método de Laplace teve enorme influência; os cientistas não levaram Bayes a sério até o século xx.

O mais notável de tudo é que Laplace com 25 anos já estava firmemente determinado a desenvolver seu novo método e torná-lo útil. Nos próximos quarenta anos ele trabalhou para esclarecer, simplificar, desenvolver, generalizar, provar e aplicar sua nova regra. Contudo, enquanto Laplace tornou-se o indiscutível gigante intelectual da lei de Bayes, ela representava apenas uma pequena parte da sua carreira. Ele também realizou importantes avanços em mecânica celeste, matemática, física, biologia, ciência da Terra e estatística. Fazia malabarismos com seus projetos, transitando de um a outro e, em seguida, voltando ao primeiro. Felizmente trilhando de modo brilhante através de todos os campos da ciência conhecidos na sua época, transformou e matematizou tudo o que tocava. Laplace nunca deixou de entusiasmar-se pelos exemplos da teoria de Newton.

Apesar de ter se tornado rapidamente o principal cientista da sua época, a academia aguardou cinco anos antes de elegê-lo como seu membro em 31 de março de 1773. Poucas semanas depois ele foi formalmente introduzido na principal organização científica do mundo. Sua dissertação sobre a probabilidade das causas foi publicada um ano mais tarde, em 1774. Com a idade de 24 anos, Laplace era um pesquisador profissional. O pagamento anual da academia, junto com seu salário de professor, ajudava-o a mantê-lo enquanto aperfeiçoava sua pesquisa em mecânica celeste e em probabilidade das causas.

Laplace continuava lidando com a probabilidade em 1781, quando Richard Price visitou Paris e falou para Condorcet sobre a descoberta de Bayes. Imediatamente Laplace se aproximou da engenhosa invenção do inglês, a suposição de partida, e incorporou-a à sua própria versão anterior da probabilidade de causas. Estritamente falando, ele não produziu uma nova fórmula, mas antes uma proposição acerca da primeira fórmula assumindo probabilidades iguais para as causas. A proposição deu-lhe a confiança para ele sentir-se no caminho certo e mostrou-lhe que desde que todas as suas hipóteses anteriores fossem igualmente prováveis, seu princípio inicial de 1774 estava correto[8].

Laplace podia agora unir, com segurança, sua compreensão intuitiva de uma situação científica com a paixão do século XVIII pelas novas e precisas descobertas científicas. Todo o tempo ele recebia novas informações e podia usar a resposta de sua última solução como ponto de partida para outro cálculo. E por assumir

---

8   Mémoire sur les approximations des formulas qui sont functions de très grands nombre, op. cit., v. 10, p. 301.

que todas as suas hipóteses iniciais eram igualmente prováveis, ele poderia até mesmo derivar seu teorema.

Como secretário da Academia, Condorcet escreveu uma introdução para os ensaios de Laplace e explicou a contribuição de Bayes. Mais tarde Laplace publicamente deu crédito a Bayes por ter sido o primeiro nas investigações e escreveu: "A teoria cujos princípios expliquei alguns anos depois [...] ele efetuou com muita agudeza e engenho, embora de maneira um pouco desajeitada."[9]

Na década seguinte, no entanto, Laplace iria constatar com maior clareza e frustração que sua matemática tinha deficiências. Ela limitou-o a atribuir probabilidades iguais para cada uma de suas hipóteses iniciais. Como cientista, ele desaprovou. Se seu método caminhava no sentido de refletir o verdadeiro estado das coisas, ele precisava ser capaz de encontrar diferenças entre dados duvidosos e observações mais válidas. Chamar de igualmente prováveis todos os eventos ou observações poderia ser verdade apenas em teoria. Muitos dados, por exemplo, que pareciam cubos perfeitos, eram, na verdade, assimétricos. Em um dos casos ele começou por atribuir a jogadores iguais probabilidades de vitória, porém a cada rodada do jogo emergiram suas respectivas habilidades e suas probabilidades mudaram. "A ciência das possibilidades deve ser utilizada com cuidado e deve ser modificada quando passamos dos casos matemáticos para os físicos", aconselhou[10].

Além disso, como um pragmático, percebeu que tinha de enfrentar uma séria dificuldade técnica. Problemas de probabilidade requerem a multiplicação de números repetidas vezes, se forem lançadas moedas atrás de moedas ou forem feitas medidas após medidas em uma observação. O processo gerava um número enorme – nada tão grande como os que são comuns hoje em dia, mas definitivamente complicado para um homem trabalhando sozinho destituído de auxílio mecânico ou eletrônico.

---

9 Historical Note on the Probability Calculus, tradução de A.I. Dale, *Pierre Simon Laplace*, p. 120.
10 C.C. Gillispie et al., *Pierre-Simon Laplace 1749-1827*, p. 23.

(Aproximadamente até o ano de 1785, ele não tinha sequer um assistente para ajudá-lo com os cálculos.) Laplace nunca foi de deixar se abater diante de cálculos difíceis, porém, como ele se queixou, problemas de probabilidade eram muitas vezes impossíveis porque apresentavam grande dificuldade e números elevados a "potências muito altas"[11]. Ele podia usar logaritmos e uma primitiva função geradora que considerava inadequada. Mas para ilustrar como cálculos tediosos com grande números poderiam ocorrer, ele os descreveu multiplicando 20.000 x 19.999 x 19.998 x 19.997 etc. e, em seguida, dividindo-os por 1 x 2 x 3 x 4 até 10.000. Em outro caso, ele apostou em uma loteria apenas para compreender que não conseguiria calcular essa fórmula numericamente; o número premiado da monarquia francesa tinha noventa dígitos, cinco deles eram sorteados a cada vez.

Esses problemas com grandes números eram novos. Newton havia calculado com geometria, não com números. Muitos matemáticos, como Bayes, usaram experimentos mentais para diferenciar os problemas reais dos abstratos e de questões metodológicas. No entanto, Laplace desejava usar a matemática para iluminar um fenômeno natural, e insistia na ideia de que as teorias deveriam ser baseadas em um fato real. A probabilidade foi impelindo-o a um mundo inacessível.

Munido do ponto de partida de Bayes-Price, Laplace rompeu parcialmente o impasse que o havia bloqueado por sete anos. Até então ele se concentrara principalmente na probabilidade como um caminho para resolver os erros aos quais estão sujeitas as observações astronômicas. Então ele mudou de marcha para se concentrar no objetivo de encontrar as causas mais prováveis de eventos conhecidos. Para fazer isso, ele necessitava tratar com um grande banco de dados de valores reais e confiáveis. Porém raramente a astronomia fornecia dados extensos ou controlados, e as

---

[11] Mémoire sur les approximations des formulas qui sont functions de très grands nombre, op. cit., v. 10, p. 209-340.

ciências sociais frequentemente envolviam tantas causas possíveis que tornavam as equações algébricas inúteis.

Apenas uma ampla combinação de números realmente confiáveis existia no século XVIII: registros paroquiais de nascimentos, batizados, casamentos e óbitos. Em 1771, o governo francês ordenou que todos os funcionários de províncias informasse regularmente os dados de nascimento e óbitos a Paris; três anos depois, a Academia Real publicou sessenta anos de dados referentes da região de Paris. Os números confirmaram o que o inglês John Graunt tinha descoberto em 1662: havia nascido um pouco mais de meninos que de meninas, em uma razão que se manteve constante ao longo de muitos anos. Cientistas há muito presumiam que a razão, assim como outras regularidades recém descobertas na natureza, era resultado da "Divina Providência". Laplace não concordava com isso.

Imediatamente ele começou a avaliar não mais estatísticas de jogos ou astronômicas, mas de crianças. Para qualquer um interessado em grandes números, os bebês eram ideais. Em primeiro lugar, eles surgiam em binomiais, ou meninos ou meninas, e os matemáticos do século XVIII já sabiam como lidar com binomiais. Em segundo, crianças chegavam em abundância e, como Laplace enfatizava, "É necessário, nesta delicada pesquisa, empregar números suficientemente grandes em vista da pequena diferença que existe entre [...] o nascimento de meninos e meninas."[12] Quando o grande naturalista Conde de Buffon descobriu um pequeno vilarejo na Borgonha onde, por cinco anos consecutivos, nasceram mais meninas que meninos, ele questionou se esse vilarejo invalidaria a hipótese de Laplace. Absolutamente não, respondeu com firmeza Laplace. Um estudo baseado em alguns poucos fatos não pode anular um outro muito maior.

Os cálculos seriam extraordinários. Por exemplo, se ele começasse com uma proporção de 52:48 de meninos recém-nascidos

---

[12] Mémoire sur les Probabilités, op. cit., v. 9, p. 429; e Mémoire sur les approximations des formulas qui sont functions de très grands nombre, idem, v. 10, p. 319.

para meninas recém-nascidas e uma amostra de 58 mil meninos, Laplace teria que multiplicar 0,52 por si mesmo 57.999 vezes – e, em seguida, fazer o mesmo com as meninas. Isso definitivamente não era algo que alguém, nem mesmo o indômito Laplace, queria fazer a mão.

No entanto, ele começou, como Bayes havia sugerido, atribuindo pragmaticamente probabilidades iguais para todos os palpites iniciais, seja 50-50, 33-33-33, ou 25-25-25-25. Porque a soma deles seria igual a um, e a multiplicação seria mais fácil. Ele empregou probabilidades iguais apenas provisoriamente como ponto de partida, e sua hipótese final iria depender de todos os dados observacionais que ele pudesse adicionar.

Em seguida, tentou confirmar que Graunt estava correto sobre a probabilidade de nascimento de um menino ser maior que 50%. Ele estava construindo as bases da moderna teoria de testar hipóteses estatísticas. Debruçando-se sobre registros de batizados em Paris e de nascimentos em Londres, ele logo estava disposto a apostar que os meninos iriam superar as meninas nos próximos 179 anos em Paris e nos próximos 8.605 anos em Londres. "Isso seria extraordinário se fosse o efeito do acaso", escreveu Laplace, não deixando de lado o fato de que as pessoas realmente devem certificar-se dos seus fatos antes de teorizar sobre eles[13].

Para transformar a probabilidade de grandes números em números menores, mais manejável, Laplace inventou uma infinidade de atalhos matemáticos e engenhosas aproximações. Dentre elas havia novas funções geradoras, transformadas, e expansões assintóticas. Computadores fizeram muitos dos seus atalhos ficarem desnecessários, mas as funções geradoras permanecem profundamente engastadas na análise matemática utilizada para aplicações práticas. Laplace usava funções geradoras como uma forma de magia matemática para iludir uma função com a qual ele poderia lidar para fornecer-lhe a função que ele realmente queria.

---

13 Mémoire sur les Probabilités, op. cit., v. 9, p. 429.

Essa pirotecnia matemática parecia a Laplace tão óbvia como o senso comum. Para a frustração dos estudantes, ele salpicava seus relatórios com frases do tipo, "Isso é fácil de se enxergar, isso é fácil expandir, isso é fácil de se aplicar, é óbvio que..."[14] Quando um aluno uma vez perguntou, confuso, como ele havia saltado intuitivamente de uma equação a outra, Laplace teve que trabalhar com dificuldade para reconstruir seu processo de pensamento.

Não demorou muito e Laplace já se perguntava se meninos eram mais propensos a nascer em certas regiões geográficas. Talvez o "clima, a comida ou os costumes... facilitavam o nascimento de meninos" em Londres[15]. Ao longo dos próximos trinta e poucos anos Laplace recolheu índices de natalidade no sul de Nápoles, no norte de São Petersburgo e entre províncias da França. Ele concluiu que o clima não poderia explicar a disparidade de nascimentos. Mas sempre nasceriam mais meninos do que as meninas? À medida que cada peça adicional de evidência aparecia, Laplace encontrava suas probabilidades se aproximando da certeza "a uma taxa dramaticamente crescente".

Ele refinava palpites com dados objetivos. Na construção de um modelo matemático de pensamento científico, em que uma pessoa razoável poderia desenvolver uma hipótese e, em seguida, avaliá-la incansavelmente à luz de novos conhecimentos, ele se tornou o primeiro bayesiano moderno. Seu sistema era extremamente sensível a novas informações. Assim como cada lance de uma moeda aumenta a probabilidade de que ela seja honesta ou viciada, cada registro de nascimento adicionado reduziu a gama de incertezas. Por fim, Laplace determinou que a probabilidade de meninos excederem meninas era tão "certa como qualquer outra verdade moral", com uma margem extremamente pequena de erro[16].

Generalizando a partir de bebês, ele encontrou uma forma de determinar não apenas a probabilidade de eventos simples, como o

---

14 Idem, p. 383-485. O estudante era Jean-Baptiste Biot.
15 S.M. Stigler, Laplace's 1774: Memoir on Inverse Probability, op. cit., p. 135.
16 C.C. Gillispie et al., op. cit., p. 81.

nascimento de um menino, mas também a probabilidade de eventos futuros compostos, como um ano inteiro de nascimentos – mesmo quando a probabilidade de eventos simples (se o próximo recém--nascido seria do gênero masculino) fosse incerta. Em 1786 ele iria determinar a influência de eventos passados na probabilidade de eventos futuros e perguntava quão grande deveria ser sua amostra de recém-nascidos. Então Laplace viu a probabilidade como a principal maneira de superar a incerteza. Batendo nesse ponto em um curto parágrafo, ele escreveu, "A probabilidade é relativa, em parte, para essa *ignorância*, e, em parte, para o nosso conhecimento... um estado de indecisão... é impossível anunciar com certeza."[17]

Persistindo por anos, ele usou *insights* obtidos em uma ciência para lançar luz sobre outras, ao pesquisar um enigma e inventar uma técnica matemática para resolvê-lo, integrando, aproximando e generalizando em termos gerais quando não havia outro modo de proceder. Como um pesquisador moderno, ele rivalizou e colaborou com outros, e publicou comunicações conforme iam ocorrendo seus progressos temporários. Acima de tudo, era tenaz. Vinte e cinco anos mais tarde, continuava testando ansiosamente suas probabilidades de causas com novas informações. Ele esquadrinhou 65 anos de registros de orfanatos, pediu a amigos no Egito e a Alexander von Humboldt, na América Central, a taxa de nascimento naqueles lugares e convidou naturalistas para verificar o reino animal. Finalmente, em 1812, depois de décadas de trabalho, concluiu, de modo cauteloso, que o nascimento de mais meninos que meninas parecia ser "uma lei geral da raça humana"[18].

Para testar o seu princípio em uma amostra mais ampla, Laplace decidiu, em 1781, determinar o tamanho da população da França, o termômetro de sua saúde e prosperidade. Um consciencioso

---

17 Mémoire sur les approximations des formulas qui sont functions de très grands nombre, op. cit., v. 10, p. 295-338.
18 A. Hald, *A History of Mathematical Statistics from 1750 to 1930*, p. 236 e, para uma discussão detalhada da linhagem dos estudos de Laplace, p. 230-246.

administrador no leste da França tinha cuidadosamente contado o número de pessoas em diversas paróquias; para estimar a população da nação inteira, ele recomendou multiplicar o número anual de nascimentos na França por 26. Sua proposta produziu o que se pensava ser a população francesa, aproximadamente de 25,3 milhões. Mas ninguém sabia o quanto esta estimativa era precisa. Demógrafos de hoje acreditam que a população francesa realmente havia crescido de modo bem rápido, a quase 28 milhões, por causa da diminuição da fome e porque parteiras treinadas pelo governo faziam turnês pelo campo, promovendo o uso de sabão e a fervura de água durante o parto.

Utilizando suas probabilidades de causas, Laplace combinou sua informação anterior de registros paroquiais sobre nascimentos e mortes em toda a França com sua nova informação a respeito da contagem de pessoas no leste francês. Ele ajustava estimativas da população nacional com informações mais precisas de regiões particulares. Em 1786, chegou a um número mais próximo das estimativas modernas e calculou as chances de 1.000 para 1 de que sua estimativa apresentava um erro menor que meio milhão. Em 1802 ele foi capaz de aconselhar Napoleão Bonaparte de que um novo censo deveria ser ampliado com amostras detalhadas de cerca de um milhão de residentes em trinta departamentos representativos espalhados igualmente por toda a França.

Enquanto trabalhava em cima dos nascimentos e estudos de recenseamento nos últimos anos da monarquia, Laplace começou a se envolver em um acalorado debate a respeito do sistema judicial da França. Condorcet acreditava que as ciências sociais deveriam ser tão quantificáveis quanto as ciências físicas. Para ajudar a transformar a França absolutista em uma monarquia constitucional de estilo inglês, ele queria que Laplace utilizasse a matemática para explorar uma variedade de questões. Como podemos confiar em uma sentença proferida por um juiz ou pelo júri? Quão provável é que a votação por uma assembleia ou por um tribunal judicial estabeleceria a verdade? Laplace concordou em aplicar sua nova teoria da probabilidade para questões relativas a procedimentos eleitorais, à credibilidade das testemunhas, a tomadas de decisão de câmaras jurisdicionais e de júris, e a procedimentos de corpos representativos e de câmaras jurisdicionais. Laplace não tinha uma visão clara da maioria das decisões judiciais na França. A ciência forense não existia, então em todos os lugares o sistema judicial contou com depoimentos de testemunhas. Considerando a declaração de uma testemunha como um evento, Laplace indagou pela probabilidade de o testemunho da testemunha ou de a sentença do juiz ser confiável, desencaminhadora ou simplesmente equivocada. Ele estimou as chances prévias de culpa de uma pessoa acusada ser de 50-50 e uma probabilidade um pouco maior de um jurado estar sendo honesto. Mesmo assim, se um júri de oito componentes votasse por maioria simples, a chance de eles julgarem culpado de modo errado o acusado seria de 65/256, ou seja mais que uma vez em quatro. Assim, tanto por razões matemáticas como religiosas, Laplace alinhou-se à reivindicação mais radical do Iluminismo, pela abolição da pena capital: "A possibilidade de reparar esses erros é o mais forte argumento dos filósofos que têm desejado abolir a pena de morte."[19] Laplace também usou seu método para casos mais complicados em que um tribunal deve decidir entre testemunhas contraditórias ou em que a confiabilidade do testemunho diminui na medida em que cada um vai falando sobre o caso. Para Laplace, estas questões demonstravam que os antigos relatos bíblicos dos Apóstolos eram desprovidos de credibilidade.

Ao mesmo tempo em que contava bebês, Laplace voltou a estudar a aparente instabilidade das órbitas de Saturno e Júpiter, o problema que havia ajudado a sensibilizá-lo no início de sua carreira com respeito a dados incertos. No entanto, ele não usou seu novo

---

19 Em *Pierre Simon Laplace: Philosophical Essay on Probabilities*, tradução de A.I. Dale, p. 77.

conhecimento de probabilidades para resolver esse importante problema. Ele lançou mão a outros métodos entre 1785 e 1788 para determinar que Júpiter e Saturno oscilavam levemente em um ciclo de 877 anos em torno do Sol e que a Lua orbita a Terra em um ciclo de muitos *milhões* de anos. As órbitas de Júpiter, Saturno e da Lua não eram exceções no estudo de Newton sobre gravitação, mas exemplos estimulantes. O sistema solar estava em equilíbrio, e o mundo não iria acabar. Essa descoberta foi o maior avanço na astronomia física desde a lei da gravidade de Newton.

Apesar da espantosa produtividade de Laplace, sua vida como cientista profissional era financeiramente precária. Felizmente, nos anos de 1700 Paris tinha as maiores instituições educacionais e oportunidades científicas do que em qualquer outro lugar da Terra, e membros da academia podiam conciliar seu trabalho com outros para construir uma vida respeitável. Laplace triplicou sua renda examinando alunos de artilharia e engenharia naval durante três ou quatro meses por ano e servindo como cientista na comitiva do duque de Orleans. Sua posição cada vez mais segura também deu a ele acesso a estatísticas do governo que ele precisava para desenvolver e testar suas probabilidades de causas.

Aos 39 anos, com um futuro brilhante pela frente, Laplace casou com Marie Anne Charlotte Courty de Romange, com dezoito anos na época. A idade média do casamento para as mulheres francesas era de 27, mas Marie Anne vinha de uma família próspera e recentemente enobrecida com múltiplos vínculos em seu círculo social e financeiro. Uma pequena rua fora do Boulevard Saint-Germain é nomeada Courty em homenagem à família dela. Os Laplace tiveram dois filhos; contracepção, seja com o coito interrompido ou com o uso de pessários, era comum, e a própria igreja fazia campanha contra partos múltiplos porque eles colocavam em perigo a vida das mães. Cerca de dezesseis meses após o casamento, uma multidão parisiense invadiu a Bastilha, e a Revolução Francesa teve início.

Depois de o governo revolucionário ter sido atacado por monarquias estrangeiras, a França passou uma década em guerra. Poucos cientistas ou engenheiros emigraram, ainda durante o Reinado de Terror. Mobilizados pela defesa nacional, eles organizaram o recrutamento de soldados, coletaram matéria-prima para a pólvora, supervisionaram fábricas de munições, desenharam mapas militares e inventaram uma arma secreta, os balões de reconhecimento. Laplace trabalhou ao longo de toda turbulência e serviu como figura central em um dos mais importantes projetos científicos da Revolução, a reforma métrica para padronizar pesos e medidas. Foi Laplace que nomeou o metro, centímetro e milímetro.

Apesar disso, durante os dezoito meses do Terror, como quase dezessete mil franceses foram executados e meio milhão aprisionado, sua posição tornou-se cada vez mais precária. Radicais atacaram a elite da Academia Real de Ciências, e publicações denunciaram-no como um charlatão moderno e "idólatra newtoniano". Um mês depois de a Real Academia ser abolida, Laplace foi preso sob suspeita de deslealdade para com a Revolução, mas vizinhos intercederam e ele foi liberado no dia seguinte às quatro da manhã. Poucos meses mais tarde, foi expurgado da comissão de sistema métrico como não "digno de confiança a respeito de [suas] virtudes republicanas e do [seu] ódio pelos reis"[20]. Seu assistente, Jean-Baptiste Delambre, foi detido enquanto media o meridiano em metros e em seguida liberado. Em um determinado momento, Laplace foi demitido do seu emprego de meio período, no qual examinava alunos de artilharia, apenas para receber o mesmo trabalho na École Polytechnique. Sete cientistas, incluindo vários de seus amigos próximos e defensores, morreram durante o Terror. Ao contrário de Laplace, que não tomou parte na política radical, eles se identificaram com facções políticas específicas. O mais famoso dentre eles foi Antoine Lavoisier, guilhotinado por ter sido um coletor de impostos da realeza. Condorcet, ao tentar fugir de Paris, morreu na prisão.

20 R. Hahn, *Le Système du monde:*, p. 104.

A Revolução, contudo, transformou a ciência de um *hobby* popular em uma profissão plenamente desenvolvida. Laplace emergiu do caos como um decano da ciência francesa, encarregado de construir novas instituições educacionais seculares e de capacitar a próxima geração de cientistas. Por quase cinquenta anos – de 1780 até sua morte em 1827 – a França liderou o mundo da ciência como nenhum outro país, antes ou desde então. E por trinta desses anos Laplace esteve entre os mais influentes cientistas de todos os tempos.

Como autor de livros de sucesso sobre o sistema celeste e a lei da gravidade, Laplace dedicou dois volumes a um próspero jovem general, Napoleão Bonaparte. Laplace lançou Napoleão em sua carreira militar dando-lhe uma nota no exame que aprovou sua admissão na escola militar. Os dois nunca se tornaram amigos pessoais, mas Napoleão nomeou Laplace ministro do interior durante um curto período de tempo e, em seguida, nomeou-o, com amplas honrarias, membro do Senado, e a nova ocupação foi acompanhada de um salário considerável e de generosa conta de despesas que fez dele um homem relativamente rico. A senhora Laplace tornou-se uma dama de companhia da irmã de Napoleão e recebia seu próprio salário. Com o financiamento adicional recebido de Napoleão, Laplace e o seu amigo, o químico Claude Berthollet, transformaram suas casas de campo em Arceuill, nos arredores de Paris, no único centro do mundo oferecido a jovens cientistas de pós-doutorado.

Em uma recepção no jardim de rosas de Josefina Bonaparte em Malmaison, em 1802, o imperador, que tentava arquitetar uma reaproximação com o papado, iniciou uma célebre discussão com Laplace a respeito de Deus, da astronomia e dos céus.

"E quem é o autor disso tudo?", perguntou Napoleão.

Laplace respondeu calmamente que uma cadeia de causas naturais explicaria a construção e a preservação do sistema celeste.

Napoleão queixou-se da resposta e disse que "Newton falou de Deus no livro dele. Examinei os seus mas não consegui encontrar o Seu nome uma vez sequer. Por quê?"

"Majestade", Laplace respondeu magistralmente, "não tenho necessidade dessa hipótese"[21].

A resposta de Laplace, tão diferente da ideia de Price quanto da lei de Bayes que poderia provar a existência de Deus, tornou-se um símbolo de um longo processo secular que acabaria finalmente por excluir a religião do estudo científico sobre fenômenos físicos. Há muito tempo Laplace tinha apartado sua probabilidade de causas das considerações religiosas: "O verdadeiro objetivo das ciências físicas não é a procura pelas causas primeiras [isto é, Deus], mas a busca por leis segundo as quais os fenômenos são produzidos."[22] Explanações científicas dos fenômenos naturais eram triunfos da civilização ao passo que os debates teológicos eram infrutíferos porque nunca podiam ser resolvidos.

Laplace continuou suas pesquisas ao longo de todas as convulsões políticas da França. Em 1810 anunciou o teorema do limite central, uma das grandes descobertas científicas e estatísticas de todos os tempos. Ele afirma que, com algumas exceções, qualquer média de um grande número de termos semelhantes terá uma distribuição normal em forma de sino. Subitamente, a facilidade de usar a curva em forma de sino era um verdadeiro constructo matemático. A probabilidade de causas de Laplace limitava-o a problemas binominais, mas sua prova final do teorema do limite central permitiu-lhe lidar com praticamente qualquer tipo de dados.

Ao fornecer a justificativa matemática para tomar a média de muitos pontos dados, o teorema do limite central teve um efeito profundo no futuro da lei de Bayes. Com a idade de 62 anos, Laplace, seu criador e principal proponente, realizou uma notável reviravolta. Ele trocou suas fidelidades por uma alternativa, a abordagem baseada em frequência, que ele também havia desenvolvido.

---

21 Sir William Herschel escreveu um relato em primeira mão em seu diário. Ver J.L.E. Dreyer (ed.), *The Scientific Paper of Sir William Herschel*, v. 1, p. lxii; e R. Hahn, Laplace and the Vanishing Role of God in the Physical Universe, em H. Woolf (ed.), *The Analytic Spirit*, p. 85-95.
22 Exposition du système du monde, em M.P. Crosland, *The Society of Arcueil*, p. 90.

De 1811 até sua morte dezesseis anos mais tarde, Laplace apoiou-se principalmente nessa abordagem, que os teóricos do século XX usariam, tornando praticamente esquecida a lei de Bayes.

Laplace efetuou a mudança ao compreender que, quando grandes quantidades de dados eram referidas, geralmente ambas as abordagens produzem o mesmo efeito. A probabilidade de causas ainda era útil em casos particularmente incertos porque era mais poderosa que o frequentismo. Mas a ciência amadureceu durante a vida de Laplace. Nos anos de 1800 os matemáticos tinham dados muito mais confiáveis do que aqueles de sua juventude, e lidar com dados confiáveis era mais fácil utilizando frequências. Os matemáticos não sabiam até meados do século XX que, mesmo com grandes quantidades de dados, os dois métodos podem apresentar às vezes graves discordâncias.

Olhando para o passado, para o ano de 1813, em sua busca de quarenta anos para desenvolver a probabilidade de causas, Laplace descreveu-a como o primeiro método para pesquisar causas desconhecidas e complexas de fenômenos naturais. Ele se referia ao método afetuosamente como sua fonte de grandes números, como a inspiração por trás do seu desenvolvimento e utilização de funções geradoras.

E finalmente, no apogeu de uma pequena parte da sua carreira, ele provou a versão geral e elegante do seu teorema que hoje chamamos de lei de Bayes. Ele intuiu seu princípio quando era jovem, em 1774. Em 1781, encontrou uma forma para usar o processo de Bayes em duas etapas para derivar a fórmula fazendo certas suposições restritivas. Entre 1810 e 1814 percebeu, por fim, que o teorema geral surgiria. Esta era a fórmula com a qual ele havia sonhado, ampla o suficiente para lhe permitir distinguir as hipóteses altamente prováveis e as menos válidas. Com isso, todo o processo de apreensão da evidência foi apresentada:

$$P(C|E) = \frac{P(E|C)\, P_{prévio}(C)}{\sum P(E|C')\, P_{prévio}(C')}$$

Em termos modernos, a equação diz que P(C|E), a probabilidade de uma hipótese (informação dada), é igual a P$_{prévio}$(C), nossa estimativa inicial de sua probabilidade, multiplicada por P(E|C), a probabilidade de cada nova peça de informação (sob a hipótese), dividida pela soma das probabilidades dos dados em todas as hipóteses possíveis.

Alunos universitários de hoje estudam a primeira versão da equação de Laplace que lida com eventos discretos, como lançamentos de moedas e nascimentos. Os estudantes avançados e de pós-graduação e pesquisadores usam o cálculo de sua equação posterior para trabalhar com observações em uma faixa contínua entre dois valores, por exemplo, todas as temperaturas entre 32 e 33 graus. Com isso, Laplace podia estimar um valor como estando nesta ou naquela faixa com um determinado grau de probabilidade.

Laplace tinha se apropriado da lei de Bayes em tudo, exceto do nome que desde 1781 passou a mencionar. A fórmula, o método, e sua utilização magistral, tudo isso pertence a Pierre Simon Laplace. Ele fez da probabilidade baseada em estatísticas um lugar comum. Ao transformar uma teoria de jogos de azar em práticas matemáticas, o trabalho de Laplace dominou a probabilidade e as estatísticas por um século. "Na minha cabeça", observou Glenn Shafer da Rutgers University, "Laplace fez tudo, e lemos coisas que já se encontravam antes em Thomas Bayes. Laplace colocou estas coisas em termos modernos. De certo modo, tudo é laplaciano"[23].

Se o avanço do conhecimento do mundo é importante, a lei de Bayes deveria ser chamada de lei de Laplace ou, em linguagem moderna, BPL, referente a Bayes-Price-Laplace. Infelizmente, meio século de uso nos obriga a dar o nome de Bayes ao que foi realmente feito por Laplace.

Desde a descoberta de sua primeira versão da lei de Bayes em 1774, Laplace a usou, no princípio, para desenvolver novas técnicas matemáticas e a aplicou, mais extensivamente, nas ciências sociais,

---

23 Entrevista concedida por Glenn Shafer.

isto é, na demografia e na reforma judicial. Até 1815, quando chega à idade de 66 anos, ele não a tinha aplicado em sua primeira paixão, a astronomia. Ele havia recebido algumas tabelas incrivelmente precisas compiladas pelo seu assistente Aléxis Bouvard, o diretor do Observatório de Paris. Utilizando a probabilidade de causas de Laplace, Bouvard calculou um vasto número de observações acerca das massas de Júpiter e de Saturno, estimou os possíveis erros para cada registro, e então prognosticou a provável massa de cada um dos planetas. Laplace ficou tão encantado com as tabelas que, apesar de sua aversão por jogos de azar, serviu-se da lei de Bayes para fazer uma famosa aposta com seus leitores: as chances eram de 11.000 para 1 de que os resultados de Bouvard para Saturno estavam errados por menos que 1%. Para Júpiter, as chances eram de um milhão por um. A tecnologia da era espacial confirma que Laplace e Bouvard teriam vencido as duas apostas.

No final de sua carreira, Laplace ainda aplicou sua probabilidade de causas em uma variedade de cálculos nas ciências da Terra, de forma notável para as marés e para a mudança na pressão atmosférica. Ele serviu-se de uma versão de senso comum não numérica de sua probabilidade de causas, para avançar em sua famosa hipótese nebular: de que os planetas e seus satélites em nosso sistema solar teriam se originado a partir de um turbilhão de poeira. E comparou ainda três hipóteses sobre as órbitas de cem cometas para confirmar aquilo que ele já sabia: que os cometas muito provavelmente tiveram origem na esfera de influência do Sol.

Depois da queda de Napoleão, o novo rei da França, Luís XVIII, concedeu o título hereditário de marques a Laplace, o filho de um taberneiro da aldeia. E em 5 de março de 1827, aos 78 anos de idade, Laplace morre, 100 anos depois da morte do seu ídolo, Isaac Newton.

Louvores a Laplace aclamam-no como o Newton da França. Ele levou a ciência moderna aos estudantes, aos governos e ao público leitor, e desenvolveu a probabilidade em um método formidável para lidar com causas desconhecidas e complexas dos fenômenos naturais. Em uma pequena e relativamente insignificante parte da sua vida de trabalho, ele se tornou o primeiro a expressar e empregar aquilo que hoje chamamos de lei de Bayes. Com isso, atualizou o conhecimento antigo com o novo, explicou fenômenos que séculos anteriores haviam atribuído a alterações ou à vontade de Deus, e abriu o caminho para a futura exploração científica.

No entanto, Laplace havia construído sua teoria da probabilidade através da intuição. Na medida em que estava preocupado: "essencialmente, a teoria da probabilidade não é nada além do bom senso comum reduzido à matemática. Ela fornece uma apreciação exata daquilo que mentes sãs sentem com uma espécie de instinto, muitas vezes sem ser capaz de explicá-lo"[24]. De imediato, contudo, cientistas começariam a enfrentar situações que a intuição não poderia explicar com facilidade. A natureza provaria ser muito mais complicada do que o próprio Laplace havia imaginado. Mal haviam enterrado o velho e os críticos logo começaram a se queixar da lei de Laplace.

---

24 *Essai Philosophique*, trad. R. Hahn, *Pierre Simon Laplace, 1749-1827*, p. 189 e em A.I. Dale, *Pierre-Simon Laplace*, p. 124.

3.
muitasdúvidas, poucosdefensores

com a morte de Laplace, a lei de Bayes entrou em um período tumultuado em que foi desdenhada, reformulada, tolerada a contragosto e, finalmente, quase obliterada por teóricos combativos. No entanto, com tudo isso a lei continuava firme e resistente ao longo dos anos, ajudando a resolver problemas práticos envolvendo as forças militares, as comunicações, a assistência social e a medicina nos Estados Unidos e na Europa.

O pano de fundo para o drama foi um conjunto de infundadas, mas amplamente difundidas, acusações contra a reputação de Laplace. O matemático inglês Augustus De Morgan escreveu em *The Penny Cyclopaedia*, de 1839, que Laplace falhou ao não dar crédito ao trabalho de outros; a acusação foi repetida sem comprovação durante 150 anos, até que um detalhado estudo de Stigler chegou à conclusão de que ela não tinha nenhum fundamento. Durante a década de 1880, um antinapoleônico e antimonarquista francês chamado Maximilien Marie pintou Laplace como um reacionário e ultramonarquista; vários autores ingleses e norte-americanos adotaram a versão de Marie sem nenhum questionamento. A *Encyclopaedia Britannica* (Enciclopédia Britânica), de 1912, afirmou que Laplace "tinha aspiração ao papel de um político, e [...] se degradou à servidão por causa de uma faixa e de um título"[1]. Em seu longo mas bastante fantasioso *best-seller Men of Mathematics* (Homens da Matemática), o norte-americano E.T. Bell intitulou o capítulo sobre Laplace como "From Peasant to Snob... Humble as Lincoln, Proud as Lucifer" (De Camponês a Esnobe... Humilde como Lincoln, Orgulhoso como Lúcifer). Bell descreve Laplace como "imponente", "esnobe", "pomposo", "grosseiro", "presunçoso", "íntimo de Napoleão" e "talvez a mais conspícua refutação da superstição pedagógica de que ocupações nobres necessariamente enobrecem o caráter de um homem"[2]. O livro de Bell, publicado em 1937, influenciou uma geração inteira de matemáticos e cientistas. Em 1960, um estatístico anglo-americano, Florence Nightingale David escreveu, sem averiguar, que Laplace se deparou com a "condenação quase universal"[3]. Uma biografia acadêmica norte-americana realizada por Charles Coulston Gillispie e dois colaboradores, Robert Fox e Ivor Grattan-Guinness, cercou o tema e também hesitou. Ela começou por afirmar categoricamente que "não sobreviveu nem uma única testemunha que falasse de sua congenialidade", mas finalizou listando o "círculo de vínculos pessoais com outros cientistas franceses", a "vida familiar calorosa e tranquila" de Laplace, e o auxílio que ele deu até para os críticos de sua pesquisa[4].

A constatação de que Laplace foi um dos primeiros cientistas profissionais modernos emergiu lentamente. O estatístico Karl Pearson, sem timidez e sem esquivas, chamou o autor do artigo da *Britannica* de "um dos mais superficiais escritores daqueles que sempre obscurecem a história da ciência [...] tais declarações publicadas por um escritor de uma nação sobre um dos mais distintos homens de outra nação, e totalmente sem fundamento em

---

[1] A.M. Clerke, verbete Laplace, *Encyclopaedia Britannica*, v. 16, p. 200-203.
[2] E.T. Bell, *Men of Mathematics*, p. ix e 172-182.
[3] F.N. David, *Games, Gods and Gambling*, p. 30.
[4] C.C. Gillispie; R. Fox; I. Grattan-Guinness, *Pierre-Simon Laplace 1749-1827*, p. 67, 276-277.

referências, são, em todos os sentidos, deploráveis"⁵. Historiadores modernos têm mostrado que muitos dos comentários depreciativos a respeito da vida e do trabalho de Laplace são falsos.

Insultos pessoais à parte, Laplace lançou uma moda para as estatísticas que basicamente inundou tanto a lei original de Bayes quanto a própria versão de Laplace sobre esta lei. Ele fez isso ao divulgar, em 1827, o então extraordinário fato de que o número de cartas não reclamadas no sistema postal parisiense mantinha-se praticamente constante de ano para ano. Depois, o governo francês publicou uma série de referências estatísticas sobre os arredores de Paris; nessa verificação apareceu que muitas atividades criminosas insensatas e ímpias, incluindo roubos, homicídios e suicídios, também eram constantes. Em 1830, índices estatísticos estáveis foram dissociados, com pulso firme, da providência divina, e a Europa foi arrastada por uma verdadeira mania em favor de números objetivos necessários para o bom governo.

Abalados pela rápida urbanização, industrialização e pelo aumento da economia de mercado, antigos vitorianos formaram sociedades estatísticas privadas, para estudar a corrupção, a criminalidade e números. O tamanho do tórax dos soldados escoceses, o número de oficiais prussianos mortos pelo coice de cavalos, a incidência de vítimas do cólera – estatísticas eram fáceis de se coletar. Até mesmo as mulheres conseguiam fazê-lo. Nenhuma análise matemática era necessária ou esperada. Que a maioria dos burocratas do governo que coletava estatísticas era ignorante e até mesmo hostil à matemática, isso não importa. Fatos, puros fatos, estavam na ordem do dia.

Lá se ia a ideia de que podemos usar a probabilidade para quantificar nossa carência de conhecimento. Lá se ia a busca pelas causas conduzida por Bayes, Price e Laplace. Um correspondente advertiu o reformador das casas de saúde, Florence Nightingale,

5 K. Pearson, Laplace, Being Extracts from Lectures Delivered by Karl Pearson, *Biometrika* (21), p. 208.

em 1861: "Volto a repetir minhas objeções em relação à mistura de Causação com Estatística [...] O estatístico não tem nada a ver com a causação."[6]

"Subjetivo" também se tornou uma palavra maliciosa. A Revolução Francesa e suas consequências aniquilou a ideia de que toda pessoa racional compartilha das mesmas crenças. O mundo ocidental estava dividido entre românticos, que rejeitavam completamente a ciência, e aqueles que procuravam certezas na ciência natural e eram fascinados pela objetividade dos números, seja em relação ao número de facadas ou de casamentos em uma determinada idade.

Durante a década após a morte de Laplace, quatro revisionistas europeus lideraram o ataque contra Laplace e a probabilidade, a matemática da incerteza. John Stuart Mill denunciou a probabilidade como "uma aberração do intelecto" e "ignorância [...] cunhada na ciência"[7]. A objetividade se tornou virtude, a subjetividade, um insulto, e a probabilidade de causas um alvo do ceticismo, se não da hostilidade. Submersos em dados recém coletados, os revisionistas preferiam julgar a probabilidade de um evento de acordo com a frequência em que ele ocorreu entre muitas observações. Enfim, adeptos dessa probabilidade baseada na frequência ficaram conhecidos como frequentistas ou teóricos da amostragem.

Para os frequentistas, Laplace era um alvo tão grandioso que a existência de Thomas Bayes mal foi registrada. Quando críticos pensavam na lei de Bayes, eles pensavam na lei de Laplace e focavam suas críticas nele e em seus seguidores. Argumentando que as probabilidades deveriam ser medidas por frequências objetivas de eventos em vez de por graus subjetivos de crença, eles trataram as duas abordagens como opostas, embora Laplace as considerasse basicamente equivalentes.

Os reformadores denunciaram as simplificações pragmáticas de Laplace como abusos grosseiros. Duas de suas mais populares

---

6 T.M. Porter, *The Rise of Statistical Thinking, 1820-1900*, p. 36.
7 Em G. Gigerenzer et al., *The Empire of Chance*, 1989, p. 33.

aplicações de probabilidade eram condenadas indiscriminadamente. Laplace havia perguntado: dado que o Sol nasceu milhares de vezes no passado, isso quer dizer que nascerá amanhã? E dado que os planetas giram de modo similar em torno do Sol, há uma causa única do sistema solar? Na realidade, ele não usou a lei de Bayes em nenhum dos dois projetos, apenas simples chances de jogo de apostas. Às vezes, contudo, ele e seus seguidores começavam a responder a essas perguntas assumindo 50-50 de chances. A simplificação teria sido defensável se Laplace não tivesse nenhum conhecimento sobre os céus. Mas ele era o mais importante astrônomo matemático do mundo, e entendeu melhor do que ninguém que o nascer do Sol e as nebulosas eram resultado da mecânica celeste, não de chances de jogo de apostas. Ele também começou seus estudos da taxa de natalidade masculina e feminina com 50-50 de chances, embora os cientistas já soubessem que a possibilidade de um menino nascer é de aproximadamente 0.52.

Laplace concordava que a redução das questões científicas em acaso aumentou as chances a favor de sua profunda convicção de que os fenômenos físicos têm causas naturais em vez de religiosas. Ele alertou seus leitores quanto a isso. Seus seguidores também, pesadas suas chances iniciais, eram fortemente a favor das leis naturais e achavam fracos os contraexemplos. Críticos martelavam no fato de que o acaso era irrelevante para as questões à mão. Eles identificaram a lei de Bayes com antecedentes iguais e a amaldiçoaram completamente por causa deles. Poucos críticos tentaram imaginar outros tipos de antecedentes.

Anos mais tarde John Maynard Keynes estudou as acusações formuladas a respeito da avaliação de Laplace, baseada em cinco mil anos de história, de que "isso é uma aposta de 1.825.214 para 1 que [o Sol] se erguerá amanhã". Resumindo os argumentos, Keynes escreveu que o raciocínio de Laplace

foi rejeitado por [George] Boole pelo fato de que as hipóteses em que se baseou são arbitrárias, por [John]

Venn pelo fato de que ele [o raciocínio] não está de acordo com a experiência, por [Joseph] Bertrand porque o raciocínio é ridículo e, por ser duvidoso, foi rejeitado também por outros. Mas foi amplamente aceito, por [Augustus] De Morgan, [William] Jevons, [Rudolf] Lotze, [Emanuel] Czuber e pelo professor [Karl] Pearson, só para citar alguns nomes de escritores representativos de sucessivas escolas e períodos[8].

Em meio à dissensão, um equilíbrio delicado de Laplace entre crenças subjetivas e frequências objetivas desmoronou. Ele tinha desenvolvido duas teorias de probabilidade e mostrou que quando grandes números estão envolvidos levam mais ou menos aos mesmos resultados. Porém, se a ciência natural era a rota para certo conhecimento, como ela poderia ser subjetiva? Logo, cientistas iriam tratar as duas abordagens como diametralmente opostas. Na falta de experimento definitivo para decidir a controvérsia e com Laplace demonstrando que ambos os métodos muitas vezes levam a aproximadamente o mesmo resultado, o pequeno mundo de especialistas em probabilidade teria que se esforçar para resolver a discussão.

A pesquisa em probabilidade matemática foi se extinguindo pouco a pouco. Duas gerações depois de sua morte, Laplace foi lembrado em grande medida por sua astronomia. Em 1850, nem uma única cópia do seu enorme tratado sobre probabilidade estava disponível nas livrarias parisienses. O físico James Clerk Maxwell aprendeu sobre probabilidade a partir de Adolphe Quetelet – um factoide caçador belga –, não de Laplace, e adotou a frequência com base em métodos para a mecânica estatística e para a teoria cinética de gases. Laplace e Condorcet esperavam que os cientistas sociais seriam os maiores usuários da lei de Bayes, mas eles eram relutantes em adotar qualquer forma de probabilidade. Um cientista e filósofo

---

8   Citado por A.I. Dale, *A History of Inverse Probability from Thomas Bayes to Karl Pearson*, p. 261.

norte-americano, Charles Sanders Peirce promoveu a probabilidade baseada em frequência durante o final da década de 1870 e início da de 1880. Em 1891, um matemático escocês, George Chrystal, compôs um obituário para o método de Laplace: "As leis da [...] Probabilidade Inversa, estando mortas, deveriam ser decentemente enterradas longe da vista, e não embalsamadas em livros-texto e em exames de artigos [...] As indiscrições de grandes homens deveriam ter uma discreta permissão para serem esquecidas."[9]

Pela terceira vez a lei de Bayes era levada à morte. Na primeira vez, o próprio Bayes a arquivou. Na segunda, Price fez com que ela revivesse brevemente antes de tornar a morrer por negligência. Dessa vez, teóricos a enterravam.

O funeral foi um pouco prematuro. Apesar da condenação de Chrystal, a lei de Bayes ainda era ensinada em livros-texto e nas salas de aula, e empregada por astrônomos, porque os antibayesianos frequentistas ainda não haviam produzido uma sistemática, um substituto prático. Em nichos dispersos, longe dos olhos da desaprovação de teóricos, Bayes estava em efervescência junto a esses nichos, auxiliando, na vida real, profissionais a avaliar evidências, a combinar toda forma possível de informação e a lidar com as lacunas e incertezas em seu conhecimento.

Nessa brecha entre desaprovação teórica e utilidade prática marchava o exército francês, sob a batuta de um matemático politicamente influente chamado Joseph Louis François Bertrand. Bertrand adaptou Bayes para oficiais de artilharia de campo que lidavam com uma série de incertezas: a localização precisa dos inimigos; a densidade do ar; a direção do vento; as variações dentre canhões forjados a mão; e o alcance, a direção e a velocidade inicial dos projéteis. Em seus livros-textos amplamente utilizados, Bertrand pregava que a probabilidade de causas de Laplace era o único método válido para verificar uma hipótese com novas observações. Ele acreditava,

---

9   Em A. Hald, *A History of Mathematical Statistics from 1750 to 1930*, p. 275.

no entanto, que os seguidores de Laplace haviam perdido o rumo e deveriam parar sua prática de uso indiscriminado de 50-50 de chances para causas antecedentes. Para ilustrar, ele dizia que os tolos camponeses da Bretanha, procurando as possíveis causas de naufrágios ao longo de sua costa rochosa, atribuíam chances iguais às marés e aos ventos noroestes, que eram muito mais perigosos. Bertrand argumentava que a igualdade de chances antecedentes deveria ser limitada àqueles casos raros, quando hipóteses fossem de fato e de verdade igualmente prováveis ou quando absolutamente nada fosse conhecido a respeito de suas possibilidades.

Seguindo rígidos padrões de Bertrand, oficiais de artilharia começaram a atribuir probabilidades iguais apenas para canhões feitos na mesma fábrica, pelo mesmo pessoal, empregando componentes e processos idênticos em idênticas condições. Nos sessenta anos seguintes, entre a década de 1880 e a Segunda Guerra Mundial, oficiais de artilharia franceses e russos dispararam suas armas seguindo os livros-textos de Bertrand.

As rigorosas reformas bayesianas de Bertrand figuraram no caso Dreyfus, o escândalo que abalou a França entre 1894 e 1906. Alfred Dreyfus, um judeu francês oficial do exército, foi falsamente acusado de espionagem para a Alemanha e condenado à prisão perpétua. Praticamente, a única evidência contra Dreyfus era uma carta que ele foi acusado de ter vendido a um diplomata militar alemão. Alphonse Bertillon, um policial criminologista que havia inventado um sistema de identificação baseado em medidas do corpo, testemunhou várias vezes que, de acordo com a probabilidade matemática, Dreyfus havia, com certeza, escrito a carta incriminadora. As noções de probabilidade de Bertillon eram um disparate matemático, e ele elaborava argumentos cada vez mais fantásticos. Como conservadores antirrepublicanos, católicos romanos e antissemitas apoiavam a condenação de Dreyfus, uma campanha para inocentá-lo foi organizada por sua família, por anticlericais, por judeus, por políticos de esquerda e por intelectuais liderados pelo romancista Émile Zola.

iluminismo e a reação antibayesiana

No julgamento militar de Dreyfus em 1899, seu advogado convocou o mais ilustre matemático e físico francês, Henri Poincaré, que havia ensinado probabilidade na Sorbonne por mais de dez anos. Poincaré acreditava na estatística baseada em frequência. Mas quando perguntado se o documento de Bertillon havia sido escrito por Dreyfus ou por outra pessoa, ele invocou a lei de Bayes. Poincaré a considerou a única forma sensata para um tribunal de justiça atualizar uma hipótese prévia com novas evidências, e ele considerava a falsificação um problema típico em testes bayesianos de hipóteses.

Poincaré muniu o advogado de Dreyfus com uma carta curta e sarcástica, que o advogado leu em voz alta para a corte: de Bertillon

> o ponto mais abrangente [é] falso [...] Este erro colossal torna suspeito tudo o que segue [...] Não entendo por que você está preocupado. Não sei se o acusado será condenado, mas se for isso deve acontecer com base em outras provas. Tais argumentos não podem impressionar homens imparciais que receberam uma sólida educação científica[10].

Naquele momento, de acordo com o estenógrafo da corte, o tribunal irrompeu em um "prolongado tumulto". O testemunho de Poincaré devastava a acusação; todos os juízes haviam participado de escolas militares e estudado Bayes nos livros-textos de Bertrand.

Os juízes emitiram um veredito de compromisso declarando mais uma vez Dreyfus culpado, mas reduzindo sua sentença para cinco anos. No entanto, o público ficou indignado, e o presidente da república emitiu um perdão duas semanas mais tarde. Dreyfus foi promovido e condecorado com a Legião de Honra, e reformas governamentais foram instituídas para terminantemente separar igreja

---

10 Le Procès Dreyfus devant le conseil de guerre de Rennes (7 aout-9septembre 1899), *Compte-rendu sténographique in extensor*, v. 3, 1899, p. 231-237. Disponível em: http://gallica2.bnf.fr/ark:/12148/bpt6k242524.zoom.r=procès.f335.langEN.tableDesMatieres. Acesso em: 9.1.2013.

e estado. Muitos advogados norte-americanos que desconhecem que a probabilidade auxiliou na libertação de Dreyfus, consideram o julgamento dele um exemplo de precipitação insensata e uma razão para limitar o uso da probabilidade em casos criminais.

Como a Primeira Guerra Mundial se aproximava, um general francês e dedicado defensor da aviação militar e da [divisão de] tanques, Jean Baptiste Eugène Estienne, desenvolveu elaboradas tabelas bayesianas mostrando a oficiais de campo como apontar e disparar. Estienne desenvolveu também um método bayesiano para testar munição. Depois de a Alemanha ter capturado a base industrial da França em 1914, a munição ficou tão escassa que os franceses não podiam utilizá-la, desperdiçando-a com métodos baseados na frequência para testar sua qualidade. Mobilizados pela defesa nacional, professores de matemática abstrata desenvolveram tabelas bayesianas de teste que requeriam destruir apenas vinte cartuchos para testar cada lote de vinte mil. Em vez de realizar um número predeterminado de testes, o exército podia parar quando tivesse certeza sobre o lote como um todo. Durante a Segunda Guerra Mundial, matemáticos norte-americanos e britânicos descobriram métodos similares e chamaram-nos de pesquisa de operações.

A lei de Bayes estava supostamente agonizando ainda na videira quando a Primeira Guerra Mundial se aproximava e os Estados Unidos enfrentavam duas emergências causadas pela rápida industrialização do país. Em cada caso, estatísticos autodidatas recorreram a Bayes como uma ferramenta para tomada de decisões fundamentadas, primeiro sobre comunicações telefônicas e, segundo, sobre os trabalhadores feridos.

A primeira crise ocorreu quando o pânico financeiro de 1907 ameaçou a sobrevivência do sistema telefônico Bell, de propriedade da Companhia Americana de Telefones e Telégrafos. As patentes de Alexander Graham Bell tinham expirado poucos anos antes, e a companhia havia se expandido mais. Só a intervenção de um consórcio bancário liderado pela House of Morgan evitou o colapso da Bell.

iluminismo e a reação antibayesiana

Na mesma época, estados reguladores estavam pedindo provas da capacidade da Bell para oferecer serviços melhores e mais baratos que os competidores locais. Infelizmente os circuitos telefônicos Bell estavam frequentemente sobrecarregados no final da manhã e início da tarde, quando muitos clientes tentavam fazer chamadas ao mesmo tempo. Durante o resto do dia – 80% do tempo – as instalações da Bell eram subutilizadas. Nenhuma companhia podia se dar ao luxo de construir um sistema para suportar todas as chamadas que possivelmente poderiam ser feitas no horário de pico.

Edward C. Molina, um engenheiro da cidade de Nova York, considerou as incertezas envolvidas. Molina, cuja família havia emigrado de Portugal, via França, nasceu em Nova York em 1877. Formou-se no ensino médio de uma escola pública mas, com a falta de dinheiro para cursar a universidade, teve seu primeiro emprego na Western Electric Company e depois na engenharia da AT&T e no departamento de pesquisa (chamado mais tarde de Laboratórios Bell). O Sistema Bell de empresas de telefonia estava adotando uma nova abordagem matemática para resolver o problema. O chefe de Molina, George Ashley Campbell, havia estudado probabilidade com Poincaré, na França, porém outros funcionários aprendiam probabilidade a partir da *Enciclopédia Britânica*. Molina aprendeu sozinho matemática e física e tornou-se o principal perito da nação em probabilidade bayesiana e laplaciana.

Ao contrário de muitos outros naquele momento, ele percebeu que

> a grande confusão existia porque muitas autoridades não conseguiram distinguir claramente entre o teorema inverso original de Bayes e sua subsequente generalização feita por Laplace. O teorema geral abrange, ou reúne, ambos os dados obtidos de uma série de observações e qualquer informação "colateral" existente em relação aos resultados observados[11].

11 Em A.L. Bailey, Credibility Procedures, *PCAS* (37), p. 95-96.

Como Molina explicitou, estatísticos aplicados eram obrigados, muitas vezes, a tomar decisões rápidas com base em escassos dados observacionais; em tais casos, eles tinham que confiar no conhecimento prévio indireto, chamado de informação colateral. Isso podia variar a partir de avaliações das tendências nacionais ou históricas até da saúde mental de um executivo. Faziam-se necessários métodos para utilizar tipos de evidência estatísticos e não estatísticos.

Usando a fórmula de Laplace, Molina combinou sua informação prévia sobre a economia de automatização do sistema telefônico Bell com dados sobre o tráfego de chamadas telefônicas, duração das chamadas e tempo de espera. O resultado foi um modo rentável para a Bell lidar com incertezas no uso do telefone.

Então Molina trabalhou na automação do sistema de trabalho intensivo da Bell. Em muitas cidades a companhia empregou de 8 a 20% da população feminina como telefonistas, comutando cabos para rotear chamadas através de instalações de entroncamentos a clientes de intercâmbios distantes. Operadores estavam em falta, o volume anual de negócios em algumas cidades foi de 100% ou mais ao ano, e os salários dobraram entre 1915 e 1920. Dependendo do ponto de vista, o trabalho expressou ou oportunidades para as mulheres ou pressão desumana da tecnologia moderna.

Para automatizar o sistema, Molina concebeu o tradutor de retransmissão, que convertia números de telefone decimais discados em instruções de roteamento. Daí empregou Bayes para analisar informações técnicas e a economia de várias combinações de comutadores, seletores e linhas de entroncamento, em especial o intercâmbio. Depois que as mulheres ganharam o direito de votar em 1920, Bell temia uma reação caso demitisse todos os seus funcionários, por isso escolheu um método de automação que reduzia apenas pela metade o número de empregados. Entre as duas guerras mundiais, o emprego de operadores caiu de quinze para sete por mil telefones, mesmo com o aumento do serviço de atendimento telefônico. A probabilidade assumiu um papel importante no Sistema Bell, e os métodos bayesianos eram utilizados para desenvolver a teoria de amostragem básica.

Molina ganhou prêmios prestigiosos, mas seu uso de Bayes permaneceu controverso entre alguns matemáticos da Bell, e ele queixou-se de ter tido problemas ao publicar sua pesquisa. Alguns dos seus problemas podem ter se originado a partir do seu caráter fascinante. Ele amava modelos de barcos, publicou artigos sobre o uso da probabilidade por Edgard Alan Poe, tocava piano com habilidade e fazia doações ao Metropolitan Opera em Nova York. Ele foi para a guerra russo-japonesa com tanta avidez que os seus colegas o apelidaram, não de modo carinhoso, de General Molina. Quando, de modo independente, ele descobriu a distribuição de Poisson, chamou-a de distribuição de Molina até que soube, para o seu constrangimento, que o protegido de Laplace, Siméon Denis Poisson, havia escrito sobre isso na década de 1830.

O entusiasmo de Molina pela probabilidade Bayes-Laplaciana não se espalhou para outras corporações norte-americanas. A AT&T várias vezes considerou seus artigos sobre Bayes como propriedade sigilosa e editou-os apenas em publicações internas anos depois do fato.

Enquanto a lei de Bayes ajudava a salvar o Sistema Bell, financistas corriam para construir ferrovias e indústrias norte-americanas. Normas de segurança do governo eram inexistentes, no entanto, um em cada 318 trabalhadores da indústria morriam no trabalho entre 1890 e 1910, e muitos outros ficavam feridos. A força de trabalho no país sofria mais acidentes, doenças, invalidez, envelhecimento prematuro e desemprego do que os trabalhadores europeus. Ainda por cima, ao contrário da maioria da Europa, os Estados Unidos não possuíam um sistema de seguro para doentes e trabalhadores feridos, e a maioria das famílias de operários viviam com um contracheque longe de precisarem de caridade. Os juízes federais decidiram que os funcionários feridos poderiam processar seus chefes apenas se estes fossem pessoalmente culpados. Em 1898, um Departamento de Trabalho estatístico dos Estados Unidos não poderia pensar em nenhuma outra reforma social ou legal em que os Estados Unidos estivessem tão defasados em relação a outras nações.

A tendência mudou quando um número crescente de trabalhadores aderiu ao American Federation of Labor (Federação do Trabalho Norte-Americana) e quando os júris locais começaram a conceder acordos generosos aos seus pares incapacitados. A essa altura, os empregadores decidiram que era mais barato tratar da saúde do profissional como uma despesa de negócio previsível do que confiar em júris e incentivar a sindicalização. Entre 1911 e 1920 passou-se uma avalanche de casos sem penalizações, porém oito estados começaram a exigir dos empregadores, de imediato, seguro contra ferimentos profissionais e doenças. Este foi o primeiro, e durante décadas o único, seguro social nos Estados Unidos.

A legislação desencadeou uma emergência. Normalmente, o preço de um prêmio de seguro refletia anos de acúmulo de dados a respeito de fatores tais como proporção de acidentes, custos médicos, ordenados, tendências de todas as indústrias e dados particulares acerca de cada empresa. Nenhum desses dados existia nos Estados Unidos. Nem mesmo os estados mais industrializados tinham estatísticas suficientes de saúde ocupacional para fixar política de preços para todas as suas indústrias. A potência industrial do estado de Nova York tinha experiência suficiente apenas com políticas de preço para máquinas impressoras e trabalhadores do setor vestuário; a Carolina do Sul conhecia apenas o setor de fiadores de algodão e tecelões; e Saint Louis e Milwaukee tinha conhecimento de cervejarias. Em 1909, o Nebraska possuía só 25 pequenos fabricantes de qualquer espécie. Assim, um perito em segurança se perguntava: "Quando Nebraska será capaz de determinar a pureza do seu prêmio de seguro com 'suspensórios sem fivelas', ou Rhode Island com o fornecimento de 'açougueiros'? E ainda assim as taxas devem ser cotadas para todos, e, além disso, devem ser adequadas e equitativas."[12]

---

12 I. M. Rubinow, Scientific Methods of Computing Compensation Rates, PCAS, (1), p. 13.

Dados de outras áreas raramente eram relevantes. A Alemanha coletou estatística de acidentes por trinta anos, mas sua condição industrial era mais segura, e por seus dados serem coletados em todo país, os prêmios podiam ter como base a informação de todas as indústrias. Porém, nos Estados Unidos, os dados eram coletados por estado, e a estatística de Massachusetts sobre sapatos e fabricantes de botas era irrelevante para as minas de metais de Nevada e suas elevadas taxas de mortalidade porque, como viria a comentar um especialista, "as minas de metais são tão raras em Massachusetts como cobras na Irlanda"[13].

Apesar disso, os prêmios haviam sido inventados – durante a noite e a partir do nada – para quase todas as empresas significativas no país. Era um pesadelo manter qualquer estatístico matematicamente treinado acordado à noite – não que não houvesse muitos nos Estados Unidos. Atuários eram, com frequência, hostis ao alto nível da matemática, e um funcionário queixou-se de que os prêmios para acidentes e incêndios tiveram seus preços tipicamente fixados por auxiliares destreinados que usavam a opinião, o que eles "chamavam eufonicamente de julgamento de subscrição"[14], mais ou menos como "intuição de mulher... ('Não sei por que acho assim, mas tenho certeza de que estou certa')"[15]. Agravando a crise, cada legislatura estadual deliberava sobre o seu próprio e exclusivo sistema de seguro.

Ainda assim, os prêmios tiveram que ter seu preço fixado com precisão: altos o suficiente para manter da companhia de seguros o solvente para a vida dos seus segurados, e individualizado o bastante para premiar as empresas com bons registros de segurança. Em uma extraordinária façanha, Isaac M. Rubinow, um médico e estatístico da American Medical Association (Associação Médica Norte-Americana), organizou, com suas próprias mãos, a análise, classificação e a tabulação de literalmente milhões de

---

13 Idem, The Theory and Practice of Law Differentials, PCAS, (4), p. 35.
14 Idem, Scientific Methods of Computing Compensation Rates, op. cit., (1), p. 14.
15 Idem, The Theory and Practice of Law Differentials, op. cit., (4), p. 42.

reivindicações de seguro, sobretudo da Europa, como um paliativo de dois ou três anos, até que cada estado pudesse acumular estatísticas sobre suas vítimas profissionais. "Cada pedacinho de informação", dizia, deveria ser utilizado[16].

Rubinow convocou onze atuários com mentalidade científica e formou a Casualty Actuarial Society (Sociedade Atuarial de Vítimas) em 1914. Apenas sete eram graduados em faculdades, mas seu objetivo era elevado: localizar vítimas de incêndio e indenização de seguro de trabalhadores com uma sólida base matemática. Rubinow tornou-se o primeiro presidente da organização, mas deixou-a quase imediatamente quando a indústria do seguro e a American Medical Association se opuseram a estender o seguro social aos doentes e idosos. Corriam rumores de que Rubinow, um imigrante judeu da Rússia, possuía "tendências socialistas"[17].

Albert Wurts Whitney, um especialista em matemática de seguros, de Berkeley, substituiu Rubinow em um comitê de indenização de trabalhadores. Whitney foi um dos alunos da Beloit College e não tinha diploma de graduação, mas havia lecionado matemática e física nas universidades de Chicago, Nebraska e Michigan. Na University of California, em Berkeley, ele ensinou probabilidade para futuros profissionais da área de seguros. Embora não tenha se embebido tanto da literatura matemática original como Molina da Bell Labs, Whitney estava familiarizado com os teoremas de Laplace e de Bayes, e sabia que seria preciso utilizar um deles. Ele também compreendeu outra coisa. As equações eram muito complicadas para o incipiente movimento de indenização de trabalhadores.

Em uma tarde na primavera de 1918, durante a Primeira Guerra Mundial, Whitney e o seu comitê trabalhou por horas eliminando cada possível complicação matemática e substituindo simplificações duvidosas. Eles concordaram em supor que cada atividade em uma classe industrial específica (por exemplo, telhadores

---

16 Idem, Scientific Methods of Computing Compensation Rates, op. cit., p. 14.
17 Anônimo em D.M. Pruitt, The First Fifty Years, PCAS, (51), p. 151.

residenciais) enfrentava riscos iguais. Consideraram também cada atuário igualmente habilitado para complementar dados de danos com julgamentos subjetivos "não estatísticos" ou a partir de "material exógeno", tais como um proprietário de uma empresa com hábito de beber. Esta era a lei de Bayes em que a experiência de toda indústria era utilizada como base para o antecedente e a história local da empresa para novos dados. Whitney alertou: "Nós reconhecemos que as taxas [subjetivas] para algumas categorias são mais confiáveis que para outras. [Mas] é duvidoso se é um expediente para reconhecer este fato na prática."[18]

No fim da tarde o comitê decidiu basear o preço do prêmio de um cliente quase que exclusivamente na experiência da categoria geral do cliente. Assim, o prêmio de uma oficina mecânica estaria baseado nos dados de outra, nos de empresas similares ou, se fosse grande o bastante, em sua própria experiência. Combinando dados a partir de negócios relacionados, concentrados os números, aproximando-os da média e tornando-os mais precisos, temos um sutil efeito de "contração" que Charles Stein explicaria na década de 1950. O que restou foi surpreendentemente uma fórmula simples que um balconista poderia calcular, um segurador conseguiria compreender e um vendedor poderia explicar aos seus clientes. O comitê orgulhosamente chamou essa criação de Credibilidade.

Nos trinta anos seguintes, o primeiro sistema de seguro social nos Estados Unidos confiou neste sistema bayesiano simplificado. Em uma clássica declaração que ameniza a importância do feito, um atuário admitiu: "Claro [Credibilidade de] $Z=P/(P+K)$ não é uma descoberta tão grande como $E=mc^2$, nem tão inalteravelmente verdadeira, mas tornou a vida muito mais fácil para homens de seguro durante gerações."[19] Mais ou menos cinquenta anos mais tarde, estatísticos e atuários ficariam surpresos ao descobrir as raízes bayesianas da Credibilidade.

---

18 The Teory of Experience Rating, PCAS, (4), 1918, p. 287.
19 D.M. Pruitt, op. cit., p. 169.

Em seguida, Whitney elaborou métodos para ponderar cada dado quanto à sua credulidade subjetiva. Rapidamente atuários estavam se aventurando "além de qualquer coisa que tenha sido demonstrada matematicamente. A única prova que eles podem oferecer", um atuário relatou mais tarde, "é que, na prática, funciona"[20].

Céticos funcionários públicos e corretores de seguro ficavam às vezes intrigados para saber de onde vinham aquelas cifras desconhecidas da Credibilidade. Um comissário de seguro perguntou: "Vocês têm apoiado todas as coisas no arquivamento com a atual experiência, onde está a experiência que apoia o seu fator Credibilidade?"[21] Os atuários rapidamente mudaram de assunto. Quando Whitney foi perguntado sobre onde ele teria obtido os princípios da matemática subjancentes da Credibilidade, ele apontou, de modo irreverente, para um colega da casa. "Na sala de jantar de Michelbacher", disse.

A teoria da Credibilidade foi resposta norte-americana prática para um problema exclusivamente norte-americano, e tornou-se a pedra angular do seguro de vítimas de acidentes e de seguro de propriedades. Como havia reinvindicações acumuladas, os atuários podiam checar a precisão dos seus prêmios comparando-as às reivindicações atuais. Em 1922, atuários ganharam acesso a uma enorme pesquisa de dados ocupacionais compilados pelo National Council for Compensation Insurance (Conselho Nacional de Seguros de Indenização). Com o passar dos anos, a prática dos atuários tinha cada vez menos necessidade de compreender a relação entre a Credibilidade e Bayes.

Durante algum tempo os Estados Unidos empregaram o teorema de Bayes para decisões empresariais, a França o adaptaria para resoluções militares, e a eugenia estava deslocando a história de Bayes de volta à sua cidade natal, na Grã-Bretanha. Lá Karl Pearson

---

20 Ibidem, p. 170.
21 Ibidem.

e Ronald Fisher estavam desenvolvendo a estatística – a matemática das incertezas – na primeira ciência da informação. No início do século XX, na medida em que criaram novas maneiras para estudar biologia e hereditariedade, os teóricos mudariam suas atitudes com relação à lei de Bayes, passando de uma tolerância tépida para uma total hostilidade.

Karl Pearson (repito seu primeiro nome pois seu filho Egon também está presente na história de Bayes) era um ateísta entusiasta, socialista, feminista, darwinista, germanófilo e eugenista. Para salvar o império britânico, ele acreditava que o governo deveria encorajar a classe média alta a procriar e os pobres a abster-se. Karl Pearson liderou trinta e poucos teóricos estatísticos britânicos durante anos. Nesse processo, ele iniciou duas gerações de matemáticos aplicados para o tipo de rixas e intimidações profissionais geralmente vistas apenas em *playgrounds* de escolas de ensino médio.

Controvertido, insaciável, ambicioso e determinado como uma rocha, Karl Pearson era ambivalente no que diz respeito a poucas coisas, e a lei de Bayes era uma delas. Antecedentes uniformes e subjetividade deixavam-no nervoso. Entretanto, com poucas outras ferramentas de avaliação estatística ele concluiu de modo lamentável que "o homem prático [...] aceitaria os resultados da probabilidade inversa da marca Bayes-Laplace até melhores estarem a caminho"[22]. Como Keynes disse em *A Treatise on Probability* (Tratado Sobre a Probabilidade), em 1921, "Sobre esse tema existe ainda, para os cientistas, um cheiro de astrologia, de alquimia". Quatro anos mais tarde o matemático norte-americano Julian L. Coolidge concordava: "Utilizamos a fórmula de Bayes com um suspiro, como a única coisa disponível nestas circunstâncias."[23]

Outro geneticista, Ronald Aylmer Fisher, finalmente contestou os herdeiros estatísticos de Karl Pearson e deu um golpe quase letal na lei de Bayes. Se a história de Bayes era um melodrama da TV, ela

---

22 Em D.A. MacKenzie, *Statistics in Britain 1865-1930*, p. 204.
23 Em A. Hald, op. cit., p. 163.

precisava de um vilão bem definido, e Fisher seria provavelmente a escolha do público por aclamação.

Ele não olhava a parte. Até mesmo com lentes grossas ele mal conseguia enxergar a um metro e meio de distância e teria que ser resgatado de um ônibus que se aproximasse. Suas roupas eram tão amarrotadas que sua família achava que ele parecia um mendigo; ele fumava um cachimbo até mesmo enquanto nadava; e se uma conversa o aborrecia, às vezes ele removia sua dentadura e a limpava em público.

Fisher interpretava qualquer questão como um ataque pessoal, e ele mesmo reconhecia que o seu temperamento inflamado era a desgraça de sua existência. Um colega, William Kruskal, descreveu a vida de Fisher como "uma sequência de brigas científicas, muitas vezes várias ao mesmo tempo, tanto em encontros científicos como em artigos científicos"[24]. Em uma interpretação essencialmente solidária sobre a carreira de Fisher, o teórico bayesiano Leonard Jimmie Savage disse que ele "às vezes publicava insultos que só um santo conseguiria perdoar totalmente [...] Fisher consumiu-se muito mais do que todos nós [...] por ser original, correto, importante, famoso e respeitado. E em grande medida, ele conseguiu tudo isso, embora nunca de modo suficiente para deixá-lo em paz"[25]. Parte da frustração de Fisher deve ter surgido do fato de que, em muitas questões estatísticas, ele estava correto.

Fisher tinha dezesseis anos quando os negócios de sua família ruíram. Como bolsista de Cambridge, tornou-se o melhor estudante de matemática em sua classe e, em 1911, foi o fundador e presidente da Cambridge University Eugenics Society (Sociedade de Eugenia da Universidade de Cambridge). Poucos anos mais tarde, resolveu, em uma página, um problema com o qual Karl Pearson lutou durante anos; Pearson achava que a solução de Fisher era uma asneira e recusou publicá-la em seu periódico de

---

24 The Significance of Fisher, *JASA*, (75), 1980, p. 1026.
25 On Rereading R.A. Fisher, *Annals of Statistics*, (4), p. 445-446.

prestígio, *Biometrika*. Os dois continuaram a ter rixas durante toda suas vidas. Porém, ao consertar inconsistências no trabalho de Karl Pearson, Fisher foi pioneiro na primeira exaustiva e rigorosa teoria de estatística, e colocou-a em seu curso antibayesiano de matemática.

A inimizade entre esses dois homens instáveis era impressionante, porque ambos eram eugenistas fervorosos que acreditavam que a bem pensada geração de supermulheres e super-homens britânicos aperfeiçoariam a população humana e o império britânico. Para auxiliar no sustento de sua esposa e de oito filhos que viviam em uma fazenda, Fisher aceitou o financiamento de uma controvertida fonte, Leornard, filho de Charles Darwin que, como presidente da Eugenics Educational Society (Sociedade Educacional de Eugenia), apoiava a detenção de "tipos inferiores, [...] sendo os gêneros mantidos à parte" para impedi-los de ter filhos[26]. Em troca do seu auxílio financeiro, Fisher publicou mais de duzentos comentários na revista de Darwin entre 1914 e 1934.

Em 1919, poucos empregos eram disponíveis na área de estatística ou eugenia; no entanto, Fisher conseguiu uma posição analisando fertilizantes na Rothamsted Agricultural Experiments Station. Outros pioneiros da estatística trabalhavam em cervejarias, com fios de algodão e em fábricas de lâmpadas elétricas, e na indústria de lã. O emprego de Fisher consistia em analisar volumes de dados compilados ao longo de décadas sobre estrume de cavalos, fertilizantes químicos, rotação de colheitas, precipitação atmosférica, temperatura e produção de colheitas. "Ajuntando mais pilhas de estrume", ele dizia sobre isso[27]. No começo, como Karl Pearson, Fisher utilizou Bayes. Mas durante os chás da tarde em Rothamsted, cientistas do solo confrontavam Fisher com, literalmente, novos tipos de problemas práticos. Fascinado, Fisher elaborou maneiras melhores para projetar experimentos.

26 L. Darwin, em D.A. MacKenzie, op. cit., p. 19.
27 G.E.P. Box et al., *Improving Almost Anything*, p. 127.

No decorrer dos anos, ele foi pioneiro em métodos de randomização, teoria de amostragem, testes de significância, estimativa do máximo de possibilidades, análise da variância e métodos de projetos experimentais. Graças a Fisher, cientistas experimentais, que tradicionalmente vinham ignorando métodos estatísticos, aprenderam a incorporá-los quando elaboravam seus projetos. Como magistrado da estatística do século XX, Fisher finalizava, com frequência, longas discussões com um veredito de uma só palavra: "Randomize". Em 1925 ele publicou um manual revolucionário de novas técnicas, *Statistical Methods for Research Workers* (Métodos Estatísticos para Pesquisadores). Um livro de receitas de engenhosos procedimentos estatísticos para não estatísticos tornou-se frequente no método estatístico *de facto*. Seu primeiro manual vendeu vinte mil cópias, e um segundo teve sete edições antes da morte de Fisher em 1962. Suas análises de variância, que diz como separar os efeitos de tratamentos diversos, tornou-se uma das mais importantes ferramentas das ciências naturais. Seu teste de significância e os seus valores-p seriam usados milhões de vezes, assim como, ao longo dos anos, tornou-se cada vez mais controverso. Hoje ninguém pode discutir estatística – o que ele denominava de "matemática aplicada para dados observacionais" – sem empregar alguns dos vocabulários de Fisher[28]. Muitas de suas ideias foram soluções para problemas computacionais causados pelas limitações da era das calculadoras de mesa. Logo os departamentos de estatística tocaram com a música dos sinos ativados por máquinas de calcular mecânicas, a cada passo dos seus cálculos fisherianos.

O próprio Fisher se tornou um soberbo geneticista que paralelamente fazia estatística matemática. Ele encheu sua casa com gatos, cães e milhares de camundongos para fazer experimentos de cruzamentos; conseguia documentar cada *pedigree* do animal por gerações. Diferente de Bayes, Price e Laplace ele não precisava complementar observações insuficientes ou conflitantes com

---

28 R.A. Fisher, *Statistical Methods for Research Workers*, p. 1.

palpites ou julgamentos subjetivos. Seus experimentos produziam pequenos dados conjuntos e subconjuntos rigorosamente focados, para responder a uma única pergunta com rigores matemáticos. Ele tratava com poucas incertezas ou lacunas nos dados e conseguia comparar, manipular ou repetir seus experimentos conforme a necessidade. Graças aos problemas por ele analisados, Fisher redefiniu muitas incertezas não por meio de suas probabilidades relativas, mas por suas frequências relativas. Ele levou fruição às teorias de Laplace baseadas na frequência, método que o próprio Laplace preferia até o fim da vida.

Depois de quinze anos na Rothamsted, Fisher se transferiu, primeiro, para a University College London e depois então para Cambridge como professor de genética. Hoje, estatísticos o veem como uma das grandes mentes do século XX, e uma "aura mítica" cerca Karl Pearson e ele[29]. A aura em torno de Fisher é, mesmo assim, um pouco manchada. Ele deixou sua família na fazenda em estado precário, com parcos subsídios. Como um colega escreveu, "Se ao menos... se ao menos... R.A.F tivesse sido um homem melhor, se ao menos ele tivesse se esmerado em ser claro e menos enigmático, se ao menos ele não tivesse sido obcecado pela ambição e por amarguras pessoais. Se ao menos. Mas então não poderíamos ter tido conquistas magníficas."[30]

Atacando a lei de Bayes, Fisher chamava-a de "selva impenetrável" e "um equivoco, talvez o único equivoco com o qual o mundo matemático tão profundamente se comprometeu"[31]. A igualdade de antecedentes constituíam "falsidades assombrosas"[32]. "Minha convicção pessoal", declarou, é "que a teoria da probabilidade inversa é fundada em um erro, e deve ser inteiramente rejeitada"[33]. Um estudioso estatístico, Anders Hald, lamentou polidamente,

29 W. Kruskal, The Significance of Fisher, op. cit, p. 1026.
30 Idem, p. 1029.
31 Em N.L. Johnson; S. Kotz (eds.), *Breakthroughs in Statistics*, v. 1, p. 13.
32 Em J. Gill, *Bayesian Methods*, p. 122.
33 Op. cit., p. 9-11.

"o arrogante estilo da escrita de Fisher"[34]. Embora o trabalho de Fisher tenha muitos elementos bayesianos, ele combateu Bayes por décadas, tornando-o virtualmente um tabu entre respeitáveis estatísticos. Sua constante disposição para brigar fez com que fosse difícil para seus adversários enfrentá-lo. Bayesianos não estavam sozinhos na conclusão de que Fisher adotou algumas de suas posições "simplesmente para evitar concordar com seus oponentes"[35].

Impelido pela necessidade de tratar com incertezas e economizar tempo e dinheiro, os teóricos da amostragem baseada em frequência desfrutaram uma era de ouro durante as décadas de 1920 e 1930. Fisher libertou cientistas ao resumir e traçar conclusões sem ter que lidar com as confusões anteriores, preconceitos e palpites de Bayes. E graças à sua insistência no rigor matemático, a estatística se tornou, se não totalmente "verdadeira matemática", pelo menos uma disciplina matemática distinta, matemática aplicada a dados.

A querela entre Karl Pearson e Fisher adentrou na segunda geração quando Egon, o filho de Karl, tornou-se outra vítima da ira de Fisher. Ao contrário do seu pai, Egon Pearson era modesto e até mesmo discreto. No início, como seu pai e Fisher precocemente em suas carreiras, Egon Pearson usava comumente a lei de Bayes. Em 1925 ele publicou a mais extensa exploração dos métodos bayesianos conduzida entre a época de Laplace, na década de 1780, e a década de 1960. Utilizando antecedentes para uma série de experimentos aparentemente excêntricos, ele calculou tais probabilidades como a fração de táxis de Londres, com placas de licença LX; homens fumando cachimbo na rua Euston; veículos puxados por cavalos na rua Gower; potros castanhos nascidos de éguas baias; e cães de caça com manchas bege nos pelos. Seus experimentos, porém, tinham um sério propósito. Ele estava observando todo tipo de problemas binominais, "trabalhando voltado

---

[34] Op. cit., p. 733.
[35] L.J. Savage, op. cit., p. 446.

para trás" para encontrar "antecedente da natureza", um qualquer que pudesse utilizar com um problema binomial. Ele concluiu que muitos dados haviam sido coletados, mas nenhum deles se encaixava nesse desafio. Como alternativa, Egon Pearson ocupou-se tentando fazer o trabalho de Fisher com maior rigor matemático, enfurecendo, desse modo, a Fisher e a seu pai.

Egon Pearson e um matemático polonês, Jerzy Neyman, trabalharam em equipe, em 1933, para desenvolver a teoria Neyman-Pearson de teste de hipóteses. Até então, os estatísticos testavam uma hipótese de cada vez e, da mesma maneira, aceitavam-na ou rejeitavam-na sem considerar alternativas. A ideia de Egon Pearson era que o único raciocínio correto para rejeitar uma hipótese estatística era aceitar a mais provável dentre elas. Como ele, Neyman e Fisher desenvolveram essa ideia, e a teoria tornou-se uma das mais influentes peças de matemática aplicada do século xx. Entretanto, Egon Pearson estava com receio de contradizer seu pai. Seu "temor de K.P. e de R.A.F." precipitou-o em uma crise psicológica em 1925 e 1926: "Eu tive que passar pela fase dolorosa de perceber que K.P. poderia estar errado [...] e eu estava dividido entre conflitos emocionais: a. encontrando dificuldades para compreender R.A.F.; b. odiando-o por seus ataques ao meu 'deus' paterno; c. percebendo que pelo menos em algumas coisas ele estava correto."[36] Para apaziguar seu pai, Egon abriu mão da mulher que amava; eles se casaram muitos anos mais tarde. Egon estava com tanto medo de submeter artigos para a *Biometrika* de seu pai, que ele e Neyman editaram seu próprio periódico, *Statistical Research Memoirs*, por dois anos entre 1936 e 1938 e cessaram a publicação apenas depois da morte de Karl Pearson.

Ao longo dos anos, Fisher, Egon Pearson e Neyman desenvolveriam uma grande quantidade de eficazes técnicas de estatística. Fisher e Neyman tornaram-se antibayesianos fervorosos que se limitavam a eventos que teoricamente poderiam ser repetidos muitas vezes; consideravam amostras como suas únicas fontes de

---

36 Em Constance Reid, *Neyman-from Life*, p. 55-56.

informação; e observavam cada novo conjunto de dados como um problema separado, para ser utilizado caso os dados fossem poderosos o bastante para fornecer conclusões estatísticas significantes e para serem descartado se não o fossem. Como antibayesianos, baniram antecedentes subjetivos, apesar de não argumentar contra o teorema de Bayes quando os antecedentes eram conhecidos; as dificuldades e controvérsias surgiam quando as probabilidades antecedentes eram desconhecidas. Neyman, por exemplo, denunciou o atalho da igualdade antecedente de Bayes como "ilegítimo"[37].

Não bastasse uma profunda divisão filosófica entre os dois métodos, os frequentistas procuravam, para a probabilidade de um conjunto de dados, pleno conhecimento das prováveis causas, enquanto os bayesianos poderiam também procurar um melhor conhecimento das causas à luz dos dados. Bayesianos poderiam também considerar a probabilidade de um único evento, como a chuva do dia seguinte; encapsular informações subjetivas em antecedentes; atualizar seus palpites com novas informações; e incluir cada dado possível porque cada um pode alterar a resposta em uma pequena quantidade.

Em tempo, no entanto, Fisher e Neyman também se separaram, começando mais uma suculenta disputa que durou trinta anos. Seus pontos de vista sobre testes, que poderiam ser de uma ordem de magnitude à parte, constituíram o ponto crucial de sua luta amarga. De acordo com Neyman, porém, a discussão começou porque Fisher exigia que Neyman lecionasse somente a partir do seu livro. Quando Neyman se recusou, Fisher prometeu se opor a ele "com todas as minhas capacidades".

Em uma discussão durante uma reunião da Royal Society em 28 de março de 1934, um secretário tomou as costumeiras notas palavra por palavra para publicá-las na íntegra. Neyman apresentou um artigo argumentando que o quadrado latino (uma técnica

---

[37] W. Perks, Some Observations on Inverse Probability Including a New Indifference Rule, *Journal of the Institute of Autuaries*, (73), p. 286.

inventada por Fisher para projeto experimental) era tendencioso. Fisher imediatamente caminhou até uma lousa, desenhou um quadrado latino e, utilizando um simples argumento, mostrou que Neyman estava errado. Mas Fisher estava longe de ser polido. Ele reclamou sarcasticamente que "esperava que o artigo apresentado pelo dr. Neyman fosse sobre um tema com o qual o autor estivesse totalmente familiarizado, e sobre o qual ele poderia falar com autoridade [...] Dr. Neyman foi um pouco imprudente na escolha dos seus tópicos". Fisher parecia não conseguir parar. Ele continuava: "Dr. Neyman chegou ou pensou ter chegado a [...] Exceto por seus defeitos teóricos [...] a aparente incapacidade de compreender o argumento bem simples [...] Como o Dr. Neyman deixou-se enganar pelo seu simbolismo em tão simples questão?" e assim por diante[38].

Em 1936 a querela entre as tropas de Neyman e os fisheristas era uma célebre causa acadêmica. Os dois grupos ocupavam diferentes andares de um mesmo prédio na University College London, mas eles nunca se misturavam. O grupo de Neyman tinha o hábito de se reunir em uma sala para o chá da Índia entre 15:30 e 16:15. O grupo de Fisher tomava o chá da China a partir de então. Eles lutavam por refugos. O edifício de estatística não tinha água potável, e tinha tão pouca eletricidade que não havia condição de se enxergar as lousas depois de escurecer. Além disso, fazia tanto frio no inverno que se usava sobretudo no interior do prédio.

George Box, que se sobrepôs aos dois grupos (ele estudou com Egon Pearson, tornou-se um bayesiano, e se casou com uma das filhas de Fisher), dizia que Fisher e Neyman "tanto podiam ser desagradáveis como generosos às vezes". Porque Neyman tinha uma decisão orientada e Fisher estava mais interessado na inferência científica, suas metodologias e tipos de aplicações eram diferentes. Cada qual estava fazendo o que era melhor para os problemas com os quais estavam trabalhando, mas nenhum dos

---

38 Em J. Neyman, Statistical Problems in Agricultural Experiment, *Supplement to the JRSS*, (2:2), p. 154-157.

dois lados tentava compreender o que o outro estava fazendo. Um enigma popular interno da casa descrevia a situação: "Qual é o substantivo coletivo para um grupo de estatísticos?"; "Uma briga."[39] Pouco antes da Segunda Guerra Mundial, Neyman transferiu-se para a University of California, em Berkeley, e transformou-a em uma poderosa casa antibayesiana. A teoria Neyman-Pearson de testes tornou-se a glória e o emblema da escola de Berkeley. A piada, é claro, era que o homônimo da University of Berkeley, o bispo Berkeley, desaprovava os cálculos e os matemáticos.

A era de ouro da teoria da probabilidade havia se transformado em um ataque de dupla face por dois campos de frequentistas antagônicos, unidos em sua aversão a Bayes. Na confusão de ideias, a falta de discursos razoáveis entre os líderes da matemática estatística retardou o desenvolvimento da lei de Bayes por décadas. Presa em disputas internas, a lei saiu sozinha para buscar seu caminho, frustrada e depreciada.

Mas mesmo com a agressão dos frequentistas colocando-a para baixo, o primeiro vislumbre de um rápido ressurgimento aqui e ali, veio silenciosamente e de modo quase despercebido. Em uma notável confluência de modos de pensar, três homens em três diferentes países independentemente surgiram com a mesma ideia sobre Bayes: o conhecimento é de fato altamente subjetivo, mas é possível quantificá-lo com uma aposta. A quantia que apostamos mostra o quanto acreditamos em algo.

Em 1924, um matemático francês, Émile Borel, concluiu que o grau de crença subjetiva de uma pessoa poderia ser medida pelo montante que ela estava disposta a apostar. Borel alegava que aplicar a probabilidade em problemas reais, tais como seguros, biologia, agricultura e física era muito mais importante que a teorização matemática. Ele acreditava no comportamento racional e viveu como ensinou. No auge de um escândalo sobre um possível

---

[39] Tukey, segundo Brillinger por e-mail.

caso de Marie Curie com outro cientista, Borel protegeu a ela e a suas filhas; em reação a isso, o ministro do ensino público ameaçou demiti-lo do seu cargo de professor na École Normale Supérieur, a mais importante escola de matemática e ciências[40]. Entre as duas guerras mundiais, Borel era membro da câmara francesa dos deputados e ministro da marinha, e auxiliou na direção de uma política nacional para pesquisa e educação. Preso por pouco tempo durante a Segunda Guerra Mundial pelo governo pró-nazista de Vichy, recebeu mais tarde a Medalha da Resistência.

Dois anos depois da sugestão de Borel, um jovem matemático e filósofo inglês chamado Frank P. Ramsey fez a mesma proposta. Antes de morrer com a idade de 26 anos, em consequência de cirurgias para icterícia, ele perguntava como devemos tomar decisões em face da incerteza. Em uma conversa informal com estudantes no Moral Sciences Club (Clube de Ciências Morais) na Cambridge University, em 1926, Ramsey sugeriu que a probabilidade era baseada em crenças pessoais que poderiam ser quantificadas por uma aposta. Tal subjetividade extrema rompia radicalmente com pensadores anteriores como Mill, que havia denunciado as probabilidades subjetivas como a aberrante quantificação da ignorância.

Ramsey, que em sua breve carreira contribuiu ainda para a economia, lógica e filosofia, acreditava que a incerteza deveria ser descrita em termos de probabilidade, em vez de ser descrita por testes e procedimentos. Ao falar sobre uma medida de crença como uma base para ação e ao introduzir uma função de utilidade e a maximização da utilidade esperada, ele mostrou como atuar diante da incerteza. Nem Bayes nem Laplace se aventuraram no mundo das decisões e do comportamento. Por Ramsey ter trabalhado em Cambridge, Inglaterra, a história da lei de Bayes poderia ter sido totalmente diferente se ele tivesse vivido por mais tempo.

Quase na mesma época de Borel e Ramsey, um atuário italiano e professor de matemática, Bruno De Finetti, também sugeriu que

---

40 Aip.org/history/curie/scandal. Acesso em: 18.4.2006.

a crença subjetiva poderia ser quantificada em um hipódromo. Ele chamou isso de "a arte da adivinhação"[41]. De Finetti havia apresentado seu primeiro artigo importante em Paris, porque o mais influente estatístico italiano, Corrado Gini, não via solidez em suas ideias. (Em defesa de Gini, De Finetti disse a colegas que estava convencido de que Gini tinha "os olhos do mal".)[42] De Finetti, considerado um excelente matemático italiano do século XX, escreveu sobre economia financeira e tem crédito por ter colocado a subjetividade de Bayes em um sólido fundamento matemático.

Nem mesmo os especialistas de probabilidade, no entanto, deram notícia destas explosões de apostas subjetivas. No decorrer das décadas de 1920 e 1930, o trio antibayesiano Fisher, Egon Pearson e Neyman atraiu todas as atenções. Ramsey, Borel e De Finetti trabalharam à margem dos círculos estatísticos de língua inglesa.

Outro *outsider* esculpiu um refúgio seguro para Bayes na lei da paternidade; um pequeno e discreto canto do sistema judicial norte-americano. O direito à paternidade pergunta: "Será que este homem é o pai desta criança? E se é, quanto ele deve pagar de pensão?" Em 1938, um professor sueco de genética e psiquiatria chamado Erik Essen-Möller desenvolveu um índice de probabilidade que era matematicamente equivalente ao teorema de Bayes. Por cinquenta anos, até os perfis de DNA tornarem-se disponíveis, advogados norte-americanos empregavam o índice de Essen-Möller sem conhecimento da paternidade de Bayes. Na Lei Uniforme de Parentesco dos Estados Unidos, Bayes tornou-se até mesmo um modelo para a legislação estadual. Porque advogados de paternidade começaram a atribuir chances de 50-50 de inocência ao homem, o índice favorecia os pais e apesar disso Essen-Möller acreditava que "mães acusavam com mais frequência a veracidade dos pais do que a falsidade"[43]. O direito bayesiano à paternidade foi usado ainda em casos de imigração e de

---

41 B. De Finetti, *Probability, Induction and Statistics*.
42 D.V. Lindley em carta à autora.
43 Em D.H. Kaye; D.E. Bersntein; J.L. Mnookin, *The New Wigmore, a Treatise on Evidence*.

herança, e em casos nos quais uma criança pudesse nascer como resultado de um estupro. Hoje, a característica evidência do DNA dá a probabilidade de paternidade de 0.999 ou mais.

Ainda um *outsider*, Lowell J. Reed, um médico pesquisador da John Hopkins University, em Baltmore, dramatizou as deficiências do frequentismo e o valor de Bayes em 1936. Reed, membro do departamento de bioestatística, queria determinar as dosagens de raio-X que matariam tumores cancerígenos, mas deixando os pacientes ilesos. Contudo ele não tinha os registros precisos da exposição e os efeitos de doses baixas não eram compreendidos. Reed empregava normalmente métodos de frequência, e repetia testes em moscas de fruta, em protozoários e em bactérias; mas para averiguar doses para humanos ele teria que utilizar mamíferos caros. Com Bayes, ele determinou a maioria das doses terapêuticas para pacientes humanos com câncer, sacrificando um número relativamente pequeno de gatos, 27. Porém Reed trabalhava à margem da tendência dominante em estatística, usando Bayes apenas ocasionalmente, e teve pouca influência no campo da estatística. Mesmo Ramsey, Borel, De Finetti e Essen-Möller tiveram que aguardar décadas antes de ser reconhecida a importância dos seus trabalhos.

Foi um geofísico, Harold Jeffreys, que praticamente sozinho manteve Bayes vivo durante a violenta investida antibayesiana das décadas de 1930 e 1940. Estudantes da Cambridge University gostavam de brincar dizendo que eles tinham dois dos maiores estatísticos do mundo, embora um fosse um professor de astronomia e o outro um professor de genética. Fisher era o geneticista. Jeffreys estava interessado nas ciências da Terra que estudava terremotos, tsunamis e marés. Ele dizia que estava qualificado para o departamento de astronomia "porque a Terra é um planeta"[44].

Em larga medida, graças à tranquilidade de Jeffreys, uma personalidade elegante, ele e Fisher tornaram-se amigos mesmo com

---

44 V. S. Huzurbazar, Sir Harold Jeffreys: Recollections of a Student, *Chance*, (4:2), 1991, p. 19.

suas discordâncias, irrevogáveis e veementes, sobre Bayes. Jeffreys disse que falou a Fisher que "na maioria das coisas deveríamos concordar e quando discordássemos, ambos ficaríamos em dúvida. Depois disso, Fisher e eu nos tornamos grandes amigos"[45]. Por exemplo, Jeffreys acreditava que o método da máxima possibilidade de Fisher era basicamente bayesiano, e ele o empregava com frequência, porque com grandes amostras o antecedente não importava e as duas técnicas produziam aproximadamente o mesmo resultado. Eles diferiam, no entanto, quando pequenos montantes de dados estavam envolvidos. Anos mais tarde, outros dramatizariam situações em que os resultados dos testes de significância de Jeffreys e Fisher poderiam diferir por uma ordem de magnitude.

Exceto por seus pontos de vista sobre Bayes, Jeffreys e Fisher tinham muito em comum. Ambos eram cientistas praticantes que manipulavam dados estatísticos; nenhum deles era matemático ou estatístico. Os dois foram educados em Cambridge; Jeffreys, na verdade, nunca saiu de lá e foi membro da instituição por 75 anos, mais tempo do que qualquer outro professor. Nenhum deles era extrovertido; ambos eram palestrantes horríveis, suas vozes eram fracas e inaudíveis para além de poucas fileiras de cadeiras, e uma vez um estudante contou Jeffreys murmurando "er" 71 vezes em cinco minutos. Ambos foram condecorados por seus trabalhos.

Dos dois, Jeffreys levou uma vida pessoal mais rica. Com a idade de 49 anos, casou-se com sua colaboradora de longa data, a matemática Bertha Swilers; eles revisaram a sua obra monumental, *Methods of Mathematical Physics* (Métodos de Física Matemática), varando as noites como encarregados das restrições no caso de ataque aéreo durante a Segunda Guerra Mundial. Eles se deliciavam anotando discrepâncias em romances de detetive, cantando como tenor em coral de associações, cuidando de interesses botânicos,

---

45 D.V. Lindley, Transcrição de uma conversa entre Sir Harold Jeffreys e o professor Dennis V. Lindley. Papers of Sir Harold Jeffreys A25, p. 14.

caminhando, viajando e, até ele completar 91 anos, indo de bicicleta para o trabalho.

Como Laplace, Jeffreys estudava a formação da Terra e dos planetas a fim de compreender a origem do sistema solar. Ele se envolveu com estatística porque estava interessado em como as ondas do terremoto viajam através da Terra. Um grande terremoto gerava ondas sísmicas que podiam ser gravadas a milhares de quilômetros de distância. Ao medir seus tempos de chegada em diferentes estações, Jeffreys poderia trabalhar em retrocesso para determinar os prováveis epicentros de terremotos e a possível composição da Terra. Esse era um clássico problema na probabilidade inversa de causas. Em 1926, Jeffreys inferiu que o núcleo central da Terra é líquido – provavelmente ferro fundido, provavelmente misturado com vestígios de níquel.

Como disse um historiador, "Talvez em nenhum outro campo houve tantas inferências notáveis extraídas de dados tão ambíguos e indiretos"[46]. Os sinais eram, muitas vezes, difíceis de serem interpretados, e os sismógrafos variavam bastante. Terremotos, que geralmente ocorriam bem distantes em condições muito diferentes, dificilmente se repetiam. As conclusões de Jeffreys envolviam muito mais incertezas do que os experimentos sobre reprodução de Fisher, que foram projetados para respostas precisas de questões repetidas. Como Laplace, Jeffreys passou a vida atualizando suas observações com novos resultados. Ele escreveu:

> As proposições que estão em dúvida [...] constituem a parte mais interessante da ciência; todo avanço científico envolve uma transição a partir da completa ignorância, passando por uma etapa de conhecimento parcial baseado na evidência tornada gradualmente mais conclusiva, para se chegar à fase da certeza prática.[47]

---

46 D. Howie, *Interpreting Probability*, p. 126. O debate Fisher-Jeffreys.
47 Idem, p. 210.

Trabalhando no seu escritório com papéis no chão até os tornozelos, Jeffreys compôs *The Earth: Its Origin, History, and Physical Constitution* (A Terra: Sua Origem, História e Constituição Física), a obra modelo sobre a estrutura do planeta até as placas tectônicas descobertas na década de 1960. (Infelizmente, enquanto Jeffreys desempenhou o herói ao defender Bayes, ele se opôs à ideia da deriva continental tão tarde, em 1970, quando tinha 78 anos, porque pensou que aquilo significava que os continentes teriam que abrir caminho através de um líquido viscoso.)

Enquanto analisava terremotos e tsunamis, Jeffreys planejava algo novo, uma forma objetiva de Bayes para aplicações científicas e elaborava regras formais para selecionar antecedentes. Como ele se expressava sobre isso, "Ao contrário de tentar ver se há alguma forma mais satisfatória da probabilidade antecedente, uma série de autores tem dito que a probabilidade antecedente é um absurdo e, por conseguinte, que o princípio da probabilidade inversa, que não pode trabalhar sem [antecedente], é absurdo também"[48].

Jeffreys considerava a probabilidade apropriada para toda incerteza, mesmo em coisas aparentemente certas como uma lei científica, enquanto frequentistas usualmente restringiam a probabilidade para as incertezas associadas a dados teoricamente repetíveis. Como o estatístico Dennis Lindley escreveu, Jeffreys "admitiria uma probabilidade pela existência do efeito estufa, enquanto muitos estatísticos [frequentistas] não o fariam, e restringiriam suas probabilidades aos dados sobre CO_2, ozônio, altura dos oceanos etc."[49]

Jeffreys ficava particularmente irritado com as medidas de incerteza de Fisher, com seus "valores-p" e níveis de significância. O valor-p era um enunciado da probabilidade sobre dados, levando as hipóteses em consideração. Fisher os havia desenvolvido ao lidar com grandes quantidades de dados agrícolas; ele precisava

---

[48] H. Jeffreys, *Theory of Probability*, p. 99.
[49] D.V. Lindley, Sir Harold Jeffreys, *Chance*, (4:2), p. 11.

de algum modo determinar quais deveriam ser descartados, quais arquivados e quais seriam seguidos de perto e logo. Comparando duas hipóteses, ele conseguiria rejeitar o joio e salvar o trigo.

Tecnicamente, os valores-*p* permitiam aos trabalhadores de laboratórios estabelecer que os seus resultados experimentais ofereciam estatisticamente evidência significante contra uma hipótese se o resultado (ou o mais extremo resultado) tivesse só uma pequena probabilidade (sob a hipótese) de ter ocorrido apenas por acaso.

Jeffreys achava muito estranho que um frequentista considerasse possível resultados que não haviam ocorrido. Ele queria saber a probabilidade de suas hipóteses sobre o epicentro de um determinado terremoto, dada sua informação sobre a chegada de tsunamis causados pelo terremoto. Por que os possíveis resultados que não ocorreram deveriam fazer alguém rejeitar uma hipótese? Poucos pesquisadores repetiam – ou conseguiriam repetir – um experimento ao acaso muitas e muitas vezes. "Repetições imaginárias", diria um crítico sobre eles. Bayesianos consideravam dados como evidência fixa, não como algo que pode variar. Certamente Jeffreys não poderia repetir um determinado terremoto. Além disso, o valor-*p* era uma proposição sobre dados, enquanto Jeffreys queria saber a respeito de sua hipótese diante dos dados. Como consequência, Jeffreys sugeria utilizar apenas dados observados com a lei de Bayes, para computar a probabilidade de a hipótese ser verdadeira.

Newton, como Jeffreys ressaltou, derivou sua lei da gravidade cem anos antes de Laplace demonstrá-la ao descobrir os ciclos de 877 anos de Júpiter e Saturno: "Não houve uma única data na história da lei da gravitação que um teste de significância moderno não teria rejeitado todas as leis [acerca da gravitação], deixando-nos sem lei."[50]

Bayes, na contramão, "tornava isso possível ao modificar uma lei que resistiu ao criticismo por séculos, sem a necessidade de

---

50 Ibidem, p. 391.

supor que quem a originou e seus seguidores fossem incompetentes desastrados"[51].

Jeffreys concluiu que o valor-p fundamentalmente distorcia a ciência. Frequentistas, ele reclamava, "parecem considerar observações com uma base para possivelmente rejeitar hipóteses, mas em nenhum caso para apoiá-los"[52]. Mas o mais provável é que pelo menos algumas das hipóteses rejeitadas de Fisher valiam a pena serem investigadas ou eram realmente verdadeiras.

Um frequentista que teste uma hipótese precisa e obtenha um valor-p de 0,04, por exemplo, pode considerar que a evidência significante é contrária à hipótese. Mas bayesianos afirmam que mesmo com um valor-p 0,01 (que muitos frequentistas veriam como uma extrema e forte evidência contra uma hipótese) as chances a seu favor ainda são de 1 para 9 ou para 10 – "não abalando a terra", diz Jim Berger, um teórico bayesiano da Duke University. Os valores-p ainda irritavam bayesianos. Steven N. Goodman, um destacado bioestatístico bayesiano, da Johns Hopkins Medical School, queixava-se em 1999, "O valor-p é quase nada sensato quanto podemos imaginar. Eu digo aos alunos para desistir de experimentá-lo"[53].

Jeffreys fez a probabilidade de causas de Laplace ser de grande proveito para cientistas práticos, da mesma maneira que Fisher fazia pelos métodos com base em frequência de Laplace. A diferença era que Fisher usava a palavra "Bayes" como um insulto, enquanto Jeffreys chamava isso de teorema pitagórico da teoria da probabilidade. Como o primeiro desde Laplace a aplicar a teoria formal bayesiana em uma variedade de problemas científicos importantes, Jeffreys tornou-se o fundador da moderna estatística bayesiana.

Estatisticamente, as linhas estavam traçadas. Jeffreys e Fisher, dois cordiais adversários professores de Cambridge, embarcaram em um debate de dois anos nas *Sessões* da Royal Society. Jeffreys

---

51 H. Jeffreys, op. cit., p. 718.
52 Ibidem, p. v.
53 S.N. Goodman, Introduction to Bayesian Methods I, *Clinical Trials*, (2:4), p. 284.

pode ter sido tímido e reservado, mas quando estava certo de si ele atacava, de modo plácido mas implacavelmente. Fisher manteve sua usual "vulcânica e paranoica"[54] maneira de ser. Os dois eram cientistas magníficos, os mais importantes do mundo, e cada um usava os métodos da maneira mais adequada ao seu respectivo campo. No entanto, nenhum deles podia enxergar outro ponto de vista. Como gladiadores idosos, arremessavam para todos os lados artigos apaixonados, criticando um ao outro e emitindo réplicas formais, explorando refutações e esclarecimentos brilhantes – até que os editores da Royal Society erguessem as mãos em desespero, ordenando aos guerreiros que cessassem e desistissem.

Depois do grande debate, Jeffreys escreveu um livro monumental, *Theory of Probability* (Teoria da Probabilidade), que por anos permaneceu como a única explicação sistemática de como aplicar Bayes em problemas científicos. Fisher reclamou publicamente que Jeffreys cometeu "um erro lógico na primeira página que invalidava todas as 395 fórmulas do seu livro"[55]. O erro, é claro, era o emprego do teorema de Bayes. Resumindo os livros de Jeffreys, Lindley disse: "De Finetti é um mestre da teoria, Fisher é um mestre da prática, mas Jeffreys é brilhante em ambas"[56].

O debate Fisher-Jerreys terminou inconcluso. Praticamente falando, no entanto, Jeffreys perdeu. Para a década seguinte e por diversas razões, o frequentismo quase eclipsou totalmente Bayes e a probabilidade inversa de causas.

Primeiro, Fisher era persuasivo em público, enquanto o bem--educado Jeffreys não: pessoas brincam que Fisher podia vencer uma discussão mesmo quando Jeffreys estava certo. Outro fator era que os cientistas sociais e estatísticos precisavam de métodos objetivos a fim de estabelecerem-se, eles próprios, como academicamente dignos de confiança na década de 1930. Mais

---

54 D. Howie, op. cit., p. 165.
55 J.F. Box, *R.A. Fisher: The Life of a Scientist*, p. 441.
56 D.V. Lindley, On Re-reading Jeffreys, em I.S. Francis; B.F.J. Manly, F.C. Lam (eds.), *Pacific Statistical Congress*, p. 43.

particularmente, físicos que desenvolviam a mecânica quântica utilizavam frequências em seus dados experimentais para determinar as mais prováveis localizações de nuvens de eléctrons em núcleos. A mecânica quântica era nova e refinada e Bayes não.

Além disso, as técnicas de Fisher, escritas em estilo popular com o mínimo de matemática, eram mais fáceis de aplicar que as de Jeffreys. Um biólogo ou psicólogo conseguiria facilmente empregar o manual de Fisher para determinar se resultados eram estatisticamente significantes. Para usar a abordagem matemática e bastante densa de Jeffreys, um cientista tinha que escolher entre cinco categorias nuançadas: a evidência contra a hipótese "não vale mais do que uma mínima menção" ou é substancial, consistente, muito consistente ou decisiva[57]. De modo característico, Jeffreys escondeu as cinco categorias no apêndice B do seu livro.

Finalmente e mais importante, Jeffreys estava interessado em fazer inferências de evidência científica sem utilizar estatística para guiar uma ação futura. Para ele, a tomada de decisão – tão importante para a ascensão da estatística matemática durante a Segunda Guerra Mundial e a Guerra Fria – era irrelevante. Outros se apartaram na mesma linha divisória: um grande motivo da querela entre Fisher e Neyman, por exemplo, foi a teoria da decisão.

Todos estes fatores deixaram Jeffreys quase totalmente isolado dos teóricos estatísticos. Sua ligação com Fisher estava no interesse deles em aplicar estatística na ciência. Jeffreys conhecia Ramsey e visitou-o quando este estava morrendo no hospital, mas tanto um quanto outro não percebia que trabalhavam na teoria da probabilidade; em todo caso, Jeffreys estava interessado em inferência científica e Ramsey em tomadas de decisão. Jeffreys e De Finetti trabalharam em questões similares de probabilidade durante a década de 1930, mas por meio século Jeffreys não conhecia nem mesmo o nome do italiano e rejeitaria por completo a subjetividade de De Finetti. Muitos estatísticos ignoraram o livro de Jeffrey sobre

---

57 H. Jeffreys, *Theory of Probability*, p. 432.

a teoria da probabilidade por anos; ele dizia que "eles estavam completamente satisfeitos com as teorias da frequência"[58]. Jeffrey aceitou uma medalha oferecida pela Royal Statistical Society, mas ninguém participava das sessões dessa instituição. Geofísicos não sabiam nada acerca do seu trabalho sobre probabilidades; um geólogo surpreso perguntou uma vez a Lindley: "Você quer dizer que o seu Jeffreys é o mesmo Jeffreys que conheço?"[59]

Em 1930, Jeffreys era realmente uma voz no deserto. Muitos estatísticos empregavam o poderoso corpo de ideias desenvolvido pelo trio antibayesiano. O grande livro de Jeffreys *Theory of Probability* foi publicado como parte de uma série de livros de física, não entre livros de estatística. Ele apareceu também no último ano de paz, pouco antes do começo da Segunda Guerra Mundial, e como uma nova oportunidade para a lei de Bayes.

---

58 D.V. Lindley, Transcrição de uma Conversa Entre Sir Harold Jeffreys e o Professor D.V. Lindley..., op. cit., p. 8.
59 Idem, Sir Harold Jeffreys, *Chance* (4:2), p. 10.

parte dois

operíododasegundaguerramundial

4.
bayesvaiàguerra

por volta de 1939 a lei de Bayes era virtualmente um tabu, morta e enterrada no que dizia respeito aos estatísticos mais bem informados. No entanto, permanecia uma questão perturbadora. Como as lideranças no tempo da guerra poderiam tomar as melhores decisões de vida e morte com agilidade, sem aguardar por uma informação completa? Em profundo sigilo, algumas das maiores mentes matemáticas do século XX contribuíram para reconsiderar o papel de Bayes durante os incertos anos por vir.

O perigo dos submarinos alemães era a única coisa que realmente atemorizava Winston Churchill na Segunda Guerra Mundial, e ele se recordou disso em sua história sobre o conflito. A Grã-Bretanha era autossuficiente em pouca coisa mais que o carvão; desenvolveu-se o suficiente para alimentar apenas um entre três habitantes. Mas depois da queda da França, em 1940, a Alemanha controlava fábricas e fazendas da Europa, e navios mercantes desarmados entregavam à Grã-Bretanha trinta milhões de toneladas de comida e provisões estratégicas por ano vindas dos Estados Unidos, Canadá, África e, eventualmente, da Rússia. Durante a Batalha do Atlântico, como foi chamada a luta para abastecer a Grã-Bretanha, submarinos alemães afundaram aproximadamente 2.780 navios Aliados e mais de 50 mil marinheiros mercantes Aliados morreram. Para o primeiro ministro Churchill, a alimentação e o abastecimento do seu país era um fator preponderante durante toda a guerra.

Hitler simplesmente dizia: "Nossos submarinos vencerão a guerra"[1].

As operações de submarinos alemães eram rigorosamente controladas pelo quartel-general alemão na França ocupada. Cada submarino ia para o mar sem ordens e as recebiam mais tarde, pelo rádio, quando estavam bem distantes no Atlântico. Como resultado, uma cascata quase infinita de mensagens codificadas transmitidas por rádio – mais de 49 mil ainda estão arquivadas – transitava, indo e vindo, entre os submarinos alemães e a França. Embora os britânicos precisassem desesperadamente saber onde estavam os submarinos alemães, as mensagens eram indecifráveis. Elas eram criptografadas por máquinas de embaralhar caracteres, e nenhum alemão ou britânico sabia como seus códigos poderiam ser decifrados.

Curiosamente, os poloneses foram os primeiros a pensar de outra forma. Alguns oficiais da inteligência polonesa, espremidos como estavam entre a Alemanha e a Rússia, deram-se conta, durante toda a década anterior ao começo da Segunda Guerra Mundial, de que matemáticos poderiam realizar escutas bastante elucidativas em seus vizinhos opressores. A Primeira Guerra Mundial criou a necessidade de máquinas para codificar mensagens de rádio terrivelmente óbvias. Quando uma máquina de embaralhar alfabeto foi exibida em uma feira internacional em 1923, a Alemanha comprou algumas e equipou-as com novas complexidades para tornar seus códigos mais seguros. As máquinas foram chamadas de Enigma.

E elas eram, de fato, enigmas. Os poloneses levaram três anos tentando, sem sucesso, decifrar as mensagens alemãs antes de perceber que as máquinas automáticas de codificação haviam se tornado de criptografia. A ciência da codificação e decodificação

---

[1] W. Churchill, *Their Finest Hour*, p. 598.

de mensagens secretas tinha se transformado em um jogo para matemáticos. Quando o serviço secreto polonês organizou uma classe de criptografia ultrassecreta para estudantes de matemática que falavam alemão, seu aluno mais brilhante foi um matemático atuário chamado Marián Tejewski. Ele empregou conjecturas inspiradas e teoria dos grupos – a nova matemática de transformação – para fazer uma descoberta crucial: como os rotores eram instalados em uma Enigma. No início de 1938, os poloneses liam 75% das mensagens das forças armadas e aéreas alemãs. Pouco antes de seu país ser invadido em 1939, eles convidaram agentes franceses e britânicos para reunirem-se em um lugar seguro na floresta Pyry, fora de Varsóvia, e revelaram seu sistema, além de enviar uma versão atualizada da máquina Enigma para Londres.

Para quem vê, uma máquina Enigma é muito parecida com uma complicada máquina de escrever, apresentando um teclado tradicional de 26 teclas de caracteres e um segundo grupo de 26 letras iluminadas. Cada vez que um datilógrafo pressionava uma tecla, uma corrente elétrica passava através de um conjunto de três rotores e avançava uma posição de um deles. A carta cifrada iluminava-se no quadro luminoso e o assistente do datilógrafo lia a carta para um terceiro ajudante, que pelo rádio a embaralhava em código Morse. No seu destino, o processo ocorria de modo inverso. O receptor digitava as letras codificadas em seu teclado Enigma e a mensagem original acendia no seu quadro luminoso. Ao alterar a fiação, os rotores, os locais de partida e outras características, um operador da Enigma era capaz de produzir milhões e milhões de permutações.

A Alemanha padronizou suas comunicações militares com versões cada vez mais complexas das máquinas. Aproximadamente quarenta mil Enigmas militares foram distribuídas às forças armadas, à força aérea, naval, paramilitar e ao alto comando alemão, assim como às forças nacionalistas espanholas e italianas e à marinha da Itália. Quando tropas alemãs invadiram a Polônia em 1º de setembro de 1939, Enigmas alimentadas por baterias eram a chave para o seu ataque relâmpago, sendo que agentes de campo davam comandos coordenados em veículos equipados de Enigma, como nunca aconteceu antes, conduzindo baterias de fogo de artilharia, mergulhos de aviões bombardeios e tanques panzer. Muitos navios da marinha alemã, em especial encouraçados, detectores de minas, navios de abastecimento, barcos de boletim meteorológico e submarinos possuíam uma Enigma.

Diferente dos poloneses, a agência britânica encarregou-se de decifrar os códigos e criptogramas militares, agarrando-se à tradição que dizia que decifrar era um trabalho para senhores com habilidades linguísticas. Em vez de contratar matemáticos, o Government Code and Cypher School (GC&CS) empregava historiadores da arte, especialistas em Grécia antiga e em Alemanha medieval, decifradores de palavras-cruzadas e enxadristas. Matemáticos eram vistos como "colegas estranhos"[2].

O governo britânico e os sistemas educacionais consideravam a matemática aplicada e a estatística como matérias basicamente irrelevantes para lidar com problemas práticos. Jovens abastados residentes em internatos ingleses aprendiam grego e latim, porém não tinham contato com ciência e engenharia, que eram ocupações associadas à classe baixa. Os britânicos não tinham escolas de engenharia de elite como o MIT (Instituto de Tecnologia de Massachusetts) ou a École Polytechnique (Escola Politécnica). Depois de dois anos de iniciada a guerra, quando oficiais do governo foram a Oxford recrutar homens com proficiência tanto em matemática como em línguas modernas, eles encontraram apenas um estudante universitário de matemática que se especializara em magistério e era iniciante em alemão. O governo não tinha sequer um plano para dispensar matemáticos do combate. Sabendo que suas habilidades com o tempo seriam finalmente necessárias, matemáticos espalhavam a notícia, em surdina, para que seus colegas se registrassem no governo como físicos porque, de qualquer modo, eles eram considerados vitais para a defesa da nação.

[2] Peter Twinn em B.J. Copeland et al., *Colossus*, p. 567.

Agravava a emergência da situação o fato de que o governo estimava os dados estatísticos como detalhes enfadonhos. Alguns meses antes de a guerra ser declarada em 1939, o gigante varejista Lord Woolton foi chamado para organizar o vestuário para os soldados britânicos. Ele descobriu, para o seu horror, que "o Departamento de Guerra não tinha evidências estatísticas para auxiliar-me [...] Tive grande dificuldade em chegar a alguns números que mostrariam quantas fardas e quantas botas estariam em jogo"[3]. O Departamento de Agricultura ignorava um estudo sobre fertilizantes necessários para aumentar o estoque de alimento e de madeira dos britânicos porque, na sua concepção, a Segunda Guerra Mundial caminhava para se apresentar como uma guerra não científica e, dessa forma, não seriam necessários mais dados. Além disso, funcionários do governo pareciam imaginar que a aplicação da matemática na vida real era algo fácil. Quando o Ministério do Abastecimento precisou avaliar novos balanços, deu a um dos seus funcionários uma semana para "aprender estatística"[4].

Especialistas em probabilidade eram escassos. Para uma pequena elite a década de 1930 tinha sido a idade de ouro da teoria da probabilidade, a linguagem da estatística. Mas a maioria dos matemáticos pensava da probabilidade algo como a aritmética para cientistas sociais. Cambridge, o centro matemático dos britânicos, era um lugar atrasado em probabilidade. A Alemanha, uma liderança em matemática moderna e em física quântica, formava poucos estatísticos. E um dos maiores pensadores da probabilidade do século xx, Wolfgang Doeblin, era um soldado francês de 25 anos lutando por sua vida quando a França caiu nas mãos dos alemães em junho de 1940. A Gestapo estava atrás do seu pai, e Doeblin, cercado e sem esperanças de escapar, matou-se para evitar qualquer chance de trair seus pais. O trabalho de Doeblin seria um dia de relevância crucial para a teoria do caos e para o mapeamento aleatório de transformações.

---

3   A.C. Atkinson; S.E. Fienberg (eds.). *A Celebration of Statistics*, , p. 36.
4   D.G. Kendall, em ibidem, p. 48.

De forma estranha, os três maiores estatísticos dos Aliados foram marginalizados durante a guerra. Harold Jeffreys foi ignorado, talvez por ter sido um especialista em terremotos e professor de astronomia. A segurança britânica aparentemente considerava Ronald Fisher, o geneticista antibayesiano, politicamente não confiável porque ele se correspondia com colegas alemães. As ofertas de Fisher para ajudar nos esforços da guerra eram ignoradas, e sua solicitação de visto para ir aos Estados Unidos foi rejeitada sem explicação. Um químico, que calculava os perigos do gás venenoso, teve sucesso ao arranjar uma visita para Fisher só por alegar que iria recolher um cavalo nas proximidades. Quanto a Jerzy Neyman, ele persistia em levar a cabo estudos teóricos que poderiam conduzi-lo a um novo teorema, ainda que o exército necessitasse desesperadamente de um conselho rápido e rasteiro; uma das subvenções de Neyman estava formalmente concluída.

Com matemáticos aplicados e estatísticos em falta, dados em tempo de guerra eram com frequência analisados não por estatísticos, mas por atuários, biólogos, físicos e matemáticos puros – poucos entre eles sabiam que, no que dizia respeito à estatística sofisticada, a lei de Bayes não era científica. Sua ignorância revelou-se afortunada.

Apesar da estranha reputação dos matemáticos britânicos, o chefe operacional da GC&CS preparou-se para a guerra, recrutando alguns não linguistas silenciosamente – "homens do tipo professor Catedrático"[5] – das universidades de Oxford e Cambridge. Entre esse punhado de homens estava Alan Mathison Turing, que viria a ser o pai do moderno computador, da ciência da computação, do software, da inteligência artificial, da máquina de Turing, do teste de Turing – e do renascimento bayesiano da nossa era.

Turing estudou matemática pura em Cambridge e Princeton, mas sua paixão era construir uma ponte para a lacuna entre a lógica

---

5   Alastair Denniston em B.J. Copeland et al., op. cit., p. 57; e B.J. Copeland (ed.), *The Essential Turing*, p. 219.

abstrata e o mundo concreto. Mais que um gênio, Turing tinha imaginação e visão. E, além disso, desenvolveu um conjunto quase exclusivo de interesses: a matemática abstrata da topologia e da lógica; a matemática aplicada da probabilidade; a derivação experimental de princípios fundamentais; a construção de máquinas que podiam pensar; e códigos e cifras. Turing já havia gastado horas nos Estados Unidos discutindo, acompanhado de sua gagueira aguda, criptografia com um físico canadense chamado Malcolm MacPhail.

Depois de voltar para a Inglaterra na primavera de 1939, Turing teve seu nome adicionado, à boca pequena, em uma reduzida "lista emergencial" de pessoas com ordem para se apresentar imediatamente ao GC&CS, na eventualidade de a guerra ser declarada. Ele trabalhou sozinho naquele verão, estudando tanto a teoria da probabilidade como os códigos da Enigma. Ocasionalmente visitava o GC&CS para conversar com um criptoanalista, Dillwyn Knox, que já havia solucionado um código relativamente simples da Enigma usado pela marinha italiana. No momento em que a Alemanha invadia a Polônia, Knox e Turing provavelmente compreendiam muito mais a respeito das Enigmas militares do que qualquer outra pessoa na Grã-Bretanha.

Em 4 de setembro, um dia depois de a Inglaterra ter declarado guerra à Alemanha, Turing tomou um trem para o centro de pesquisa do GC&CS em Bletchley Park, uma pequena cidade ao norte de Londres. Ele tinha 27 anos mas aparentava ter 16. Era belo, atlético, tímido e nervoso, e mostrava abertamente sua homossexualidade em Cambridge. Turing cuidava pouco de sua aparência; usava casacos esportes surrados, tinha as unhas sujas e uma barba eternamente por fazer. Ele devotaria os próximos seis anos à Enigma e a outros projetos de codificação e decodificação.

Em sua chegada a Bletchley Park, os analistas do GC&CS separaram os sistemas Enigma e Turing trabalhou por algum tempo nos códigos do exército. Em janeiro, a Inglaterra já conseguia ler as mensagens da força aérea alemã. Ao longo das primeiras semanas da guerra, Turing também projetava a "bomba". Essa não era uma arma no sentido tradicional, mas uma máquina eletromecânica de alta velocidade para testar qualquer possível arranjo do rotor na Enigma. A bomba de Turing, uma radical reforma e atualização do projeto do aparelho inventado pelos poloneses, tornou Bletchley Park uma fábrica de decifração de códigos. A máquina de Turing testava palpites, quinze pedacinhos de letras suspeitos de ocorrerem na mensagem original. Por causa da sua rapidez em descartar possibilidades ao encontrar uma que se ajustasse, a bomba de Turing testava simultaneamente as combinações de rotores que *não* poderiam gerar o palpite.

Turing refinou o projeto da bomba com a ajuda do matemático Gordon Welchman e do engenheiro Harold "Doc" Keen. Seu protótipo, um armário de metal com cerca de 7 por 6 por 2,5 pés, apareceu em Bletchley Park em março de 1940. Alguns acreditam que o projeto da bomba foi a maior contribuição de Turing para decifrar a Enigma.

Apesar dos progressos realizados ao se decifrar códigos do exército e da força aérea alemã, ninguém em Bletchley Park queria lidar com os códigos da marinha alemã, a chave do triunfo dos submarinos alemães na guerra do Atlântico. De todas as agências militares do Eixo, a marinha de Hitler operava as mais complexas máquinas Enigma e sistemas de segurança. Uma máquina Enigma naval conseguia realizar, no fim da guerra, um número astronômico de configurações. Segundo um decodificador de Bletchley Park, "Todos os trabalhadores da China podiam tentar [decodificações] por meses sem conseguir ler uma única mensagem"[6]. A certa altura, a máquina conseguia usar uma de quatro combinações de refletores (cada uma das quais podia ser ajustada de 26 maneiras diferentes); três de oito rotores (dando-se até 336 permutações); mais de 150 bilhões de combinações no painel de ligações; 17 mil possíveis posições de grampo em torno dos rotores; e 17 mil possíveis posições iniciais (meio milhão em máquinas de quatro

---

6 Patrick Mahon em B.J. Copeland (ed.), *The Essential Turing*, p. 271.

rotores). Muitas dessas configurações eram modificadas a cada dois dias, às vezes a cada 8 ou 24 horas.

De acordo com Frank Birch, chefe do GC&CS no ramo da inteligência naval, oficiais superiores informaram-no que os "códigos alemães eram inquebrantáveis. Disseram-me que não valia a pena colocar especialistas sobre eles [...] O derrotismo no início da guerra, a meu ver, teve uma grande parte no atraso da quebra dos códigos"[7]. Os códigos navais eram registrados por um oficial e um auxiliar; nenhum criptoanalista era envolvido nessa atividade. Birch, no entanto, pensava que o código da Enigma naval *podia* ser quebrado porque *tinha* que ser. Os submarinos alemães colocavam a própria existência da Grã-Bretanha em jogo.

Turing tranquilamente teve outra atitude. O fato de ninguém mais querer trabalhar nos códigos navais fazia disso um duplo atrativo. Um amigo íntimo de Turing o chamava de "solitário convicto"[8]. O isolamento o atraía. Ao declarar que "ninguém mais vai fazer algo a respeito disso, então eu mesmo poderia cuidar disso", Turing decidiu enfrentar o código naval alemão[9]. Ele começou a trabalhar na Enigma naval com um *staff* de duas "garotas" e um físico-matemático de Oxford, Peter Twinn[10]. Turing achava que o código "poderia ser quebrado porque seria bem interessante quebrá-lo"[11].

Uma das primeiras atitudes de Turing foi reduzir o número de testes que uma bomba tinha que realizar. Embora fosse rápida, uma bomba levava dezoito minutos para testar uma possível configuração de rotores. Supondo o pior, uma bomba precisaria de quatro dias para testar todas as 336 possibilidades de permutações dos rotores em uma Enigma. Até que mais bombas pudessem ser construídas, sua carga de trabalho seria drasticamente reduzida.

7   Idem, p. 279.
8   Max Newman em R.O. Gandy; C.E.M. Yates (eds.), *Collected Works of A.M. Turing*, p. 7.
9   B.J. Copeland et al., *Colossus*, p. 379.
10 B.J. Copeland (ed.), *The Essential Turing*, p. 258.
11 B.J. Copeland et al., *Colossus*, p. 379.

Tarde da noite, logo depois de entrar em Bletchley Park, Turing inventou um método manual para reduzir a sobrecarga das bombas. Era um trabalho bastante intenso, um sistema bayesiano que ele apelidou de Banburismus por causa da proximidade da cidade de Banbury, onde uma gráfica produzia o material necessário para a sua empreitada.

"Eu não tinha certeza de que iria funcionar na prática", dizia Turing[12]. Mas se funcionasse, iria permitir a ele supor uma parte das letras em uma mensagem Enigma, cobrir suas apostas, medir sua crença na validade delas ao empregar métodos bayesianos para avaliar suas probabilidades e adicionar mais pistas que chegassem. Se funcionasse, poderia identificar configurações de dois dos três rotores da Enigma e reduzir o número de configurações de rotores para serem testados nas bombas de 336 para apenas 18. Naquele momento, em que cada hora era importante, aquela diferença poderia salvar vidas.

Turing e o lento crescimento do seu *staff* começou a esquadrinhar relatórios da inteligência para coletar "dicas" da região de Bletchley para palavras alemãs previstas para ocorrer no *plain-text* (texto plano)*, que é, no original, a mensagem não codificada. As primeiras dicas vinham inicialmente do boletim meteorológico da Alemanha porque eram padronizadas e repetidas com frequência: "Tempo para a noite", "Situação do Canal da Mancha Oriental" e, como um tolo abençoado irradiando na noite, "Faróis acesos como foi ordenado". Boletins meteorológicos britânicos sobre o tempo no Canal da Mancha forneciam mais palpites. O conhecimento das mais frequentes combinações de letras em alemão também ajudava. Quando um prisioneiro de guerra disse a eles que a marinha alemã soletrava números, Turing deu-se conta de que

---

12 B.J. Copeland (ed.), *The Essential Turing*, p. 281.
* O termo é usado em criptografia para se referir a qualquer informação legível ou que possa ser usada diretamente por algum dispositivo eletrônico ou programa de computação. Ao ser submetido ao processo de criptografia o texto plano é convertido em algo não inteligível, chamado de texto cifrado. (N. da T.)

a palavra "ein" ("one" ["1"], "a" ["um ou uma"] ou "an" ["um ou uma"]) aparecia em 90% das mensagens da Enigma; auxiliares de Bletchley Park catalogaram, com suas próprias mãos, 17 mil formas "ein" que poderiam ser criptografadas, e uma máquina especial foi construída para classificá-las para eles.

Em um avanço fundamental, Turing se deu conta de que não poderia sistematizar seus palpites ou comparar suas probabilidades sem uma unidade de medida. Ele chamou essa unidade de um *ban* por Banburismus e definiu-a como "próxima à mínima variação no peso da evidência que é diretamente perceptível para a intuição humana"[13]. Um *ban* representava chances de 10 para 1 em favor de uma suposição, mas Turing normalmente lidava com quantidades muito menores, *decibans* e até *centibans*. O *ban* era basicamente o mesmo que o *bit*, a medida de informação descoberta por Claude Shannon ao utilizar a lei de Bayes mais ou menos na mesma época em que foi empregada nos Laboratórios Bell Telephone. A medida de Turing de crença, o *ban*, e a sua estrutura matemática de apoio são tidos como sua maior contribuição intelectual para a defesa britânica.

Com o fito de estimar a probabilidade de uma suposição quando a informação estava chegando fragmentada, Turing usava *bans* para discriminar entre hipóteses sequenciais. Ele foi, portanto, um dos primeiros a desenvolver o que viria a ser chamado de análise sequencial. Turing empregava *bans* para determinar quantas informações eram necessárias para resolver um problema particular a fim de que, em vez de decidir quantas observações fazer, pudesse ter como alvo o montante de evidências indispensáveis e parar quando ele as obtivesse.

Bans envolviam um manual, um sistema de papel e lápis muito distante de um moderno cálculo bayesiano computadorizado. *Bans* automatizavam o tipo de suposição subjetiva que Émile

---

13 I.J. Good, Studies in the Historiy of Probability and Statistics. XXXVII A.M. Turing's Statistical Work in World War II, *Biometrika*, (66:2), p. 394. Reimpressão com Observações Introdutórias em J.R. Britton (ed.), *Pure Mathematics*, p. 192.

Borel, Frank Ramsey e Bruno De Finetti haviam tentado validar durante a violenta investida antibayesiana das décadas de 1920 e 1930. Utilizando a lei de Bayes e os *bans*, Turing começou a calcular valores de credibilidade para vários tipos de palpites, e a compilar tabelas de referências de *bans* para a utilização dos técnicos. Era uma técnica estatística baseada e produzida não em certezas absolutas, mas quando as chances de uma hipótese resultava em 50 para 1, criptoanalistas podiam estar próximos da certeza de estarem corretos. Cada *ban* tornava uma hipótese dez vezes mais possível.

Um dos maiores criptógrafos modernos explicou o pensamento de Turing:

> Quando você trabalha dia após dia, ano após ano, você precisa fazer a melhor estimativa sobre o que é possível ser mais frágil com os recursos que tem nas mãos. Você deve ter mais escolhas também, então escolha as suposições que são mais checáveis. A cada passo você diminui o risco de suas apostas. [...] Às vezes você faz aproximações, e outras você tem números precisamente corretos com as fórmulas certas, os números certos, para os *decibans*.[14]

Em operação, o Banburismus usava aproximadamente 1,5 ou 1,8 metros de longas tiras de cartolina impressas em Banbury. Decodificadores procuravam repetições e coincidências, então as Wrens, técnicas do Women's Royal Naval Service (Serviço Real Naval de Mulheres), perfuravam à mão cada mensagem interceptada, letra por letra, em um cartão de Banbury. Então elas deslizavam uma tira em cima das outras, de modo que quaisquer duas mensagens podiam ser comparadas. Quando letras em número suficiente eram mostradas nos furos através dos Banburies, o número de repetições era registrado.

14 De um anônimo para a autora.

Como Patrick Mahon, que trabalhou no Banburismus durante a guerra, escreveu em sua história secreta de Bletchley Park: "Se por um acaso as duas mensagens apresentam conteúdo idêntico em quatro ou seis ou oito ou mais letras [...] tal coincidência entre os textos cifrados é reconhecida como um 'encaixe'."

"O jogo de Banburismus envolvia a reunião de um extenso número de pedaços de informação probabilística mais ou menos como a reconstrução de sequências de DNA", explicou mais tarde I.J. "Jack" Good, um assistente de estatística de Turing[15]. Good, filho de um relojoeiro judeu da Rússia tzarista, estudou matemática pura em Cambridge e aguardou um ano por um emprego estável antes de ser contratado graças à autoridade do seu jogo de xadrez. Good pensava que "o jogo do Banburismus era divertido, não fácil o bastante para ser trivial, mas não difícil o suficiente para causar um esgotamento nervoso"[16]. A lei de Bayes provava ser natural para a criptografia, excelente para cobrir apostas quando houvesse suposições antecedentes e decisões para serem tomadas com um mínimo de tempo ou custo.

Turing desenvolveu um sistema bayesiano caseiro. Encontrar as configurações da Enigma que estavam codificadas em uma determinada mensagem era um problema clássico na probabilidade inversa de causas. Ninguém tem certeza de onde Turing conheceu a lei de Bayes, se ele a redescobriu independentemente ou a adaptou de algo ouvido a respeito de Jeffreys, o solitário defensor de Cambridge da lei de Bayes antes da guerra. O que todos nós temos certeza é que, por Turing e Good terem estudado matemática pura e não estatística, nenhum deles foi envenenado o bastante pelas atitudes antibayesiana.

Em um evento em Bletchley Park, Turing falou sobre *bans*, não sobre Bayes.

Good questionou uma vez: "Você não está, essencialmente, empregando o teorema de Bayes?"[17] Turing respondeu: "Suponho

15 J.L. Britton, *Collected Works of A.M. Turing*, p. 214.
16 F.H. Hinsley; Alan Stripp (eds.), *Codebreakers*, p. 155.
17 Entrevista concedida por Good.

que sim". Good concluiu que Turing sabia da existência do teorema. Porém Turing e Good podem ter sido os únicos em Bletchley Partk a se darem conta de que o Banburismus era bayesiano, e decisivamente era.

Good encontrou um amigo, George A. Barnard, um dia em Londres e – estritamente contra as regras:

> disse a ele que estávamos utilizando fatores de Bayes, e seus logaritmos, sequenciamento, para discriminar entre duas hipóteses mas, é claro, eu não fiz menção à aplicação. Barnard disse que curiosamente, em vez de hipóteses, um método similar estava sendo usado para o controle de qualidade no Ministério do Abastecimento para a discriminação de lotes. Era de fato o mesmo método porque a seleção de um lote pode ser vista como a aceitação de uma hipótese[18].

Análises sequenciais diferiam da testagem baseada em frequência, em que o número de itens a ser testado era fixado desde o início. Na análise sequencial, uma vez que diversos testes ou observações elucidavam ou condenavam com veemência um caso, digamos, no domínio de rações ou de munição de metralhadora, o analista poderia passar para a caixa seguinte. Isso permitia que o número de testes requeridos caísse quase pela metade, e o uso de logaritmos simplificava ponderavelmente os cálculos, ao substituir a adição pela multiplicação. Abraham Wald, da Columbia University, é geralmente reconhecido pela descoberta da análise sequencial para testar munições nos Estados Unidos mais tarde, durante a guerra. Mas Good chegou à conclusão de que Turing foi quem se utilizou disso pela primeira vez e que Turing, Wald e Barnard mereciam o crédito pela descoberta e aplicação desse procedimento.

---

18 Esboço de um capítulo não publicado de Donald Michie e entrevista concedida por Good.

Por incrível que pareça, depois da guerra Barnard tornou-se um proeminente antibayesiano.

Turing fazia progressos quando, em maio de 1940, chegou à estagnação. Ele detinha a teoria e o método para quebrar códigos da Enigma, mas ainda não conseguia ler as mensagens dos submarinos alemães. Os alemães construíam mais submarinos e o almirante Karl Doenitz formou alcateias de submarinos estendidas por todo Atlântico Norte; quando um submarino alemão avistava um comboio, transmitia essa informação por rádio aos outros. Durante os quarenta primeiros meses de guerra, os submarinos alemães afundaram 2.177 navios mercantes, totalizando mais de 1 milhão de toneladas, muito mais do que foi perdido para aeronaves, minas, navios de guerra alemães e por outras causas.

Para os britânicos serem capazes de criar uma via para o comboio de abastecimento ao largo dos submarinos alemães, Turing necessitava de mais informações. Ele precisava ver um dos manuais com o código que os operadores da Enigma dos submarinos alemães usavam antes de transmitir a mensagem cifrada. Um dos fatores que tornava tão difícil quebrar o código da Enigma era que o operador de dupla codificação codificava um trio de letras que iniciava cada mensagem e que indicava as posições iniciais dos três rotores da Enigma. O operador cifrava as três letras duas vezes: uma mecanicamente, com sua máquina Enigma, e outra manualmente, selecionando uma das nove configurações de tabelas em um livro de códigos emitido para cada submarino. O operador ficava sabendo qual tabela usar a cada dia, ao consultar um calendário entregue com as tabelas. Se um submarino alemão viesse a ser atacado, a tripulação tinha ordens estritas para destruir as tabelas antes de abandonar o navio ou quando o inimigo estivesse prestes a subir a bordo.

Em uma brilhante obra de dedução pouco depois de a guerra ter sido declarada, Turing compreendeu este sistema de dupla codificação, mas necessitava de uma cópia do livro de códigos para realizar o trabalho de Banburismus. As Enigmas possuíam muitas variações que tornavam os métodos de tentativa e erro ineficazes. Um livro de código tinha que ser "surrupiado", como colocou Turing. A espera pelo roubo se estendeu por dez enervantes meses.

Enquanto Turing aguardava desesperadamente que a marinha conseguisse um livro de código, a moral na GC&CS caia. Alastair G. Denniston, o chefe do GC&CS, disse a Birch, "Você sabe, os alemães não pretendem que você leia o material deles, e eu não tenho expectativas de que você consiga um dia"[19].

Intermináveis e amargas discussões eclodiram a respeito de se deveriam ser construídas mais bombas ou não e, se sim, quantas. Em agosto de 1940, Birch escreveu, "Turing e Twinn são como pessoas que aguardam por um milagre, sem acreditar em milagres [...] Turing afirmou categoricamente que com dez máquinas [bombas] ele poderia, com certeza, continuar quebrando códigos da Enigma sem parar. Bom, nós não podemos ter dez máquina?"[20]

Uma segunda bomba, incorporando melhorias de Welchman, chegou um mês depois, mas a luta para conseguir mais bombas se estendeu por todo o ano de 1940. Birch queixava-se de que a marinha britânica não recebia a quantia requerida de bombas:

> É provável que nem receba. Argumentam que um grande número de bombas custaria muito dinheiro, muita mão de obra qualificada para fabricá-las e muito trabalho para fazê-las funcionar, além do quê utilizaria mais energia elétrica do que a disponível atualmente por aqui. Bem, a questão é muito simples. Somar as dificuldades e fazer um balanço em relação ao valor que [a bomba] tem para a Nação capaz de ler as atuais Enigmas[21].

19 B.J. Copeland (ed.) *The Essential Turing*, p. 279.
20 Ibidem, p. 287-288.
21 Ibidem, p. 292.

Para capturar um livro com os códigos, o tenente comandante Ian Fleming – futuro criador de James Bond, mas naquele tempo um colaborador dos líderes da Diretoria da Inteligência Naval Britânica – tramou uma operação implacável. Era um esquema digno do seu espião pós-guerra. Os britânicos teriam que equipar um avião alemão capturado com uma tripulação disfarçada que, inclusive, "teria que falar alemão perfeitamente" (com o próprio Fleming, que havia estudado alemão na Áustria quando jovem)[22]. Depois de forjar um acidente com o avião no Canal e sua tripulação ser resgatada por um barco alemão, os britânicos iriam capturar o navio e o levariam, com seu equipamento Enigma, para Turing. A fuga foi planejada com detalhes, mas cancelada; Turing e Twinn foram procurar Birch "como coveiros enganados por um belo cadáver [...], inteiro em um ensopado"[23]. Como alternativa, documentos e papéis – pedaços e partes de pistas do conteúdo crucial dos livros de códigos – foram tomados de dois navios meteorológicos capturados ao largo da Islândia, e, em um comando de ataque organizado especificamente para ajudar Turing, foram pegos de uma armada alemã e de uma traineira ao largo da costa norueguesa. Com essas pistas, Turing se empenhou em tentar deduzir o conteúdo mais importante dos livros de códigos.

O grupo de Turing havia começado a quebrar as cifras da marinha alemã no glorioso dia 27 de maio de 1941, quando os britânicos afundaram o Bismark, que era o maior encouraçado do mundo. Em junho, Turing havia reconstruído os livros de códigos com sucesso a partir de várias pistas, e pela primeira vez Bletchley Park podia ler as mensagens que iam e vinham da matilha de submarinos alemães no espaço de uma hora, desde o momento do recebimento destas mensagens. Finalmente, os britânicos podiam redirecionar seus comboios com segurança entre os submarinos alemães. Por 23 abençoados dias em junho de 1941, no momento em que a Grã-Bretanha ainda lutava sozinha, nenhum comboio no Atlântico Norte foi atacado.

---

22 Ibidem, p. 289.
23 Ibidem, p. 260.

Até então, Bletchley Park via Turing de modo afetuoso com relação ao seu gênio excêntrico, embora alguns dos seus comportamentos pouco convencionais apresentassem sentido prático. Ele usava uma máscara de gás quando ia trabalhar de bicicleta durante a época da febre do feno, em junho. E controlava a corrente quebrada de sua bicicleta através da contagem de suas pedaladas, executando, ainda, certas manobras a cada dezessete rotações. Partes de bicicleta eram escassas, e ele gostava de identificar padrões repetidos em seu trabalho.

No outono de 1941, o Banburismus voltou a ter problemas com a preocupante falta de datilógrafas e auxiliares júnior, ajuda extra também conhecida como "força feminina". Turing e outros três decodificadores adotaram uma abordagem direta mas pouco ortodoxa para o problema. Apelando diretamente para Churchill, em 21 de outubro, eles escreveram: "Perdemos a esperança de tão cedo obter qualquer melhoria sem a sua intervenção". Provavelmente Welchman redigiu a carta, mas Turing foi o primeiro a assiná-la, seguido por Welchman, pelo colega deles, Hugh Alexander, e por P. Stuart Milner-Barry, um matemático graduado em Cambridge que era correspondente de xadrez do jornal *The Times*. Milner-Barry pegava um trem para Londres, chamava um táxi e, "com total senso de incredulidade (será que isto está acontecendo mesmo?) pedia ao taxista para levá-lo até a rua Downing, 10". Lá ele convencia um brigadeiro-general a levar a carta pessoalmente ao primeiro ministro para ressaltar sua urgência.

Churchill, que já havia visitado Bletchley Park, tinha sido informado, recentemente, de que os britânicos estavam com seus suplementos de guerra e de comida se esgotando. Imediatamente enviou um memorando para o seu chefe de *staff*: "Ação do dia: Certificar-se de que eles tenham tudo o que querem com extrema prioridade e informar-me de que isso foi cumprido."[24] Turing e companhia não ouviram nenhuma resposta diretamente, mas

---

24 Para ver o episódio inteiro contido na carta ver ibidem, p. 336-337.

notaram que o trabalho tinha menos problemas, as bombas eram fabricadas com maior agilidade e o *staff* chegou com maior rapidez.

Quando Bletchley Park começava a decifrar o código da Enigma naval, Hitler invadiu a Rússia com dois terços de sua força em junho de 1941 e lançou um implacável bombardeio em Moscou. No início da campanha, o grande matemático russo, Andrei Kolmogorov, foi levado para o leste em segurança, para Kazan, junto com o resto da Academia de Ciências Russa. Pouco depois, o comando da artilharia russa, recuperando-se do bombardeio massivo da Alemanha, solicitou a Kolmogorov que retornasse à capital para obter orientações. No meio do caos, ele foi acomodado por algum tempo em um sofá.

Em um país que idolatrava sua *intelligentsia*, Kolmogorov era um homem famoso. Quando a esposa de um professor ouvia dizer que ele estava indo visitar sua casa, ela começava a limpar e cozinhar freneticamente. Quando uma empregada perguntava por que, a anfitriã respondia: "Como posso explicar isso a você? Vejamos, imagine que você está recebendo a visita do próprio tzar."[25] A legenda de Kolmogorov teve início com sua mãe, uma mulher independente de "ideais sociais elevados" que nunca se casou e morreu durante o parto. As duas irmãs dessa mulher criaram Andrei, mantinham uma pequena escola para ele e seus amigos e publicavam um boletim informativo com pequenos problemas que ele compunha, tais como: "De quantas maneiras diferentes um botão com quatro buracos pode ser costurado?"[26] Com a idade de dezenove anos, na Universidade Estatal de Moscou, escapou dos exames finais de quatorze cursos ao escrever quatorze artigos originais. Ele tinha mais orgulho por ter ensinado na escola para custear o seu caminho através da universidade do que por ganhar qualquer um dos seus prêmios; no final da vida, ele se ofereceu

---

25 A.N. Shiryaev, Everything About Kolmogorov Was Unusual, *Statistical Science*, (6:3), p. 313.
26 Ibidem.

como voluntário em uma escola para crianças superdotadas, onde os iniciou na literatura, música e natureza.

Kolmogorov tornou-se autoridade mundial em teoria da probabilidade. Em 1933 demonstrou que a probabilidade era, na verdade, um ramo da matemática fundado em axiomas básicos, e estava bem longe de sua indecorosa origem com jogos de aposta. A abordagem de Kolmogorov foi tão fundamental que qualquer matemático, frequentista ou bayesiano, podia empregar a probabilidade de modo legítimo. O próprio Kolmogorov defendia a abordagem frequentista.

Naquele tempo, os generais o indagavam a respeito do uso de Bayes contra os bombardeios alemães. A artilharia russa, como a da França, havia empregado tabelas bayesianas de fuzilaria por anos, mas os generais estavam divididos em um ponto esotérico acerca do alvo. Eles solicitaram a Kolmogorov sua opinião.

"Estritamente falando", disse ele aos generais, ao se iniciar com chances antecedentes de 50-50 de Bayes era "não apenas arbitrário, mas com certeza errado pois isso contradiz os principais requisitos da teoria da probabilidade"[27]. No entanto, com a Alemanha a um passo de Moscou, Kolmogorov sentiu que não tinha escolha senão começar com antecedentes iguais. Concordando com a rigorosa versão reformada de Bayes por Joseph Bertrand, Kolmogorov disse aos generais que eles deveriam começar com chances de 50-50, sempre atirando repetidamente em uma pequena área. Porque às vezes é melhor atirar aleatoriamente do que apontar de modo preciso, a artilharia em uma bateria de armas de fogo deveria visar uma amplitude maior que a do alvo, da mesma forma que um caçador atira em pássaros em movimento, utilizando chumbo para alcançar uma área maior de dispersão.

No mesmo outono de 1941, no decorrer da guerra, Kolmogorov ensinava na Universidade Estatal de Moscou, a teoria da dispersão

---

27 A.N. Kolmogorov, Determination of the Center of Scattering and the Measure of Accuracy by a Limited Number of Observations, *Izvestiia nauk SSSR. Series Mathematics*, (6), p. 3-32. Em russo.

de fuzilaria, e criou uma classe obrigatória para especialização em probabilidade. Surpreendentemente, em 15 de setembro de 1941, três meses depois da invasão da Rússia pelos alemães, Kolmogorov submeteu sua teoria da dispersão de fuzilaria a um periódico para publicação. O artigo era tão matemático e teórico que os censores da Rússia, não percebendo que ele poderia ajudar tanto aos alemães como aos russos, permitiram que fosse publicado em 1942. Felizmente, o inimigo, assim como os censores, não compreendeu a teoria. Depois da guerra, Kolmogorov publicou mais dois problemas práticos de artilharia bayesiana que ainda hoje são impressos – em inglês – por autoridades militares para estudo. Anos mais tarde, um general da artilharia russa recordou que, durante a invasão, Kolmogorov: "fez muitas coisas úteis igualmente para nós, lembramos disso, e temos apreço por ele também"[28].

Pouco depois do ataque à Rússia pelos alemães, postos de escuta da rádio britânica interceptaram um novo tipo de mensagem do exército alemão. Analistas em Bletchley Park imaginavam que vinha de um aparelho telegráfico. Eles estavam corretos. Os alemães cifravam e decifravam com a velocidade da digitação. As novas máquinas Lorenz e sua família de códigos ultrassecretos eram tecnicamente, de longe, mais sofisticadas que as Enigmas, que haviam sido construídas para uso comercial na década de 1920. O comando supremo em Berlim confiava nestes novos códigos para comunicar o mais alto nível de estratégia aos grupos de comandantes do exército em toda a Europa. As mensagens eram tão importantes que o próprio Hitler assinava algumas delas.

O codinome das novas máquinas Lorenz era Tunny, de "tuna fish" [peixe atum]. Um grupo de matemáticos renomados da Grã--Bretanha começou um ano de batalhas desesperadas. Eles usavam a lei de Bayes, lógica, estatística, álgebra booleana e eletrônica. Da

---

[28] V.I. Arnold, A.N. Kolmogorov and Natural Science, *Russian Math. Surveys*, (59:1), p. 27-46.

mesma forma, iniciavam um trabalho no projeto e construção do primeiro dos dez Colossus, o primeiro computador digital eletrônico de larga escala.

Quando Good e outros começaram a trabalhar nos códigos Tunny-Lorenz, incorporaram o sistema de pontuação bayesiano de Turing e suas unidades fundamentais de *bans*, *decibans* e *centibans*. Empregaram o teorema de Bayes e um espectro de antecedentes: antecedentes razoáveis e impróprios; antecedentes que representavam o que era conhecido e às vezes não; e, em diferentes lugares, tanto os antecedentes uniformes de Thomas Bayes como os antecedentes desiguais de Laplace. Para deduzir o padrão dos cames envolvendo os rotores das máquinas Tunny-Lorenz, Turing inventou, em julho de 1942, um método bayesiano bastante conhecido como Turingery ou Turingismus. Turingery era um método de papel e lápis, "mais artístico que matemático. [...] [Você tinha que confiar naquilo] que sentia em seus ossos", de acordo com o praticante de Turingery, William T. Tutte[29]. O primeiro passo era dar um palpite e assumir, como Bayes havia sugerido, que esse palpite tinha 50% de chances de estar correto. Acrescentar cada vez mais pistas, algumas boas e outras más, e, "com paciência, sorte, muitas eliminações e muitas idas e vindas", surge o texto plano. Quando as chances de acerto alcançavam 50 para 1, um par de configurações de rotores era declarado correto[30].

Enquanto os analistas de Bletchley Park trabalhavam nos padrões de rotores da Tunny e a Rússia resistia ao ataque alemão, o Japão atacava os Estados Unidos em Pearl Harbor em 7 de dezembro de 1941. O abastecimento na Grã-Bretanha tornou-se mais difícil. Quando navios norte-americanos, que protegiam os comboios de abastecimento britânicos foram rapidamente transferidos para o Pacífico, quinze submarinos alemães tomaram seus lugares na rota de navegação ao largo da costa leste norte-americana. Enquanto isso, comboios de carne da

---

29 B.J. Copeland et al., *Colossus*, p. 383.
30 Ibidem, p. 380-382.

Argentina e óleo do Caribe navegavam junto à costa, e suas silhuetas eram visíveis à noite contra as luzes que as comunidades locais, dependentes do turismo, se recusavam a apagar. Letreiros de neon em Miami, por exemplo, se estendiam por seis milhas mortais. Os submarinos alemães, emboscados com seus periscópios imersos, causaram três meses de devastação até que os militares norte-americanos ordenaram que as luzes costeiras fossem desligadas ao entardecer.

Para piorar as coisas, os submarinos alemães no Atlântico acrescentaram um quarto rotor às suas Enigmas, e as bombas de Turing-Welchman ficavam bloqueadas. Durante a maior parte de 1942, Turing e os seus colaboradores não conseguiam ler nenhuma das mensagens que iam e vinham dos submarinos alemães. Bletchley Park chamou isso de o Grande Blackout. Por quatro meses os submarinos alemães agiram desvairadamente em todo Atlântico, afundando 43 navios só em agosto e setembro. Em média, um navio dos Estados Unidos cruzava o Atlântico e retornava três vezes antes de ser afundado em sua quarta viagem.

Finalmente, em dezembro de 1942, três jovens tripulantes britânicos, o tenente Anthony Fasson, o hábil marinheiro Colin Grazier e Tommy Brown, singravam seu navio para afundar um submarino alemão próximo ao Egito para furtar seu vital livro de código de tabelas cifradas. Fasson e Grazier se afogaram na tentativa, mas Brown, um auxiliar de refeitório de dezesseis anos, sobreviveu para resgatar as tabelas. O último Banburismus foi totalmente operacional. Poucas horas depois de Bletchley Park receber as tabelas, as mensagens dos submarinos alemães do Atlântico foram decodificadas e os comboios, redirecionados.

O mês anterior ao acontecimento, no entanto, seria o mais perigoso para os navios Aliados, e durante esse mês Turing navegava para os Estados Unidos a bordo do Queen Elizabeth, um navio rápido que viajava sem comboio. Uma autorização da Casa Branca fez de Turing um contato entre Bletchley Park e a marinha dos Estados Unidos. Os britânicos vinham ensinando aos norte-americanos tudo a respeito da Enigma antes de Pearl Harbor. Agora Turing iria contar aos oficiais dos Estados Unidos tudo o que havia aprendido, e os Estados Unidos iriam acelerar a produção de bombas. De modo surpreendente, os britânicos planejaram a viagem de Turing muito a esmo. Ele chegou com identificação inadequada e as autoridades de imigração dos Estados Unidos quase o confinaram na ilha Ellis. Além disso, ele não tinha sido informado se podia discutir a respeito da quebra do código da máquina Tunny com os norte-americanos, e os norte-americanos não contavam com o fato de que ele esperava ter acesso total à sua pesquisa de encriptar a voz. Apesar disso, durante sua estadia ele participou de reuniões de alto nível em Dayton, Ohio, Washington e em Nova York.

Turing passou pelo menos uma tarde em Dayton, onde a National Cash Register Company planejava fabricar 336 bombas. Ele ficou desolado ao descobrir que a marinha dos Estados Unidos ignorava o Banburismus e sua capacidade para economizar no uso da bomba. Os norte-americanos pareciam desinteressados na Enigma no que diz respeito ao que estava além de suas obrigações para o fornecimento de bombas para ela.

Em Washington, Turing promoveu um debate com criptógrafos da marinha norte-americana sobre os métodos de Bletchley Park e as bombas. Segundo um acordo prévio, os Estados Unidos estavam concentrados nos códigos e criptogramas da marinha japonesa, enquanto os britânicos trabalhavam na Enigma. Bletchley Park já havia enviado um detalhado relatório técnico dos seus trabalhos para os norte-americanos, mas uma criptógrafa da marinha civil, Agnes Meyer Driscoll, não lhe deu importância; ela havia quebrado muitos códigos e cifras dos japoneses antes da guerra e tinha suas próprias noções equivocadas sobre como resolver a Enigma da marinha alemã. A matemática de Turing também podia ter sido muito técnica para os norte-americanos. No começo, ele ficou alarmado com o fato de que ninguém parecia estar trabalhando matematicamente "com lápis e papel", e tentou, em vão, explicar o princípio geral que confirmava que as inferências sugeridas por uma hipótese tornaria a própria hipótese mais provável[31]. Mais tarde, ele ficou aliviado ao reunir matemáticos norte-americanos envolvidos com criptografia. De Washington, Turing foi ao Laboratório Bell na cidade de Nova York, onde reunia-se com Claude Shannon regularmente para o chá da tarde. Shannon, como Turing e Kolmogorov, era um grande matemático e um pensador bastante original, e utilizava a lei de Bayes em projetos no tempo da guerra. Mas Turing e Shannon tinham mais coisas em comum do que a lei de Bayes. Ambos eram brilhantes, homens não convencionais com profundo interesse em criptografia e em máquinas que podiam pensar. Quando jovens, os dois haviam escrito trabalhos seminais combinando máquinas e matemática. Em sua dissertação de mestrado em matemática, escrita na Universidade de Michigan, Shannon mostrou que os circuitos de relés de Molina podiam ser analisados empregando-se álgebra booleana. Turing e Shannon gostavam de ciclismo. Turing andava de bicicleta como veículo de transporte e para fazer exercícios; Shannon evitava bate-papos sociais montado em um monociclo, trafegando pelos corredores dos Laboratórios Bell e, em alguns momentos, fazia malabarismo ao longo do trajeto. Os dois eram fascinados por projetar equipamentos; no caso de Shannon, ele era obcecado por máquinas, como um mouse da robótica para resolver labirintos ou um computador para algarismos romanos. Sua garagem estava repleta de máquinas de jogar xadrez. No entanto, diferentemente de Turing, Shannon tinha uma calorosa vida familiar. Seu pai era um homem de negócios, sua mãe era diretora de uma escola de segundo grau, sua irmã era professora de matemática e ele e sua esposa tinham três filhos.

Quando Turing visitava os Laboratórios Bell, a conversa girava em torno da próxima fronteira criptográfica. A Grã-Bretanha e os Estados Unidos queriam os melhores quadros, Shannon e Turing, trabalhando naquilo. Shannon já tinha desenvolvido o encriptador

---

31 A.M. Turing, *Report by Dr. A.M. Turing, Ph.D.*; e idem, *Report on Cryptographic Machinery Available at Navy Department, Washington*, 1942. Disponível em: http://www.turing.org.uk/sources/washigton.html

de voz SigSaly; seu nome era o de uma canção infantil sem sentido, mas no fim da guerra Franklin D. Roosevelt, Churchill e seus generais mais importantes em oito locais em todo o mundo podiam falar em total segredo. Com a Enigma naval reduzida, em grande medida, a um problema administrativo, Turing passou a cuidar das comunicações vocais quando retornou à Grã-Bretanha. Nos momentos em que Shannon e Turing se reuniam para o chá, provavelmente discutiam o SigSaly.

Shannon trabalhava também em uma teoria da comunicação e da informação e suas aplicações na criptografia. Em um *insight* brilhante, Shannon percebeu que as linhas telefônicas ruidosas e as mensagens codificadas podiam ser analisadas pela mesma matemática. Um problema complementava o outro; o propósito da informação é reduzir a incerteza, enquanto a finalidade de se criptografar é de aumentá-la. Shannon estava empregando abordagens bayesianas em ambos os casos. Ele disse:

> Os Laboratórios Bell vinham trabalhando em sistemas secretos. Eu trabalhava em sistemas comunicacionais e fui nomeado para alguns dos comitês que estudavam técnicas criptoanalíticas. A atividade com teoria matemática das comunicações e com a criptografia vinha sendo levada para frente, em simultâneo, desde mais ou menos 1941. Trabalhei nos dois sistemas e tinha algumas ideias sobre um deles no momento em que trabalhava no outro. Não diria que um veio antes do outro – eles eram tão próximos entre si que eu não conseguiria separá-los[32].

O empenho de Shannon reunia a comunicação por telégrafo, telefone, rádio e televisão em uma teoria matemática da informação. Em linhas gerais, se o posterior, o que vem depois, na equação

---

[32] Em D. Kahn, *The Codebreakers*, p. 744.

bayesiana é bem diferente do antecedente, do que vem antes, algo foi apreendido; mas quando um posterior é basicamente o mesmo que o palpite antecedente, o conteúdo da informação é baixo. Comunicação e criptografia eram, nesse sentido, o inverso um do outro. Shannon chamou suas unidades logarítmicas para medir informação binária de *dibits*, ou *bits*, uma palavra sugerida por John W. Tukey dos Laboratórios Bell e da Universidade de Princeton. Em um relatório confidencial publicado em 1949, Shannon utilizou o teorema de Bayes e a teoria de probabilidade de Kolmogorov, de 1933, para mostrar que, em um sistema secreto perfeito, nada é apreendido porque o antecedente e o posterior do teorema de Bayes são iguais. Teóricos das comunicações dos Laboratórios Bell estavam desenvolvendo, ainda em 2007, ampliações da teoria de Shannon e empregando técnicas bayesianas extensivamente.

Ao voltar para casa, Turing embarcou no Empress of Scotland, na cidade de Nova York, em 23 de março de 1943. Nova York era a maior cidade portuária do mundo durante a guerra: mais de cinquenta embarcações singravam dentro e fora da enseada da cidade todos os dias. Turing estava viajando durante o que seria o segundo mês mais perigoso durante a guerra para a navegação Aliada. A ofensiva dos submarinos alemães atingiu o seu pico naquele mês e iria afundar 108 navios Aliados ao passo que perderia apenas catorze submarinos. Os alemães haviam quebrado o código das rotas dos comboios, e os quatro roteadores das Enigmas dos submarinos alemães ainda impediam a decodificação dos criptógrafos de Bletchley Park. Aproximadamente 1350 navios mercantes, quase sempre desarmados, estavam no mar todos os dias naquela primavera. Eles se uniram em uma linha de navegação ao longo da costa, que se estendia do Brasil à foz do rio São Lourenço, onde formavam comboios para cruzar o Atlântico. Embarcações de escolta Aliadas se concentraram para proteger os comboios que transportavam tropas para a Grã-Bretanha com a finalidade de invadir a Europa, no entanto, o navio de Turing era um dos 120 navios dos mais velozes que viajava sem escolta. De todo modo, rapidez não era garantia de salvação; na semana anterior, submarinos alemães tinham afundado o navio irmão do Empress of Scotland. Apesar do blecaute total que protegia a Enigma, Turing voltou para a Inglaterra sem incidentes.

Evidentemente, os Aliados localizavam e destruíam os submarinos alemães, não só fugiam deles. Os submarinos alemães interceptaram milhares de navios e aviões Aliados, com isso as tropas tinham urgência em abastecer a Grã-Bretanha e invadir a Europa Continental. A caça aos submarinos alemães envolvia a lei de Bayes em mais outra parte da Batalha do Atlântico.

Aplicando técnicas científicas para a campanha antissubmarina, o Ministério Britânico da Aeronáutica organizou um pequeno grupo de cientistas para aprimorar essas operações com eficácia. Tratava-se de uma nova ideia, e os britânicos a chamaram de O.R., sigla para *operational research* (pesquisa operacional) ou *operations research* (pesquisa de operações). Suas estatísticas eram bastante elementares mas imbuídas com ideias bayesianas.

A O.R. concentrava-se no aumento da eficiência de ataques de torpedos, na navegação aérea e na formação de voos para esquadrões de aviões de busca de submarinos alemães. "Um Método *a priori*" de Bayes representou "perfeitamente um grande papel na pesquisa operacional", em especial quando comparativamente poucas variáveis estavam envolvidas, relatou o chefe da O.R., o futuro biólogo desenvolvimentista, Conrad H. Waddington[33].

Tipicamente, a O.R. empregava Bayes em pequenas e detalhadas partes de grandes problemas, tais como o número de aeronaves necessárias para proteger um comboio, a extensão da viagem operacional das tripulações e indicava se uma aeronave de patrulha poderia se desviar do seu voo regular padrão. Ao observar o sucesso da O.R. britânica, o almirante Ernest King, comandante chefe da U.S Fleet*, designou quarenta físicos, químicos, matemáticos e atuários civis

---

33 C.H. Waddington, *O.R. in World War 2*, p. 27.

para fazerem parte do seu *staff*. Este Grupo de Pesquisa de Operações Antissubmarinas de Guerra era liderado pelo físico Philip M. Morse do MIT e pelo químico George E. Kimball da Universidade de Columbia. Os Aliados haviam construído uma cadeia de estações radiogoniométricas de alta-frequência ao longo do perímetro do Atlântico. Grande parte do sistema era destinada a capturar mensagens de rádio codificadas e retransmiti-las para a quebra de códigos nos Estados Unidos e em Bletchley Park. Com seis ou sete postos de escuta interceptando a mesma mensagem de um dado submarino alemão, a posição de um submarino no Atlântico poderia ser determinada dentro de cerca de dez mil milhas quadradas. Isso dava aos aviões de patrulha uma boa ideia de onde procurá-los, mas dez mil milhas quadradas ainda significavam um círculo com 236 milhas de lado a lado. Os Aliados precisavam de um método eficiente para restringir a área de busca.

Uma vez que quase todos os aspectos da busca por alvos em mar aberto envolviam incertezas e probabilidades, ao matemático Bernard Osgood Koopman da Universidade Columbia foi atribuída a tarefa de encontrar um método viável. Depois de ter se graduado em Harvard, em 1922, Koopman estudou probabilidade em Paris e obteve um Ph.D. na Columbia. Seu sonho era eliminar a lacuna entre a "probabilidade intuitiva [...] de natureza subjetiva" de Bayes e a "puramente objetiva" da probabilidade com base em frequência utilizada em física quântica e mecânica estatística[34].

Um homem duro, de franqueza áspera e de uma perspicácia pungente, Koopman não via nenhuma razão para se envergonhar de Bayes ou dos antecedentes bayesianos. Ele assumiu desde o início que estava lidando com probabilidades:

> Toda operação envolvida em buscas é cercada por incertezas; qualquer uma pode ser compreendida

---

* Organização de uma frota de guerra da Marinha dos Estados Unidos que se manteve em atividade desde 1922 até depois da Segunda Guerra Mundial. (N. da T.)
34 B.O. Koopman, OEG *Reprt No. 56, Search and Screening*, p. 771.

quantitativamente apenas em termos de... probabilidade. Agora isso pode ser considerado como um truísmo; mas parece ter levado os desenvolvimentos em envestigação operacional da Segunda Guerra Mundial a conduzir para casa estas implicações práticas.[35]

Ao procurar pelos submarinos alemães no oceano, Koopman perguntava primeiro qual era o possível rumo que tomariam. Para ele, esse era um clássico problema bayesiano de "probabilidade de causas". Os antecedentes obviamente eram necessários. "Nenhum prospector racional procuraria por depósitos minerais numa região a menos que um estudo geológico, ou uma experiência de prospectores anteriores, mostrasse uma probabilidade suficientemente elevada da sua presença", ele comentava. "A polícia irá patrulhar localidades de alta incidência de crime. Funcionários da saúde pública terão primeiro ideias das possíveis fontes de infecção e as examinarão prioritariamente."[36]

Koopman começava logo atribuindo as chances de 50-50 de Thomas Bayes para a presença de um submarino alemão alvo dentro de uma área de dez mil milhas quadradas. Em seguida adicionava dados que eram tão objetivos quanto possíveis, como Jeffreys havia aconselhado. Ao contrário de Turing, Koopman tinha acesso a enormes montantes de informações detalhadas que os militares haviam acumulado a respeito dos submarinos alemães na guerra.

Infelizmente, um submarino alemão era capaz de detectar um destróier bem antes que o sonar do destróier apanhasse o submarino alemão. Muitos aviões norte-americanos não estavam equipados com limpadores de para-brisas, e a tripulação enxergava através de janelas sujas e riscadas. "A necessidade de manter as janelas limpas e claras não pode ser subestimada", advertia Koopman. Se um grupo estava com sorte de ter binóculos, eles eram do

---

[35] Idem, *Searching and Screening: General Principles with Historical Applications*, Pergamon Press, p. 17.
[36] Ibidem, p. 18.

padrão da marinha edição 7x50, turvos na melhor das hipóteses. A não ser que membros do grupo mudassem de posto com frequência para minimizar a monotonia, eles perdiam o foco. E o melhor ângulo para observar era geralmente três ou quatro graus abaixo do horizonte – "uma regra tosca mas eficaz para encontrar este local". Koopman escreveu, "é para estender o punho no comprimento do braço e olhar sobre dois ou três dedos abaixo do horizonte"[37]. Ele imaginou que a maioria das tripulações de aeronaves tinha apenas um quarto da eficiência dos observadores que trabalhavam em condições de laboratório.

Como um problema prático, Koopman perguntava de que modo um oficial da marinha poderia encontrar um submarino alemão dentro de um raio de 118 milhas se tivesse quatro aviões, cada um deles podendo voar cinco horas a 130 nós para cima e para baixo. em cinco rotas de busca, cada um com cinco milhas de largura. Embora poucas investigações da O.R. exigissem matemáticas tão intrincadas, Koopman achou um meio para responder a questão matematicamente usando funções logarítmicas. Sabendo que apenas três de cinco rotas tinham 10% de probabilidade de sucesso, a outra tinha 30% e a quarta 40%, Koopman pode fazer o cálculo matemático bayesiano. O oficial deveria designar dois aviões para a rota de 40% e dois para a de 30% e nenhum para as áreas menos prováveis. Ele calculou isso de próprio punho: seu problema não estava no cálculo, mas no recebimento de dados observacionais apropriados. Ele disse mais tarde que computadores teriam sido irrelevantes.

Ao aplicar suas teorias, Koopman escreveu um rico manual de receitas pré-computadas para conduzir uma busca a submarinos alemães. O esforço necessário para cada subdivisão de área de busca era igual ao logaritmo da probabilidade naquele ponto. As regiões a serem buscadas não tinham que ser caixas ou círculos, podiam ter curvas, formas irregulares. Mas empregando suas fórmulas, ele

---

[37] Ibidem, p. 60-61.

podia dizer a um comandante quantas horas de busca seriam necessárias para se dedicar a cada região de traçado irregular.

Ao utilizar o livro de receitas de Koopman, um oficial de bordo podia fornecer detalhes sobre a ótima maneira para fazer buscas ante seus recursos limitados; o tempo de espera necessário para encontrar o alvo; os contornos além dos quais não se deveria se aventurar; e o que deveria ser feito a cada duas horas até que o submarino alemão ou fosse encontrado ou tivesse sua busca cancelada. Ele podia planejar um dia de oito horas, começando com uma busca otimizada nas primeiras quatro horas; depois, se um submarino alemão não fosse encontrado, o comandante poderia usar a lei de Bayes para atualizar a provável localização do alvo e empreender um novo plano a cada duas horas para maximizar suas chances de localizá-lo.

Todo planejamento do comandante para duas horas de buscas sequenciais podia ser feito antes do tempo na sua cabine. Koopman chamou isso de "distribuição contínua de esforços". Suas buscas a submarinos alemães no mar eram teoricamente parecidas com o problema de artilharia de Kolmogorov. Koopman estava procurando por um submarino alemão desconhecido e precisava espalhar o esforço das buscas sobre uma área de um modo otimizado, assim como Kolmogorov imaginou uma quantidade otimizada de dispersão a fim de destruir um canhão alemão. Detectores de minas, que trabalhavam com problemas similares, adotaram as técnicas de Koopman.

Três pontos críticos cruciais – dois deles supersecretos – ocorreram na Europa durante a guerra, em 1943. Primeiro, no que os russos ainda chamam de a Grande Guerra Patriótica, os soviéticos derrotaram os alemães no *front* oriental, o que custou mais de 27 milhões de vidas. Segundo, a maré começou a virar contra os submarinos alemães, eles afundaram um quarto de milhão de toneladas em maio, mas 41 submarinos foram perdidos. Terceiro, Bletchley Park tornou-se uma fábrica gigante, empregando quase nove mil pessoas. Como mais bombas entravam em funcionamento, as laboriosas cartolinas de Banburismus foram desativadas. Restringindo mudanças imprevistas pelos criptógrafos alemães, a decodificação da Enigma naval estava sob controle.

Voltando para casa salvo e livre da responsabilidade de quebrar códigos da Enigma e da Tunny-Lorenz, Turing, o grande teórico, ganhava a liberdade para sonhar. Em longas caminhadas pelo campo nos arredores de Bletchley Park, Turing e Good discutiam, com Donald Michie, que seria o pioneiro da inteligência artificial, sobre máquinas que poderiam pensar. Michie, que havia se juntado a Bletchley Park desde os dezoito anos de idade, descrevia o trio dessa forma: "um grupo intelectual com uma obsessão em comum a respeito de máquinas pensantes e particularmente sobre a aprendizagem de máquinas*, como a única via crível para se chegar a tais máquinas". Eles conversavam sobre "várias abordagens, conjecturas e argumentos que se relacionam com o que hoje chamamos de AI (Inteligência Artificial)"[38].

Max Newman, antigo professor de matemática de Turing em Cambridge, queria automatizar o ataque britânico aos códigos da Tunny-Lorenz, e ele, junto com Michie e Good, já trabalhava em novas máquinas para realizar esse intento. Michie havia refinado o Turingismus, mas logo se tornou óbvio que os interruptores mecânicos seriam de longe os mais lentos. O processo teria que ser eletrônico; o engenheiro Thomas H. Flowers sugeriu a utilização de válvulas (tubos de vidro a vácuo) pois conseguiriam ligar ou desligar a corrente com muito mais rapidez. Com o apoio de Newman, Flowers construiu o primeiro Colossus no Post Office Research Station, que dirigia o sistema telefônico britânico. Instalado em Bletchley Park, o Colossus decodificou suas primeiras

---

* A aprendizagem de máquina é um subcampo da inteligência artificial dedicado ao desenvolvimento de algoritmos e técnicas que permitam ao computador aprender, isto é, que permitam ao computador aperfeiçoar seu desempenho em alguma tarefa. (N. da T.)

38 S.L. Andresen, Donald Michie: Secrets of Colossus Revelead, IEEE *Intelligent Systems*, nov.-dez. 2001, p. 82-83.

mensagens em 5 de fevereiro de 1944. O carro de Flowers quebrou naquele dia, mas não o seu Colossus.

Flowers tinha ordens estritas – sem nenhuma justificativa – para conseguir um segundo e mais avançado modelo operacional Colossus no mais tardar até 1º de junho. Trabalhando até ter a impressão de que os seus olhos estavam saindo das órbitas, Flowers e sua equipe conseguiram terminar a Colossus II dentro do cronograma exigido.

Quase tão logo começou a operar, Hitler passou uma mensagem criptografada para o seu oficial de comando na Normandia, Marechal de Campo Erwin Rommel. Ele ordenou a Rommel para não mover suas tropas por cinco dias depois de qualquer invasão à Normandia. Hitler julgou que isso seria um estratagema diversionista para levar as tropas alemãs longe dos portos ao longo do canal inglês e daí a invasão real deveria acontecer cinco dias mais tarde. A Colossus II decodificou a mensagem e um mensageiro rapidamente levou uma cópia de Bletchley Park para o general Dwight "Ike" Eisenhower. Enquanto Ike e o seu grupo tentavam decidir quando se lançar na invasão da Normandia, o mensageiro entregou-lhe uma folha de papel contendo as ordens de Hitler. Não podendo falar ao seu grupo sobre Bletchley Park, Eisenhower simplesmente devolveu o papel ao mensageiro e anunciou, "Vamos amanhã", na manhã de 6 de junho[39]. Mais tarde ele julgou que os decodificadores de Bletchley Park haviam encurtado a guerra na Europa em pelo menos dois anos.

As máquinas Colossus tornaram-se os primeiros computadores de eletrônica digital em larga escala construídos para um propósito especial, mas também capazes de fazer outros cálculos. Flowers fabricaria mais dez modelos durante a guerra. Com a introdução de complexidades alemãs que tornaram inúteis os métodos de decifração manual, as Colossus substituíram o método turingiriano do lápis e papel em agosto de 1944. Como relatou Michie, o sistema de pontuação bayesiana de Turing baseado em *bans* começou

---

39   B. Jack Copeland et al., *Colossus*, p. 80-81.

"primeiro como um pequeno auxílio mental com empregos variados", mas se transformou, logo em seguida, em uma "importante ajuda para as Colossus quebrarem padrões de rotores"[40]. Além disso, o método de Turing contribuiu intelectualmente para o uso das Colossus e produziu procedimentos que tornaram as máquinas muito mais efetivas. Cada nova Colossus apresentava uma melhoria em relação à anterior, e Michie acreditava que a décima primeira versão "impulsionou o projeto mais adiante na direção da 'programabilidade' no sentido moderno"[41].

Em 1945, Turing se mudou com o intuito de criptografar vozes em uma instalação militar próxima a Hanslope Park. No final da guerra, outras pessoas em Bletchley Park, ignorando o trabalho de Turing com a Enigma, decidiram empregar os métodos de Bayes para tentar quebrar os códigos navais japoneses no Pacífico. A principal cifra naval do Japão, JN-25, tornava-se cada vez mais complexa, e Bletchley Park começou rapidamente a se ocupar com algumas versões especialmente difíceis depois de setembro de 1943.

Um trio de matemático foi designado para trabalhar em conjunto com Washington. Os três eram Ian Cassels, mais tarde professor em Cambridge; Jimmy Whitworth; e Edward Simpson, que havia se integrado a Bletchley Park em 1942, imediatamente depois de obter uma graduação de matemática na Universidade de Queen, Belfast, com a idade de dezenove anos. Simpson estava trabalhando com códigos italianos em Bletchley Park, porém, depois da rendição italiana, ele foi transferido para o JN-25.

"O incrivelmente rígido etos de segurança" em Bletchley Park impedia o grupo de receber conselhos de Turing ou de Good, explicou Simpson em 2009, depois que suas atividades no tempo da guerra foram reveladas[42]. Como resultado disso, os homens adotaram e desenvolveram Bayes à sua própria maneira. Passou-se um

---

40 Ibidem, p. 380.
41 Ibidem, p. 244.
42 Edward H. Simpson em carta à autora.

ano inteiro antes de eles poderem falar com um colega de Turing, Alexander, que naquele tempo também tinha iniciado atividades com os códigos japoneses.

Os funcionários japoneses responsáveis pela codificação usavam o código mestre, JN-25, transmitindo suas mensagens em blocos de cinco dígitos. Os matemáticos britânicos sabiam que cada bloco era o resultado da adição de um grupo de cinco dígitos tomados de modo aleatório, chamado de aditivo, a um grupo de códigos de cinco dígitos retirados do livro de código JN-25. Com efeito, criptoanalistas britânicos executaram a operação inversa – mas sem o código JN e sem os livros aditivos. Primeiro, identificaram grupos que poderiam ser adicionados. Depois, uma equipe composta de civis e de Wrens (Women's Royal Naval Services) que, apesar de conhecer recentemente criptografia, tinham que identificar os aditivos mais prováveis com agilidade, objetividade e de forma padronizada. A equipe podia julgar a plausibilidade de um aditivo de acordo com a plausibilidade ou segundo a probabilidade do grupo de código decifrado produzido pelo aditivo. Como uma medição de suas crenças, os membros da equipe atribuíam uma probabilidade bayesiana para cada grupo de código especulativo, de acordo com a frequência em que eles haviam ocorrido nas mensagens já decifradas. O bloco mais provável, bem como casos limítrofes ou especialmente importantes, era estudado posteriormente.

"Para propósitos práticos, não era necessário se atormentar com as chances antecedentes a serem atribuídas à hipótese de que um aditivo era verdadeiro", explicou Simpson. "Em vez disso, o julgamento essencial a ser feito era se o [peso da] evidência coletiva [...] era convincente o suficiente para que ela fosse aceita como genuína [...] Em criptoanálise, como sempre, o inspirado palpite fundamentado na experiências podia, às vezes, dar a mais importante contribuição de todas."[43]

---

43 Ibidem.

o período da segunda guerra mundial

Depois de outubro de 1944, Alexander, um agudo solucionador de Banburismus de Bletchley Park, desenvolveu um elaborado uso do teorema de Bayes e do *decibans* de Turing para [quebrar] os códigos japoneses. Em 1945, os criptoanalistas dos EUA escreviam memorandos um para o outro a respeito do teorema de Bayes. Se os norte-americanos aprenderam sobre Bayes através de Bletchley Park ou descobriram sua utilidade por si próprios, não se sabe; 65 anos depois da guerra, o governo britânico ainda se recusava a tornar público muitos documentos sobre a criptografia do tempo da guerra. Um jovem matemático norte-americano, Andrew Gleason, que havia trabalhado nos códigos navais japoneses e procurado Turing quando de sua estadia em Washington, quase com certeza sabia da existência de Bayes durante a guerra. Good, Alexander e ele continuaram as atividades ultrassecretas de criptografia por décadas após a guerra. Gleason ajudou a estabelecer um curriculum pós-guerra para treinamento de criptoanalistas junto à U.S. National Security Agency (NSA) (Agência de Segurança Nacional dos EUA), ensinando matemática em Harvard e na NSA, e publicando um livro-texto que instruiu uma geração de criptoanalistas da NSA a utilizar o teorema de Bayes, os *decibans* e *centibans* de Turing, as inferências bayesianas e testagem de hipóteses. Cerca de vinte dos seus alunos tornaram-se mestres na quebra de códigos soviéticos durante as décadas de 1960 e de 1970. Gleason tinha um profundo conhecimento, mas pragmático, a respeito de Bayes; seu livro-texto discutia, além disso, métodos desenvolvidos por Neyman, o arquiantibayesiano.

Alguns dias depois da rendição dos alemães em maio de 1945, Churchill deu um chocante e surpreendente passo. Ele ordenou a destruição de todas as evidências de que a decodificação havia ajudado na vitória da Segunda Guerra Mundial. O fato de que a criptografia, Bletchley Park, Turing, lei de Bayes e os Colossus tinham contribuído para a vitória foi destruído. Good, o assistente de Turing, queixou-se mais tarde de que tudo sobre decifrações e combate a submarinos alemães "vindo de cartões [perfurados] do Hollerith para estatísticas sequenciais, para a Bayes empírica, para as cadeias de Markov, para a teoria da decisão, para os computadores eletrônicos" permanecia ultraconfidencial. A maioria dos Colossus foi desmantelada e quebrada em pedaços não identificáveis. Aqueles que construíram os Colossus e quebraram códigos da Tunny foram amordaçados pelos Atos Oficiais Secretos da Grã-Bretanha e pela Guerra Fria; eles não podiam nem mesmo dizer que os Colossus haviam existido. Livros de britânicos e de norte-americanos participantes na guerra contra os submarinos alemães eram quase que imediatamente classificados como secretos, restritos aos mais altos níveis dos círculos militares e não foram publicados por anos ou, em alguns casos, por décadas. Mesmo histórias confidencias da guerra excluíam a campanha de decifração dos códigos empreendida contra os submarinos alemães. Apenas depois de 1973, a história de Bayes, de Bletchley Park e dos esforços de Turing para salvar a nação começaram a emergir.

Por que essa história foi ocultada por tanto tempo? A resposta parece ser que os britânicos não queriam que o governo soviético soubesse que eles podiam decifrar os códigos da Tunny-Lorenz. Os russos haviam capturado um certo número de máquinas Lorenz, e a Grã-Bretanha utilizava pelo menos um dos dois Colossus sobreviventes para quebrar códigos soviéticos durante a Guerra Fria. Só quando os soviéticos substituíram suas máquinas Lorenz por novos criptosistemas é que a história de Bletchley Park foi revelada.

O segredo teve consequências trágicas. Familiares e amigos de empregados de Bletchley Park foram para suas sepulturas sem nunca saber as contribuições dadas por seus entes queridos durante a guerra. Aqueles ligados ao Colossus, o epítome dos esforços britânicos para decifrar códigos, receberam pouco ou nenhum crédito. A Turing foi entregue a Order of British Empire (OBE) (Ordem do Império Britânico), um prêmio dado de modo rotineiro a altos funcionários públicos. Newman ficou com tanta raiva com a "irrisória" falta de gratidão do governo a Turing que recusou seu próprio OBE.

A ciência, tecnologia e economia britânica também saíram perdendo. Os Colossus foram construídos e operados anos antes da ENIAC*, na Pensilvânia, e anos antes do computador de John von Newmann do Instituto de Estudos Avançados, em Princeton, mas para o meio século seguinte o mundo assumiu que os computadores norte-americanos haviam chegado primeiro.

A proibição de toda informação sobre a campanha para decifrar códigos distorceu atitudes da Guerra Fria com respeito ao valor dos criptoanalistas e das operações militares antissubmarinas. A guerra substituiu espiões humanos por máquinas. Decifrar códigos era mais rápido do que espionagem e proporcionou o conhecimento sem filtro do pensamento do inimigo em tempo real, contudo a Guerra Fria glamourizava o equipamento militar e a bravura da espionagem. O segredo também provocou efeitos catastróficos em Turing. Com o fim da guerra ele disse que gostaria de "construir um cérebro"[44]. Para tornar esse desejo possível, recusou um leitorado na Universidade de Cambridge, e juntou-se ao Laboratório Nacional de Física em Londres. Por causa dos Atos Oficiais Secretos, ele chegou na instituição como um João ninguém. Ignorando as realizações de Turing, o diretor do laboratório, Charles Galton Darwin, neto de Charles Darwin, repreendia Turing várias vezes por se atrasar de manhã depois de ter trabalhado até mais tarde na noite anterior. Uma vez, uma reunião vespertina do comitê com Darwin e outros estendeu-se até tarde naquela dia. Turing, às 17:30, prontamente se levantou e anunciou a Darwin que estava indo embora – "pontualmente"[45].

---

* (Electroni Numerical Integrator and Computer) foi o primeiro computador (gital eletrônico de grande escala. Criado em fevereiro de 1946 pelos cientistas norte-americanos John Eckert e John Mauchly, da Electronic Control Company, o ENIAC começou a ser desenvolvido em 1943, durante a Segunda Guerra Mundial, para computar trajetórias táticas que exigissem conhecimento substancial em matemática, mas só se tornou operacional após o final da guerra. (N. da T.)
44 A. Hodges, "Turing, a Natural Philosopher", em Ray Monk; Frederic Raphael (eds.), *The Great Philosophers*, p. 290.
45 Dennis Lindley, em carta à autora.

No laboratório, Turing projetava o primeiro computador com programa de armazenamento digital eletrônico relativamente completo para quebrar códigos em 1945. Darwin, no entanto, considerou esse projeto ambicioso demais e, depois de vários anos, Turing sentiu-se menosprezado. Quando finalmente o laboratório construiu seu projeto em 1950, era o computador mais rápido do mundo e, de modo espantoso, possuía a capacidade de memória dos primeiros Macintosh fabricados três décadas mais tarde.

Turing se transferiu para a Universidade de Manchester, onde Newman construía o primeiro computador com programa de armazenamento digital eletrônico para a bomba atômica da Grã--Bretanha. Trabalhando em Manchester, Turing foi o pioneiro no desenvolvimento do primeiro software de computador, deu a primeira palestra sobre inteligência computacional e concebeu seu famoso Teste de Turing: um computador está pensando se, depois de cinco minutos de questionamento, uma pessoa não pode distinguir se as respostas são da máquina, ou de um humano em uma sala ao lado. Depois, Turing ficou interessado em física-química e em como moléculas biológicas imensas se constroem a si mesmas em formas simétricas.

Uma série de acontecimentos internacionais espetaculares em 1949 e 1950 irrompeu naqueles anos produtivos e precipitou uma crise pessoal em Turing: os soviéticos surpreenderam o Ocidente ao detonar uma bomba atômica; os comunistas ganharam o controle da China continental; Alger Hiss, Klaus Fuchs e Julius e Ethel Rosenberg foram presos por espionagem; e o senador Joseph McCarthy, de Wisconsin, começou a brandir sua lista infundada dos chamados comunistas do Departamento Estatal dos Estados Unidos.

Ainda pior, dois espiões ingleses da elite – um abertamente promíscuo e alcóolatra homossexual chamado Guy Burguess e seu amigo dos tempos de estudante de Cambridge, Donald Maclean – foram capturados ao tentar fugir para a URSS em 1950. Os Estados Unidos contaram à inteligência britânica que eles haviam sido avisados por Anthony Blunt, outro homossexual graduado em

Cambridge, um importante historiador da arte e avaliador de quadros da rainha. Com os governos britânico e norte-americano em pânico por causa de imagem de um escândalo homossexual na espionagem, o número de homens detidos por homossexualidade na Grã-Bretanha disparou.

No primeiro dia do reinado da rainha Elizabeth II, em 7 de fevereiro de 1952, Turing foi preso por atividade homossexual realizada na privacidade da sua casa com um consentimento adulto. Como Good protestou mais tarde, "Felizmente, as autoridades em Bletchley Park não tinham ideia de que Turing era homossexual; caso contrário nós teríamos perdido a guerra"[46].

Na polêmica sobre Burgess e Maclean, Turing era visto não como o herói do seu país, mas, apesar de todo seu histórico, como outro homossexual de Cambridge que compartilhava o segredo dos mais bem guardados segredos do Estado. Ele havia, ainda por cima, trabalhado no computador que envolvia testes de bomba atômica da Grã-Bretanha. Como resultado de sua prisão, o chefe criptoanalista da Grã-Bretanha perdeu sua segurança de liberdade e qualquer chance de continuar suas atividades em decodificação. Além disso, pelo motivo de o congresso norte-americano ter proibido com rigor a entrada de gays no país, ele estava impossibilitado de conseguir um visto para viajar ou trabalhar nos Estados Unidos.

Enquanto o mundo festejava o físico do Projeto Manhattan que projetou as bombas atômica e de hidrogênio, enquanto ficavam livres dos nazistas criminosos de guerra e enquanto os Estados Unidos recrutavam alemães especialistas em foguetes, Turing era considerado culpado. Menos de uma década depois de a Inglaterra ter lutado na guerra contra os nazistas que conduziram experiências médicas em seus prisioneiros, um juiz inglês forçou Turing a escolher entre a prisão e a castração química. Ele escolheu as injeções de estrogênio. No ano seguinte, cresceram seios nele.

---

46 P. Hilton, Reminiscences and Reflections of a Codebreaker, em D. Joyner, *Coding Theory and Cryptography*, p. 7.

E em 7 de junho de 1954, um dia depois do décimo aniversário da invasão à Normandia que ele ajudou a tornar possível, Turing cometeu suicídio. Dois anos mais tarde o governo britânico condecorou Anthony Blunt, o espião que depois admitiu ter delatado seus amigos Burgess e Maclean e ter precipitado a caça às bruxas contra os homossexuais. Ainda hoje, é difícil escrever – ou ler – sobre o fim de Turing. Em 2009, 55 anos depois da morte de Turing, o primeiro ministro britânico, Gordon Brown, finalmente pediu desculpas pela perda de Turing.

O trabalho bayesiano de Turing sobreviveu na criptografia. Por décadas em segredo, um norte-americano colega de Turing ensinou Bayes aos criptógrafos da NSA. Graças a Turing, Good desenvolveu teoria e métodos bayesianos, tornando-se uma das maiores autoridades em criptoanálise do mundo e um dos três mentores responsáveis pelo renascimento bayesiano nas décadas de 1950 e de 1960. Ele escreveu cerca de novecentos artigos sobre a lei de Bayes e publicou muitos deles.

Fora da criptografia, no entanto, ninguém sabia que um dos mais brilhantes pensadores da metade do século havia utilizado Bayes para defender seu país durante a Segunda Guerra Mundial. E a lei de Bayes saiu da guerra mais vilipendiada que nunca.

5.
mortoeenterradonovamente

com seus sucessos confidenciais do tempo da guerra, a lei de Bayes emergiu da Segunda Guerra Mundial com ainda mais suspeitas do que antes. Livros de estatística e artigos destacavam repetida e farisaicamente que não usavam a lei. Quando Jack Good discutiu sobre o método na Sociedade Real de Estatística, o próximo orador abriu sua fala da seguinte maneira: "Depois desse absurdo..."[1].

"Bayes" ainda significava antecedentes iguais e ainda não era visto como um meio de fazer inferências, tirar conclusões, fazer previsões baseadas na atualização de dados observacionais. O Instituto Nacional de Padrões suprimiu um relatório do Campo de Provas de Aberdeen, o centro de testes de armas do exército dos Estados Unidos, durante a década de 1950 porque o estudo usava métodos bayesianos subjetivos. Durante a campanha do senador Joseph McCarthy contra os comunistas, um estatístico do departamento chamou um colega, meio de brincadeira, de "falso norte-americano por [ele] ser bayesiano, e [...] minar o governo dos Estados Unidos"[2]. Professores na Escola de Negócios de

---

1 Entrevista com Good.
2 A.R. Sampson; B. Spencer; I.R. Savage, A Conversation with I. Richard Savage, *Statistical Science* (14), p. 135.

Harvard chamavam seus colegas bayesianos de "socialistas e assim chamados cientistas"[3].

"Parece que ainda permanece em alguns lugares uma ideia persistente de que há algo 'não bom o bastante', alguma coisa infundada, no conjunto do conceito de probabilidade inversa", escreveu um estatístico proeminente[4]. A menos que declarado de outra forma, um estatístico era considerado um frequentista.

A comunidade bayesiana era pequena e isolada, e suas publicações eram quase invisíveis. A teoria do pré-guerra de Frank Ramsey, Harold Jeffreys e Bruno De Finetti continuava encostada, sem ser lida. Quase todos os artigos publicados no *Annals of Mathematical Statistics* tinham relação com questões enquadradas no trabalho frequentista de Jerzy Neyman da década de 1930. Graças às pesquisas genéticas de Ronald Fisher e à postura firme antibayesiana de um estatístico da Universidade Estadual de Iowa chamado Oscar Kempthorne, estudos em agricultura em muitas instituições de concessões de terra apoiavam-se no frequentismo. Quando Gertrude Cox, a presidente da Sociedade Estatística Norte-Americana em 1956, falou acerca do futuro da estatística, ela mal mencionou Bayes. O primeiro artigo prático dizendo a cientistas como utilizar análises bayesianas não aparece até 1963.

Nem mesmo pesquisadores civis empregados pelos militares sabiam muito sobre Bayes em 1950. Quando um economista preparava um orçamento de pesquisa para a Força Aérea norte-americana na Rand, um centro de estudos da Califórnia, ele perguntou, em visita ao estatístico David Blackwell, como poderia avaliar a probabilidade de ocorrer a maior guerra mundial dentro de cinco anos. Blackwell, que ainda não havia se tornado um bayesiano, respondeu: "Oh, essa pergunta não tem sentido. Aplica-se probabilidades em uma longa sequência de eventos repetitivos, e essa é uma situação claramente única. A probabilidade é zero ou um,

---

3 Entrevista com John W. Pratt.
4 W. Perks, Some Observations on Inverse Probability Including a New Indifference Rule, *Journal of the Institute of Actuaries* (73), p. 286.

mas não sabemos seu valor daqui a cinco anos". O economista concordou e disse: "Eu estava com medo de que você fosse dizer isso. Tenho falado com muitos outros estatísticos e todos eles têm me dito a mesma coisa."[5]
O teórico bayesiano Dennis V. Lindley concluiu, "O emergente movimento bayesiano está sendo contido em grande parte por ser ignorado"[6]. Outro estatístico recordou: "Muitos de nós achavam que [Bayes] estava morto e enterrado."[7]

---

[5] M.H. DeGroot, A Conversation with David Blackwell, *Statistical Science* (1:1), p. 40-53.
[6] Comments on Cox, em Norman Lloyd Johnson; Samuel Kotz (eds.), *Breakthroughs in Statistics*, v. 1, xxxviii.
[7] Anônimo em Constance Reid, *Neyman: From Life*, p. 273.

parte três

oglorioso**ressurgimento**

6.
arthurbailey

depois da Segunda Guerra Mundial, a primeira provocação pública ao *status quo* antibayesiano não veio dos matemáticos e estatísticos militares ou universitários, mas de uma citação bíblica de um executivo de negócios chamado Arthur L. Bailey.

Bailey era um atuário de seguros cujo pai havia sido demitido e colocado na lista negra de todos os bancos em Boston por dizer aos seus empregadores que eles não deveriam emprestar grandes somas de dinheiro para políticos locais. Assim a família foi colocada no ostracismo, e até mesmo os colegas de escola de Arthur pararam de convidar a ele e à sua irmã para as festas. Virando as costas, na Nova Inglaterra, para o *establishment*, Bailey matriculou-se na Universidade de Michigan, em Ann Arbor. Lá estudou estatística no programa atuarial do departamento de matemática, obtendo um bacharelado de ciência com graduação em 1928, e conheceu sua esposa, Helen, que se tornou atuária pela companhia de seguros John Hancock Mutual Life antes dos seus filhos nascerem[1].

O primeiro emprego de Bailey foi, como ele gostava de dizer, "nas bananas", isto é, no departamento de estatísticas da United Fruit Company localizada em Boston.

1 Os detalhes dessa biografia são de entrevistas e correspondências com seu filho e sua nora, Robert A. Bailey e Shirley Bailey.

Quando o departamento foi eliminado durante a Depressão, Bailey acabou dirigindo um caminhão de frutas e caçando tarântulas que fugiam pelas ruas de Boston. Ele teve sorte por ter aquele emprego, e à sua família nunca faltou bananas ou laranjas.

Em 1937, depois de nove anos nas frutas, Bailey conseguiu um emprego em outra área na cidade de Nova York. Lá ele foi encarregado de fixar as taxas de prêmio para cobrir riscos envolvendo automóveis, aeronaves, fábricas, arrombamento e roubo para a American Mutual Aliance, um consórcio de companhias de seguro.

Dando preferência às conexões com a igreja e à comunidade, em vez de aos amigos dos bons tempos de sua juventude, Bailey escondeu seu crescente sucesso profissional ao viver tranquilamente em um despretensioso subúrbio de Nova York. Ele relaxava cuidando do jardim, caminhando com seus quatro filhos e fazendo anotações em um exemplar do livro de botânica Gray's Botany com a ambientação das suas favoritas orquídeas silvestres. Seu lema era: "Algumas pessoas vivem no passado, outras vivem no futuro, mas os mais sábios vivem no presente".

Estabelecido em seu novo emprego, Bailey ficou horrorizado ao ver "subscritores de seguro cascas-grossas" usando a semiempírica técnica bayesiana "abrutalhada" desenvolvida em 1918 para compensação de seguro de trabalhadores[2]. Estatísticos universitários já tinham banido virtualmente aqueles métodos há muito tempo, mas como pessoas práticas no negócio, atuários se recusavam a descartar seus conhecimentos antecedentes e continuavam a alterar seus velhos dados com os novos. Assim, eles baseavam os prêmios dos próximos anos nas taxas deste ano, na medida em que refinavam e modificavam com novas informações de pedidos de indenização. Eles não perguntavam qual deviam ser as novas taxas. Em vez disso, eles queriam saber: "Em quanto deveriam mudar as taxas atuais?" Um bayesiano avaliaria a quantidade de sorvete

---

[2] A.L. Bailey, Sampling Theory in Casualty Insurance, Part I through VII, PCAS (30), p. 31-32.

que alguém tomaria no próximo ano, por exemplo, combinando dados sobre a recente consumação individual de sorvete com outra informação, tal como tendências nacionais de sobremesa. Como um sofisticado estatístico, moderno, Bailey ficou escandalizado. Seus professores, influenciados por Ronald Fisher e Jerzy Neyman, tinham ensinado a ele que antecedentes bayesianos eram "mais horríveis do que 'cuspe'", nas palavras de um atuário especialmente bem educado[3]. Os estatísticos deveriam ter não opiniões antecedentes sobre seus próximos experimentos ou observações, mas era conveniente empregar diretamente apenas observações relevantes rejeitando, nesse meio tempo, informações periféricas e não estatísticas. Ainda não havia métodos padrão para avaliar a credibilidade do conhecimento antecedente (a respeito de taxas antecedentes, por exemplo) ou para correlacioná-las a informações estatísticas adicionais.

Bailey passou seu primeiro ano em Nova York tentando provar para si mesmo que "todos os procedimentos da extravagância atuarial [bayesiana] de acidentes profissionais eram matematicamente infundados"[4]. Contudo, depois de um ano de intenso esforço mental ele percebeu, para sua consternação, que o embrutecimento atuarial funcionava. Ele mesmo preferia esse procedimento à elegância do frequentismo. De maneira incontestável, ele gostava de fórmulas que descrevessem "dados concretos [...] eu compreendo que os subscritores de seguro cascas-grossas reconheciam certos fatos da vida negligenciados pelos teóricos da estatística"[5]. Ele queria dar mais peso a um grande volume de dados do que às pequenas amostras frequentistas; agindo desse modo sentiu, com surpresa, que isso era "lógico e razoável". Concluiu que apenas um atuário "suicida" empregaria o método de Fisher de

---

3 C.C. Hewitt Jr., Discussion, PCA (56), p. 80.
4 A.L. Bailey, Credibility Procedures: Laplace's Generalization of Bayes' Rule and the Combination of Collateral Knowledge with Observed Data, PCAS (37), p. 7.
5 Idem, Sampling Theory in Casualty Insurance, Part I through VII, op. cit., p. 31-32.

possibilidade máxima, que atribuía uma probabilidade zero para não eventos[6]. Como muitas empresas não arquivavam os sinistros de tudo, o método de Fisher produziria prêmios muito baixos para cobrir futuras perdas.

Abandonando suas suspeitas iniciais acerca da lei de Bayes, Bailey passou a Segunda Guerra Mundial estudando o problema. Ele trabalhava sozinho, isolado dos pensadores acadêmicos e dos seus colegas atuários, que coçavam a cabeça com o brilhantismo de Bailey.

Depois da guerra, em 1947, Bailey se transferiu para o Departamento de Seguros do Estado de Nova York como atuário chefe da agência reguladora. Um executivo da área de seguros o chamava de "o guardião de nossas consciências". Enquanto seus colegas se embriagavam nos bares de hotéis em conferências, Bailey bebia refrigerante e ocasionalmente citava a *Bíblia*. Nas horas vagas, ele fazia essas leituras. Alguns atuários diziam "todo tipo de coisas desagradáveis de Arthur Bailey", continua o executivo, "mas aprendemos a respeitar a sua integridade e a magnitude do seu pensamento depois do horário de expediente"[7].

Bailey começou escrevendo um artigo, resumindo suas tumultuosas mudanças de atitude em relação à lei de Bayes. Embora suas antiquadas notações fossem difíceis de se compreender, ele estava construindo um fundamento matemático para justificar o uso de taxas correntes como os antecedentes no teorema de Bayes. Ele iniciou seu artigo com uma justificativa bíblica para o uso de crenças antecedentes: "Se puderes crer", escreveu, citando o apóstolo Marcos, "tudo é possível para aquele que crê". Então, revisando a matemática de Albert Whitney para a compensação de trabalhadores, Bailey reconheceu as raízes bayesianas da teoria da Credibilidade desenvolvida anos antes para a compensação de seguro de trabalhadores. A credibilidade era central para o pensamento atuarial, e enquanto frequências relativas eram relevantes,

---

6 Idem, Credibility Procedures: Laplace's Generalization of Bayes' Rule and the Combination of Collateral Knowledge with Observed Data, op. cit., p. 7-9.
7 D.M. Pruitt, The First Fifty Years, PCAS (51), p. 165.

também eram outros tipos de informação. Bailey elaborou métodos matemáticos para fundir cada pedaço de informação disponível em um corpo inicial de dados. Particularmente, ele tentou compreender como atribuir ponderações parciais de evidência suplementar de acordo com a credibilidade delas, isto é, a credibilidade subjetiva delas. Suas técnicas matemáticas auxiliavam atuários de modo sistemático e consistente a integrar milhares de taxas antigas e novas por diferentes tipos de emprego, atividades e localidades. Sua biblioteca de trabalho incluía uma reedição de 1940 de artigos de Bayes com um prefácio de Edward Molina da Bell Telephone. Como Molina, Bailey utilizava o mais complexo e preciso sistema de Laplace ao invés do sistema de Thomas Bayes.

Em 1950, Bailey era vice-presidente da companhia de seguros Kemper Insurance Group, de Chicago, e um frequente orador depois de jantares em banquetes a black-tie da Casualty Actuarial Society. Ele leu sua mais famosa comunicação em 22 de maio de 1950. Seu título explicava muita coisa: "Procedimentos de Credibilidade: Generalização de Laplace da Lei de Bayes e a Combinação do Conhecimento Colateral [isto é, o antecedente]com Dados Observados".

Para atuários que conseguiam se concentrar em uma extensa comunicação erudita depois de uma pesada (e sem dúvida alcoolizada) refeição, a mensagem de Bailey devia ser excitante. Primeiro ele elogiava seus colegas por permanecerem quase sozinhos contra o *establishment* estatístico e por colocarem em cena a única revolta organizada contra a filosofia das amostragens frequentistas. Os estatísticos de seguro marchavam "um passo à frente" dos outros. A prática atuária era um profundo e obscuro mistério, e isso ia "além de qualquer coisa que havia sido matematicamente comprovado". Mas, declarava triunfalmente, "ela funciona... Eles demonstraram isso muitas vezes. Ela funciona!"[8]

---

8 Credibility Procedures: Laplace's Generalization of Bayes' Rule and the Combination of Collateral Knowledge with Observed Data, op. cit., p. 8.

Então ele anunciou a chocante novidade de que a amada fórmula da Credibilidade deles era derivada do teorema de Bayes. Os atuários pragmáticos pensavam Bayes como uma solução sumária e temporária com a qual tratavam sequências de tempo de antecedentes e posteriores. Mas Bailey lembrou seus colegas que o amigo e editor de Bayes, Richard Price, seria considerado hoje um atuário. E retornou à tabela imaginária de Bayes no ataque frontal aos frequentistas e ao controvertido Fisher. Ele concluiu, com uma vibrante convocação para se restabelecer o conhecimento antecedente na teoria estatística. Seu desafio ocupou teóricos acadêmicos por anos. Era um discurso combativo. Ao ler isso mais tarde, o professor Richard von Mises, de Harvard, fez elogios a esse pensamento com toda sinceridade. Von Mises escreveu a Bailey dizendo que esperava que o seu discurso fizesse com que "os injustificados e insensatos ataques à teoria de Bayes iniciados por R.A. Fisher, se extinguissem pouco a pouco"[9].

Infelizmente, Bailey não viveu muito para fazer campanha pela lei de Bayes. Quatro anos depois de ter feito seu mais importante discurso, ele sofreu um ataque cardíaco com a idade de 49 anos e morreu em 12 de agosto de 1954. Seu filho culpou o fato de Bailey ter começado a fumar na faculdade e foi incapaz de parar.

Ainda são poucos os atuários praticantes que compreenderam sua mensagem. No ano da morte de Bailey, um dos seus admiradores estava tomando um martíni na Companhia de Seguros da América do Norte em uma festa de natal quando o administrador chefe executivo do INA, vestido de Papai Noel, fez uma pergunta inimaginável: Poderia alguém prever a probabilidade de dois aviões colidirem em pleno voo?

Papai Noel estava pedindo ao seu atuário chefe, L.H. Longley-Cook, para fazer uma previsão com base em nenhuma experiência. Nunca tinha acontecido uma colisão séria de aviões comerciais em pleno ar. Sem nenhuma experiência do passado

---

9   Em PCAS (37), 1950, p.95-115.

ou experimentos repetidos, qualquer estatístico ortodoxo teria respondido à pergunta de Papai Noel com um sonoro não. Porém o legítimo britânico Longley-Cook ganhava tempo. "Sinceramente não gosto de misturar essas coisas com martínis", falou, arrastando as palavras. Mesmo assim, a pergunta o ficou corroendo. Em um ano haveria mais norte-americanos viajando pelo ar do que pelas estradas de ferro. Nesse meio tempo, alguns estatísticos perguntavam a si mesmos se conseguiriam evitar [colisões], utilizando os sempre controversos antecedentes subjetivos para fazer previsões com base na falta de qualquer informação prévia.

Longley-Cook gastou suas férias remoendo o problema, e em 6 de janeiro de 1955, enviou ao CEO, ao diretor executivo, um aviso premonitório. Apesar do recorde de segurança da indústria, a avaliação de dados de acidentes de companhias aéreas em geral o fez supor "algo em torno de zero a quatro colisões aéreas de transportes aéreos para o próximo ano". Em resumo, a companhia deveria se preparar para uma dispendiosa catástrofe, elevando as taxas de prêmio para transporte aéreo e adquirindo um resseguro. Dois anos mais tarde sua previsão provou-se correta. Um DC-7 e uma aeronave Constellation colidiram sobre o Grande Canyon, matando 128 pessoas naquele que ficou conhecido como o pior acidente da aviação comercial. Quatro anos depois disso, um jato DC-8 e um Constellation colidiram sobre a cidade de Nova York, matando 133 pessoas nos aviões e nos apartamentos que estavam logo abaixo do acidente[10].

Mais tarde, o filho de Arthur Bailey, Robert A. Bailey, utilizou técnicas bayesianas para justificar a taxa de méritos aos bons motoristas. As taxas de acidentes de veículos motorizados subiram tanto na década de 1960 que metade dos norte-americanos ativos podiam esperar ser feridos em um acidente de carro durante suas vidas. Os norte-americanos compravam mais carros e dirigiam

---

10 O episódio de Longley-Cook pode ser encontrado em William H.A. Carr, *Perils: Named and Unnamed*. p. 241-243.

muitos quilômetros, mas as leis não seguiram aquele ritmo. Não havia uniformidade nos sinais de trânsito; a maioria dos motoristas e veículos passava por testes ou era inspecionada apenas uma vez em toda sua existência, quando muito; penalidades para quem dirigia alcoolizado eram leves; e carros eram projetados sem que a segurança fosse levada em conta. As seguradoras sofriam grandes perdas. Evidentemente, um sistema antecipado para recompensar bons motoristas era necessário, mas uma avaliação de mérito era considerada sem fundamento porque um carro isolado teria credibilidade inadequada. Empregando a lei de Bayes, Robert Bailey e Leroy J. Simon mostraram que dados relevantes sobre descontos por condução segura no Canadá poderiam ser usados para atualizar as estatísticas dos Estados Unidos.

Robert Bailey também utilizou procedimentos bayesianos para avaliar as próprias companhias de seguro, incorporando dados não estatísticos e informações subjetivas, tais como opiniões sobre a propriedade de uma companhia, incluindo a qualidade e os hábitos de consumo alcóolico dos seus gerentes. Com o tempo, a indústria de seguro acumulou uma quantidade enorme de dados que a lei de Bayes, assim como a régua de cálculo, tornou-se obsoleta.

Para os pouco atuários que compreendiam o trabalho de Arthur Bailey, ele era um da Vinci ou um Michelangelo: ele tirou a profissão deles da idade das trevas[11]. A notícia de sua realização se infiltrou lentamente e avançou aqui e ali por entre teóricos universitários. Durante o início da década de 1960, um professor atuário da Universidade de Michigan, Allen L. Mayerson, escreveu a respeito do papel seminal de Bailey na teoria da Credibilidade. O professor de estatística, Jimmie Savage, um recém converso aos métodos bayesianos, estava trabalhando em Ann Arbor naquele tempo e mais tarde visitou Bruno De Finetti, o professor atuarial bayesiano, em sua casa de férias em uma ilha próxima da Itália. Os dois participaram juntos de uma conferência em Trieste, onde

---

[11] Entrevista com Charles C. Hewitt Jr.

o italiano espalhou a notícia sobre Bailey e a origem bayesiana da Credibilidade de seguro. Essa era a primeira vez que a maior parte dos estatísticos ouvia falar dele.

Hans Bühlmann, que se tornou professor de matemática e presidente do ETH Zurich, Eidgenössische Technische Hochschule Zürich (Instituto Federal de Tecnologia de Zurique), recordou a excitação daquela conferência. Ele havia passado um período de licença, estudando no departamento de estatística de Neyman em Berkeley, na década de 1950, "quando era meio perigoso pronunciar o ponto de vista bayesiano". Tomando para si o desafio de Bailey, Bühlmann produziu uma teoria geral bayesiana de credibilidade, que os estatísticos levaram para muito além do mundo dos atuários e dos seguros. Cuidadosamente renomeando o antecedente como "função estrutural", Bühlmann acreditava que poderia ajudar a Europa Continental a fugir de algumas das querelas "religiosas" sobre a lei de Bayes, querelas que ainda estavam por vir entre os anglo-americanos[12].

---

12 Hans Bühlmann, em carta à autora.

7.
daferramentaàteologia

enquanto Arthur Bailey transformava a marreta da Credibilidade na lei de Bayes para a indústria de seguros, um *boom* do pós-guerra em estatística elevava o humilde *status* do método. Gradativamente, Bayes iria livrar-se de sua reputação de mero instrumento para solucionar problemas práticos, e emergir em glorioso tecnicolor como uma filosofia superabrangente. Alguns a chamariam até mesmo de teologia.

A Segunda Guerra Mundial aumentou radicalmente o prestígio, as perspectivas financeiras e a oportunidade de carreira de matemáticos aplicados nos Estados Unidos. Os militares ficaram profundamente impressionados pelas suas experiências do tempo da guerra com estatística e pesquisa de operações, e, durante o fim da década de 1940, o governo investiu rios de dinheiro em ciência e estatística. Oficiais de financiamento militar percorriam os corredores das universidades tentando persuadir estatísticos frequentemente relutantes em solicitar subsídios. Dirigentes da marinha, convencidos de que a ciência do pós-guerra precisava ser colocada em movimento para fomentar a tecnologia, organizaram o Office of Naval Research (Departamento de Pesquisa Naval), a primeira agência formada de modo explícito para financiar pesquisas científicas. Até a criação da National Science Foundation (Fundação

Nacional de Ciência), em 1950, a marinha dos Estados Unidos deu grande apoio à pesquisa matemática e estatística nacional, fossem confidenciais ou não, básicas ou aplicadas. Outros fundos vieram do exército e da força aérea norte-americana e dos National Institutes of Health (Institutos Nacionais de Saúde).

Uma geração de matemáticos puros, que havia tomado excitantes decisões de vida ou morte durante a guerra, rapidamente migrou para a matemática aplicada e para a estatística. Como a capital estatística do mundo mudou da Grã-Bretanha para os Estados Unidos, essa área explodiu. Em meio a tal crescimento espetacular, o número de teóricos estatísticos aumentou cem vezes. Estabelecendo-se em departamentos de matemática, eles cunharam novos termos como "matemáticos estatísticos" e "teóricos estatísticos".

No tempo desse *boom*, até mesmo bayesianos conseguiam emprego em instituições de pesquisa de elite. Em uma extremidade do espectro bayesiano residia um pequeno grupo de evangelistas decidido a forjar, matemática e academicamente, suas respeitáveis teorias. Na outra extremidade havia profissionais que queriam representar papéis chave na ciência, em vez de limitar-se a exercícios em matemática formalista.

Em face das estridentes mudanças e novas atitudes, o casamento de conveniência no tempo da guerra entre matemáticos abstratos e matemáticos aplicados ruiu. Estatísticos reclamavam que os matemáticos puros consideravam a utilidade da pesquisa como "algo para grosseirões", semelhante a lavar pratos e varrer as ruas[1]. Jack Good afirmou que os matemáticos da Virginia Tech, lar do terceiro maior departamento de estatística do país na década de 1960, detestava solucionadores de problemas[2].

Brincalhões com os fundos federais, estatísticos e analistas de dados divorciaram-se dos departamentos de matemática e

1 F.F. Stephan et al., "Stanley S. Willks", *JASA*, (60:312), 1965, p. 953.
2 Em entrevista.

formaram seus próprios enclaves. Ainda que houvesse essa tensão ruidosa entre teorizações abstratas e aplicações científicas, ela ocorria na mais decorosa privacidade. Uma série de cismas continua até hoje, com matemáticos aplicados ocupando – dependendo da universidade – departamentos de matemática, matemática aplicada, estatística, bioestatística e ciência da computação.

O laboratório de Jerzy Neyman em Berkeley, o maior e mais importante centro de estatística no mundo naquele momento, desenvolveu teorias fundamentais de amostragem e reinou sobre essa profissão rebelde por anos depois da Segunda Guerra Mundial. Mas o laboratório de Neyman desenvolveu suas próprias fissuras. Incapaz de competir com a crescente demanda de estatísticos, o departamento contratou e promoveu seus próprios estudantes, tornando-se enclausurado em si mesmo. Quando um estudante tentava resolver um problema no quadro-negro de forma não convencional, Neyman agarrava sua mão e o forçava a escrever a resposta à maneira de Neyman. Por quarenta anos seus contratados eram frequentistas, e as pessoas de fora chamavam o grupo de "Jesus e seus discípulos"[3]. Neyman continuou a dirigir seu instituto até seus oitenta anos.

Apesar de ambos serem fervorosos antibayesianos, Neyman e Fisher lutaram entre si até o fim, e nenhum deles estava disposto a admitir que o outro poderia estar utilizando a técnica que melhor servia às suas próprias necessidades. Para Fisher, os riscos eram altos:

> Corremos muito perigo ao enviar jovens altamente treinados e inteligentes para o mundo com tabelas de números errados embaixo dos seus braços, e com uma densa névoa no lugar onde deveriam estar os seus cérebros. Neste século, claro, eles estarão trabalhando com mísseis guiados e aconselhando profissionais de medicina no controle de doenças, e não há limite para

[3] Constance Reid, *Neyman : From Life*, p. 216.

a extensão pela qual eles poderiam impedir qualquer tipo de empenho nacional.[4]

Ele descreveu Neyman como alguém que está "algumas centenas de anos fora de moda [...], incapacitado, de certa maneira, por um raciocínio deformado"[5]. Neyman chamava as pesquisas de Fisher de "insidiosas porque, em uma forma habilmente oculta, elas envolviam invocação injustificada de antecedentes"[6]. E era isso mesmo. Com a idade de 85 anos, Neyman declarou, de modo arrogante, "[Bayes] não me interessa. Estou interessado em frequências"[7].

Para simpatizantes de Bayes, o frequentismo começou a se parecer com um *cartoon* de Rube Goldberg*, conectando de modo solto, para qualquer fim, testes e procedimentos que surgiam de forma independente, em vez de se desenvolverem de maneira lógica, unificada, como resultado da probabilidade. A piada estava no fato de que se você não gostasse do resultado das suas análises frequentistas, era só refazê-las utilizando um teste diferente. Por comparação, a lei de Bayes parecia ter um fundamento lógico que abrangia tudo. Como o número de estatísticos, simpósios, artigos e periódicos se multiplicavam, uma série de publicações, que circulavam por volta de 1950, começou a atrair a atenção para o até então invisível mundo da lei de Bayes.

Bayes estava pronto para outro dos seus periódicos renascimentos, na confluência de três matemáticos, Jack Good, Leonard Jimmie Savage e Dennis V. Lindley, que cuidavam da tarefa de tornar a lei de Bayes uma respeitável forma de matemática e uma metodologia

---

4   R.A. Fisher, *Statistical Methods for Research Workers*, p. 274.
5   C. Reid, op. cit., p. 256.
6   Ibidem, p. 226.
7   Ibidem, p. 274.
*   Reuben Garrett Lucius Goldberg (4 de julho de 1883 a 7 de dezembro de 1970) foi um artista plástico, cartunista, escultor, escritor e engenheiro norte-americano. Entre seus *cartoons*, um dos mais característicos era a máquina de Rube Goldberg, que executa uma tarefa simples de uma maneira extremamente complicada, geralmente utilizando uma reação em cadeia. (N. da T.)

coerente e lógica. A primeira publicação a anunciar o renascimento bayesiano foi um livro de Good, assistente de Alan Turing no tempo da guerra. Como expôs Good:

> Depois da guerra, ele [Turing] não teve tempo de escrever sobre estatística porque estava ocupado projetando computadores e linguagens de computador, além de especular acerca da inteligência artificial e da base química da morfogênese, desse modo, com sua permissão, desenvolvi sua ideia [...] em consideráveis detalhes[8].

Good terminou o primeiro esboço de *Probability and the Weighing of Evidence* em 1946, mas não pôde publicá-lo até 1950, o mesmo ano em que Arthur Bailey lançou seu manifesto bayesiano para atuários. A maior parte do atraso, explicou Good, foi causada por se continuar a esconder os segredos do tempo da Segunda Guerra durante a Guerra Fria.

A princípio, seu livro caiu sobre ouvidos surdos. Ele não estava acostumado a ensinar ou expor suas ideias, e ninguém sabia que ele havia utilizado Bayes para ajudar a quebrar códigos da Enigma. Quando deu uma palestra sobre a sua "filosofia neo-bayesiana ou neo/Bayes-Laplace", em uma conferência na Sociedade Real Estatística, seu estilo de exposição era entrecortado e ele não gastava palavras[9]. Lindley, que estava no público, relatou: "Ele não conseguia transmitir suas ideias para nós. Devíamos ter tido muito mais respeito pelo que ele estava dizendo, porque estava muito mais a frente de nós de diversos modos."[10]

Depois da guerra, Good continuou fazendo criptografia confidencial para o governo britânico e usava com frequência

---

8   Em N.L. Johnson; S. Kotz (eds.), *Breakthroughs in* Statistics, v. 1, p. 380.
9   S.E. Fienberg, When did Bayesian Inference Become Bayeian?, *Bayesian Analysis* (1), p. 19.
10 Dennis V. Lindley em A. Smith, A Conversation with Dennis Lindley, *Statistical Science* (10), p. 312.

antecedentes iguais para ajudar a decidir sobre qual hipótese ele deveria dar seguimento. Quando o *best-seller* de David Kahn, *The Codebreakers*, foi publicado em 1967, a Agência de Segurança Nacional censurou uma passagem que identificava Good como um dos três maiores criptoanalistas da Grã-Bretanha. Ele foi, naquele tempo, uma das pessoas mais bem informadas do mundo sobre a indústria da codificação. Good era ativo, brilhante, original, munido de uma memória fabulosa, e incomum o suficiente para se permitir pensar a respeito de paranormalidade e astrologia, além de se dar ao direito de se juntar ao Mensa, a organização para pessoas com alto QI. Lá ele apresentou-se com um aperto de mão e pronunciando as palavras, "Eu sou Good*"[11].

A partir da Segunda Guerra Mundial em diante, todas as técnicas criptográficas eram confidenciais, e, ao mesmo tempo que Good obedecia as restrições, ele se revoltava contra elas e buscava maneiras de burlar a censura. Para revelar uma técnica ultrassecreta usada por Turing para encontrar pares e trios de letras, indicando o código do dia empregado pelos tripulantes de submarinos alemães, Good escreveu sobre um dos passatempos favoritos dos britânicos, a observação de pássaros. E se, sugeria ele, um ávido observador de pássaros avistasse 180 espécies diferentes de aves? Muitas delas seriam representadas por um pássaro apenas; logicamente, o observador de pássaros deve ter perdido completamente várias outras espécies. Levar em conta as espécies ausentes como zero (como um frequentista teria feito) tem o efeito deletério de afirmar que as espécies ausentes podem nunca ser encontradas. Turing decidiu atribuir a essas espécies ausentes uma possibilidade diminuta, uma probabilidade que não é zero. Ele estava tentando estudar algo sobre raros agrupamentos de letras que não apareciam em seu acervo de mensagens alemãs interceptadas. Ao estimar a frequência de espécies

---

* Trocadilho que o próprio Jack Good fez com seu nome, que ganha um sentido cômico em inglês. A frase em inglês é "I am Good" que, traduzido para o português, incluindo o nome, fica: "Eu sou Bom", ou "Eu sou Excelente". (N. da T.)

11 Donald Michie em B.J. Copeland et al., *Colossus*, p. 240.

ausentes em sua amostragem, ele podia usar Bayes para estimar a probabilidade de aquele grupo de letras aparecer em uma amostragem mais extensa de mensagens e logo na mensagem seguinte da Enigma recebida por ele. Décadas depois, os decodificadores de DNA e analistas de inteligência artificial adotariam a mesma técnica.

Engenhoso como era, Good podia ser alguém difícil de se conviver, mudava de um posto para outro. Depois de passar um ano com um grupo de investigadores de criptografia, no Instituto de Análises para Defesa (localizado na Universidade de Princeton), muitos colegas de trabalho ficaram aliviados ao vê-lo partir. Em 1967, Good se transferiu de modo permanente para o Instituto Politécnico e Universidade Estadual da Virgínia, em Blacksburg. Por sua insistência, seu contrato estipulava que ele seria pago sempre com um dólar a mais do que o técnico de futebol americano. No entanto, ele trabalhava longe da corrente bayesiana dominante; durante a década de 1960, a lei de Bayes nos Estados Unidos estava concentrada nas universidades de Chicago e Wisconsin, além de Harvard e Carnegie Mellon.

Isolado pela geografia e silenciado pelo caráter secreto que o governo britânico mantinha em relação ao seu trabalho com Turing, Good enviou, sem ser solicitado, cópias em carbono do seu *curriculum vitae* datilografado – aquilo que ele chamava de Lista Privada de mais de oitocentos artigos e quatro livros[12] – para o espanto dos seus colegas. Ele enumerou cada trabalho e marcou uma parcela significativa deles como confidencial. Só quando os britânicos deixaram de tratar como segredo seus trabalhos de criptoanálise, ele pôde revelar o sucesso de Bayes com o código da Enigma. Quando isso aconteceu, ele comprou uma vaidosa placa de licença brasonada com seu *status* de espião James Bond e suas iniciais, 007 IJG.

Prejudicado pelo sigilo governamental, por sua própria personalidade e por sua inabilidade em expor seu trabalho, Good permaneceu uma voz independente dentro da comunidade bayesiana, enquanto dois outros nomes se tornavam líderes desse grupo.

12 Entrevista concedida por Stephen Fienberg.

De modo diferente de Good, Dennis Lindley e Jimmie Savage se envolveram quase que acidentalmente com bayesianos. Quando Lindley era garoto, durante o bombardeio alemão sobre Londres, um notável professor de matemática chamado M.P. Meshenberg foi seu tutor na escola de abrigo de ataque aéreo. Meshenberg convenceu o pai de Dennis, um orgulhoso reparador de telhados que nunca havia lido um livro, de que o seu garoto não deveria abandonar cedo os estudos nem ser aprendiz de algum arquiteto. Por causa de Meshenberg, Dennis permaneceu na escola e ganhou uma bolsa de matemática para a Universidade de Cambridge. No fim da guerra, quando o governo britânico pediu a matemáticos para aprender algo sobre estatística, Lindley ajudou a introduzir o controle de qualidade e inspeção estatística na produção de armamentos para o Ministério do Abastecimento.

Depois da guerra, ele retornou a Cambridge, o centro de probabilidade britânico, onde Jeffreys, Fisher, Turing e Good haviam trabalhado ou estudado. Ali Lindley ficou interessado em transformar o acervo de diversas ferramentas estatísticas em um "respeitável ramo da matemática", um corpo completo de pensamento baseado em axiomas e teoremas comprovados[13]. Andrei Kolmogorov havia feito a mesma coisa para a probabilidade em geral, na década de 1930. Visto que Fisher, em particular, chegava com frequência a suas ideias de modo intuitivo e negligenciava detalhes matemáticos, havia muito espaço para outro matemático arrumar as coisas de maneira lógica.

Em 1954, um ano após a publicação de um extenso artigo resumindo seu projeto, Lindley visitou a Universidade de Chicago apenas para perceber que Savage tinha feito um trabalho ainda melhor que o dele. Embora Lindley e Savage rapidamente terem se tornado os principais porta-vozes da lei de Bayes, nenhum deles percebeu que estavam descendo uma rampa escorregadia em direção a Bayes. Cada um deles pensava que tinha meramente colocado tradicionais técnicas estatísticas em um rigoroso fundamento matemático. Só mais tarde perceberam que não podiam se

---

[13] Entrevista com George E.P. Box.

deslocar de maneira lógica, a partir dos seus rigorosos axiomas e teoremas, para os métodos *ad hoc* do frequentismo. Lindley disse: "Nós estávamos ambos loucos porque falhamos completamente até reconhecermos as consequências do que estávamos fazendo."[14] Apesar de ser quase cego, Savage tinha se instruído imensamente em uma enciclopédica gama de tópicos. Seu pai, um judeu imigrante do Leste Europeu com uma educação de nível de terceira série, mudou o nome de sua família de Ogushevitz para Savage e se estabeleceu em Detroit. Jimmie e seu irmão Richard nasceram com miopia aguda e movimentos involuntários dos olhos. Quando adulto, antes de cruzar uma rua Jimmie tinha que esperar cinco ou dez minutos para se certificar de que não havia carros se aproximando, e ao assistir palestras se aproximava do quadro-negro olhando para ele através de um potente monóculo. Contudo, os irmãos conseguiam ler de modo bastante confortável, e as crianças chamavam-nos de "máquinas de leitura"[15]; a mãe deles, graduada no colegial e enfermeira, mantinha-os abastecidos com livros da biblioteca. A leitura sempre foi um privilégio a ser valorizado; Jimmie lia com uma intensidade rara e desenvolveu o embaraçoso hábito de questionar tudo. Seus estudos de amplo espectro e curiosidade insaciável alterariam a história da lei de Bayes.

Todavia, por causa de sua visão Savage quase perdeu a oportunidade de obter uma educação universitária. Seus professores consideravam-no débil mental e inadequado para os altos estudos. Finalmente foi admitido na Universidade de Wayne (mais tarde Estadual de Wayne), em Detroit. Dali foi transferido para o departamento de química da Universidade de Michigan, só para ser rejeitado novamente, desta vez por ser considerado inapto para o trabalho de laboratório. Um professor de matemática bastante compreensivo, G.Y. Rainich, resgatou-o ao fazer com que ele recebesse aulas em uma classe de alunos portadores de deficiência visual na escuridão total. Rainich chamava a experiência nessa classe de

---

14 Em A. Smith, op. cit., p. 308.
15 A.R. Sampson; B. Spenser; I.R. Savage, A Conversation with I. Richard Savage, *Statistical Science* (14), p. 126-127.

"geometria mental [...] assim como na Rússia", onde muitas escolas não tinham recursos para conseguir velas[16]. Três estudantes dessa classe, incluindo Savage, obtiveram o doutoramento.

Durante a Segunda Guerra Mundial, Savage trabalhou em um Grupo de Pesquisas Estatísticas na Universidade de Columbia com o futuro vencedor do Prêmio Nobel, o economista Milton Friedman. A experiência convenceu Savage a trocar a matemática pura pela estatística. Depois da guerra se transferiu para a Universidade de Chicago, um centro de agitação científica, graças em larga medida ao fascinante Prêmio Nobel vencido por Enrico Fermi, o último físico a se destacar tanto em experimentação como em teoria. O próprio Fermi se utilizava de Bayes. No outono de 1953, quando Jay Orear, um dos alunos graduados de Fermi, lutava com um problema envolvendo três grandezas desconhecidas, Fermi disse a ele para usar um simples método analítico que era chamado de teorema de Bayes e que ele havia derivado de C.F. Gauss. Um ano mais tarde, quando Fermi morreu aos 53 anos, a lei de Bayes perdia um defensor premiado nas ciências físicas.

Fermi não era o único físico importante a usar métodos bayesianos naquele período. Poucos anos depois, na Universidade de Cornell, Richard Feynman sugeria a lei de Bayes para comparar teorias rivais em física. Feynman dramatizou, mais tarde, um estudo bayesiano, culpando a rigidez dos anéis de vedação do ônibus espacial Challenger pela explosão.

Durante esse excitante período da década de 1950 em Chicago, Savage e Allen Wallis fundaram o departamento de estatística da universidade, e Savage atraiu um número de jovens estrelas na área. Com uma ampla leitura, Savage descobriu o trabalho de Émile Borel, Frank Ramsey e Bruno De Finetti das décadas de 1920 e 1930 que legitimavam a subjetividade nos métodos bayesianos.

O revolucionário livro de Savage, *Foundations of Statistics* (Fundamentos de Estatística) foi o terceiro de uma série de pioneiras

---

16 Idem, p. 128.

publicações bayesianas dos anos de 1950. Ele surgiu em 1954, quatro anos depois do ensaio sobre seguros de Bailey e do livro de Good e um ano depois do ensaio de Lindley. Por causa da morte precoce de Ramsey, coube a Savage desenvolver as ideias do jovem filósofo a respeito da utilidade de transformar a lei de Bayes, para fazer inferências baseadas na observação, em uma ferramenta para tomadas de decisão e ação.

Quase de maneira desafiadora, Savage afirmava-se como um subjetivista e personalista. A probabilidade subjetiva era uma medida de crença. Era algo que deixava você propenso a usar em uma aposta, especialmente em uma corrida de cavalos, em que os apostadores compartilhavam da mesma informação acerca do cavalo, mas chegavam a diferentes conclusões sobre suas chances, e em que a corrida em si nunca pode ser precisamente replicada. Opiniões subjetivas e competência profissional em ciência, medicina, jurisprudência, engenharia, arqueologia e outros campos seriam quantificadas e incorporadas em análises estatísticas.

Mais do que ninguém Savage forçou as pessoas a pensar sobre a combinação de dois conceitos: utilidade (a quantificação do prêmio) e probabilidade (a quantificação da incerteza). Ele argumentava que pessoas racionais faziam escolhas subjetivas para minimizar perdas esperadas.

Savage confrontava a mais espinhosa objeção para os métodos bayesianos: "Se opiniões antecedentes podem diferir de um pesquisador para outro, o que acontece com a objetividade científica na análise de dados?"[17] Fazendo aprimoramentos sobre Jeffreys, Savage respondeu da seguinte forma: como a quantidade de dados aumenta, subjetivistas entram em acordo, os cientistas caminham para chegar a um consenso com as evidências acumuladas sobre, digamos, o efeito estufa ou acerca de o cigarro ser a principal causa do câncer de pulmão. Quando têm poucos dados, cientistas entram em desacordo e passam a ser subjetivistas; quando têm pilhas de

---

17 N.L. Johnson; S. Kotz (eds.), v. 1, op. cit., p. 520.

dados, eles concordam e tornam-se objetivistas. Lindley concordava: "Essa é a maneira como a ciência é feita."

Mas quando Savage apregoou o tratamento matemático da opinião pessoal, ninguém – nem mesmo ele e Lindley – havia percebido ainda que ele havia escrito a Bíblia bayesiana. "Nenhum de nós tinha como saber naquele tempo o que significava dizer que éramos bayesianos", disse Lindley. O livro de Savage não empregava o termo "bayesiano" em nada, e referiu-se à lei de Bayes uma única vez. As concepções de Savage e o seu livro ganharam popularidade lentamente, mesmo entre aqueles predispostos à lei de Bayes. Muitos esperavam um manual de "como-fazer", tal qual o de Fisher, *Statistical Methods for Research Workers*. Na falta de um maquinário computacional para implementar suas ideias, bayesianos estavam limitados a poucos problemas simples envolvendo integrais, facilmente resolvíveis, e gastavam anos adaptando métodos centenários para calculá-las. Savage, no entanto, disse que era

> pouco inclinado a máquinas de alta velocidade para conseguir ajuda. Sem dúvida, isso se deve, em parte, ao meu ser reacionário... mas meus principais interesses estão no qualitativo... Tabelas de funções dependendo de vários parâmetros quase não podem ser impressas e, quando impressas, ficam completamente ininteligíveis[18].

Savage continuava, em vez disso, a provar teoremas de matemática abstrata e a trabalhar na construção de um fundamento lógico para métodos bayesianos.

Suas aplicações eram muito excêntricas para serem usadas: qual é a probabilidade de que a aspirina ondule as orelhas dos coelhos? Qual é a velocidade mais provável da luz de neon ao atravessar a cerveja? Alguns acreditavam que o fracasso de Savage em resolver problemas sérios impediu a propagação dos métodos de

---

18 J. Savage, *The Foundations of Statistics*.

Bayes. Lindley queixou-se: "Talvez a estatística teria se beneficiado mais se ele não tivesse sido tão meticuloso na resposta aos correspondentes e tão atencioso com estudantes e, em vez disso, ter desenvolvido mais métodos operacionais para que os escritores e os graduados pudessem ter usado."[19]

Alguns leitores estavam perturbados também pelo fato de Savage usar aspectos do frequentismo para defender antecedentes subjetivos de Bayes, um tabu desde o século XIX. Como explicou Savage, quando escreveu o livro ele "não era ainda um bayesiano personalista". Achava que havia chegado à estatística bayesiana "de maneira séria apenas através do reconhecimento do princípio da possibilidade; e isso me fez levar um ano ou dois para fazer a transição"[20].

De acordo com o princípio da possibilidade, toda informação em dados experimentais fica encapsulada na porção de possibilidade do teorema de Bayes, a parte que descreve a probabilidade de novos dados objetivos; o antecedente não representava nenhum papel. Praticamente falando, um princípio de análise extremamente funcional. Cientistas podiam interromper um experimento quando estivessem satisfeitos com o resultado ou ficassem sem tempo, dinheiro e paciência; não bayesianos tinham que continuar até que algum critério de frequência fosse atendido. Bayesianos também eram capazes de se concentrar sobre o ocorrido, não sobre o que *poderia* ter acontecido conforme o plano de amostragem de Neyman-Pearson.

A transição para Bayes feita por Savage levou vários anos, mas no início da década de 1960 ele aceitou essa lógica de maneira plena, fundindo probabilidade subjetiva com novas ferramentas de estatística para inferência científica e tomada de decisão. No que diz respeito a Savage, a lei de Bayes satisfazia uma necessidade que outros procedimentos estatísticos não eram capazes. A origem do frequentismo, em genética e em biologia, pretendia que

---
19 Em W.A. Erickson (ed.), *The Writings of Leonard Jimmie Savage*, p. 49.
20 Em Stephen E. Fienberg, When did Bayesian Inference Become Bayeian?, op. cit., p. 16-19.

ele se envolvesse com fenômenos grupais, populações e amplas agregações de objetos similares. Quanto à utilização de métodos estatísticos em biologia ou em física, o vencedor do prêmio Nobel de física, Erwin Schrödinger, disse: "O caso individual [é] completamente desprovido de interesse."[21] Bayesianos como Savage, contudo, conseguiam se ocupar com eventos isolados que ocorrem uma só vez, tais como a probabilidade de uma cadeira pesar vinte libras, de um avião chegar atrasado ou de os Estados Unidos entrarem em guerra dentro de cinco anos.

Bayesianos conseguiam, ainda, combinar informações de diferentes fontes, tratar observáveis como variáveis randômicas, e atribuir probabilidades a todos eles, se formassem uma curva em forma de sino ou alguma outra forma. Bayesianos usavam todos os dados disponíveis, porque cada fato poderia alterar a resposta por uma pequena quantidade. Estatísticos que usavam a frequência como base levantavam suas mãos quando Savage perguntava caprichosamente: "O uísque faz mais mal que bem no tratamento de picada de cobra?" Os bayesianos sorriam e respondiam: "O uísque *provavelmente* faz mais mal do que bem."[22]

Como um movimento, a lei de Bayes estava mostrando-se mais similar a uma filosofia – e até mesmo a uma religião ou estado de espírito – do que a uma lei científica verdadeira ou falsa como as placas tectônicas. Segundo David Spiegelhalter da Universidade de Cambridge:

> Ela é muito mais básica [...] Um domínio enorme de cientistas diz que você não pode usar probabilidade para expressar sua falta de conhecimento ou eventos que ocorrem uma só vez e que não têm nenhuma frequência. A probabilidade chegou muito tarde à civilização [...] [e muitos cientistas acham isso] particularmente

---

21 The Statistical Law of Nature, *Nature* (153), p. 704.
22 Em W.A. Erickson (ed.), op. cit., p. 297.

preocupante porque não é um processo de descoberta. É muito mais um processo de interpretação."[23]

"Cientistas matemáticos muitas vezes sentiam uma combinação de harmonia e potência em certas fórmulas", esclarece Robert E. Kass, um bayesiano da Universidade de Carnegie Mellon.

> Há ao mesmo tempo uma profunda experiência estética e um reconhecimento pragmático de profundas consequências, conduzindo ao que Einstein chamava de "sensação cósmica religiosa". O teorema de Bayes oferece essa tal sensação. Ele diz que há uma maneira simples e elegante para combinar informações correntes com experiências antecedentes, a fim de indicar o quanto se sabe. Isso implica que os dados suficientemente bons levarão observadores previamente díspares a concordar. Faz pleno uso de informações disponíveis e produz decisões tendo uma taxa mínima de erro. O teorema de Bayes é deslumbrante e inspirador.

Infelizmente, Kass continuava: "quando as pessoas são cativadas por esses encantos, elas tendem a fazer proselitismo e tornam-se cegas por essa vulnerabilidade fundamental [...] [que] seus poderes mágicos dependem da validade de suas entradas probabilísticas"[24].

Como zelotes fazendo proselitismo de Bayes como uma panaceia abrangente, o método inspirou devoções religiosas e oposições dogmáticas. A batalha entre bayesianos e seus igualmente fervorosos inimigos durou décadas e causou estranhamento em muitos curiosos. Como revelou um observador: "Era uma briga enorme por alimento. Foi devastador. Eles se odiavam."[25] Um estatístico proeminente lamentou: "Estatísticos bayesianos não se atinham

---

23 David Spiegelhalter em entrevista.
24 Robert E. Kass em entrevista.
25 Anônimo.

o bastante ao padrão estabelecido pelo próprio Bayes: se eles apenas fizessem o que ele fez e publicassem postumamente, todos sairíamos ilesos de muitos problemas"[26].

Savage tornou-se um dos crentes. Ele desenvolveu, de um só golpe, uma messiânica bayesiana, "o mais extremo defensor bayesiano [...] que eu já vi", disse William Kruskal da Universidade de Chicago. Savage recolocou a controvérsia sobre a lei de Bayes em sua forma mais extrema como subjetividade *versus* objetividade. Para ele, assim como para Lindley, a lei era única e exclusiva, método vencedor-leva-tudo, chegando a conclusões diante da incerteza. A lei de Bayes era correta e racional, sentiam eles, e outras visões estavam erradas, e não era necessário nem desejável assumir compromisso.

"A probabilidade pessoal [...] tornou-se para [Savage] a única abordagem sensível para a probabilidade e estatística", lembrou Kruskal, lamentando. "Se alguém não estivesse em sólido acordo com ele, esse alguém era inimigo, ou estúpido, ou pelo menos mostrava-se desatento diante de um importante desenvolvimento científico. Essa atitude era aguçada, sem dúvida, por dificuldades pessoais e pela retórica de alguns antibayesianos, e exacerbava as relações entre Jimmie Savage e muitos dos seus velhos amigos de profissão."[27]

O último ano de Savage em Chicago, 1960, foi repleto de turbulências. Embora seus colegas de departamento não soubessem nada sobre o que estava acontecendo, a administração estava tentando abolir o departamento de estatística, e Savage lutava para reverter a decisão. Seu casamento estava se desintegrando e, na esperança de salvá-lo, ele se transferiu para a Universidade de Michigan. Ao partir, disse aos seus colegas: "Provei o argumento bayesiano em 1954. Nenhum de vocês encontrou uma falha na prova e ainda assim a negam. Por quê?"[28] Quando tentou retornar a Chicago, membros do departamento que ele havia formado e

---

26 M.G. Kendall, On the Future of Statistics, *Journal of the Royal Statistical Society Series A* (131), p. 185.
27 William Kruskal em Brooks, online.
28 Savage em carta de Lindley à autora.

presidido votaram contra sua recontratação. No começo, nenhuma outra universidade norte-americana ou britânica oferecia a ele uma posição. Em 1964 ele se mudou para a Universidade de Yale, casou-se novamente e alcançou algum nível de tranquilidade. Em 1971, aos 53 anos, Savage morreu subitamente de um ataque do coração. Sua morte na metade de sua carreira privou bayesianos norte-americanos do seu principal porta-voz. O *New Haven Register* apresentou outra perspectiva. Savage foi coautor de um livro chamado *How to Gamble if You Must* (Como Jogar se Você For Obrigado). Para bayesianos, toda assunção a respeito do futuro era arriscada, e jogos de apostas era o paradigma da tomada de decisão. O periódico *Register* publicou a seguinte manchete no seu obituário: "Morre o Estatístico de Yale, Leonard Savage; Autor de Livro Sobre Jogo de Apostas".

Nesse meio tempo, Lindley retornou à Grã-Bretanha, onde por muitos anos foi o único bayesiano em uma posição de autoridade. Naquela época ele edificou não só a teoria bayesiana, mas também um poderoso grupo de pesquisa, o primeiro no Colégio Universitário de Wales, em Aberystwyth e, em seguida, no Colégio Universitário de Londres. Este último possuía o mais importante departamento de estatística da Inglaterra e era um templo do frequentismo. Quando Lindley chegou, um colega disse que sua presença representou "como se um testemunho de Jeová tivesse sido eleito Papa"[29]. Lindley percebeu que havia "herdado" vários estatísticos que "não mudariam de visão a respeito de estatística"[30]. Ele disse: "A atitude geral [era] de virar a cabeça para o outro lado"[31].

Em uma época em que muitos desdenhavam Bayes, foi preciso coragem para criar o principal departamento bayesiano de estatísticas europeu. Com frequência, o único bayesiano em reuniões da Sociedade Estatística Real e certamente o único combativo entre eles,

---

29 Patrick Rivett, Aspects of Uncertainty [Review], *Journal of the Operational Research Society* (46), 1995, p. 663-670.
30 Lindley, em carta à autora.
31 A. Smith, A Conversation with Dennis Lindley, op. cit., p. 312.

Lindley defendia a lei de Bayes como um destemido Terrier ou como um advogado do diabo. Em troca, ele era tolerado com um alívio quase cômico. "A estatística bayesiana não é um *ramo* da estatística", alegava ele. "Ela é uma maneira de enxergar o conjunto da estatística". Lindley tornou-se conhecido como um revolucionário da idade moderna. Ele lutou para conseguir nomear bayesianos, cátedra por cátedra, até o Reino Unido ter um núcleo de dez departamentos bayesianos. No final das contas, a Grã-Bretanha tornou-se mais simpática ao método que os Estados Unidos, onde Neyman mantinha um *bunker* antibayesiano em Berkeley. Ainda assim, o processo deixou cicatrizes: apesar de as contribuições de Lindley terem sido um marco, ele nunca foi nomeado Membro da Sociedade Real. Em 1977, com 54 anos, Lindley abriu mão de suas obrigações administrativas que odiava e se aposentou imediatamente. Celebrou sua liberdade ao deixar crescer sua barba e tornando-se o que chamou de "um estudioso itinerante" da lei de Bayes[32].

Graças a Lindley na Grã-Bretanha e a Savage nos Estados Unidos, a teoria bayesiana amadureceu na década de 1960. O raciocínio filosófico para utilizar métodos bayesianos foi amplamente estabelecido. Ele estava se tornando a única matemática da incerteza com um explícito, eficaz e seguro fundamento na lógica. Como aplicá-la, entretanto, permaneceu uma questão controversa.

A enorme influência de Lindley como professor e organizador deu frutos na geração que chegava, enquanto o livro de Savage difundia os métodos bayesianos entre militares e no meio empresarial, nos campos da história, da teoria dos jogos, da psicologia e ia muito além. Embora Savage tenha escrito acerca de orelhas de coelho e luzes de neon na cerveja, pessoalmente ele encorajou pesquisadores que aplicariam a lei de Bayes em problemas de vida e morte.

---

32 Lindley, em carta à autora.

8.
jerome cornfield, câncer de pulmão e ataque cardíaco

bayes entrou na pesquisa médica através dos esforços de um único cientista, Jerome Cornfield, que tinha apenas um diploma universitário em história, e que contou com a lei para identificar as causas do câncer de pulmão e de ataques cardíacos.

O câncer de pulmão, extremamente raro antes de 1900 e incomum ainda em 1930, surgiu como se viesse do nada logo depois da Segunda Guerra Mundial. Em 1952 ele matava 321 pessoas, em um milhão por ano na Inglaterra e no País de Gales. Um ano mais tarde, trinta mil novos casos foram diagnosticados nos Estados Unidos. Jamais outra forma de câncer apresentou um salto catastrófico dessa magnitude. Estudos na Europa, Turquia e Japão confirmaram a enigmática praga. Parecia haver algo de especial a respeito da doença.

Mas o que poderia ser? Suas causas eram desconhecidas. Patologistas pensaram que o aumento de câncer de pulmão poderia estar vindo à tona devido ao aperfeiçoamento de métodos de diagnóstico ou por causa do envelhecimento natural da população. Outros culpavam os gases expelidos por fábricas, ou o número crescente de automóveis, as partículas de alcatrão da nova pavimentação de asfalto, ou a infame fumaça que saía das casas aquecidas com a livre queima de carvão. Cigarros, produzidos em massa desde a invenção de máquinas para fabricá-los, em 1880, eram patrioticamente enviados por navios aos soldados durante a Primeira Guerra Mundial. Estudos com animais, no entanto, não conseguiam demonstrar que o alcatrão do tabaco era cancerígeno.

Já em 1937, um estudo em pequena escala na Alemanha sempre apontava, ainda que de modo hesitante, o ato de fumar cigarros como responsável pela nova doença. Porém havia dúvidas sobre isso também. Embora 80% dos homens de meia idade da Inglaterra e do país de Gales fumassem cigarros, o consumo *per capita* de tabaco tinha caído um pouco. E a fumaça dos cigarros, que vinha substituindo a de charutos e cachimbos, não parecia pior que a de outro fumo.

O mais famoso bioestatístico do mundo, Austin Bradford "Tony" Hill, estava intrigado. Ele se denominava aritmético em vez de matemático ou estatístico e, em uma série de artigos no *The Lancet*, usou a simples lógica para convencer a comunidade médica a quantificar objetivamente os resultados de suas pesquisas. Durante o fim da década de 1940, duas décadas depois de Ronald Fisher ter introduzido a randomização em experimentação agrícola, Hill inseriu a randomização na pesquisa médica. Ao inaugurar o exame clínico controlado, Hill mostrou que a vacina para a coqueluche reduzia casos de tosse convulsa de crianças em 78%, e que a estreptomicina era eficaz contra a tuberculose pulmonar. Bradford Hill tornou-se tão famoso que uma carta endereçada para "Lord Hill, Bradford, Inglaterra" chegava a ele.

Para identificar as causas mais prováveis do catastrófico aumento do câncer de pulmão, Hill e um jovem médico e epidemiologista, Richard Doll, organizaram entrevistas com pacientes com e sem câncer de pulmão, em vinte áreas hospitalares de Londres. Todos eram questionados acerca de suas atividades e exposições no passado. Os resultados, publicados em 1950, eram chocantemente claros. Dos 649 homens com câncer de pulmão, apenas dois eram não fumantes; uma proporção elevada de pacientes com câncer de pulmão eram os fumantes de grande quantidade de cigarros, e a sua taxa de mortalidade era vinte vezes maior que a de não fumantes. Um amplo estudo norte-americano de Ernst L. Wynder e Evarts A. Graham confirmou o resultado britânico no mesmo ano. As notícias alarmantes de que o cigarro e o câncer de pulmão estavam ligados causou um tumulto internacional instantâneo. Jornais, rádio, televisão e revistas competiam com periódicos médicos pelas últimas novidades. Com a exceção da epidemia de *influenza* de 1918, nenhuma enfermidade saiu tão rápido da obscuridade para a consciência mundial. Poucas têm gerado controvérsias tão grandes quanto essa.

Os estudos de Hill e Doll permanecem como uma das glórias que coroam as estatísticas médicas. Esse foi o primeiro estudo sofisticado de controle de caso de doença não contagiosa. E isso convenceu Hill e Doll a parar de fumar. Apesar desses resultados dramáticos, o estudo deles não mostrava que fumar cigarros realmente causava câncer. Ninguém podia dizer isso com certeza. Jerome Cornfield, um burocrata do governo norte-americano do National Institutes of Health (NIH) (Instituto Nacional de Saúde), aceitou o desafio. E com Hill organizando estudos clínicos na Grã-Bretanha e Cornfield desenvolvendo o amparo matemático dessas pesquisas nos Estados Unidos, os dois abordaram aspectos complementares do mesmo problema a partir de diferentes lados do Atlântico.

Ambos vinham de formação básica completamente diferente. O pai de Hill era um médico com título de nobreza, e um dos seus antepassados foi o inventor do selo postal. Cornfield era filho de imigrantes russos judeus e obteve o grau de bacharel da Universidade de Nova York em 1933. O governo federal, desesperado com os dados da economia durante a Depressão, contratou "rapazes brilhantes" para substituir os funcionários que tradicionalmente compilavam estatísticas sobre o desemprego, renda nacional, habitação, agricultura e indústria[1]. Cornfield, qualificado como um

---

1 Marvin Hoffenberg em entrevista.

rapaz brilhante, assinava como estatístico do governo ganhando US$ 26,31 por semana, US$ 1.368 por ano.

Washington D.C. ainda era uma cidade segregada do sul. "A regra geral era que, se você fosse judeu, era possível trabalhar no Departamento de Mão de Obra e, se você fosse católico, poderia trabalhar no Departamento de Comércio", explicou Marvin Hoffenberg, um amigo de Cornfield e, mais tarde, professor da UCLA[2]. No Departamento de Agricultura norte-americano funcionava uma, assim chamada, Escola Graduada, onde funcionários do governo com inclinação para a matemática podiam estudar estatística, e Cornfield fez seus únicos cursos de matemática e estatística ali.

Como recordava Cornfield: "Ninguém sabia quantos desempregados havia, e a amostragem parecia o caminho para descobrir isso [...] A estatística tinha me entusiasmado."[3] Embora Fisher e Neyman tivessem feito palestra sobre os métodos de amostragem na Escola de Pós Graduação, seu diretor, W. Edwards Deming, era mente aberta; ele publicou os ensaios de Thomas Bayes com uma introdução de Edward Molina dos Laboratórios Bell.

Amigos se referem à efetivação de Cornfield no Departamento de Mão de Obra como sua fase séria e exótica. Ele desempenhou o papel principal na revisão do Índice de Preços ao Consumidor e na criação de um índice dessa mesma natureza para o Japão ocupado depois da Segunda Guerra Mundial. Porém ele era "uma espécie diferente de sujeito", recordou um amigo[4]. Incapaz de pensar em qualquer boa razão para se barbear, deixou crescer uma barbicha pontiaguda, e, com sua estrutura magra e um guarda-chuva embaixo do braço, parecia um elegante diplomata caminhando alegremente para o trabalho. Naquele tempo, como poucos no mundo, ele dividia seu escritório com uma mulher formada em

2 Ibidem.
3 A Statistician's Apology, JASA (70), p. 14.
4 *Memorial Symposium in Honor of Jerome Cornfield.* Jerome Cornfield: Curriculum, vitae, publications and personal reminiscenses. From Fred Ederer-Jerome Cornfield Collection, Acc 1999-022, in the History of Medicine Division, National Library of Medicine, 1981, p. 55.

estatística e com um auxiliar estatístico afro-americano. Junto à sua calculadora mecânica Marchant de mesa, instalou um narguilé e podia ser visto fumando despreocupadamente do seu tubo de sessenta centímetros.

Cornfield transferiu-se para o novo NIH – National Institut of Health do governo federal em 1947. Pelo motivo de as doenças infecciosas estarem em declínio nos Estados Unidos, epidemiologistas do NIH passaram a combater doenças crônicas, em particular o câncer, ataques cardíacos e diabetes. Para ajudá-los, a equipe do NIH contratou algumas pessoas com sólida formação quantitativa. Só um deles tinha algo mais que um mestrado. Os bioestatísticos eram profissionais estagnados, e ao longo dos anos de 1950 e 1960 o NIH empregou apenas dez ou vinte estatísticos em um ou outro momento. Foi esse pequeno grupo que introduziu métodos estatísticos no NIH para pesquisas em biologia e medicina.

Em 1950 a maioria dos homens nos Estados Unidos fumava, e a taxa de fumantes era crescente, especialmente entre as mulheres. As marcas favoritas eram Camels, Lucky Strikes, Chesterfields e Philip Morris, todas sem filtro. Quando a Lorillard Tobacco Company introduziu os filtros Kents, em 1952, os filtros continham asbesto, que até 1957 ainda fazia parte da composição dos filtros. Quando quatorze estudos conduzidos em cinco países mostraram que entre os pacientes com câncer de pulmão havia uma porcentagem alarmante de fumantes inveterados, Cornfield e sua esposa pararam de fumar seus dois maços e meio diários.

Cornfield percebeu que os estudos de Hill e Wynder não respondiam de modo direto às questões dos médicos e dos assustados pacientes que perguntavam: Qual é o meu risco? Os estudos exibiam as porcentagens de fumantes entre grupos de pessoas com e sem câncer de pulmão, mas não diziam qual proporção de fumantes e não fumantes tinha possibilidade de desenvolver câncer de pulmão.

O caminho mais seguro e mais direto para responder aos receios do público foi acompanhar vários grupos de fumantes e não fumantes durante anos, de maneira prospectiva, para observar quantos de cada grupo desenvolviam câncer de pulmão. Infelizmente, estudos sobre o futuro de grandes populações requeria enorme quantidade de dinheiro e de tempo, em especial para problemas relativamente raros como o câncer de pulmão. É por isso que Hill e Doll organizavam seus estudos como uma retrospectiva, escolhendo pessoas que já apresentavam câncer de pulmão e pediam a eles seus históricos de saúde. Estes estudos são relativamente rápidos e apresentam uma maneira barata de identificar causas potenciais de uma determinada doença. Sendo estatístico, no entanto, Cornfield suspeitava que estudos retrospectivos como os de Hill e Doll podiam também ser usados para responder à individual questão assombrosa: "Qual é a chance de eu ou meus entes queridos contrairmos esta doença fatal?"

Em 1951, Cornfield empregou a lei de Bayes para auxiliar na resolução desse quebra-cabeça. Como sua hipótese antecedente, utilizava a incidência de câncer de pulmão na população em geral. Em seguida, combinava esse dado com as informações mais recentes do NIH sobre a prevalência de fumantes entre pacientes com e sem câncer de pulmão. A lei de Bayes fornecia uma forte ligação teórica, uma ponte, se quiser, entre o risco de doença na população em geral e o risco de doença em um subgrupo, neste caso, de fumantes. Cornfield estava empregando Bayes como uma proposição matemática livre de filosofia, como um progresso em cálculos que produziriam resultados úteis. Ele ainda não havia abraçado Bayes como uma filosofia abrangente.

O artigo de Cornfield aturdiu pesquisadores epidemiologistas. Mais que tudo, ele ajudava a avançar na hipótese de que fumar cigarro era uma das causas do câncer. Por necessidade, mas sem nenhuma justificativa teórica, epidemiologistas vinham se utilizando de estudos de caso de pacientes, para apontar possíveis causas de problemas. O ensaio de Cornfield mostrava claramente que, sob certas condições (isto é, quando assuntos em um estudo eram cuidadosamente combinados com controles), os históricos dos pacientes podiam de fato ajudar a mensurar a solidez da ligação entre uma doença e suas possíveis causas. Epidemiologistas conseguiam estimar taxas de risco de doença por meio da análise de dados clínicos não experimentais recolhidos dos históricos do paciente. Ao validar resultados de pesquisas decorrentes de estudos de caso-controle*, Cornfield deu o maior valor possível à moderna epidemiologia. Em 1961, por exemplo, estudos de caso-controle contribuíram na identificação da droga talidomida contra a náusea como sendo a causa de graves defeitos de nascença.

Dois massivos esforços na Inglaterra e nos Estados Unidos, durante a metade dos anos de 1950, confirmaram a opinião de Cornfield. Por muitas pessoas terem rejeitado as descobertas dos seus estudos retrospectivos, Hill e Doll decidiram lançar mão a uma abordagem direta e conduzir um estudo prospectivo. Interrogaram quarenta mil médicos britânicos a respeito dos seus correntes hábitos de fumar, e então os acompanharam por cinco anos para ver quem apresentava câncer de pulmão. Em um estudo paralelo norte-americano, E. Cuyler Hammond e Daniel Horn acompanharam 187.783 homens com idade entre 50 e 69 anos no estado de Nova York por mais de três anos e meio. A taxa de mortalidade em ambos os países era similar: fumantes inveterados tinham de 22 a 24 vezes mais possibilidades de contrair câncer de pulmão que não fumantes e, em outra descoberta surpreendente, revelavam entre 42% e 57% mais possibilidade de ter, respectivamente, doenças cardíacas e circulatórias. A investigação mostrou também que os cigarros eram mais perigosos que cachimbos, embora o risco diminuísse depois que a pessoa parasse de fumar.

De modo surpreendente, nem Fisher nem Neyman conseguiam aceitar os resultados da pesquisa que mostrava o cigarro como causa de câncer de pulmão. Os dois antibayesianos fumavam

---

* Em epidemiologia, caso-controle é definido como uma forma de pesquisa observacional, longitudinal, em geral retrospectiva e analítica em que se compara dois grupos expostos a um determinado fator, sendo o primeiro de indivíduos que apresentam determinada condição (por exemplo, uma certa doença), e o segundo de indivíduos despossuídos dessa condição. (N. da T.)

bastante e Fisher era consultor pago pela indústria do tabaco. Porém, o mais importante de tudo, nenhum deles encontrou estudos epidemiológicos convincentes. E os dois estavam corretos quando davam indicações de que o tabaco poderia estar associado ao câncer sem ser a sua causa. Em 1955, eles lançaram um vigoroso contra-ataque, argumentando que apenas dados experimentais estritamente controlados em laboratório e experimentos de campo conseguiriam predizer o futuro das taxas da doença. O mais eminente médico estatístico norte-americano naquele tempo, Joseph Berkson, da Clínica Mayo, em Rochester, Minnesota, uniu-se ao ataque; Berkson não acreditava que os cigarros podiam causar câncer e doenças cardíacas.

Fisher continuou com uma enxurrada de ataques furiosos, inclusive com um livro e dois artigos publicados em periódicos de grande prestígio: *Nature* e *British Medical Journal*. Segundo Doll, Fisher foi até mesmo ao ponto de acusar Hill de desonestidade científica. No decorrer de três anos, Fisher elaborou duas hipóteses notáveis. A primeira, acreditem ou não, dizia que o câncer de pulmão podia causar o tabagismo. A segunda indicava que um fator genético latente podia resultar em inclinações hereditárias de algumas pessoas ao fumo e ao câncer de pulmão. Em nenhum dos casos ele afirmava que fumar causa câncer de pulmão.

Cornfield manteve uma discussão permanente com Fisher nos anos de 1950. Cornfield já pensava com profundidade a respeito dos padrões de evidência necessários antes dos dados observacionais que poderiam estabelecer causa e efeito. Finalmente, em 1959, varreu Fisher sobre as brasas do tabagismo com um ensaio não matemático, que lemos como um informe jurídico. Neste ensaio seminal ele e cinco coautores sistematicamente se dirigiam a cada uma das explicações alternativas de Fisher para a ligação entre os fumantes de cigarros e o câncer de pulmão. Eles lançaram um contra-argumento após outro no hipotético fator genético de Fisher. Se os fumantes de cigarros apresentavam nove vezes mais possibilidades que os não fumantes de contrair câncer de pulmão, o fator genético latente de Fisher devia ser igualmente grande – embora nada que a isso se aproximasse tenha sido observado. Cornfield descartou a sugestão de Fisher de que o câncer podia causar o tabagismo: "Uma vez que não sabemos de nenhuma evidência para apoiar a visão de que o carcinoma broncogênico diagnosticado depois da idade de cinquenta anos começou antes dos dezoito anos, a idade média em que os fumantes começam a fumar, não devemos mais discutir isso."[5] Cornfield destacou que o fator genético de Fisher teria de se espalhar rapidamente e ocorrer mais entre fumantes de cigarros que em não fumantes; causar tumores na pele de ratos mas não em pulmões humanos; enfraquecer com a idade, depois que um fumante parasse de fumar; e ser mais possível em homens que em mulheres, sessenta vezes mais predominante entre fumantes de dois maços por dia e diferente em fumantes de cachimbo e charuto. No entanto, nenhum destes fenômenos havia sido observado.

Fisher acabou parecendo ridículo. Como Cornfield notou friamente: "Um ponto é alcançado [...] quando uma hipótese é continuamente modificada, torna-se difícil considerá-la com seriedade."[6] Cientistas que conseguem encontrar uma só explicação viável para associações em seus dados, provavelmente encontram o agente de suas causas. A existência de possíveis explicações alternativas indica que a causa talvez ainda não tenha sido encontrada. Cornfield forneceu detalhes do roteiro para o futuro do tabagismo e da pesquisa de câncer de pulmão.

No mesmo instante, com sua história admirável, Cornfield tornou-se o biomédico estatístico mais influente dos Estados Unidos. Quando um cirurgião geral norte-americano concluiu, em 1964, que "fumar cigarros está relacionado de modo causal com o câncer de pulmão em homens", ele citou o trabalho de Cornfield[7]. Estudos não experimentais têm ajudado a identificar uma associação

---

5 M.H. Gail, Statistics in Action, *JASA* (91:322), p. 9.
6 Ibidem.
7 Ibidem, p. 10.

entre o tabagismo e o câncer de pulmão. Com o auxílio da lei de Bayes – que Laplace chamou de "a probabilidade de causas e de futuros eventos, derivados de eventos passados" – Cornfield gerou a justificação teórica de utilizar os estudos de caso-controle, para estimar a intensidade das ligações entre a exposição e a doença. Hoje, graças a Cornfield, os estudos de caso-controle são os primeiros instrumentos dos epidemiologistas para identificar possíveis causas de doenças crônicas.

Ao longo de sua carreira, Cornfield envolveu-se em todos os grande problemas relacionados à área da saúde. A maioria deles, incluindo o tabagismo, a segurança das vacinas contra a poliomielite e a eficácia do tratamento de diabetes, era extremamente controversa.

Para acalmar a fobia às estatísticas por parte de médicos e epidemiologistas, Cornfield desenvolveu uma postura médica descontraída. Ao abandonar sua fase de seriedade, cultivou uma risada contagiante e um ar irrepreensível de informalidade. Mesclando humor em suas conversas, contando histórias e rindo com todo entusiasmo ele inspirava uma tremenda confiança. Até mesmo o seu andar e sua prosa tornaram-se cheios de vivacidade. Rapidamente todo cientista biomédico, com um comitê e alguma discussão em pauta, gostaria de ter Cornfield em sua equipe. Salientando elementos comuns compartilhados por todos, ele conseguia unificar os mais discrepantes grupos. Depois de uma determinada série de pesadas reuniões e relatórios, um membro do comitê perguntava a ele: "Você recebeu minha última carta a respeito do tamanho da amostra?" Havia uma pausa e Cornfield dava um sorriso e dizia: "Cristo, espero que sim". Quando por fim o comitê produzia seus enormes manuais de procedimentos, Cornfield balançava a cabeça, declarando: "Sabe, para se falar qualquer coisa sobre os Dez Mandamentos é necessário voltar-se para o agradável fato de que há apenas dez deles".

Cornfield tinha o costume de se levantar às cinco da manhã para escrever e fazer cálculos com papel e lápis na mão. Ele chegava a engenhosas apreciações e empregava artifícios computacionais, da mesma forma que Laplace fazia. Visualizava especialmente difíceis funções distributivas, esculpindo-as em barras de sabão. Para colaborar com bioquímicos, estudava biologia básica. E embora fosse um palestrante brilhante, nunca preparava uma palestra até a noite que antecedia o evento. Ele procrastinou até o dia anterior ao qual estava agendado para falar às 8:30 da manhã na Universidade de Yale, sobre os controvertidos testes da vacina Salk contra a poliomielite. "Não se preocupe, Max", dizia a um amigo. "Deus irá nos ajudar".

Cornfield era um leitor voraz mas não tinha TV e, dessa forma, felizmente era alheio à cultura popular. Uma vez um bioestatístico que saía com estrelas de Hollywood implorou a ele para que fosse mais rápido com uma reunião na parte da manhã: "Não posso ficar além do meio dia, pois tenho um encontro marcado com Kim Novak nesse horário". Confuso, Cornfield perguntou: "Kim Novak? Mas quem é esse?"[8] Na época, essa atriz foi a resposta da Columbia Pictures a Marilyn Monroe.

Outro divisor de águas nos estudos da medicina também ocupou a atenção de Cornfield durante os anos de 1950. A taxa de mortalidade de doenças cardiovasculares teve um crescimento constante desde 1900 nos Estados Unidos. As doenças do coração eram a principal causa de morte no país a partir de 1921, e os derrames a terceira desde 1938. Contudo, os pesquisadores, na metade do século XX, ainda ignoravam as causas das doenças do coração e dos derrames, assim como havia acontecido com o câncer de pulmão.

Compreender as causas de mortes provenientes de doenças cardiovasculares exigiria o acompanhamento de uma população por muitos anos. Um estudo prospectivo, no entanto, seria mais factível do que com o câncer de pulmão porque os problemas do coração eram muito mais comuns. Em 1948, Cornfield ajudou a projetar o Framingham Heart Study, que acompanhou a saúde de três gerações de moradores de Framingham, Massachusetts.

---

8   Histórias do *Memorial Symposium*, 52 e 56.

Como um dos primeiros e mais importantes estudos estabelecidos em Framingham, Cornfied ocupou-se por uma década de 1329 moradores adultos do gênero masculino. Entre 1948 e 1958, 92 dos componentes do grupo sofreram infarto no miocárdio ou angina no peito.

Estudos longitudinais como os de Framingham foram criados para investigar uma ampla diversidade de variáveis, de modo isolado e em conjunto, no risco do desenvolvimento de uma doença. Tradicionalmente, epidemiologistas estudavam seus dados examinando – "contemplando" era a palavra empregada por Cornfield – os múltiplos resultados de conjuntos de tabelas de contingência*. Três fatores de risco, cada qual considerado em níveis baixos, médios e altos, produziriam uma tabela de células ordenadas em 3x3, mas na medida em que o número de variáveis aumentava e era considerado de maneira isolada e em conjunto, o número de células contemplado prontamente tornava-se impraticável. Um estudo de tabela de contingência com dez fatores de risco em níveis baixo, médio e alto produziria 59.049 células. Com até dez pacientes por célula, o estudo precisaria de um grupo de 600 mil pessoas, mais do que a população de Framingham.

Cornfield percebeu que carecia de uma "forma mais minuciosa de análise do que uma simples inspeção"[9]. Desse modo, desenvolveu um modelo matemático para sumarizar as observações. Escolheu a lei de Bayes e usou taxas de mortalidade cardiovasculares como o antecedente. Framingham fornecia a ele dados sobre dois grupos de pessoas; aquelas que morreram de doença cardíaca e as que não haviam morrido por esse motivo. Dentro de cada grupo ele tinha informação a respeito de sete fatores de risco. Ao fazer cálculos com a lei de Bayes, ele conseguia uma probabilidade posterior na forma de uma função de regressão logística,

---

* Em estatística, as tabelas de contingência são usadas para registrar e analisar a relação entre duas ou mais variáveis, normalmente de escala nominal. (N. da T.)

9 J. Cornfield, Joint Dependence of Risk of Coronary Heart Disease..., *Federation Procedings* (21:4), parte II, jul.-ago.1962, suplemento n. 11, p. 58.

que utilizava para identificar os quatro mais importantes fatores de risco para a doença cardiovascular. Além de levar em consideração a idade, os outros fatores de risco eram o colesterol, tabagismo, anormalidades cardíacas e pressão arterial.

Bayes permitiu a Cornfield reformular dados de Framingham, em termos da probabilidade de que pessoas com características particulares adquiriam doenças cardíacas. Havia níveis baixos de colesterol e pressão sanguínea que não eram críticos, em que pessoas estavam salvas, e níveis altos que poderiam contribuir para que alguém tivesse a doença. E pacientes malfadados com alto nível de colesterol e de pressão arterial tinham 23% mais riscos de ter ataque cardíaco do que aqueles com baixos níveis de colesterol e baixas taxas de pressão sanguínea.

A identificação feita por Cornfiled, em 1962, do maior fator de risco crítico para doença cardiovascular, representou uma das mais importantes realizações da saúde pública do século XX: uma queda dramática de taxas de mortalidade relacionadas à doença cardiovascular. Entre 1960 e 1996 elas caíram 60%, prevenindo 621 mil fatalidades. Seu relatório também mostrava aos pesquisadores como empregar a lei de Bayes para analisar vários fatores de risco ao mesmo tempo; sua múltipla função de risco logística ficou conhecida como uma das maiores metodologias em epidemiologia.

Para medir a eficácia de uma determinada terapia, Cornfield usava um dos primeiros multicentros de exames no NIH, para introduzir outro conceito bayesiano – chances relativas de apostas de Harold Jeffreys. Hoje conhecido como o Fator de Bayes, é a probabilidade dos dados observados sob uma hipótese dividida pela sua probabilidade sob outra hipótese.

Quando Cornfield trabalhava com pesquisadores que usavam camundongos para selecionar drogas anticâncer, a rigidez dos métodos frequentistas atingia-o como um golpe nas costas. Segundo as regras deles, mesmo se os resultados dos seus testes iniciais não comprovassem suas hipóteses, eles tinham que fazer mais seis observações antes de parar o experimento. Os métodos frequentistas proibiam, além de tudo, um tratamento melhor a um paciente antes que um julgamento clínico fosse concluído. Os experimentadores frequentistas não conseguiam monitorar resultados provisórios durante a análise clínica, nem examinar efeitos do tratamento em subgrupos de pacientes ou seguir pistas de dados com novas análises não planejadas. Quando Cornfield descobriu que métodos bayesianos permitiriam rejeitar algumas hipóteses depois de apenas duas observações solidamente adversas, finalmente se converteu. Ele havia começado a empregar o teorema de Bayes como uma ferramenta que permitia resolver um determinado problema, da mesma forma como havia sido utilizado pela criptografia, na caça a submarinos, e pela artilharia durante a Segunda Guerra Mundial. Mas agora ele estava realizando uma passagem gradual para tornar o teorema de Bayes um fundamento de uma filosofia geral para manipular informações e incertezas. Ao começar a pensar em Bayes como uma filosofia, em vez de tê-la apenas como uma ferramenta, ele se tornou parte de uma profunda conversão pela qual Jeffreys, Savage, Lindley e outros também haviam passado nas décadas de 1950 e 1960. Enquanto Fisher considerava uma hipótese significante se esta improvavelmente tivesse ocorrido por acaso, Cornfield declarava sobriamente: "Se a manutenção do nível de significância [de Fisher] interfere na liberação de resultados provisórios, tudo o que posso dizer é ainda pior para o nível de significância."[10]

Curiosamente, a maioria dos estatísticos do NIH fracassou ao seguir seus líderes em campos bayesianos. Cornfield publicou importantes ensaios científicos a respeito da inferência bayesiana nos principais periódicos estatísticos. No entanto, quando incluiu métodos bayesianos em alguns dos testes nos quais trabalhou, suas principais conclusões eram baseadas no frequentismo. O NIH levaria mais trinta anos antes de começar a utilizar Bayes em seus testes clínicos. Savage imaginava que muitos pesquisadores

---

[10] M.H. Gail, op. cit., p. 5.

o glorioso ressurgimento

estavam satisfeitos em colher os benefícios do teorema de Bayes sem adotar o método.

Cornfield, entretanto, declarou com entusiasmo que o "teorema de Bayes voltou do cemitério ao qual havia sido enviado"[11].

Em 1967 Cornfield deixou o NIH e transferiu-se mais tarde para a Universidade George Washington, onde dirigiu o departamento de estatística e desenvolveu a lei de Bayes em larga escala numa abordagem matemática lógica. Em um ensaio ele provou, para a satisfação de muitos bayesianos, que, de acordo com as leis da frequência, nenhum procedimento estatístico que não se origine de um antecedente pode ser aperfeiçoado.

Apesar de sua conversão bayesiana, Cornfield tinha uma grande demanda como consultor. Ele foi conselheiro do exército dos EUA em projeto experimental; do comitê de investigação que criticava o *best-seller* Relatório Kinsey sobre a sexualidade feminina; do Departamento de Justiça em registros de amostragem para revelar preconceito contra eleitores negros; e do Estado da Pensilvânia depois do incidente da usina nuclear em Three Mile Island.

Em 1974, o bioestatístico bayesiano com bacharelado em história tornou-se presidente da Associação Americana de Estatística. Em seu discurso de posse, o homem que empregava humor e boas vibrações para tranquilizar médicos sobre testes randomizados, que entregava aos epidemiologistas algumas de suas mais importantes metodologias e que constatava as causas do câncer de pulmão e dos ataques cardíacos, perguntou: "Por que qualquer pessoa de espírito, de ambição, de elevados padrões intelectuais, tem algum orgulho ou recebe qualquer estímulo e satisfação real ao servir em uma função auxiliar [como um estatístico] no problema de outra pessoa?" Sorrindo de sua própria questão, Cornfield continuava: "Ninguém jamais afirmou que a estatística é a rainha das ciências. [...] A melhor alternativa que me ocorre é [que ela é]

---

11 J. Cornfield, Bayes Theorem, *Review of the International Statistical Institute* (35), p. 41.

'companheira'. A estatística – companheira das ciências – pode não ser a bandeira sob a qual escolheríamos marchar no próximo cortejo acadêmico, mas está tão perto do alvo quanto posso alcançar."[12]

Quando Cornfield foi diagnosticado com câncer no pâncreas em 1979, ele sabia tão bem quanto qualquer um no NIH que a terrível doença dava uma margem de seis meses de sobrevivência. Mesmo assim, ele estava determinado a continuar vivendo ao máximo. Apesar de sérias complicações do pós operatório, seu humor permaneceu intacto. Um amigo disse a ele: "Jerry, estou tão feliz em vê-lo". Sorrindo, Cornfield respondeu: "Isso não é nada comparado com o quanto estou feliz em poder te ver"[13]. Já próximo de sua morte ele disse a suas duas filhas: "Você passa a vida inteira praticando o humor para os momentos em que realmente você precisa dele"[14].

---

12 A Statistician's Apology, op. cit., p. 9-11.
13 *Memorial Symposium*, 52.
14 Em entrevista concedida por Elle Cornfield.

9.
sempreháumaprimeiravez

OS sucessos militares de Bayes ainda eram segredos na Guerra Fria, quando Jimmie Savage visitou a glamorosa e nova RAND Corporation no verão de 1957 e encorajou dois jovens a calcular um problema de vida ou morte: a probabilidade de uma bomba termonuclear explodir por erro. A RAND era a quintessência de um grupo de pesquisadores da Guerra Fria. O general Curtis E. LeMay, comandante do Strategic Air Command (SAC) (Comando Estratégico Aéreo), ajudou a inaugurá-la em Santa Mônica, Califórnia, dez anos antes da Guerra Fria como "um truque" para seduzir cientistas de ponta na aplicação de operações de investigação de longo alcance na guerra aérea[1]. Porém a RAND, um acrônimo de Research ANd Development (Pesquisa e Desenvolvimento), considerava-se uma "universidade sem estudantes" e seus mil e poucos empregados, "intelectuais da defesa". Eles tinham como missão utilizar matemática, estatística e computadores para solucionar problemas militares, promover decisões tomadas sob condições de incerteza e proteger os Estados Unidos de ataques soviéticos. A Força Aérea norte-americana, que fundou a RAND, deu aos seus pesquisadores carta

1 D.R. Jardini, *Out of the Blue Yonder: The RAND Corporation's Diversification into Social Welfare Research, 1946-1968*, p. 119.

branca para escolher os problemas que queriam investigar. Porém, visto que a "Moda" da política militar do presidente Eisenhower estava sujeita, no início, ao bombardeio nuclear ("retaliação massiva") como o modo mais barato de responder a um ataque soviético, as principais questões da RAND eram a estratégia nuclear, a sobrevivência a um ataque nuclear e opções de resposta a esta investida. Pelo fato de os aviões de bombardeio do SAC terem, na época, o monopólio de transporte do arsenal nuclear dos Estados Unidos, e o General LeMay ocupar o pináculo do mundo do poder militar, a voz da RAND com frequência era influente.

No momento em que Savage visitou Santa Mônica naquele verão, notícias sobre a RAND já haviam provocado algumas "vacas sagradas" do SAC. Para lançar armas nucleares em alvos soviéticos, pilotos corajosos da força aérea queriam voar nos novos jatos B-52 Stratofortress*; a RAND recomendava frotas de aviões convencionais de baixo orçamento. E mais, a RAND descrevia as bases estrangeiras do SAC para aviões de bombardeio tripulados como alvos fáceis para ataques soviéticos. Um ano depois da visita de Savage, a RAND desafiaria o dogma da Guerra Fria ao discutir que normalmente vencedores se saem melhor com acordos negociados do que com a capitulação incondicional. A RAND iria até mesmo incitar um contrapeso aos B-52 de LeMay, com o apoio submarino de mísseis da marinha. Em retaliação, o SAC quase rompeu relações com a RAND em várias ocasiões entre 1957, quando da visita de Savage, e 1961.

Circulando de forma gregária entre pesquisadores da RAND naquele verão, Savage encontrou-se com Fred Charles Iklé, um jovem demógrafo nascido na Suíça, que estudou efeitos sociais de bombardeio nuclear em populações urbanas. Com 33 anos, Iklé era sete anos mais moço que Savage e tinha obtido um Ph.D. em 1950 na Universidade de Chicago, onde Savage lecionava. Procurando uma área totalmente aberta que ninguém mais na RAND estava

---

* Bombardeiro estratégico de longo alcance com possibilidade de transporte de armas pesadas muito utilizado pelas Forças Aéreas dos Estados Unidos durante a Guerra Fria. (N. da T.)

estudando, Iklé escolheu as catástrofes nucleares que um arsenal nuclear anglo-americano não poderia impedir: aquelas causadas por acidente ou por alguma mentalidade insana. Ao se referir à massiva retaliação poucos anos mais tarde, Iklé iria declarar: "Nosso método de prevenir uma guerra nuclear repousa em uma forma de guerra universalmente condenada desde a Idade das Trevas – o assassinato em massa de reféns"[2]. Com o SAC pronto para ampliar seus voos com bombas, Iklé e Savage falavam sobre isso, estimando seus impactos em acidentes nucleares. Finalmente, o assunto girou em torno da questão: qual a probabilidade de uma explosão acidental da bomba H?

Após um verão de conversas, Savage se preparava para voltar à academia quando Albert Madansky, um Ph.D. de 23 anos, graduado no departamento de estatísticas de Savage, chegou à RAND. Madansky tinha financiado seus estudos de graduação trabalhando meio período para Arthur Bailey, o teórico bayesiano da indústria de seguros. Até a morte de Bailey, ele havia considerado seguir a carreira de atuário. Savage, que tinha publicado seu livro *Foundations of Statistics* mas ainda não havia adotado a lei de Bayes, conversava sobre o problema da bomba H com Madansky sem considerá-lo em termos bayesianos. Como estava indo embora de Santa Mônica, Savage entregou o estudo sobre a bomba H a Madansky, porém deixou o jovem continuar da maneira que considerava mais adequada. Madansky propôs uma abordagem bayesiana própria.

Como informações da RAND sobre o projeto eram, no final das contas, confidenciais, Madansky não pôde falar sobre o seu trabalho por 41 anos. Mas quando Savage retornou para Chicago, ele lecionou abertamente acerca da questão estatística fundamental envolvida. A lei de Bayes emergia com ímpeto e saía do segredo da Segunda Guerra Mundial e da Guerra Fria.

O problema da bomba H enfrentado por Madansky era política e estatisticamente delicado. Nenhuma arma atômica ou de

---

2 G. Herken, *Counsels of War*.

hidrogênio havia sido explodida acidentalmente. Nos doze anos desde quando os Estados Unidos soltaram a bomba atômica no Japão em agosto de 1945, bombas nucleares haviam sido detonadas, mas sempre deliberadamente, como parte de teste de armas. Salvo acidentes, os líderes das nações acreditavam que seus estoques de armas nucleares dissuadiam qualquer chance de uma guerra termonuclear, e que acidentes não podiam suceder no futuro porque nenhum havia ocorrido no passado. Contudo, a questão permanecia: o impossível poderia acontecer?

De acordo com mais de um século de estatística convencional, o impossível não podia ser calculado. Jakob Bernoulli havia decretado, em 1713, que eventos altamente improváveis não aconteciam. David Hume concordava, argumentando que pelo motivo de o Sol haver se levantado milhares de vezes no passado iria continuar a fazê-lo. Foi o amigo e editor de Thomas Bayes, Richard Price, que tomou um ponto de vista contrário a esse, dizendo que o altamente improvável poderia ocorrer ainda. Durante o século XIX e início do XX, Antoine-Augustin Cournot concluiu que a probabilidade de ocorrer um evento fisicamente impossível era infinitamente pequena e assim o evento nunca ocorreria. Andrei Kolmogorov, "nunca" pouco refinado, dizia que se a probabilidade de um evento é muito pequena, podemos estar praticamente certos de que o evento não acontecerá, até prova em contrário.

Fisher também não ajudava. Ele argumentava que a probabilidade é uma simples frequência relativa em uma população infinitamente ampla; até que um acidente com uma bomba nuclear ocorresse, ele não possuía um meio para julgar sua probabilidade futura. Felizmente, Madansky não tinha uma população infinitamente ampla de acidentes de bomba H e, além disso, experimentos estavam fora de questão. A abordagem de Fisher deixava-o com a observação banal de que zero acidentes havia ocorrido e que a probabilidade de um acidente futuro também era zero.

Madasnky concluiu: "Enquanto você tem por cenário que a probabilidade vai ser zero, então nada vai mudar sua mente. Se você decidir que o Sol se levanta a cada manhã porque isso sempre aconteceu no passado, nada vai mudar sua mente exceto se numa manhã o Sol não aparecer."[3] Ele não comprou o argumento de que um acidente nunca poderia ocorrer simplesmente porque nunca havia acontecido no passado. Primeiro, a política e a suposição do *establishment* militar, de que um bom estoque de armas nucleares iria dissuadir a guerra, apoiava-se em razões cada vez mais instáveis. Nos seis anos entre 1949 e 1955 os soviéticos explodiram sua primeira bomba atômica, os Estados Unidos detonaram a primeira bomba de hidrogênio do mundo e a Grã-Bretanha testou uma bomba atômica e outra de hidrogênio. A União Soviética lançou o primeiro satélite artificial em órbita em torno da Terra em 1957. Nesse ínterim, os Estados Unidos treinavam países na Organização do Tratado do Atlântico Norte (Otan) para disparar armas nucleares e equipava a Grã-Bretanha, Itália e Turquia com mísseis nucleares. No momento em que o Acordo Anglo-Americano para Cooperação no Uso de Energia Nuclear para Propósitos de Defesa Mútua foi assinado em 1958, toda esperança de prevenir a difusão de armas nucleares evaporou-se. A França testou sua primeira bomba atômica em 1960.

Somado à rápida expansão das armas nucleares, Madansky tinha dezesseis razões ultrassecretas para duvidar que a probabilidade de um futuro acidente fosse zero. Uma lista confidencial detalhava dezesseis dos "incidentes mais dramáticos" envolvendo armas nucleares, entre 1950 e 1958[4]. Entre eles constavam quedas acidentais, ejeções, colisões de aeronaves e erros de testes. Havia ocorrido incidentes ao largo da Columbia britânica e na Califórnia, no Novo México, Ohio, Flórida, Geórgia, Carolina do Sul e no exterior. A lista da RAND omitia acidentes que não tinham atraído a atenção do público.

Uma bomba atômica ou de hidrogênio consiste de uma pequena cápsula, ou "caroço", de urânio ou plutônio dentro de uma caixa

---

3 Entrevista concedida por Albert Madansky.
4 F.C. Iklé, *The Social Impact of Bomb Destruction*, p. 3.

tampada com potentes explosivos convencionais. Somente se esses fortes explosivos explodirem no mesmo instante, a cápsula de urânio ou plutônio pode ser suficientemente comprimida por todos os lados para desencadear uma explosão nuclear. Em alguns casos esses explosivos convencionais detonaram, geralmente no impacto em uma colisão de aviões. No entanto, se a cápsula de material nuclear não fosse instalada no interior das armas, não haveria acidentes nucleares. Esse fato convenceu o SAC de que seus procedimentos eram seguros e de que nenhum acidente nuclear iria ocorrer.

Ainda assim, grande quantidade de pessoas havia morrido quando os fortes explosivos em armas nucleares desarmadas explodiram. O ano de 1950 ficou marcado por acidentes. Em 11 de abril de 1950, treze pessoas morreram perto da Base da Força Aérea de Kirtland, fora de Albuquerque, Novo México, quando um B-29 colidiu em uma montanha; chamas dos fortes explosivos eram visíveis a 25 quilômetros de distância. Em 13 de julho, dezesseis pessoas foram mortas quando um B-50 mergulhou nas proximidades de Lebanon, Ohio. Dezenove pessoas, incluindo o general Robert F. Travis, morreram quando um B-29, com problemas mecânicos, fez uma aterrissagem forçada na Califórnia, em 5 de agosto, ferindo sessenta pessoas em um campo de trailers localizado nas proximidades. Também naquele ano, duas bombas sem cápsulas nucleares foram ejetadas e abandonadas nas profundezas das águas do oceano Pacífico, ao largo da Columbia britânica e em um oceano inominado fora dos Estados Unidos.

Reportagens de jornais eram escassas, até uma trava indevidamente fechada, em um compartimento de bomba de um B-45 em 1958, e uma "relativamente inofensiva" bomba cair no jardim de Walter Gregg, em Mars Bluff, Carolina do Sul[5]. Os explosivos convencionais detonaram no impacto, produzindo uma cratera de cerca de nove metros de profundidade e 15 por 21 metros de um lado a outro, destruindo a casa de Gregg, danificando edifícios vizinhos e matando muitas galinhas. Nenhuma pessoa morreu,

---

5   Ibidem, p. 73.

mas novas coberturas eram extensivas; geralmente os repórteres diziam que um "dispositivo de disparo do TNT" havia explodido. A RAND apontou, com desaprovação, que um artigo da revista *Time* era "espantosamente preciso"[6]. O Congresso, o Partido Trabalhista Britânico e a rádio Moscou reclamaram.

A força aérea pagou a Gregg 54 mil dólares, e todos os voos B-57 e B-52, carregando armamento nuclear, foram suspensos até que medidas de segurança pudessem ser introduzidas. O SAC também estabeleceu uma nova política: bombas nucleares seriam lançadas de propósito somente nos oceanos ou destinadas às "massas de água. [...] Por conseguinte, apenas quedas descontroladas talvez atraiam a atenção pública no futuro"[7].

Na medida em que a imprensa tornou-se cada vez mais desconfiada dos acidentes, Iklé e outro pesquisador da RAND, Albert Wohlstetter, ficavam mais preocupados. Iklé recomendou ao governo que permanecesse em silêncio a respeito da presença de armamento nuclear em colisões de aeronaves. Enquanto Iklé e Madansky trabalhavam em seus estudos, ocorreu um acidente que poderia ter provocado um escândalo internacional. Um conjunto de rodas em um B-47 falhou na base de abastecimento da força aérea em Sidi Slimane, no Marrocos francês. Fortes explosivos detonaram e um incêndio foi deflagrado por sete horas, destruindo o armamento nuclear e a cápsula a bordo.

Dados todos esses acidentes envolvendo armamentos nucleares desarmados, Madansky sentiu que não poderia mais assumir, como o SAC e estatísticos frequentistas queriam, que um acidente envolvendo uma bomba H nunca poderia ocorrer. Em vez disso, concluiu que precisava de "outra teologia, [...] outro tipo de inferência", na qual a possibilidade de um acidente não fosse necessariamente zero.

O frequentismo não ajudava em nada. "*Mas, mas, mas*", disse Madansky mais tarde, "se você aceita admitir uma partícula de

---

[6] Ibidem, p. 8 e 114.
[7] Ibidem, p. 74.

descrença, você pode deixar o teorema de Bayes trabalhar. [...] Bayes é a única outra teoria à qual você pode lançar mão. É exatamente uma espécie nata para este problema particular. Pelo menos é como me senti naquela época"[8]. Como Dennis Lindley havia argumentado, se alguém unir uma probabilidade de antecedente igual a zero à hipótese de que a lua é feita de queijo fresco, "então tropas inteiras de astronautas que voltassem produzindo queijo fresco não pode convencê-lo". Nessa conexão, Lindley gostava de citar a Lei de Cromwell, da carta enviada pelo líder puritano para a Igreja da Escócia em 1650: "Rogo a vós, pelas entranhas de Cristo, pensar que é possível vós estardes enganado". No espírito da Lei de Cromwell, Madansky adotou Bayes como sua "teologia alternativa".

Muitos estatísticos da Guerra Fria sabiam disso muito bem. Eles estavam usando isso para lidar com um dos seus maiores problemas, estimando a confiabilidade da nova balística dos mísseis intercontinentais. "Nós não sabíamos o quão confiáveis eram os mísseis", explicava Madansky,

> e tínhamos uma quantidade limitada de dados de testes para determinar isso, e então um número de pessoas trabalhando na confiabilidade aplicava métodos bayesianos. [Companhias] de todas as áreas, desde a North American Rockwell, a Thompson Ramo Wooldridge, a Aerospace e outras, estavam envolvidas. Tenho certeza de que as ideias bayesianas flutuavam em torno delas também. Todos nós sabíamos disso [...] Era apenas algo natural a se fazer[9].

Madansky imediatamente resolveu medir quanto crédito poderia ser dado à crença de que detonações não autorizadas ocorreriam no futuro. Ele começou com "estatisticamente falando, essa ideia simples de senso comum baseada na noção de que há uma

---

8 Entrevista concedida por Albert Madansky.
9 Entrevista concedida por Albert Madansky.

distribuição *a priori* da probabilidade de um acidente em uma dada oportunidade, que *não é totalmente concentrada em zero*"[10]. A decisão de incorporar um rumor de dúvida no seu antecedente era importante. Uma vez que um bayesiano considerou a possibilidade de que mesmo um pequeno acidente, poderia ter ocorrido no passado em dez mil oportunidades, a probabilidade de um futuro livre de acidentes caiu de maneira significativa.

Política e matematicamente, Madansky encarou um problema de extrema dificuldade. Como jovem civil desafiando uma das crenças fundamentais dos militares a respeito da Guerra Fria, ele tinha que convencer aqueles que tomavam as decisões de que, embora nenhuma catástrofe houvesse ocorrido, algo poderia acontecer no futuro. Ele precisava explicar o processo bayesiano para não especialistas. E porque os militares tinham, com frequência, suspeitas sobre civis fazendo sugestões injustificáveis, ele teria que fazer tão poucas suposições iniciais quanto fosse possível. Somado a isso, havia um problema estatístico envolvendo o pequeno número de acidentes e, felizmente, nenhum Armagedom.

Não querendo arriscar seu pescoço, Madansky julgou tornar suas chances antecedentes consideravelmente mais fracas que 50-50. "Tentei imaginar um modo de evitar fazer quaisquer especificações sobre quanto deveria ser o antecedente"[11]. Para refinar seu antecedente minimante informado, ele adicionou outra noção de senso comum: a probabilidade de um futuro livre de acidentes depende da extensão do passado sem acidentes e do número de oportunidades de acidentes futuros. Madansky não tinha nenhuma evidência direta, porque nunca tinha havido um acidente nuclear. Mas os militares tinham dados indiretos em abundância, e ele começou a usá-los para modificar seu antecedente.

Ele sabia que os militares já haviam desenvolvido planos para, em grande medida, elevar o número de voos carregando armamentos

---

10 Ibidem.
11 Ibidem.

nucleares. O SAC estava planejando um sistema de 1.800 aviões de bombardeio capazes de levar armas nucleares; aproximadamente 15% deles estariam no ar o tempo todo, armados e prontos para atacar. Naquele tempo, os potentes jatos bombardeiros B-52 Stratofortress tinham a capacidade de levar quatro bombas nucleares, cada uma com um poder explosivo entre 1 milhão e 24 milhões de toneladas de TNT, ou até [o equivalente a] 1.850 bombas iguais às de Hiroshima. Os Estados Unidos planejavam também equipar a balística intercontinental de mísseis com hidrogênio em suas ogivas, acelerar a produção de mísseis com balística de médio alcance e negociar com os países da Otan direitos de lançamento e bases militares. Os militares estariam lidando, em breve, com tempos mais curtos de alarme, aumento de vigilância e maior descentralização de arsenais, todos fatores que poderiam elevar a possibilidade de uma catástrofe.

Madansky calculou o número de "oportunidades de acidentes" baseado no número de armamentos, sua longevidade e o número de vezes que eram levados a bordo de aviões ou manuseados no armazenamento[12]. As oportunidades de acidentes correspondiam a lançar moedas e jogar dados. Calculá-las provou ser uma importante inovação.

"Uma probabilidade muito pequena para uma única operação, digamos uma em um milhão, pode tornar-se significante se essa operação ocorrer dez mil vezes nos próximos cinco anos", escreveu Madansky[13]. A própria evidência dos militares indicava que "um certo número de colisões de aeronaves" era inevitável. Segundo a força aérea, um jato B-52, o avião que carregava as bombas do SAC, teria, em média, cinco grandes acidentes a cada cem mil horas de voo. Cerca de três bombas nucleares eram lançadas acidentalmente ou eram ejetadas deliberadamente a cada mil voos que carregavam estas armas. Já que 80% de colisões de aeronaves ocorriam dentro de três milhas de uma base da força aérea, a possibilidade de

---

12 F.C. Iklé, op. cit, p. 54.
13 Ibidem, p. 53-54.

exposição pública crescia. E era assim. Nenhum daqueles estudos envolvia uma explosão nuclear, mas para um bayesiano eles sugeriam possibilidades ameaçadoras.

Em termos de computação, Madansky estava confiante de que dois potentes computadores da RAND, um IBM série 700 e o Johnniac, projetado por e nomeado em homenagem a John von Neumann, poderiam dar conta do trabalho. Mas ele esperava evitar usá-los, solucionando o problema com lápis e papel.

Dado a potência e a disponibilidade dos computadores na década de 1950, muitos bayesianos estavam à procura de maneiras de fazer cálculos manejáveis. Madansky se apegou ao fato de que muitos tipos de antecedentes e posteriores partilhavam as mesmas curvas de probabilidade. Bailey tinha empregado a mesma técnica no final da década de 1940, e mais tarde isso ficaria conhecido como antecedentes conjugados de Howard Raiffa e Robert Schlaifer. Quando Madansky leu o livro deles com suas descrições, ficou sastisfeito em saber que seu antecedente tinha nome e justificativa: "Eu estava apenas fazendo aquilo *ad hoc*"[14].

Ao utilizar seu antecedente manejável, dados militares secretos e conjecturas informadas, Madansky chegou a uma conclusão surpreendente. Era altamente provável que o ampliado sistema de alerta aéreo do SAC seria acompanhado por dezenove "evidentes" acidentes com armas a cada ano.

Madansky escreveu um sumário elementar que militares de alto nível com responsabilidade de decisão poderiam compreender e inserir no relatório final da RAND, "Sobre o Risco de uma Detonação Nuclear Acidental ou Não Autorizada. RM-2251 U.S. Projeto RAND da Força Aérea", de 15 de outubro de 1958. O relatório registrava Iklé como seu primeiro autor em colaboração com Madansky e um psiquiatra, Gerald J. Aronson. Até então, muitos relatório da RAND tinham sido publicados livremente, mas censores da força aérea deram um aperto no seu grupo interdisciplinar de pesquisa, e esse

14 Entrevista concedida por Albert Madansky.

relatório tornou-se sigiloso, limitado a um grupo seleto. Finalmente foi liberado mais de 41 anos depois, em 9 de maio de 2000, com númerosas passagens censuradas.

Em vista do que aconteceu alguns anos mais tarde na Espanha, muita coisa do relatório parece ser presciente. Madansky não podia prever quando ou onde um acidente ocorreria, mas ele tinha certeza de duas coisas. A possibilidade de um acidente era crescente, e era do interesse dos militares tornar seus arsenais nucleares mais seguros. Dado a progressiva experiência e esclarecimento da cobertura da mídia sobre acidentes envolvendo arsenais nucleares, Iklé anteviu propagandas soviéticas, campanhas de cidadãos para limitar o uso de dispositivos nucleares e potências estrangeiras exigindo o fim de bases norte-americanas em seus solos. Quem saberia, mas o Partido Trabalhista Britânico podia até mesmo ganhar uma eleição ou a Otan talvez viesse a se esfacelar?

Por isso, Iklé e Madansky defendiam recursos de segurança, que incluíam exigir pelo menos duas pessoas para preparar um armamento nuclear; eletrificar interruptores do armamento para dar choque em qualquer um que tocasse neles; preparar armamentos apenas sobre o território inimigo; instalar trancas de combinação dentro de ogivas; impedir a liberação de material radioativo em incêndios acidentais de combustíveis de alta energia de mísseis; e impedir a dispersão da matéria nuclear interna de armamentos do plutônio ao urânio, porque este último contaminaria uma pequena área. O relatório recomendava também transmitir artigos tranquilizadores em periódicos científicos para divulgar pesquisas, demonstrando que as emissões de plutônio eram menos perigosas para humanos do que se imaginava; a origem da pesquisa era para ser encoberta.

Mais tarde, depois que o SAC implementou seu programa de alerta aéreo e começou a manter um número significante de aviões com armas nucleares no alto o tempo todo, Iklé e Madanky prosseguiram com um sumário mais incisivo e menos matemático sobre taxas de acidentes. Em 2010 este documento, destinado apenas para circulação interna, ainda era confidencial. Em um apêndice ao primeiro relatório, Iklé e Aronson, o psiquiatra que era consultor na RAND, abordaram o tópico da doença mental entre militares pessoalmente encarregados das bombas nucleares. Tais preocupações eram comuns naquele tempo. Aronson acreditava que homens, cuja atividade era realizada próxima às bombas, deveriam ser testados psicologicamente por estarem confinados sozinhos em uma câmara, privados de dormir e de estímulos sensoriais por várias horas, e talvez sendo ministrados com doses de alucinógenos tais como o LSD. Ele previu: "apenas entre um terço e um quarto de voluntários 'normais' seriam capazes de suportar [aquilo] por mais de algumas horas"[15]. Mais tarde se soube que a Central Intelligence Agency (CIA) (Agência Central de Inteligência) financiava uma variedade de LSD (Dietilamida do Ácido Lisérgico), experimentada em pessoas sem o seu conhecimento ou permissão, durante a década de 1950, embora a prática violasse, mesmo assim, padrões éticos.

Depois de o relatório ter circulado, Iklé, com seus joelhos tremendo, foi informar "um público considerável de generais da Força Aérea"[16]. Os pesquisadores da RAND supunham que o general LeMay desdenhava de suas decisões. LeMay havia comandado o bombardeio às cidades japonesas durante a Segunda Guerra Mundial, e em sua autobiografia, escrita por um *ghost-writer*, iria propor bombardear vietnamitas, "voltando à Idade da Pedra", em meados dos anos de 1960 e ele foi o modelo para "Buck" Turgidson, o insano e belicoso general que mastigava charutos, interpretado por George C. Scott no filme *Dr. Strangelove* (*Dr. Fantástico*). Iklé descreveu a atitude de LeMay em relação aos armamentos nucleares como "beligerância insensata"[17].

Mas o general surpreendeu-o. No dia seguinte à apresentação do relatório da RAND em Washington, LeMay pediu uma cópia. Iklé disse a LeMay que emitiria mais tarde uma "avalanche" de

---

15 F.C. Iklé, op. cit, p. 153.
16 *Annihilation from Within*, p. 46-47.
17 Ibidem.

recomendações, entre elas apelando para a regra dos dois homens e travas codificadas. O exército e a marinha seguiram o exemplo. Iklé colocou a resposta de LeMay "na coluna de 'sucessos' do livro de registros da minha vida"[18].

De todo modo, segundo a maioria dos relatórios, algumas das travas codificadas foram realmente instaladas em armas nucleares até John F. Kennedy tornar-se presidente. Quatro dias depois da posse oficial de Kennedy, um B-52 do SAC se desintegrou em pleno voo. Uma de suas duas bombas de hidrogênio de 24 megatons chocou-se em um pântano próximo a Goldsboro, Carolina do Norte, e um grande bloco de urânio enriquecido afundou mais de cinquenta pés, onde presumivelmente permanece até hoje. Análises mostraram que apenas um dos seis dispositivos de segurança da bomba tinha funcionado corretamente. JFK foi informado da quantidade de acidentes com armas nucleares – de acordo com a *Newsweek*, mais de sessenta desde a Segunda Guerra Mundial. A partir daí, a administração prosseguiu, com vigor, as medidas de segurança com armas nucleares e adicionou travas codificadas em armamentos nucleares.

Iklé tornou-se um líder linha dura, especialista em militarismo e política externa, e seria premiado com duas Medalhas por Distinção no Serviço Público, a mais alta condecoração civil do Departamento de Defesa. Madansky tornou-se professor na Universidade de Chicago, onde desenvolveu uma reputação como um pragmático neutro nas batalhas entre bayesianos e frequentistas. A RAND foi aos poucos se emancipando do financiamento das forças aéreas ao se diversificar na pesquisa do bem-estar social.

O mundo deve agradecer ao fato de que a estatística bayesiana de Madansky forçou os militares a enrijecer as medidas de segurança. Um número de sugestivos falsos alertas de ataques nucleares soviéticos era identificado corretamente antes que o SAC pudesse executar um contra-ataque. Entre os fenômenos que causavam

---

18 Ibidem.

falsos alertas estavam inclusos a aurora boreal, a lua crescente, os detritos espaciais, falsos sinais de radar dos Estados Unidos, erros no uso de computadores (tal como um aviso equivocado do Pentágono da aproximação de misseis soviéticos em 1980), rotina soviética de procedimentos de manutenção depois do acidente de Chernobyl, míssil norueguês de pesquisa climática e "mais problemas encobertos de atos não autorizados".

10.
46.656variedades

em nítido contraste com o relatório super secreto de Madansky sobre a bomba H, o cisma entre frequentistas entrincheirados e bayesianos emergentes estava ficando francamente ruidoso. Como de costume, o pomo da discórdia era a subjetividade do incômodo antecedente de Thomas Bayes. A ideia de importar conhecimento não originado de dados estatísticos à mão era o anátema para o duo antibayesiano Fisher e Neyman. Uma vez que tiravam conclusões e faziam previsões a respeito de dados sem utilizar chances antecedentes, teóricos bayesianos lutavam na defensiva para evitar totalmente os antecedentes.

Teóricos bayesianos cresceram com extrema rapidez em gloriosa profusão durante os anos de 1960, e Jack Good alegava que contou "pelo menos 46.656 diferentes interpretações", número muito maior que o mundo tinha de estatísticos[1]. Versões incluíam as subjetivas, personalistas, objetivas, Bayes empíricas (abreviadas aqui como BE), semi-BE, semi-Bayes, Bayes epistêmicas, intuicionistas, lógicas, difusas, hierárquicas, pseudo, quase, compostas, paramétricas, não paramétricas, hiperparamétricas e não hiperparamétricas. Muitas destas variedades atraíam apenas seus próprios

---

[1] I.J. Good, 46.656 Varieties of Bayesians. Letter to the Editor, *American Statistician* (25), p. 62-63.

criadores e alguns estatísticos recentes sustentavam que essas minúcias produziam pequenas inovações na teoria bayesiana. Quando perguntado sobre como diferenciar um bayesiano de outro, um bioestatístico respondeu de modo ríspido: "Você os conhecerá pelos seus posteriores".

Quase despercebido na polêmica, o velho termo "probabilidade inversa" estava desaparecendo e o novo termo, "inferência bayesiana", ia tomando seu lugar. Como o idioma inglês estendeu-se a círculos de estatística do pós-guerra, artigos de teóricos ingleses começaram a parecer mais importantes que os franceses de Laplace. "Muito do que foi escrito sobre a história da probabilidade tem sido distorcido por este ponto de vista centrado no inglês", afirma Gleen Shafer da Universidade Rutgers[2]. Talvez algo mais que o idioma estivesse envolvido. Em 2008, quando o inglês Dennis Lindley tinha 85 anos, ele disse que naquele momento estava quase convencido de que Laplace foi mais importante que Thomas Bayes: "Bayes solucionou um problema limitado; Laplace resolveu mais, mesmo em probabilidade. [...] Minha ignorância em relação ao trabalho do francês pode ser cultural, posto que ele não figurou de modo destacado em minha educação matemática". E acrescentou, com característica honestidade: "Mas sou parcial: os franceses nos decepcionaram durante a Segunda Guerra Mundial e depois houve o terrível de Gaulle"[3].

Na Inglaterra a excitação sobre a lei de Bayes estendeu-se até a família de Fisher. Seu genro, George E.P. Box, era um jovem químico que usou o estratagema de fingir que estava transportando um cavalo, mas que na verdade tinha a finalidade de consultar Fisher durante a Segunda Guerra Mundial. Como Fisher, Box passou a acreditar que a estatística devia ser mais estreitamente ligada à ciência que à matemática. Essa visão foi reforçada pelo trabalho posterior de Box para a gigante do setor químico ICI da

---

[2] Entrevista concedida por Gleen Shafer.
[3] Lindley em carta à autora.

Grã-Bretanha e para o movimento de controle de qualidade com W. Edwards Deming e com a indústria automobilística japonesa. Quando Box organizou um departamento de estatística na Universidade de Wisconsin, em 1960, ele lecionou pela primeira vez uma disciplina chamada Fundamentos de Estatística.

> Semana após semana", disse, "preparei minhas notas com muito cuidado. Mas quanto mais eu preparava, mais me convencia de que o material de base que eu havia estudado sob [a orientação de] Egon Pearson estava errado. Então, pouco a pouco meu curso tornou-se cada vez mais bayesiano. [...] As pessoas começaram a ridicularizá-lo e a dizer que era um total absurdo.[4]

Auxiliando cientistas com dados escassos, Box descobriu que a estatística tradicional produzia soluções confusas e insatisfatórias. Ainda assim, o frequentismo funcionava bem para casos especiais em que dados caíam dentro da curva de probabilidade em forma de sino e valores médios eram assumidos para serem as médias. Então, como dizia Box: "Comparando as médias, mostraram-se diretamente para mim até Stein."[5]

O Paradoxo de Stein convocava aquelas médias em questão. Charles Stein, um estatístico teórico, estava pensando em algo que parecia bastante simples: estimar uma média. Os estatísticos não se preocupam com indivíduos; seu feijão com arroz é um valor médio que sumaria amplos montantes de informação. A velha questão de séculos era que o valor médio funciona melhor para um problema particular. No curso de sua investigação, Stein descobriu um método que, ironicamente, produzia previsões mais precisas do que as que eram feitas pelas simples médias. Os estatísticos chamaram isso de Paradoxo de Stein*. Como um teórico

---

4 Entrevista concedida por Box.
5 Ibidem.
* Stein chamou isso de contração. (N. da T.)

baseado em frequência, ele cuidadosamente evitou discutir suas relações com Bayes.

O Paradoxo de Stein, no entanto, funciona para comparações entre relações estatísticas: a produção de ovos de diferentes raças de galinhas, a média de rebatidas de vários jogadores de beisebol, ou a indenização de trabalhadores de companhias de telhados expostos a riscos. Tradicionalmente, por exemplo, fazendeiros que comparam a produção de ovos de cinco raças de galinhas teriam a média da produção de cada raça separadamente. Mas e se um caixeiro-viajante anunciasse uma raça de galinhas, e cada uma delas supostamente botasse um milhão de ovos? Por causa do seu conhecimento antecedente de aves domésticas, os fazendeiros zombariam dele pela cidade. Bayesianos, assim como os fazendeiros, julgavam que Stein sobrecarregou sua média com um tipo de super ou hiperdistribuição acerca da "galinhidade", informação sobre a postura de ovos inerente a cada raça, mas nunca antes considerada. E intrínseco à criação de galinha é o fato de que nenhuma delas nunca botou um milhão de ovos.

Como de costume, o sistema de Stein empregava informação antecedente para explicar o até então medíocre rebatedor que começava uma nova temporada acertando um espetacular número de 400 de rebatidas de beisebol. O Paradoxo de Stein diz aos fãs para não se esquecerem dos seus conhecimentos prévios do esporte e das médias de rebatidas de outros jogadores.

Quando Stein e Willard D. James simplificaram o método em 1961, geraram outra surpresa – a mesma fórmula baseada em Bayes que atuários tinham usado no início do século para avaliar os prêmios de compensação de seguro dos trabalhadores. O teorema de Credibilidade atuarial de Whitney utilizava $x = P + z(p-P)$, e Stein e James usavam $z = \bar{y} + c(y-\bar{y})$: fórmulas idênticas com símbolos e nomes diferentes. Em ambos os casos, dados sobre quantidades relacionadas eram concentrados, tornados mais críveis ou com crença reduzida, até eles se agruparem com mais força em torno da média. Com isso, atuários realizavam previsões mais precisas sobre o futuro bem-estar de trabalhadores em amplas categorias da indústria. Apenas Arthur Bailey tinha identificado as raízes bayesianas da fórmula e havia percebido que isso seria igualmente válido para situações não seguras.

Bayesianos deleitados alegavam que Stein estava usando o contexto antecedente dos seus números para contrair a gama de possíveis respostas e realizar melhores previsões. Stein, entretanto, continuava a enxergar a estrutura filosófica de Bayes em relação a antecedentes "negativos" e subjetivos como "completamente inapropriada"[6].

Box, que acreditava que Stein devia ter admitido que o seu método era bayesiano, imediatamente pensou em outra relação que funciona da mesma maneira. A quantidade diária de ovos produzida na segunda-feira estava relacionada à quantidade produzida na terça, quarta e quinta-feiras. Nesse caso, a ligação entre diferentes itens é uma série temporal, e observações sucessivas tendem a estar correlacionadas entre si, assim como amanhã tende a ser de certa forma como hoje. Porém Box descobriu com euforia que, analisando séries temporais com métodos bayesianos, melhorava as previsões e que aqueles métodos do Paradoxo de Stein não funcionavam para séries temporais. Como expôs Box: "Se alguém entra em seu escritório com alguns números e diz, 'Faça uma análise deles', é razoável perguntar de onde eles vêm e como estão ligados. A qualidade que torna números comparáveis tem de ser levada em conta. Você não pode tomar números fora do seu contexto."[7]

Frequentistas e bayesianos brigaram por anos sobre o Paradoxo de Stein, em parte porque nenhum dos dois lados parecia estar totalmente certo ou totalmente errado. Box, contudo, era um bayesiano convicto, e escreveu uma petulante canção de Natal para a melodia de "There's No Business like Show Business". Eis um verso:

> Não há teorema como o Teorema de Bayes
> Igual a ele, não conhecemos nenhum outro

---

6 B. Efron, Stein's Paradox in Statistics, *Scientific American* (236), p. 119-127. Também em entrevista concedida.
7 Entrevista concedida por Box.

Tudo nele é atraente
Tudo nele é uau
Liberte todo esse sentimento *a priori*
Tão bem escondido por vocês até agora.
... Não há teorema como o Teorema de Bayes
Igual a ele, não conhecemos nenhum outro.*[8]

Enquanto bayesianos criavam múltiplas interpretações como coelhinhos e surgiam em lugares improváveis como no Paradoxo de Stein, apareciam fissuras na teoria favorita de Fisher, a probabilidade fiducial. Ele a havia introduzido como uma alternativa à lei de Bayes, durante uma discussão com Karl Pearson em 1930. Mas em 1958, Lindley mostrou que quando antecedentes uniformes eram usados, a probabilidade fiducial de Fisher e a inferência bayesiana produziam soluções idênticas.

Ocorreu ainda outra cisão quando Allan Birnbaum derivou o princípio de possibilidade de George A. Barnard dos geralmente aceitáveis princípios frequentistas, e demonstrou que ele precisava levar em conta apenas dados observados, não informações que poderiam ter surgido da experiência mas não surgiram. Outro frequentista queixou-se de que Birnbaum estava "propondo voltar 45 anos no tempo, mas pelo menos isso o coloca à frente dos bayesianos, que gostariam de voltar no tempo 150 anos"[9]. Jimmie Savage, no entanto, elogiou o trabalho de Birnbaum como uma "ocasião histórica"[10].

Savage também censurou o método fiducial de Fisher por utilizar partes de Bayes embora tenha evitado o opróbrio ligado aos

* Canção do filme musical norte-americano homônimo, de 1954, com números e canções de Irving Berlin e estrelado por Marilyn Monroe. No Brasil o título do filme foi traduzido como *O Mundo da Fantasia*. (N. da T.)
8 "There's no Theorem like Bayes theorem/ Like no theorem we know/ Everything about it is appealing/ Everything about it is wow/ Let out all that a priori feeling/ You've been concealing right up to now./.... There's no theorem like Bayes theorem/ Like no theorem we know". G.E.P. Box et al., *Improving Almost Anything*, p. 555-556.
9 I. Bross, Discussion of "On the Foundations of Satistical Inference" by Allan Birnbaum, JASA, (57: 298), 1962, p. 309-310.
10 *The Foundations of Statistical Inference*, p. 307.

antecedentes. Savage considerava a teoria de Fisher "uma ousada tentativa de fazer uma omelete bayesiana sem quebrar os ovos bayesianos"[11]. Box pensou que a probabilidade fiducial do seu sogro estava começando a se parecer com "uma maneira sorrateira de empregar Bayes"[12].

Mais outra discordância entre bayesianos e antibayesianos chegou de surpresa em 1957, quando Lindley, ao elaborar um ponto levantado por Jeffreys, enfatizou uma situação teórica em que as duas abordagens produzem resultados diametralmente opostos. O Paradoxo de Lindley ocorre quando uma hipótese precisa é testada com um vasto montante de dados. Em 1987, um professor de engenharia aeronáutica da Universidade de Princeton, Robert G. Jahn, conduziu um amplo estudo com o qual concluiu sustentando a existência de forças psicocinéticas. Ele relatou que um gerador de eventos aleatórios teria produzido 104.490.000 experiências, testando a hipótese de que alguém em um sofá a oito pés de distância *não pode* influenciar seus resultados mais que o acaso aleatório o faria. Jahn informou que o gerador de eventos aleatórios produziu 18.471 mais exemplos (0.018%) de influência humana, em seu sensível equipamento microeletrônico, do que poderia ser esperado com o puro acaso. Mesmo com um valor-*p* (medida de incerteza) tão pequeno quanto 0,00015, o frequentista rejeitaria a hipótese (e concluiria a favor de forças psicocinéticas), enquanto a mesma evidência convenceria um bayesiano de que a hipótese contra o espiritualismo é quase seguramente verdadeira.

Seis anos mais tarde, Jimmie Savage, Harold Lindman e Ward Edwards, na Universidade de Michigan, mostraram que resultados obtidos ao se utilizar Bayes e os valores-*p* dos frequentistas poderiam diferir em quantidades significativas mesmo com amostras de dados de comum tamanho; por exemplo, um bayesiano com qualquer antecedente substancial e uma amostra com apenas vinte dados obteria um resultado dez vezes maior, ou mais, que o valor-*p*.

---

[11] W.A. Erickson (ed.), *The Writings of Leonard Jimmie Savage*, p. 299.
[12] Entrevista concedida por Box.

Lindley entrou em conflito com o temperamento de Fisher quando examinava o terceiro livro de Fisher e encontrou "o que pensei que era um erro muito sério e básico nele: Ou seja, que a probabilidade fiducial [de Fisher] não obedece às regras de probabilidade. Ele dizia que obedecia. Estava errado; não obedecia, e apresentei um exemplo. Ele ficou furioso comigo". Um colega solidário advertiu Lindley de que Fisher estava furioso, mas "isso não era nada até que o livro de correspondências de Fisher foi publicado e aí então percebi toda a força de sua fúria. Estava transtornado; ele deveria ter admitido seu equivoco. Ainda assim, eu era um jovem pretencioso, e ele estava no direito de ficar um pouco zangado". Lindley agravou sua falta de tato transformando sua descoberta em um ensaio. O editor do periódico concordou em publicar o artigo porque estava correto, mas perguntou a Lindley se ele sabia o que estava fazendo: "Teremos a ira de Fisher sobre nossas cabeças."[13] Nos oito meses seguintes, as cartas de Fisher para os seus amigos incluíam queixas a respeito dos "comentários bastante abusivos"[14] de Lindley.

Bayes irritou os nervos de Neyman da mesma forma. Quando Neyman organizou um simpósio em Berkeley, em 1960, Lindley leu uma comunicação sobre distribuição de antecedentes que causou "a única repreensão séria, pública, que me lembro de ter tido em estatística. Neyman ficou furioso comigo em público. Fiquei muito aflito, mas Savage saiu em minha defesa e lidou com a situação, e acho que muito bem"[15].

Um dia, em meados dos anos de 1960, Box atreveu-se a enfrentar seu irascível sogro no que diz respeito a antecedentes iguais. Fisher tinha chegado para ver sua neta, e os amigos haviam alertado Box de que ele poderia ir apenas até ali com Fisher antes que ele estourasse. Subindo a colina para a Universidade de Wisconsin,

---

13 "O que eu... eu... isso era... raiva... cabeças." Lindley em A. Smith, A Conversation with Dennis Lindley, *Statistical Science*, (10), p. 310-311.
14 J.Henry Bennett (ed.), *Statistical Inference and Analysis*, 1990, 36.
15 A. Smith, op. cit., p. 311.

em Madison, Box disse ao velho: "Vou lhes dar probabilidades iguais, então se tenho cinco hipóteses, cada uma delas tem uma probabilidade de um quinto."[16]

Fisher respondeu de um modo um tanto irritado, dizendo: "Isto é o que eu vou dizer e então você vai calar a boca". Ele declarou: "Imaginando que você não entenda e pensando que as probabilidades de todas as possibilidades são iguais, não é a mesma coisa".

Essa distinção, com a qual Box concordou depois, impedia Fisher de aceitar a lei de Bayes. Como Neyman, Fisher concordava que se visse alguma vez um antecedente ele poderia acreditar, ele usaria Bayes-Laplace. E de fato ele assim procedia. Por conhecer o (*pedigree*) das gerações anteriores dos seus animais de laboratório, ele podia especificar com confiança as probabilidades iniciais de determinados cruzamentos. Para estas experiências Fisher fazia uso da lei de Bayes. Mais tarde Box disse, com tristeza, que se divorciou da filha de Fisher porque ela tinha herdado um temperamento muito parecido com o do pai.

Um acordo entre os métodos bayesianos e antibayesianos começou a parecer atraente. A ideia era estimar as probabilidades iniciais conforme sua frequência relativa e então prosseguir com o resto da lei de Bayes. A Bayes empírica, como era chamado esse procedimento, parecia ser uma ruptura. Egon Pearson havia feito uma tentativa com isso já em 1925, Turing havia usado uma variante durante a Segunda Guerra Mundial, Herbert Robbins o havia proposto em 1955, e quando Neyman o recomendou, apareceu um turbilhão de publicações. De qualquer forma, bayesianos empíricos produziram um pequeno impacto na teoria estatística de tendência predominante, e quase nenhum nas aplicações até o final da década de 1970.

Ao mesmo tempo, outros enfrentavam uma das desvantagens práticas de Bayes: suas dificuldades computacionais. O "formulário contínuo" de Laplace da lei de Bayes convidava para a integração

---

[16] Entrevista concedida por Box.

de funções. Isso poderia ser complicado, e como o número de incógnitas se elevava, problemas de integração tornavam-se irremediavelmente difíceis, dados os recursos computacionais da época. Jeffrey, Lindley e David Wallace estavam entre aqueles que trabalhavam no desenvolvimento de aproximações assintóticas para tornar os cálculos mais manejáveis.

Em meio a este fervor matemático, alguns modelos práticos assentaram-se na década de 1960 para edificar o tipo de suporte institucional que frequentistas desejavam desfrutar: seminários anuais, periódicos, fontes de financiamento e livros-texto. Morris H. DeGroot escreveu o primeiro texto conhecido internacionalmente sobre a teoria bayesiana da decisão, as análises matemáticas de tomada de decisão. Arnold Zellner levantou dinheiro na Universidade de Chicago, criou uma série de conferências e começou a testar problemas econômicos padrões um por um, resolvendo-os a partir tanto do ponto de vista bayesiano como não bayesiano. Graças à influência de Zellner, a probabilidade subjetiva de Savage teve um dos seus maiores impactos na economia. O processo de construção levou décadas. A Sociedade Internacional para Análises Bayesianas e a seção bayesiana da Associação Americana de Estatística não estavam consolidadas até o início da década de 1990.

A excitação com a teoria bayesiana estendeu-se bem além do que imaginavam estatísticos e matemáticos. Durante os anos de 1960 e de 1970, médicos, criptoanalistas da Agência de Segurança Nacional, analistas da Agência Central de Inteligência e advogados também começaram a levar em conta aplicações bayesianas em suas áreas.

Médicos começaram a falar sobre a aplicação de Bayes em diagnósticos médicos em 1959, quando Robert S. Ledley, da Agência Nacional de Padrões, e Lee B. Lusted, da Escola de Medicina da Universidade de Rochester, sugeriram a ideia. Eles publicaram seu artigo na *Science* porque os periódicos de medicina mostraram desinteresse. Depois de lê-lo, Homer Warner, um pediatra cirurgião cardíaco do Latter-day Saints Hospital e da Universidade de Utah, em Salt Lake City, desenvolveu, em 1961, o primeiro programa computadorizado para diagnosticar doença. Baseado no diagnóstico de mil crianças com várias doenças cardíacas congênitas, Warner mostrou que Bayes poderia identificar seus problemas essenciais com bastante precisão. "Velhos cardiologistas simplesmente não podiam acreditar que um computador conseguia fazer algo melhor que um humano", recorda Warner[17]. Poucos anos depois Warner introduziu sua bateria de 54 testes, Anthony Gorry e Otto Barnett provaram que apenas sete ou oito eram necessários, já que eles eram relevantes para os sintomas do paciente e aplicavam um de cada vez na devida sequência. No entanto, poucos médicos empregaram os sistemas, e os esforços para se informatizar diagnósticos esmoreceram.

Entre 1960 e 1972, a Agência Nacional de Segurança instruiu criptoanalistas a respeito dos avançados métodos bayesianos com pelo menos seis artigos em sua publicação interna NSA Technical Journal. Originalmente classificados como "Top Secret Umbra", uma senha geral para inteligência de alto nível, eles deixaram de ser parcialmente confidenciais ao meu pedido em 2009, embora a fonte de três dos seis tenha sido abafada. (Pelo menos um dos três tem marca de identificação de um artigo de Jack Good.) Em outro artigo, um funcionário da agência chamado F.T. Leahy cita a asserção de Van Nostrand, na *Scientific Encyclopedia*, de que o teorema de Bayes "tem mostrado ser não científico, ao dar origem a várias inconsistências e por ser desnecessário". Na realidade, Leahy declarou, em 1960, que Bayes é "uma das mais importantes técnicas matemáticas usadas pelos criptoanalistas [...] [e] foi empregada em quase todas as criptoanálises bem-sucedidas na Agência Nacional de Segurança. [...] Ela conduz às *únicas* fórmulas corretas para solucionar um grande número de nossos problemas criptoanalíticos", incluindo aqueles envolvendo comparações entre uma multiplicidade de hipóteses[18]. Ainda assim, "apenas uma minoria de matemáticos na

17 Entrevista concedida por Homer Warner.
18 F.T. Leahy, Bayes Marches on, NSA Technical Journal, (U), 1960, p. 50.

N.S.A. conhece *todas* as maneiras" com que Bayes pode ser usado. Os artigos tinha presumidamente a intenção de remediar a situação. Na CIA, analistas conduziram dúzias de experimentos com Bayes. A CIA, que precisava inferir informações a partir de evidências incompletas ou incertas, havia fracassado pelo menos uma dúzia de vezes ao prever eventos desastrosos durante os anos de 1960 e de 1970. Entre eles estava a intervenção do Vietnã do Norte no Vietnã do Sul e o aumento do preço do petróleo, instituído pela Organização dos Países Exportadores de Petróleo (Opep) em 1973. Analistas da agência como de costume faziam uma previsão e ficavam nisso; ignoravam possibilidades improváveis, mas potencialmente catastróficas, e falhavam ao atualizar suas previsões iniciais com novas evidências. Embora a CIA tenha concluído que análises baseadas em Bayes eram mais agudas, elas eram julgadas muito lentas. As experimentações eram abandonadas por falta de poder computacional.

Profissionais da área jurídica reagiram de modo diferente. Depois de várias sugestões de que Bayes poderia ser funcional na avaliação de evidência legal, o professor Laurence H. Tribe da Escola de Direito de Harvard publicou um empolado artigo sobre o método em 1971. Com base no seu título de bacharel em matemática, Tribe condenava Bayes e outros "artifícios matemáticos ou pseudomatemáticos" por serem capazes de "distorcer – e, em algumas instâncias, destruir – cálculos importantes", "envolvendo o processo [legal] na obscuridade matemática"[19]. Depois disso, muitas portas de tribunal se fecharam de repente para Bayes.

O fato extraordinário acerca do glorioso renascimento bayesiano nos anos de 1950 e de 1960 é que poucas pessoas, em qualquer campo público, aplicavam a teoria de Bayes em problemas do mundo real. Como resultado disso, muitas das especulações a respeito da lei de Bayes eram discutíveis. Até que pudessem provar em público que o método deles era superior, os bayesianos eram evitados.

---

19 Laurence H. Tribe, Trial by Mathematics: Precision and Ritual in the Legal Process, *Harvard Law Review*, (84:6), p. 1376.

parte quatro

paraprova**r**oseu**valor**

11.
decisõesdenegócios

com novas teorias estatísticas surgindo quase todos os dias durante os anos de 1960, o insignificante número de aplicações práticas na arena pública estava se tornando um constrangimento profissional. John W. Pratt, de Harvard, queixava-se de que bayesianos e frequentistas estavam, de forma similar, publicando "avanços muito menores extraídos de problemas reais ou míticos, higienizados, acurados, refinados e apresentados em prístina forma matemática e em múltiplos foros"[1].

Bayesianos, em particular, pareciam relutantes em aplicar suas teorias a problemas reais. As orelhas de coelho e as cadeiras de vinte libras de Savage eram exemplos de livros-texto, até menos substanciais do que os potros castanhos de Egon Pearson e os homens que fumavam cachimbo de trinta anos atrás. Eles eram "parvos", protestou mais tarde um bayesiano na Escola de Negócios de Harvard[2]; faltava-lhes o anel da verdade prática do mundo. Ao analisar montantes substanciais de dados, até mesmo bayesianos obstinados prefeririam a frequência. Lindley, que já era uma liderança bayesiana, apresentou um ensaio a respeito dos exames de classificação para a Escola de Negócios de Harvard, em

---

[1] S.E. Fienberg, A Statistical Model, p. 206.
[2] Entrevista concedida por Schleifer.

1961, sem mencionar Bayes; só depois ele analisaria um problema similar usando estatísticas de vinhos e métodos bayesianos.

Matemática e filosoficamente, a regra era simples por si só. "Você não pode ter uma opinião posterior", disse Pratt, "sem ter tido uma opinião anterior e depois atualizá-la usando a informação"[3]. Mas produzir uma crença quantitativa e precisa – aí estava o embaraço.

Até que o seu sistema logicamente atraente pudesse provar-se como um poderoso solucionador de problemas na jornada de trabalho no mundo dos estatísticos, os bayesianos foram condenados ao *status* minoritário. Quem iria tomar para si um enfadonho, complexo, tecnicamente apavorante conjunto de cálculos para explorar um método que era profissionalmente quase um tabu? Na aurora da era eletrônica, poderosos computadores eram poucos e raros, e pacotes de software ainda não existiam. Técnicas bayesianas para interagir com problemas práticos e computadores eram praticamente inexistentes. A força física – grande quantidade dela – teria que substituir o tempo do computador. Os fracos de coração não precisavam aplicá-la.

Contudo, alguns investigadores ousados, dinâmicos e extremamente inventivos tentaram propor Bayes aos homens responsáveis por tomar decisões em negócios, a cientistas sociais e a apresentadores de noticiários. Suas proezas dramatizam os terríveis obstáculos enfrentados por qualquer pessoa ao tentar empregar a lei de Bayes.

Os primeiros a tentar a sorte com Bayes foi uma improvável dupla da Escola de Negócios de Harvard, Robert Osher Schlaifer e Howard Raiffa. Eles eram de polos opostos. Schlaifer era um *expert* na faculdade de estatística, mas, em um sinal dos tempos, ele havia feito apenas um curso de matemática em sua vida e era uma autoridade em escravidão na Grécia antiga e em modernos motores de avião. Raiffa era um sofisticado matemático que se tornaria o legendário Senhor Árvore da Decisão, além de consultor para presidentes e arquiteto da reaproximação Leste-Oeste. Juntos enfrentaram o

---

[3] Entrevista concedida por Pratt.

problema de transformar Bayes em uma ferramenta para responsáveis pelas tomadas de decisões em negócios.

Felizmente, Schlaifer divertia-se ao utilizar sua mente hiperlógica como um laser, e seu *status* de *outsider* para cacetear diretamente a convenção e a ortodoxia. Anos mais tarde, quando pediram a Raiffa para descrever seu colega, ele o fez em duas palavras: "imperioso e hierárquico".

Schlaifer era um perfeccionista obstinado. Mergulhado em um tópico, não via mais nada. Quando voltou sua paixão para os bicicletários, convenceu um reitor de Harvard a instalar seu novo projeto no campus. Por adorar velhos motores, um físico do MIT se ofereceu para aparecer toda semana, a fim de fazer manutenção em seu Ford Modelo A e em seu aparelho de som de alta fidelidade ante seus exigentes padrões. E quando estudava o comportamento do consumidor, seus colegas de faculdade ponderavam sobre o café solúvel com tanta sobriedade como teriam feito a respeito da fusão nuclear. Assim como um autocrata no topo de um império, Schlaifer colocava apelidos em seus colegas: "Tio Howard" para Raiffa, "Grande Homem Pratt", para John W. Pratt e, o mais memorável, "Pequeno Arthur", para seu estudante de graduação e quase homônimo, Arthur Schleifer Jr. Todos os três sobreviveram para se tornarem professores catedráticos em Harvard.

Independente de qualquer coisa, o homem tinha desenvoltura e graça. Alguns professores de Harvard convidavam pesquisadores assistentes para jantares no domingo, regados a garrafas de Clos Vougeot 1938, mas Schlaifer era o anfitrião. E alguns tiravam um mês inteiro ou um ano sabático para relaxar na Grécia ou na França, assim como ele fazia com sua esposa nascida na França, Geneviève, a quem ele publicamente se referia como Snuggle Buggle*.

Schlaifer não nasceu em uma mansão. Ele nasceu em Vermillion, Dakota do Sul, em 1914, e cresceu próximo a Chicago, em uma pequena cidade onde seu pai era superintendente de escolas. Na

---

* Algo como que aconchegante e fofo. (N. da T.)

faculdade Amherst ele se especializou nos clássicos e em história antiga e fez cursos em economia e física. Inscreveu-se em cálculo, seu único curso formal de matemática, só para conquistar um grande prêmio em dinheiro conferido ao melhor estudante. Depois de ser aceito na honorável sociedade acadêmica Phi Beta Kappa* com a idade de 19 anos, estudou em Atenas na Escola Americana de Estudos Clássicos entre 1937 e 1939 e adquiriu um Ph.D. em história antiga em Harvard, em 1940. Nos anos seguintes publicou vários artigos sobre cultos religiosos e escravidão na Grécia antiga. Schlaifer tinha a competência e a habilidade para preencher o lugar de historiadores, economistas e físicos em Harvard, quando eles saíam para atividades de defesa durante a Segunda Guerra Mundial.

Finalmente, Schlaifer foi designado para o Laboratório de Som Subaquático da universidade, onde era desenvolvido o sonar. Ele e o físico teórico Edwin Kemble tentavam silenciar os propulsores de torpedos submarinos, para obter melhores resultados em ataques a submarinos alemães. Schlaifer tinha compreensão suficiente de questões científicas para resolver equações usando calculadoras eletromecânicas Marchant ou Frieden e para transformar relatórios técnicos em prosa. A guerra deu a ele um apetite voraz direcionado à prática, aos problemas do mundo real, e ele abandonou a história da Antiguidade.

Depois da guerra, a física de Schlaifer impressionou a Escola de Negócios de Harvard o bastante para ele ser contratado com a finalidade de cumprir uma obrigação departamental: um estudo da indústria de motores de aeronaves. Ele transformou a tarefa de baixo *status* em um triunfo: um clássico da história da aviação de seiscentas páginas intitulado *Development of Aircraft Engines, Development of Aircraft Fuel* (Desenvolvimento de Motores de Aeronaves, Desenvolvimento de Combustível de Aeronaves).

Entre sua atividade na guerra e a escritura do livro, Schlaifer adquiriu uma proveitosa e intimidante reputação no *campus* como físico,

---

* Uma das mais antigas fraternidades universitárias norte-americana fundada em 1776. (N. da T.)

mais tarde selada em seu obituário no *New York Times*. Ele lecionava contabilidade e produção quando a escola de negócios, apesar da sua formação incrivelmente incompatível, designou-o para ensinar controle estatístico de qualidade. Sem saber nada sobre estatística, Schlaifer preparou-se rapidamente ao ler os teóricos predominantes da época: Fisher, Neyman e Egon Pearson. Pesquisas de operações do tempo da guerra tiveram que resolver problemas matematizados para dois problemas comuns na área dos negócios: controle de inventário e programação de transporte. Mas o frequentismo disponível aos negócios não ajudava, quando se tratava de questões como lançamento de um novo produto ou uma mudança de preço.

As últimas publicações de Schlaifer descrevem modestos pedidos de ajuda de um proprietário de banca de jornal inseguro acerca de quantas cópias do *Daily Racing Form** deveria ter no estoque, e de um atacadista a respeito da alocação dos seus dez caminhões de entrega entre dois depósitos. Com sorte, proprietários de negócios podiam tomar a decisão correta. Mas, dadas as incertezas envolvidas mesmo nesses problemas simples, Schlaifer desejava saber como eles poderiam esperar sempre fazer *sistematicamente* as melhores escolhas possíveis. Mesmo se eles pudessem coletar informações adicionais por amostragem ou experimentação, o custo valeria a pena?

De acordo com os frequentistas, a estatística objetiva era sinônimo de frequência relativa de longo prazo, e probabilidades eram inválidas, a menos que fossem baseadas em repetidas observações. Os frequentistas lidavam com uma rica abundância de dados diretamente relevantes e tomavam amostras para testar hipóteses e extrair inferências sobre incógnitas. O método funcionava para fenômenos repetitivos e padronizados tais como sucessivas colheitas de grãos, genética, jogos de apostas, seguro e mecânica estatística.

Mas executivos de negócios tinham que tomar decisões com frequência sob condições de extrema incerteza, sem dados de amostra.

---

* Tabloide norte-americano fundado em 1894, em Chicago, Illinois, por Frank Brunell. Os artigos publicados tratavam do desempenho de corridas de cavalos com um serviço de estatísticas para o apostador. (N. da T.)

Como Schlaifer percebeu: "Sob incerteza, o homem de negócios é forçado, com efeito, a fazer apostas, [...] esperando que vença, mas sabendo que pode perder"[4]. Os executivos precisavam de um meio para avaliar probabilidades sem os repetidos testes requeridos por métodos frequentistas. Schlaifer disse que o frequentismo o fazia sentir-se como um idiota. O frequentismo simplesmente não focava o problema principal em negócios: a tomada de decisão cercada pela incerteza.

Pensando sobre o problema, Schlaifer perguntava a si mesmo como os executivos poderiam tomar decisões sem ter dados para se basear. Qualquer que fosse a informação antecedente que eles tivessem sobre a demanda para os seus produtos era obviamente melhor que nenhuma. Partindo daí, Schlaifer chegou ao problema de como amostras de dados deveriam ser usadas e quanto dinheiro deveria ser gasto para se chegar a elas. Atualizar a informação antecedente com amostras de dados levou-o à lei de Bayes, porque isso poderia combinar subjetivamente a avaliação de probabilidades antecedentes com dados alcançados objetivamente. Este foi um *insight* fundamental que mudou sua vida.

Schlaifer não entendia muito de matemática. Inocente acerca da extrema divisão filosófica entre objetivistas e subjetivistas, Schlaifer jogou fora seus livros e reinventou a teoria bayesiana da decisão a partir do zero. Como um estatístico autodidata trabalhando em uma escola de negócios, ele não devia nada ao *establishment* estatístico. E dado seu zelo iconoclasta, ele tornou-se, e de modo ousado, um gigante na área. Do mesmo modo que Savage, Schlaifer estava combinando incerteza com economia para tomada de decisões. Savage achava que Schlaifer era "quente como uma pistola, afiado como uma faca, nítido como um sino, rápido como um açoite e tão exaustivo quanto uma corrida de maratona"[5].

---

[4] J.W. Pratt; H. Raiffa; R. Schlaifer, *Introduction to Statistical Decision Theory*, p. 1.1.
[5] Letter to Committee on Stastistics Faculty, Chicago, *Manuscripts and Archives*.

Schlaifer percebeu que sua competência matemática era quase nula, "da ordem de magnitude de um épsilon"[6]. Para compensar, trabalhando de 75 a 80 horas por semana, baforando até quatro maços de cigarros sem filtro por dia, traçou seus pensamentos com giz de diferentes cores de lado a lado no quadro negro em seu escritório enfumaçado. Única e exclusivamente perseguindo o que ele achava relevante para o mundo real, oscilava em uma teoria, recuava, a experimentava de outra maneira, e disparava ainda em direção a outra. Sua voz ecoava pelo corredor, quase de hora em hora – "Oh, meu Deus!" ou "Como pude ter sido tão burro?" – como se derrubasse uma opinião firmemente mantida por outro. Sempre curioso, buscava o absoluto, as melhores análises possíveis. Assim compreendeu que precisava do auxílio da matemática.

Ao ouvir falar de um jovem bayesiano enrustido chamado Howard Raiffa na Universidade de Columbia, Schlaifer sondou-o e convenceu Harvard a contratá-lo. Nos sete anos seguintes Raiffa e Schlaifer tornaram-se íntimos colaboradores. Raiffa se tornou um negociador internacional, que exercia enorme influência na educação, nos negócios, na justiça e na política pública nos Estados Unidos e no exterior. Mas ele sempre viu Schlaifer como

> o grande homem. [...] Eu o reverenciava; Estava impressionado com ele. [...] Ele era tão positivo, tão seguro, tão obstinado, mas tão inteligente, tão inteligente. [...] [Ele era] um *homem* – um verdadeiro homem – que descobriu o bayesianismo por si mesmo, ridicularizado por aqueles que não concordavam com ele, e não só teorizava e filosofava como aplicava a abordagem em problemas reais.

Raiffa denominava-o como "a – não *uma* mas *a* – pessoa mais importante em meu desenvolvimento intelectual"[7].

---

6 Carta de Schlaifer de 22 de agosto de 1956.
7 Memorial Service, Robert O. Schlaifer, Friday, December 2, 1994. HBSA GC 772.20. Faculty Biography.

Schlaifer e Raiffa eram intelectuais da elite, mas o estilo de Schlaifer era arrogante enquanto Raiffa, nas palavras de um colaborador, era "um pessoa amorosa, muito calorosa, aberta, acolhedora"[8]. Schlaifer era um Phi Beta Kappa na Ivy League*; Raiffa frequentou o City College of New York, "a faculdade escolhida pelos estudantes pobres e de renda média em Nova York – eu estava no lado pobre"[9]. Durante a Segunda Guerra Mundial, um modelo equivocado para classificação em testes de aritmética e álgebra elementar da força aérea reprovou Raiffa e condenou o futuro conselheiro de presidentes norte-americanos – não a um prestigiado laboratório de pesquisas, como aquele no qual Schlaifer passou a guerra, mas a três ciclos de treinamento básico e a resmungar tarefas em escolas de cozinheiros e padeiros, na meteorologia e em um sistema de radar de pouso cego.

Decididamente o antissemitismo determinou a escolha de carreira de Raiffa. Um dia ele ouviu sem querer seus sargentos do exército dizendo que eles queriam alinhar judeus norte-americanos em uma praia e usá-los para prática de tiro ao alvo. Mais tarde, agentes imobiliários em Fort Lauderdale, Flórida, recusaram-se a procurar uma moradia para Raiffa e sua esposa por eles serem judeus. Quando um amigo contou a ele que a engenharia e a ciência também discriminavam os judeus, Raiffa já estava preparado para acreditar nisso. Logo depois soube que atuários de seguro eram classificados em exames objetivos e competitivos. Procurando uma área em que a competência contava mais do que a religião, Raiffa se matriculou no programa atuarial da Universidade de Michigan, onde Arthur Bailey havia estudado.

---

8   Entrevista concedida por Arthur Schleifer.
*   A Ivy League é um grupo de oito universidades privadas do nordeste dos Estados Unidos. Em sua origem, a denominação designava uma liga desportiva formada por essas universidades, das mais antigas do país. O grupo é constituído pelas instituições de maior prestígio nos Estados Unidos e no mundo tendo conotação sobretudo de excelência acadêmica e é associada a um certo elitismo. (N. da T.)
9   Em S.E. Fienberg, The Early Statistical Years: 1947-1967, *Statistical Science*, (23:1), p. 137.

Para grande surpresa de Raiffa, ele se tornou um estudante excelente e "delirantemente feliz", que passou rapidamente do grau de bacharel em matemática, ao de mestre em estatística e ao doutorado em matemática em seis anos, entre 1946 e 1952. "No ano em que estudei estatística, acho que não ouvi a palavra 'Bayes'. Como uma forma de inferência, Bayes não existia. Era tudo estritamente ligado a Neyman-Pearson, à estatística clássica, objetivista (com base em frequência)."[10]

Embora Schlaifer tivesse abraçado Bayes de uma só vez, Raiffa avançava devagar, com relutância, em direção à subjetividade. Mas ao ler o livro de John Neumann e Oskar Morgenstern, *Game Teory* (A Teoria dos Jogos), de 1944, instivamente avaliou como outros jogariam, a fim de determinar como ele próprio deveria competir: "Em minha ingenuidade, sem nenhuma teoria ou algo parecido. [...] [Comecei] a avaliar de modo crítico distribuições de probabilidade. Cometi o erro em ser um subjetivista, sem perceber o quão radicalmente estava me comportando. Esta era a coisa natural a ser feita. Nada demais."[11]

Quando Raiffa deu uma série de seminários sobre o novo livro de Abraham Wald, *Statistical Decision Functions* (Funções da Decisão Estatística), ele descobriu que tudo isso era pleno das regras de tomada de decisão bayesianas para se usar em uma estrutura frequentista. Independentemente de Turing e Barnard, Wald havia descoberto a análise sequencial para testar munição, enquanto trabalhava com o Grupo de Pesquisa Estatística na Divisão de Controle de Incêndio do Comitê de Pesquisa da Defesa Nacional. Apesar de ser um frequentista convicto, às vezes resolvia problemas de uma maneira curiosamente tortuosa. Após inventar um antecedente bayesiano, solucionava a versão bayesiana do seu problema e em seguida analisava suas propriedades frequentistas. Ele dizia também que todo bom procedimento na tomada de decisão é

---

10 Ibidem, p. 138.
11 Ibidem, p. 139.

bayesiano, e confidenciou à estatista Hilda von Mises que ele era um bayesiano, mas não ousava declarar isso assim, em público. Seu trabalho produziria grande impacto em vários estatísticos matemáticos e teóricos da decisão, incluindo Raiffa.

Até surgir o livro de Wald, a palavra "bayesiano" referia-se unicamente à controversa sugestão de Thomas Bayes sobre antecedentes iguais, não ao seu teorema para solucionar problemas de probabilidade inversa. Depois do falecimento de Wald, em um acidente de avião na Índia, em 1950, o departamento de estatística da Universidade Columbia contratou Raiffa para lecionar o curso de Wald. Raiffa mantinha-se um dia a frente dos seus alunos ao ler o livro-texto toda noite. Gradativamente, ele se deslocava para um ponto de vista oposto a quase todos os departamentos de estatística do país, incluindo o da Columbia. Desistir da objetividade "científica" e abraçar a subjetividade não seria fácil.

No início, como Schlaifer, Raiffa ensinava frequentismo de modo direto, empregando a então canônica teoria de Neyman-Pearson, testes de hipóteses, intervalos de confiança e estimativa imparcial. Mas, em 1955, Raiffa, da mesma forma que Schlaifer, já não acreditava que esses conceitos fossem centrais. Membros da faculdade Columbia estavam fazendo auditoria das aulas de Raiffa, e sua transformação em um bayesiano enrustido deixou-o uma pilha de nervos. Ele não "se revelava" porque colegas a quem admirava muito se opunham de modo enfático ao bayesianismo. "Olha, Howard, o que você está tentado fazer?", perguntavam. "Você está tentando introduzir um julgamento frágil, uma bobagem psicológica em algo que acreditamos que é ciência?"[12]

Ele e seus colegas da Columbia estavam trabalhando em espécies totalmente diferentes de problemas. Autorizados pela Segunda Guerra Mundial, estatísticos como Raiffa e Schlaifer estavam crescentemente interessados em usar estatística não só para analisar dados, mas também para tomar decisões. Em contraste, Neyman e

---

12 Ibidem, p. 141.

Pearson levavam em conta os erros associados a várias estratégias ou hipóteses, e então decidiam se os aceitavam ou rejeitavam; eles não conseguiam inferir o que fazer, baseados na observação do resultado da amostra, sem pensar sobre todos os resultados da amostra possível que poderia ter ocorrido, mas que não ocorreu. Essa era a objeção de Jeffreys ao usar o frequentismo para inferência científica. Raiffa sentia da mesma maneira por diferentes razões; desejava tomar decisões ligadas aos "problemas da economia real; não aos falsos"[13].

Raiffa estava interessado no concreto, em tipos de decisões que requerem ponderações rápidas com respeito à quantidade de um produto para estoque ou como definir o seu preço. Da mesma forma que Schlaifer em Harvard, ele queria ajudar os negócios a resolver incertezas e a utilizar informações indiretamente relevantes. Como Raiffa colocou, antibayesianos "nunca iriam – e eu quero dizer nunca – atribuir probabilidades a alguma proposição tal como 'a probabilidade de que p caia no intervalo de 0,20 a 0,30'".

Subjetivistas bayesianos, por outro lado, desejavam na verdade repostas expressas em termos de probabilidades. Eles não queriam simplesmente aceitar ou rejeitar uma hipótese. Como Raiffa percebeu, um dono de negócios gostaria de ser capaz de dizer que "na base das minhas crenças anteriormente mantidas [...] e dos resultados de amostras específicas, agora acredito haver 0,92 de probabilidade de que p é maior que 0,25"[14].

Isso era *proibido* para os frequentistas, que reconheciam apenas resultados de amostras que fossem "significativos ao nível de 0,05". Raiffa considerou o foco deles como "uma descrição da distribuição *muito, muito* apressada. Eu queria que os meus estudantes pensassem probabilisticamente sobre [a distribuição inteira de p, sobre] onde o incerto p poderia estar, e depois imaginar, a partir do ponto de vista da decisão, onde estaria a ação correta. Assim,

---

13 S.E. Fienberg, When did Bayesian Inference Become Bayeian?, *Bayesian Analysis* (1), p. 10.
14 H. Raiffa, *Decision Analysis*, 1968.

toda questão de um teste de hipótese me parecia estar levando os estudantes a uma direção errada"[15].

O cisma entre as duas escolas de estatística se cristalizou para Raiffa quando professores da Columbia discutiram a respeito de um estudante de sociologia chamado James Coleman. Durante seu exame oral Coleman parecia "confuso e pouco claro [...] evidentemente não tinha a qualidade de Ph.D"[16]. Mas seus professores estavam inflexíveis quanto ao fato de que ele era, por outo lado, fascinante. Utilizando sua nova perspectiva bayesiana, Raiffa argumentou que a opinião anterior do departamento acerca das qualidades do candidato era tão positiva, que um exame de uma hora não deveria alterar substancialmente a visão deles. Aprovem-no, insistiu Raiffa. Coleman tornou-se um sociólogo tão influente que apareceu na capa da *Newsweek* e na primeira página do *New York Times*.

Até aqui, Raiffa considerava sua transformação de um neyman-pearsoniano para um bayesiano como uma conversão intelectual; sua conversão emocional ainda estava por vir.

Em uma campanha pelo aumento dos padrões intelectuais das escolas de negócios, a Fundação Ford doou dinheiro para Harvard contratar um matemático estatístico em 1957. A universidade fez uma oferta atrativa a Raiffa: articulação de postos em seu novo departamento de estatística e na escola de negócios. Quando o departamento de estatística soube da conversão de Raiffa às ideias bayesianas, o presidente, Frederick Mosteller, pareceu tolerante mas indiferente, e outro professor proeminente, William Cochran, disse: "Bom, você vai crescer."[17] De qualquer forma, na escola de negócios Schlaifer recebeu Raiffa de braços abertos.

Schlaifer foi "a pessoa mais obstinada que já conheci", recorda Raiffa. No começo, ele não percebia "o quão *admirável* era Schlaifer [...] Eu não percebia que Schlaifer era tão notável como era. Ele já

---

15 Entrevista concedida por Raiffa.
16 H. Raiffa, A Memoir: Analythical Roots of a Decision Scientist, p. 32. (Manuscrito não publicado.)
17 S.E. Fienberg, The Early Statistical Years: 1947-1967, op. cit., p. 10.

estava focado em problemas de decisão real de negócios, não em testes de hipóteses. Disse que eles estavam entendendo isso de modo errado". Então Raiffa corrigiu-se: "Não, não, ele não disse isso. Disse que eles estão entendendo isso de modo errado para tomada de decisão de negócios sob incerteza."[18]

A cada manhã Raiffa trabalhava como tutor de Schlaifer em cálculos e em álgebra linear, vetores, transformações e afins. Na manhã seguinte Schlaifer conjecturaria novos teoremas, e um dia depois disso aplicava o que havia aprendido em um problema concreto. "Sua mente era receptiva, afiada como navalha, tenaz, persistente, criativa", revelou Raiffa[19]. Ambos eram *workaholics*, mas Schlaifer trabalhava muitas horas a mais do que qualquer outra pessoa. Como relembra Raiffa: "Ele era realmente um estudante *fabuloso* [...] Possuia habilidades matemáticas rudimentares contanto que conseguisse ver como poderia colocá-las em uso."[20] Os dois nunca recorriam a periódicos ou livros. Tudo o que faziam juntos era de criação própria.

Schlaifer não conhecia estatística tanto quanto Raiffa, mas era muito melhor nas leituras. Raiffa não havia estudado os grandes teóricos do pré-guerra Jeffreys, Fisher e Egon Pearson. Mais tarde, quando descobriu a obra de Savage, ficou surpreso com sua clareza. Raiffa aceitou o conselho dos seus colegas e colocou o nome de Frank Ramsey em sua cátedra de Harvard, sem nem mesmo ter lido a obra do jovem.

Ao escrever artigos com Schlaifer, Raiffa sempre gerava o primeiro rascunho. Em seguida, Schlaifer "analisava tudo sete vezes até domingo e mudava o texto infinitamente, colocando vírgulas e tirando-as novamente", recorda John Pratt, que redigiu vários trabalhos importantes com eles[21]. Schlaifer quase recusou permissão à Harvard Business School Press de publicar um dos seus livros,

---

18 Entrevista concedida por Raiffa.
19 Memorial Service.
20 S.E. Fienberg, The Early Statistical Years: 1947-1967, op. cit., p. 142.
21 Em Memorial Service.

porque seus editores colocaram aspas fora da pontuação em vez de dentro. (Assim, a batalha se enfurecia mais, "mais." e "mais".)

"A parte perturbadora dele", disse Raiffa, "[...] era que ele tinha muita razão – desde que ficasse longe da política!"[22] Então Raiffa discutia estatística com seu colaborador, mas fazia ouvidos moucos quando Schlaifer lançava ataques contra o imposto de renda e defendia a resolução dos problemas do Haiti através da transformação de todos os haitianos nos Estado Unidos em soldados e, logo depois disso, enviando-os para casa.

Para Schlaifer, a lei de Bayes não era apenas algo a ser utilizado, era algo para se acreditar com fervor. Sendo um verdadeiro crente, ele se recusava a aceitar que poderia haver várias maneiras de abordar um problema. Empregava "absoluta insistência brutal e discurso intelectual para descobrir buracos em todo e qualquer argumento que Howard usava", relembra seu aluno Arthur Schleifer Jr.:

> Ele demonstraria que aqueles caminhos alternativos conduziriam a paradoxos insustentáveis [...] A abordagem de Robert era de que havia uma única maneira de se fazer tal coisa, você tem que fazer tal coisa daquela maneira, e se você fizer tal coisa de qualquer outra maneira, 'demonstrarei a você que você está errado'.[23]

Raiffa queria expor seus alunos tanto aos métodos frequentistas quanto aos bayesianos, de modo que se algum deles lesse o ponto de vista do *establishment* não ficaria confuso. Mas Schlaifer via isso como falso ensino. De todo jeito, declarava com orgulho, "homens de negócio não leem a literatura"[24].

Em 1958, Raiffa também se converteu com paixão ao subjetivismo. Parecia óbvio que quatro empresas prestando serviços a quatro mercados diferentes poderiam usar a mesma informação

---

22 Ibidem.
23 Entrevista concedida por Arthur Schleifer.
24 Ibidem.

para gerar quatro diferentes antecedentes não estatísticos e quatro conclusões distintas. Ainda que se mantivesse irmanado a alguns cientistas e estatísticos, outros ficavam satisfeitos em esmagar suas primeiras opiniões de antecedentes não estatísticos com grandes quantidades de novas informações estatísticas. Da mesma forma que muitos norte-americanos lembram onde estavam quando ouviram falar sobre o assassinato de Kennedy, ou do ataque de 11 de setembro, vários bayesianos da geração de Raiffa recordam do exato momento em que a lógica abrangente de Bayes atingiu-os de repente como uma irresistível epifania. Críticos começaram a denominar a Escola de Negócios de Harvard como "uma estufa bayesiana".

Aposta – designação de diferentes probabilidades para o mesmo fenômeno – passou a ser a expressão tangível das crenças bayesianas. "Todo dia rondavam meia dúzia de apostas [do grupo de Schlaifer] sobre algo – eleições e esportes. Notas de dólar mudavam de mãos o tempo todo. Isso fazia parte do arraigado modo de vida. Você realmente acreditava nessa coisa", dizia Schleifer[25]. Schlaifer e Raiffa estavam desenvolvendo reputação de zelotes de uma causa.

Schlaifer enviou setecentas páginas do seu primeiro livro-texto à editora McGraw-Hill para publicação sob o título *Probability and Statistics for Business Decisions: An Introduction to Managerial Economics under Uncertainty* (Probabilidade e Estatística Para Decisões de Negócios: Uma Introdução à Economia Gerencial Sob Incerteza). Então ele descobriu seu habitual hoste de erros e infelicidades e insitiu à McGraw-Hill que recolhesse a primeira impressão e a substituisse por uma segunda. Este foi um caso clássico de colocação do rigor intelectual acima dos negócios econômicos, e Schlaifer venceu. O livro foi vendido por US$11,50 em 1959, e Harvard promoveu seu antigo tutor a professor pleno em administração de negócios.

Probability and Statistics for Business Decisions foi o primeiro livro-texto total e sinceramente escrito a partir do ponto de vista bayesiano. Estudantes conseguiam resolver inventários, *marketing*,

25 Ibidem.

e uma fileira de problemas usando aritmética simples, réguas de cálculo ou, no máximo, calculadoras de mesa. O livro reconhecia algumas autoridades anteriores. Schlaifer chegou à sua posição subjetivista independentemente de Ramsey, de De Finetti e de Savage. Por sua vez, Savage reconheceu que Schlaifer tinha desenvolvido suas ideias "com total independência" e foi mais "realista e menos fascinado pela tradição."[26]

Remoendo sobre o estado da lei de Bayes, Schlaifer e Raiffa perceberam que bayesianos, diferente dos frequentistas, não tinham estantes de livros de ferramentas de matemática prontas para serem usadas. Consequentemente, os métodos bayesianos eram vistos como impraticavelmente complicados, em particular pelos alunos de negócios, que eram, com frequência, despreparados matematicamente. Enquanto teóricos como Savage e Lindley tentaram tornar Bayes matematicamente respeitável, Raiffa e Schlaifer planejaram, em 1958, torná-lo completamente operacional e fácil para empregar em problemas comuns do tipo pão com manteiga. Da mesma forma que George Box, eles parodiaram uma canção popular, aquela de *Annie Get Your Gun**, alegando que qualquer coisa que um frequentista conseguia fazer, eles conseguiam fazer melhor.

Para tornar os cálculos mais fáceis, eles introduziram árvores de decisão, árvores invertidas, e antecedentes conjugados. "Comecei usando diagramas de árvores de decisão que retratavam a sequência natural dos problemas de decisão enfrentados por gerentes de negócios", contou Raiffa.

> Eu deveria, como responsável por decisões, agir agora ou aguardar para coletar mais informações de *marketing* (por amostragem ou para posterior engenharia)?

---

26 S.E. Fienberg, The Early Statistical Years: 1947-1967, op. cit., p. 18.
*   Famoso musical da Broadway levado às telas em 1950, nos Estados Unidos, com direção de George Sidney. No Brasil teve seu título traduzido como *Bonita e Valente*. (N. da T.)

[...] Nunca fiz qualquer reivindicação para ser o inventor da árvore de decisão, mas [...] tornei-me conhecido como o Sr. Árvore de Decisão.[27]

Logo os diagramas de processo de tomada de decisão de Bayes foram, como muitas ramagens de árvores, radicados nos curriculos de graduação em negócios. As árvores são provavelmente as mais conhecidas aplicações práticas da lei de Bayes.

A árvore invertida começou como uma simplificação para auxiliar um dos alunos de pós-graduação de Raiffa que estava interessado em perfuração de poços de petróleo. Normalmente, um perfurador de poços de petróleo decidia se ia testar um local específico *antes* de decidir perfurar ou não. Para evitar qualquer álgebra complicada, Raiffa invertia a ordem da decisão dos perfuradores de poços. Ele lidava com a probabilidade de que os resultados dos testes seriam positivos ou negativos *antes* de levar em conta conduzir ou não o teste. Trabalhando por meio do diagrama, produzia informação acerca dos x's seguidos pelos y's. A árvore invertida colocava os y's primeiro. Chegou a isso utilizando a lei de Bayes porque a probabilidade de x dado y e a probabilidade de y dado x são os dois elementos críticos das fórmulas dessa lei.

"Então você inverte as árvores", dizia Raiffa.

Não denominávamos isso de Bayes. A pior coisa que você pode fazer é empregar o teorema de Bayes. Ele é muito complicado. Basta usar o senso comum e brincar com essas coisas, então ficará muito fácil. Tínhamos pessoas fazendo coisas complicadas, que podiam ter sido realizadas por meio de Bayes, mas não fazíamos isso através de Bayes. Fazíamos por meio da árvore invertida.[28]

---

27 H. Raiffa, A Memoir, op. cit., p. 48 e 51.
28 Entrevista concedida por Raiffa.

Raiffa desenvolveu também um atalho útil para atualizar antecedentes e posteriores. Denominado conjugação de distribuições de antecedentes, aproveitava o fato de que em muitos casos a forma ou curva de uma distribuição de probabilidade é a mesma tanto no antecedente e como no posterior. Assim, se você iniciar com gaussianas normais*, você vai acabar com gaussianas normais. A conjugação de antecedentes pagava dividendos com a atualização repetida solicitada pelo método de Bayes. Albert Madansky utilizou um conceito similar para o estudo de sua bomba H. Mais tarde o atalho se tornaria desnecessário com a adoção dos métodos Markov Chain Monte Carlo (Cadeia de Markov Monte Carlo)**.

Em mais uma simplificação, alguns negócios bayesianos até abandonaram as chances antecedentes exigidas pela lei de Bayes. Schleifer comentou: "Minha opinião sobre isso era esquecer os antecedentes, a menos que haja uma esmagadora evidência de antecedente, que você realmente saiba muito a respeito do parâmetro no qual você está interessado"[29].

Hoje, quando a TV e o rádio estão recheados de cabeças falantes, é duro imaginar que o uso da opinião especializada era terra incógnita no início dos anos de 1960. Ninguém sabia se executivos de negócios concordariam em oferecer suas opiniões para serem

---

* A Distribuição de Gauss, ou Gaussiana, também conhecida como Distribuição Normal foi introduzida pelo matemático Abraham De Moivre em 1733. Ela é uma das mais importantes distribuições da estatística. Além de descrever uma série de fenômenos físicos e financeiros, possui grande uso na estatística inferencial. É inteiramente descrita por seus parâmetros de média e desvio padrão, ou seja, conhecendo-se esses é possível determinar qualquer probabilidade em uma distribuição Normal. (N. da T.)

** Em matemática, a cadeia de Markov é um caso particular de processo estocástico com estados discretos (o parâmetro, em geral o tempo, pode ser discreto ou contínuo) e apresenta a propriedade markoviana, chamada assim em homenagem ao matemático Andrei Andreyevich Markov. A definição dessa propriedade, também chamada de memória markoviana, é que os estados anteriores são irrelevantes para a predição dos estados seguintes, desde que o estado atual seja conhecido. Andrei Markov obteve os primeiros resultados para esses processos em 1906. (N. da T.)

29 Entrevista concedida por Schleifer.

para provar o seu valor

incorporadas em uma fórmula matemática. E niguém tinha certeza se um julgamento subjetivo especializado seria válido. John Pratt pediu à sua esposa, Joy, cujo trabalho era promover filmes em salas de cinema locais, para estimar seu atendimento diário. No início suas estimativas caíram em uma faixa bastante estreita. Ao compará-las com os números reais de atendimento – os dados referentes a centenas de pontos tomados noite após noite em duas salas de cinema locais – Joy Pratt aprendeu a fazer previsões tão exatas, que acabaram convencendo seu marido de que a opinião especializada poderia ser útil. Bayesianos objetaram que Pratt e Schlaifer analisaram os dados usando técnicas frequentistas. Os métodos bayesianos – comparando diferentes tipos de filmes, o tempo de duração de cada filme, a popularidade de suas estrelas e assim por diante – teriam sido muito complexos. O uso da opinião especializada para tomada de decisão tornou-se mais tarde uma importante área de estudos.

Acontece que Joy e John Pratt estavam certos: executivos de marketing arriscavam muito dinheiro com base em pequenas informações e adoravam serem solicitados pelo seu julgamento profissional. Acostumados a esperar até a conclusão de um estudo frequentista para divulgar suas opiniões, eles realmente gostavam de ter sua "intuição administrativa", ou "sensibilidade para uma situação", envolvida em avaliações preliminares.

Raiffa e Schlaifer começaram explorando questões de pequenos e importantes detalhes tais como entrevistar especialistas e medir sua *expertise*. DuPont, procurando decidir o tamanho de uma fábrica para produção de sapatos de couro artificial em 1962, ficou contente ao estimar as chances antecedentes da demanda por seu novo produto. Engenheiros de projeto da Ford Motor Company ficaram igualmente satisfeitos com o fato de que a incorporação de suas opiniões em antecedentes de Bayes permitiu à Ford utilizar pequenas amostras de opinião. O trabalho deles tornou possível resolver qualquer problema de negócios com análise matemática. Um problema de engenharia pode ter vinte fontes de incerteza; dessas, talvez doze poderiam ser tratadas por suposições únicas; cinco precisariam de mais testes; e duas talvez fossem tão críticas que especialistas teriam que ser entrevistados. A lei de Bayes estava solucionando problemas muito mais complexos do que os exercícios mentais de Savage sobre as orelhas onduladas de coelho.

Entre 1961 e 1965 um excitante seminário semanal, geralmente seguido de *drinks* no escritório de Schlaifer, era focado na tomada de decisão sob incerteza (DUU, sigla para Decision Making Under Uncertainty). O seminário explorava análises de serviços públicos, análise de carteira de títulos, grupos de processo de decisão, teoria de sindicatos, anomalias comportamentais e maneiras de perguntar sobre incertezas e valores. Raiffa comenta: "Ajudamos a formar um campo"[30]. O seminário e dois livros coescritos por Raiffa e Schlaifer durante esse período incitou o renascimento bayesiano dos anos de 1960. Raiffa surpreendeu-se mais tarde, ao perceber que o período mais fértil de sua colaboração com Schlaifer durou apenas quatro anos.

O clássico livro de Raiffa e Schlaifer para estatísticos avançados, *Applied Statistical Decision Theory* (Teoria da Decisão Estatística Aplicada), foi publicado em 1961. Seus cuidadosos e pormenorizados métodos analíticos definiram a direção da estatística bayesiana para as próximas duas décadas. Hoje ele pode ser encontrado na estante de quase todo analista de decisão.

Quando Pratt juntou-se a Raiffa e Schlaifer para escrever *Introduction to Statistical Decision Theory* (Introdução à Teoria da Decisão Estatística), logo percebeu que o que era fácil para ele fazer matematicamente, era muito difícil para Schlaifer, que conseguia entender a matemática mas não produzi-la sozinho. No momento em que o livro estava pronto para a edição, Schlaifer e Raiffa deslocaram-se para outros interesses. Contudo, receberam tantas solicitações pelo seu manuscrito preliminar que a McGraw-Hill

---

30 Raiffa, Memorial Service.

publicou-os como um texto datilografado em 1965. Trinta anos mais tarde, Pratt e Raiffa terminaram-no e o MIT publicou-o como um livro de 875 páginas.

Para introduzir os professores da escola de negócios em métodos matemáticos, Raiffa conduziu um programa de onze meses de duração da Fundação Ford, em 1960 e 1961. Como resultado, os decanos da geração seguinte da escola de negócios em Harvard, Stanford, North-western e em outros lugares, receberam uma pesada dose de subjetivismo bayesiano para tomada de decisão, e o evangelho irradiava-se para as escolas de administração. Raiffa até deu a seus alunos uma apostila de 84 páginas, "An Introduction to Markov Chains" (Uma Introdução às Cadeias de Markov), mais de trinta anos antes de sua ampla adoção pelos profissionais de estatística. Em 2000, métodos bayesianos foram colocados amiúde de modo central nas escolas de negócios das universidades, de preferência nos departamentos de estatística.

Raiffa e Schlaifer se separaram depois de 1965. Raiffa ainda denominava-se um bayesiano que, "em linhas gerais [...] desejava inserir julgamentos intuitivos e sentimentos sem rodeios nas análises formais de problemas de decisão"[31]. Ampliando o que já conhecia a respeito de probabilidade subjetiva, teoria dos jogos e lei de Bayes, ele deixou o departamento de estatística de Harvard para tomar posse de uma cadeira conjunta na escola de negócios e no departamento de economia. Lá continuou gregário e, ao colocar a estatística em primeiro lugar, interessou-se pelas questões da medicina, do direito, da engenharia, das relações internacionais e da política pública.

Em todos os sentidos o movimento de Raiffa foi um sucesso. Enquanto pioneiro em análises de decisão, ele foi um dos quatro organizadores da Escola Kennedy do Governo em Harvard; o fundador e diretor de uma articulação catalisadora de ideias no Oriente-Ocidente com o intuito de reduzir as tensões da Guerra

---

31 H. Raiffa, *Decision Analysis*.

Fria muito tempo antes da perestroika; fundador da Escola de Direito de Harvard, amplamente replicada no curso de dramatização em negociações; e consultor científico de McGeorge Bundy, o assistente de segurança nacional dos presidentes Kennedy e Johnson. Raiffa supervisionava também mais de noventa dissertações de Ph.D. em Harvard, nas áreas de negócios e economia, e escreveu onze livros – não artigos, apenas livros –, sendo que um deles tem sido reimpresso por mais de cinquenta anos. Enquando bayesiano, Raiffa projetaria uma grande sombra.

Finalmente, no entanto, Raiffa e Schlaifer fracassaram em seu arrojado empreendimento de permear o curriculum de negócios, a teoria estatística e a vida dos negócios norte-amercicanos com a lei de Bayes. Schlaifer implantou economia gerencial em um poderoso programa na Escola de Negócios de Harvard, mas as análises de tomada de decisão bayesianas dissiparam-se dos seus curriculuns e a lei de Bayes nunca suplantou "as velhas coisas" nas salas de aula norte-americanas. Desde a década de 1970, época em que todas as maiores escolas de negócios enfatizavam a teoria de decisão bayesiana, ela foi sendo compactada em algumas semanas de estudo. Estudantes de negócios já não sabem mais fazer seus próprios cálculos; presumivelmente eles podem contratar um consultor ou comprar um programa de computador.

Muitos teóricos estatísticos também ignoravam as contribuições de Raiffa e Schlaifer; depois de tudo que realizaram, eram estranhos trabalhando em uma escola de negócios. De sua posição privilegiada na Grã-Bretanha, Lindley ficou estupefato com o fato de que a comunidade estatística debitou tão pouca atenção a Schlaifer. "Fiquei indignado por ele. O livro com Raiffa é maravilhoso", e o livro de Schlaifer de 1971 apresentava métodos de computação "avançados para o seu tempo". Lindley considerava Schlaifer "uma das mentes mais originais que econtrei [com] conhecimento extraordinariamente amplo"[32].

---

32 Em A. Smith, A Conversation with Dennis Lindley, *Statistical Science* (10), 312.

Parte do seu fracasso repousa no fato de que Schlaifer permaneceu um teórico de universidade convicto. Quando confrontado com um problema, não conseguia resolver, colocava-o de lado e trabalhava em alguma outra coisa, algo que gerentes de negócios não podem se dar ao luxo de fazer. Também não considerava soluções a longo prazo e suas consequências ao longo do tempo; ele lidava com resultados de curto prazo. Fazia pequenos trabalhos de consultoria, e sua falta de experiência na venda de complicadas ideias a executivos ocupados limitava o impacto da lei de Bayes em pessoas com atividade em negócios. Passava semanas explorando um caso de marketing sobre o empacotamento do queijo cottage em todas as suas complexidades abstratas, mas arrancava toda a película protetora circundante [dos queijos] que vários assistentes sociais haviam trazido de uma pesquisa de campo em uma fábrica de laticínio. Ele transformou sua única tese de pós-graduação a respeito de toda a confusa glória dos problemas de controle de qualidade da IBM em uma seca comunicação teórica sobre amostragem em duas fases. A tese de estudante acabou como uma grande pilha com questões sumárias que já não tinham mais nada a ver com ela, até que Schlaifer saiu em licença sabática, na qual Raiffa conseguiu intervir e assegurar que o jovem Ph.D. Schlaifer era um intelectual apaixonado com um profundo interesse em determinados tópicos e com todo o tempo do mundo para debates.

Depois que Raiffa deslocou-se para outros projetos, Schlaifer se jogou no projeto de um novo curso introdutório para o primeito ano de estudantes em economia gerencial de Harvard. Naturalmente, o curso era baseado em métodos bayesianos, o primeiro em qualquer escola de negócios. Ele escreveu um texto intitulado *Managerial Economics Reporting Control* (Economia Gerencial Relatório de Controle), cuja sigla era MERC. Os alunos odiaram o curso, chamando-o de Murk (Trevas), e queimaram suas cópias em frente das escadarias da Biblioteca Baker. Quando um repórter do jornal de Harvard pediu um comentário sobre o ocorrido,

Schlaifer respondeu: "Bem, prefiro estar entre aqueles cujos livros são queimados que entre aqueles que queimam livros".

Então Schlaifer inclinou-se para frente, absorto: "Diga-me. Há uma coisa que realmente me interessa. Esse livro é impresso num papel muito bom, um ótimo papel cuchê. Deve ter queimado muito mal. Como vocês o queimaram?"

"Bem, senhor", respondeu o aluno com todo respeito, "nós o queimamos página por página"[33].

Schlaifer, previdente até o fim, passou os anos restantes de sua vida tentando escrever programas de software de computador para profissionais, mesmo que as equipes de programadores matematicamente sofisticados já tomavam conta do mercado. Em 1994, com 79 anos de idade, Schlaifer morreu de câncer no pulmão. Depois do seu falecimento, Raiffa e Pratt terminaram a obra de trinta anos do trio, *Introduction to Statistical Decision Theory*. Ao dedicá-la ao seu velho colega, Pratt e Raiffa saudaram Schlaifer como "um original, profundo, criativo, infatigável, persistente, versátil, exigente, algumas vezes irascível *scholar*, que foi um inspirador para nós dois"[34].

---

33 J.A. McGinnis, Only God Can Make a Tree, *Harbus News*, 22 nov. 1963.
34 H. Raiffa e J.W. Pratt, em *Introduction to Statistical Decision Theory*.

12.
quemescreveu"ofederalista"?

O explosivo *bestseller* de Alfred C. Kinsey, *Sexual Behavior in the Human Male* (Comportamento Sexual do Macho Humano) foi publicado em 1948, o mesmo ano em que pesquisadores eleitorais não conseguiram prever a vitória de Harry Truman sobre Thomas Dewey na eleição presidencial. Com o protesto público, fraude e deboche, os cientistas sociais temeram pelo futuro da sua profissão. A pesquisa de opinião era uma de suas ferramentas básicas, então o Conselho de Pesquisa de Ciência Social, representando sete sociedades de profissionais, indicou o estatístico Frederick Mosteller da Universidade de Harvard para investigar os escândalos.

O relatório franco de Mosteller sobre a eleição de Truman culpou os pesquisadores eleitorais do país por rejeitarem a amostragem aleatória, e por aderirem aos antiquados projetos de amostragem que deixavam de representar negros, mulheres e pobres – todos aqueles que tiveram mais peso no voto democrata que a população perquirida pelos pesquisadores eleitorais.

No caso da pesquisa de Kinsey, homens poderosos – incuindo John Foster Dulles, secretário de estado abaixo apenas de Eisenhower; Arthur Sulzberger, editor do *New York Times*; Harold W. Dodds, presidente da Universidade de Princeton; e Henry P. Van Dusen, presidente do liberal Seminário da União

Teológica – foram procurados com a finalidade de financiar uma pesquisa sobre a sexualidade humana. Mas Mosteller foi submetido à pesquisa padrão de Kinsey a respeito do seu histórico sexual e saiu impressionado. A falta de amostragem randomizada de Kinsey era estatisticamente condenável, porém seu trabalho era melhor que qualquer outro realizado na área, e o país não possuía vinte estatísticos que conseguiriam ter feito essas pesquisa de maneira melhor. Esse trabalho foi organizado de modo tão discreto que quando Kinsey escreveu seu estudo seguinte, sobre a sexualidade da mulher, Jerome Cornfield, do Instituto Nacional de Saúde, iria ajudar com a estatística.

Ambos os escândalos envolviam problemas de discriminação, também denominados problemas de classificação, que atigiam o coração da pesquisa eleitoral, da ciência, da ciência social e da estatística. Pesquisadores tinham a tendência de determinar pessoas ou coisas para categorias, sem estarem totalmente certos de que as determinações eram precisas ou de que as categorias estavam bem definidas. Pesquisadores eleitorais classificavam as pessoas como republicanas ou democratas; marqueteiros dividiam consumidores em usuários de um detergente ou de outro; cientistas classificavam plantas em biologia e caveiras em antropologia; e cientistas sociais, indivíduos de acordo com a personalidade.

Terminando com o comitê de Kinsey, Mosteller lançou seu olhar sobre um tópico de pesquisa envolvendo questões de classificação. Ele manteve uma atitude pé no chão, talvez seja o resultado de ter sido criado por sua mãe divorciada, que nunca se formou em uma escola de ensino médio, mas que insistiu, passando por cima das objeções do seu ex-marido, que Fred teria uma educação. Mosteller obteve seu grau de bacharelado e de mestrado em matemática no Instituto de Tecnologia de Carnegie (hoje Universidade Carnegie Mellon), em Pittsburgh, e se matriculou na pós-graduação de estatística, no departamento de matemática altamente abstrata da Universidade de Princeton. Como a principal ligação entre estatísticos de Princeton e da Columbia era a atividade em pesquisa militar, percebeu que adorava trabalhar com prazos limitados em problemas do mundo real. Depois da guerra, em 1946, Mosteller concluiu seu Ph.D. em Princeton e, direcionando seu interesse para as áreas de saúde, educação e beisebol, transferiu-se para Harvard. As investigações da campanha eleitoral e a pesquisa sexual deixaram-no pronto para um problema de sua própria escolha.

Mosteller começou a perscrutar um amplo banco de dados a ser usado para desenvolver modos a fim de discriminar entre dois casos. Começou pensando não acerca da lei de Bayes, mas a respeito de uma pequena charada histórica: os artigos de *O Federalista*. Entre 1787 e 1788, três fundadores dos Estados Unidos, Alexander Hamilton, John Jay e James Madison, escreveram, anonimamente, 85 artigos de jornal para convencer os eleitores do estado de Nova York a sancionar a Constituição Americana. Os historiadores conseguiam atribuir a autoria da maioria dos ensaios, mas nenhum deles concordava se Madison ou Hamilton tinham escrito outros doze.

Mosteller pensou sobre o problema durante um emprego de verão que manteve como estudante de pós-graduação em 1941. Calculando o número de palavras em cada sentença dos artigos de *O Federalista* com o psicólogo Frederick Williams, descobriu "um importante princípio empírico – as pessoas não conseguem calcular, pelo menos não [números] muito elevado". Verificou ainda que, estilisticamente, Hamilton e Madison eram praticamente gêmeos, hábeis em um estilo oratório popularizado no século XVIII na Inglaterra. Mosteller aceitou "abandonar o estilo geral como uma aposta pobre e dar atenção às palavras"[1]. O trabalho era desencorajador porque ele precisaria de muitas palavras singulares para suprir um conjunto de milhares de variáveis. Quando o emprego de verão terminou e a Segunda Guerra Mundial sobreveio, Mosteller esqueceu de *O Federalista*.

1 Muitas das citações de Mosteller e Wallace neste capítulo são do seu livro, publicado em 1964 e 1984 com títulos diferentes. Exceções serão notificadas.

Depois da guerra, ele julgou que *O Federalista* poderia completar a lista para o seu projeto de classificação. Em 1955, ele já tinha avançado o bastante para atrair David L. Wallace, um jovem estatístico da Universidade de Chicago. Com sua informalidade desconcertante, Mosteller perguntou a Wallace: "Por que você não passa algum tempo na Nova Inglaterra nesse verão, e trabalha nesse pequeno projeto, que eu mais ou menos comecei?"[2] Os dois acabaram passando mais tempo estudando os artigos de *O Federalista* do que Hamilton e Madison levaram para escrevê-los – "uma péssima ideia", disse Wallace mais tarde.

Wallace encorajou Mosteller a empregar a lei de Bayes para o projeto. Wallace havia conseguido um Ph.D. de matemática em Princeton, em 1953, e iria se tornar professor na Universidade de Chicago. Mas em 1955, seu primeiro ano em Chicago, Savage estava lecionando a partir do seu livro recentemente publicado sobre a lei de Bayes. Apesar da hostilidade da maior parte dos estatísticos norte-americanos, Wallace era receptivo às ideias bayesianas.

Wallace imaginou que aplicar Bayes em *O Federalista* poderia ser muito útil. "Se você manter os problemas relativamente simples", explicou, "como os ensinados em livros de estatística elementar, é possível trabalhar com métodos bayesianos ou não bayesianos, e as respostas não são significativamente diferentes". Laplace investigou tais problemas no início do século XIX e descobriu a mesma coisa. "Não sou, na verdade, um bayesiano", dizia Wallace. "Não tenho usado muito mais do que em *O Federalista*, mas [...] quando você tem grandes números de parâmetros, de incógnitas com que lidar, a diferença entre Bayes e não-Bayes cresce de forma imensa".

Mosteller estava aberto a sugestões. Ao contrário de Savage, Lindley, Raiffa e Schlaifer, ele não era um bayesiano fervoroso, mas um eclético solucionador de problemas que gostava de qualquer técnica que funcinasse. Aceitava a validade de ambos os tipos de

[2] Entrevista concedida por David L. Wallace.

probabilidade: probabilidade como graus de crença *e* probabilidade como frequência relativa. O problema, como ele via, era que era muito difícil tratar de um único evento como, por exemplo, "Hamilton escreveu o artigo n. 52", com teoria de amostragem. Os graus de crença de Bayes seriam mais difíceis de especificar, porém mais amplamente aplicáveis.

Além disso, Mosteller adorava enfrentar questões sociais críticas, não evitando controvérsias, buscando abrigo em exemplos de livros-texto. Na realidade, adicionava certo *frisson* a um problema. Como ele colocava, dificuldades encontradas "na poltrona" raramente se assemelhavam àquelas com as quais podemos nos deparar no campo ou no laboratório científico. Anos mais tarde, quando perguntado por que passou tanto tempo estudando os artigos de *O Federalista*, Mosteller apontaria como causa "aquela estufa bayesiana" na Escola de Negócios de Harvard, e o fato de que Raiffa e Schlaifer não lidavam com problemas difíceis ou com dados complexos. A discrepância entre as demasiadas teorias bayesianas e as pouquíssimas aplicações práticas perturbavam Mosteller.

Com o encorajamento de Savage, Mosteller e Wallace deram início a suas buscas, "aplicando um teorema matemático com a idade de 200 anos em um problema histórico com 175 anos". Nesse processo, Mosteller organizaria a maior aplicação civil da lei de Bayes desde os estudos com bebês feitos por Laplace e as análises de terremotos executadas por Jeffreys. Não por coincidência, Wallace e Mosteller iriam recorrer aos chamados computadores de alta velocidade.

Eles tinham, aparentemente, vasta quantidade de dados: 94 mil palavras definitivamente escritas por Hamilton e 114 mil por Madison. Destas, ignorariam substantivos como "guerra", "executivo" e "legislatura" porque o uso deles variava de acordo com o tópico do ensaio. Manteriam as palavras "em", "um", "de", "sobre", e outras, como artigos, preposições, e conjunções livres do contexto. Conforme progredia o trabalho, no entanto, ficavam insatisfeitos com seus "métodos mais ou menos do tipo colher tudo o quanto puder". Em uma decisão crítica, resolveram transformar sua bagatela de um problema histórico em uma séria comparação empírica entre métodos bayesianos e frequentistas de análise de dados. Os artigos de *O Federalista* tornar-se-iam uma maneira de testar a lei de Bayes como um método de discriminação.

Em 1960 Wallace trabalharia o tempo todo no desenvolvimento de uma análise bayesiana de *O Federalista*, elaborando os detalhes para um modelo matemático dos seus dados. Devido a tantas variáveis, Wallace e Mosteller iriam explorar os artigos como minérios de baixa qualidade, peneirando sucessivamente, processando o texto em sacudidelas e descartando palavras de nenhuma utilidade. Utilizariam probabilidades numéricas para expressar graus de crença acerca de proposições como "Hamilton escreveu o artigo n. 52", e então empregavam o teorema de Bayes para ajustar estas probabilidades com mais evidência.

De início, assumiram 50-50 de chances para o autor de cada artigo. Então usavam frequências de trinta palavras – uma de cada vez – para melhorar sua primeira estimativa de probabilidade. Em uma análise de duas fases, observavam primeiro 57 artigos de autores conhecidos e, em seguida, usavam essa informação para analisar os doze artigos de origem desconhecida. Como seus cálculos se tornavam progressivamente complicados, Wallace desenvolveu novos métodos algébricos para lidar com árduas integrais; suas aproximações assintóticas iriam constituir muito da essência do projeto estatístico.

Mosteller e Wallace adotaram outra simplificação importante. Em vez de usar o vocabulário matemático de probabilidades, aplicaram a linguagem cotidiana das chances. Eles eram matemáticos *experts*, porém encontravam chances com mais facilidade de modo computacional e intuitivo.

Durante a década que levou para analisar *O Federalista*, Mosteller se manteve ocupado em várias frentes. Suas sucessivas investigações da eleição de Truman e do relatório Kinsey tinham-no transformado na pessoa a ser chamada quando algo estava errado. Nos anos de Harvard pediram a Mosteller para presidir quatro departamentos: relações sociais (como presidente em exercício); estatística (como seu fundador); e na Escola de Saúde Pública da universidade, primeiro o departamento de bioestatística e depois o de política e gestão da saúde.

Ele convenceu Harvard ("MUITO LENTAMENTE", escreveu a um amigo)[3] a estabelecer o departamento de estatística. Ao unir as décadas de 1950 e 1960, para promover a aplicação de modelos matemáticos em problemas sociais, investigou a teoria dos jogos, jogos de apostas e aprendizagem, onde a teoria de Bayes não era utilizada em si mesma, mas servia como metáfora para pensar e acomodar novas ideias. Finalmente, o interesse de Mosteller nesses campos diminuiu e ele se deslocou para outros terrenos. A educação se manteve como principal interesse. Enquanto parte do governo pós-Sputnik impulsionava o ensino dos alunos em todos os níveis sobre a probabilidade, Mosteller escreveu dois livros-texto a respeito do frequentismo e da lei de Bayes para estudantes do ensino médio. Em 1961 lecionou probabilidade e estatística no começo das manhãs, nos programas da série Sala de Aula Continental da NBC; suas aulas foram assistidas por mais de um milhão de pessoas e recebia pelo crédito de 75 mil. Em pesquisa médica, Mosteller foi pioneiro na meta-análise e poderoso defensor dos exames clínicos randomizados, em testes controlados de tratamentos médicos e em medicina com base em dados. Foi um dos primeiros a conduzir estudos em larga escala sobre os efeitos do placebo, a dirigir a avaliação de vários centros médicos, a estimular colaborações entre médicos e estatísticos e a utilização de grandes unidades de processamento e armazenamento de computadores centrais.

Como Mosteller conseguia manipular densas análises bayesianas além de sua outra atividade? Tinha a aparência atarracada e amarrotada, mas era um excelente organizador e completamente

---

3 S.E. Fienberg et al. (eds.), *A Statistical Model*, p. 147.

inabalável em controvérsias. Era genial; envolvia críticos com toque de humor e parecia acreditar que eles tinham direito a opiniões com as quais ele discordava. Era também a paciência em pessoa e, com "Xi, caramba, caras de dúvida", explicava coisas repetidas vezes[4]. Doutrinário apenas com relação à gramática e à pontuação, uma vez escreveu a um aluno sobre a sua redação: "Estou em um solitário quarto de hotel, cercado de whiches*."[5]

Mosteller era também um trabalhador bastante intenso. Certa vez colocou um aviso em seu escritório: "O que fiz pela estatística nas últimas horas?"[6] Por um curto período, gravava o que fazia a cada quinze minutos do dia. E, além de tudo, era, como ele mesmo apontava, o beneficiário de tempos passados. Sua esposa cuidava de tudo em sua vida, exceto da sua atividade profissional, e várias mulheres em Harvard devotavam suas carreiras ao sucesso dele, incluindo sua secretária de longa data e Cleo Youtz, sua assistente de estatística por mais de cinquenta anos.

Mosteller dizia também que envolveria em sua pesquisa qualquer aluno que adentrasse quinze metros do seu escritório. Persi Diaconis, mágico profissional por bastante tempo, depois que fugiu de casa aos catorze anos, encontrou Mosteller em seu primeiro dia como aluno de pós-graduação. Mosteller entrevistou-o em seu reservado, de forma amigável: "Vi seu interesse na teoria dos números. Eu estou interessado na teoria dos números. Você poderia me ajudar com esse problema?"[7] Eles publicaram o resultado em conjunto, e Diaconis passou a ter uma carreira de sucesso na Universidade de Stanford. Sobre isso foi dito que o último colaborador de Mosteller na Terra era um eremita do topo da montanha

---

[4] Ibidem, p. 192.
[*] Erro ortográfico apontado ironicamente por Mosteller que constava diversas vezes na redação de um dos seus alunos. Não há tradução para o português. (N. da T.)
[5] A. Petrosino, Charle Frederick [Fred] Mosteller. Disponível em: <www.james-lindlibrary.org>.
[6] G.B. Kolata, Frederick Mosteller and Applied Statistics, *Science*, (204), p. 397.
[7] M.H. DeGroot, A Conversation with Persi Diaconis, *Statistical Science*, (1:3), p. 322.

e que Mosteller escalou o pico e convenceu-o a corredigir um livro. Na verdade, Mosteller colaborava só com pessoas que ele considerava dignas do seu tempo, inclusive Diaconis, John Tukey, o futuro senador dos Estados Unidos, Daniel Patrick Moynihan, o economista Milton Friedman e estatísticos como Savage. Por fim, Mosteller creditava seu sucesso ao fato de que "em algum lugar ao longo da estrada encontrei esse novo caminho para trabalhar academicamente com pequenos grupos de pessoas"[8]. Colegas e assistentes de pesquisa dividiam um tópico interessante, reuniam-se a cada semana ou duas, passavam e recebiam memorandos e em quatro ou cinco anos publicavam um livro. Trabalhando com quatro ou cinco desses grupos ao mesmo tempo, Mosteller escreveu ou foi coautor de 57 livros, 36 relatórios e mais que 360 ensaios, incluindo um com cada um dos seus filhos.

Há quatro anos no projeto *O Federalista*, ele e Wallace fizeram um progresso. Um historiador, Douglass Adair, indicou a eles um estudo de 1916 que mostrava que Hamilton usava *while* (enquanto), ao passo que Madison escrevia *whilst* (enquanto). As novidades de Adair dizia a eles que a triagem de palavras nos doze artigos anônimos talvez tivesse sucesso.

O problema estava em que *while* e *whilst* não eram palavras usadas com frequência o suficiente para identificar todos os doze artigos, e um erro da prensa tipográfica ou uma revisão do editor poderiam ter maculado a evidência. Palavras soltas aqui e ali não seriam suficientes. Wallace e Mosteller teriam que acumular um grande número de palavras destacadas como *while* e *whilst* e determinar a frequência delas em todo e qualquer artigo de *O Federalista*.

Mosteller iniciou o projeto *O Federalista* munido de uma régua de cálculo, de uma máquina de escrever manual Royal, de uma máquina de escrever elétrica adicionando dez teclas a ela e de uma calculadora elétrica bancária Monroe-10, que multiplicava

---

8 D.J. Albers; G.L. Alexanderson; C. Reid (eds.), *More Mathematical People*, p. 256-257.

e dividia automaticamente. Sentia muita falta de um dispositivo que gostava de usar no MIT: um retroprojetor. Ele e Wallace logo perceberam que teriam de usar computadores. Harvard não tinha suas próprias instalações para computadores e dependia de um acordo de cooperação com o MIT. Mosteller e Wallace acabaram utilizando uma parte substancial da alocação de Harvard. Hoje, um computador de mesa seria mais rápido. O que também diminuía a velocidade do trabalho deles era o fato de que a linguagem de programação Fortran tinha apenas dois anos de idade, era desajeitada e difícil para programar com palavras. Eles estavam "atravessando entre o momento em que se introduzia o computador para contagens linguísticas e os velhos métodos de contagem manual, com a desvantagem de ambos".

Substituindo a força física dos estudantes pela potência do computador, Mosteller organizou um exército de cem auxiliares – oitenta alunos de Harvard mais outros vinte. Por muitos anos seus soldados perfuraram cartões para o computador supostamente de alta-velocidade.

A programação procedia tão lentamente que Youtz acelerava a busca por palavras destacadas através da organização de uma provisória concordância realizada à mão. Colocando rolos de fita de máquina de somar em máquinas de escrever elétricas, alunos transcreviam uma palavra por linha, cortavam a fita em tiras com uma palavra por tira, ordenando-as por ordem alfabética e contavam as tiras. Teve uma vez que alguém, até hoje mantido em anonimato, espirou profundamente e soprou uma nuvem de confetes de estatística. Dentro de poucos dias, contudo, os datilógrafos de Youtz descobriram que Hamilton empregava o termo "*upon*" duas vezes por artigo, enquanto Madison raramente usava essa palavra no total.

Logo depois, os estudantes, ao perfurar os cartões de computador, encontraram uma quarta palavra destacada, *enough*, também usada por Hamilton mas nunca por Madison. Àquela altura, Mosteller possuía quatro palavras indicando Madison como o autor dos controversos artigos. Porém aqui, novamente, editando um dos outros artigos, Madison e Hamilton poderiam ter mesclado seus estilos. Como concluíram Mosteller e Wallace: "Não estamos nos confrontando com uma situação de preto ou branco, e não estamos prosseguindo para fornecer uma solução absolutamente conclusiva. [...] Forte confiança em conclusões é o melhor que se pode esperar que uma investigação ofereça". Eles precisavam estender suas evidências e medi-las com rigor.

Aventurando-se além de simples aplicações bayesianas, encontravam-se até os joelhos "em um emaranhado de paliativos e aproximações". Métodos bayesianos para análise de dados estavam em sua infância, então eles tinham que desenvolver uma nova teoria, programas de computador e técnicas simples, como as que os frequentistas haviam desenvolvido antes de 1935. Descartando o que não funcionava, acabaram enfrentando 25 problemas ligados a dificuldades técnicas e publicando quatro substanciais estudos paralelos, comparando Bayes, frequentismo e duas abordagens bayesianas simplificadas. Os cálculos tornaram-se tão complicados que eles os checaram manualmente, grande parte em réguas de cálculo. *Upon* era o único e melhor discriminador que eles possuiam em um fator de quatro. Outros bons destaques eram *whilst*, *there* e *on*. "Mesmo um olhar maternal", escreveu Mosteller, poderia ver disparidades entre "*may*" e "*his*".

A maior surpresa deles foi que as distribuições antecedentes – a *bête noir* da lei de Bayes – não tinham maior importância. "Isso era temeroso", dizia Mosteller. "Pensávamos que tudo dependia de qual tipo de informação antecedente você utilizava. Nossa descoberta dizia que os estatísticos deveriam retirar alguma atenção da escolha da informação antecedente, e dar mais atenção à escolha que fizeram de modelos para os seus dados"[9].

Por fim, eles incluíram chances antecedentes apenas porque o teorema de Bayes pedia por elas, e arbitrariamente eles atribuíam chances iguais para Madison e Hamilton. As chances antecedentes

---

9 G.B. Kolata, op. cit., p. 398.

acabaram por ser tão sem importância que Mosteller e Wallace poderiam ter deixado seus leitores nomeá-los. Em uma analogia oportuna, Mosteller notou que uma única medição feita por um astronauta na lua seria suficiente para devastar qualquer opinião antecedente de um especialista a respeito da profundidade da poeira na superfície lunar. Então, por que incluir o antecedente em tudo? Porque com os controversos e escassos dados, grandes quantidades de material observacional poderiam ser necessárias para resolver a questão.

Quando Mosteller e Wallace publicaram seu relatório em 1964, eles anunciaram, com muita satisfação: "rastreamos os problemas das análises bayesianas até sua toca e solucionamos o problema dos discutidos artigos de *O Federalista*". As chances eram "satisfatoriamente enormes" de que Madison teria escrito todos os doze artigos. O caso mais frágil que tinham em mãos era o n. 55, em que as chances eram de 240 para 1 em favor de Madison.

Essa publicação deles foi a quarta sobre a lei de Bayes a aparecer num espaço de três anos. Ela veio depois das obras de Jeffrey, Savage, e de Raiffa e Schlaifer. De todas essas obras, apenas a de Mosteller e Wallace havia ousado tratar de questões reais com a estatística bayesiana e computadores modernos. Mosteller meditou sobre os artigos de *O Federalista* por 23 anos e trabalhou neles por dez. Este permaneceu por muito tempo sendo o maior problema publicamente atacado por métodos bayesianos.

O trabalho ainda é admirado por ser uma análise profunda de um difícil problema. Comentadores usam palavras como "ideal", "impressionante", "impecável" e "hercúleo". Até 1990 era considerado o maior e único estudo de caso bayesiano.

Apesar do alvoroço, ninguém o seguiu. Ninguém – nem mesmo Mosteller e Wallace – tentou confirmar seus resultados por meio de novas análises sobre o material utilizando métodos não bayesianos. Quem mais conseguiria organizar comitês de colaboradores e exércitos de alunos para habilitar um computador da década de 1960 para solucionar problemas enormes e complexos?

Quanto ao próprio Mosteller, qual foi sua reação? Satisfação, é claro. Mas também a sensação de que, como disse um amigo: "Opa, eis aqui uma boa aplicação, uma nova técnica, vamos experimentá-la, e aí encontrar outras também". Alguns dos seus livros descrevem técnicas bayesianas, e até hoje Diaconis vê Mosteller como um bayesiano comprometido, que tentou com bastante esforço levar os cientistas sociais a aceitar os métodos bayesianos. No entanto, Mosteller nunca mais devotou um projeto inteiro a Bayes. Desde quando seu famoso estudo sobre a miséria, em colaboração com o senador Moynihan, influenciou a política pública, não houve grandes usos da lei de Bayes. Quando um aluno ganhou um prêmio por uma tese de Ph.D. bayesiana, Mosteller redigiu uma nota de congratulação: "Acho que os métodos bayesianos estão prestes a serem abandonados. Mas, por outro lado, venho dizendo isso há 25 anos"[10].

---

10 Entrevista concedida por Robert E. Kass.

13.
oguerreirofrio

O projeto *O Federalista* impressionou o ainda pequeno mundo dos estatísticos profissionais, porém John Tukey, uma estrela do universo da espionagem na Guerra Fria, daria à lei de Bayes a oportunidade de demonstrar suas proezas diante de vinte milhões de telespectadores norte-americanos. Mas a comunidade estatística aprenderia dos exemplos de Tukey que teria chegado a época de Bayes? Essa era a questão.

A grande chance de Bayes entrar para a fama começou em 1960, com a corrida entre o senador Kennedy e o vice-presidente Richard M. Nixon pela sucessão do presidente Eisenhower. A eleição estava muito próxima da decisão, porém as três maiores redes de televisão do país competiam ferozmente para ser a primeira a declarar o vitorioso. Vencer a corrida significava prestígio e dólares em anúncios. Para a National Broadcasting Corporation (NBC), havia um bônus: a oportunidade de mostrar os mais recentes computadores fabricados pelo seu proprietário corporativo, a Radio Corporation of America (RCA).

O Huntley-Brinkley Report da NBC, o mais bem classificado entre os programas de notícias da TV do país, alcançava vinte milhões de telespectadores em cada noite da semana. Os coâncoras Chet Huntley, que transmitia de Nova York, e David Brinkley, de Washington, eram celebridades; as pessoas conseguiam identificá-los mais que Cary Grant ou James Stewart. O formato da NBC em ritmo acelerado que, além disso, tinha como marca terminar sua apresentação de maneira informal a cada noite – "Boa noite, Chet", "Boa noite, David" – mudou os noticíarios de TV.

Apesar da popularidade do programa, lembranças dos desempenhos espetacularmente pobres da indústria das pesquisas eleitorais nas eleições de 1936 e 1948, bem como a extraordinária proximidade da disputa Nixon-Kennedy, deixaram os executivos das redes tensos. Na preparação para o dia da eleição, a NBC foi à procura de alguém para auxiliar em sua previsão acerca do vencedor. Na primeira de uma série de surpresas, a rede abordou um professor da Universidade de Princeton, John W. Tukey.

Hoje Tukey é mais conhecido pelos termos "bit" e "software", e poucos fora da estatística e da engenharia conhecem seu nome. Mas ele foi um homem de incríveis realizações no mundo sigiloso de capa-e-espada da pesquisa militar, especialmente na quebra de códigos e no armamento de alta tecnologia. Ele trabalhava em dois empregos com trinta milhas de distância entre eles: na Universidade de Princeton, onde era professor de estatística, e na AT&T's Bell Laboratories, então amplamente considerado o mais excelente laboratório de pesquisa industrial do mundo. A partir dessas posições vantajosas, foi conselheiro de cinco sucessivos presidentes dos EUA, da Agência de Segurança Nacional e da Agência Central de Inteligência.

Para avaliar a audácia da oferta de emprego da NBC para Tukey, é preciso compreender o quão profundamente ele estava integrado nos segredos da Guerra Fria. Ele havia realizado pesquisas em topologia no fim dos anos de 1930 e em análises militares na década de 1940. Quando jovem, durante a Segunda Guerra Mundial, Tukey trabalhava em Princeton com o Grupo de Pesquisa de Operações que calculava como um avião de bombardeio B-29, acelerando sobre a Europa, deveria mirar seus disparos de metralhadora. Com lápis e papel, durante a Guerra Fria, projetou a aerodinâmica, a trajetória e a ogiva para o Nike, o primeiro sistema de míssil antiaéreo terra-ar. Ajudou ainda a convencer Eisenhower a construir o U-2,

O avião espião que voou de 1956 até 1960, o ano em que um piloto do U-2, Francis Gary Powers, foi derrubado na URSS.

Quando o Noticiário da NBC abordou Tukey em 1960, há oito anos ele era membro da Comissão do Conselho de Ciência e Tecnologia da CIA e da Equipe do Conselho de Ciência da Agência de Segurança Nacional. Sua mais famosa atuação como conselheiro ocorreu no ano anterior, quando, como delegado da Conferência para a Suspensão dos Testes de Armamento Nuclear EUA-URSS, surpreendeu a delegação soviética ao mostrar que dados de sismogramas podiam distinguir explosões nucleares secretas de terremotos. Uma vez que ambos os lados sabiam que podiam policiar uns aos outros em conformidade, eles assinaram o Tratado de Proibição Parcial dos Testes em 1963, que previa o banimento de testes nucleares na atmosfera, no espaço e no mar.

Tukey também ajudou a estabelecer um grupo de pensadores super-secreto de criptografia na Universidade de Princeton. A divisão de pesquisa em comunicação do Institute of Defense Analyses (IDA) (Instituto de Análises de Defesa) mudou-se para o Von Neumann Hall, um novo edifício, no *campus*, cercado por um muro de tijolos de oito pés de altura. O IDA, que possuía "os mais íntimos laços" com a Agência de Segurança Nacional, foi criado para solucionar problemas criptográficos avançados[1]. Embora essa posição não aparecesse em seu curriculum vitae, Tukey serviu no quadro de depositários do IDA por décadas. Protestos estudantis contra pesquisas secretas em universidades forçaram o IDA a sair do campus em 1970, apesar do apelo pessoal de Tukey ao presidente de Princeton, Robert F. Goheen.

Muitos professores universitários faziam trabalhos confidenciais, como parte de suas atribuições regulares, durante os anos de 1950 e de 1960. John Pratt e Stephen Fienberg, por exemplo, estavam autorizados a realizar tais trabalhos na Universidade de Chicago. Fienberg disse:

[1] J. Bamford, *The Puzzle Palace*, p. 430-431. O autor cobriu essa controvérsia para a *Times* de Trenton, New Jersey.

Quando me liguei à faculdade no Departamento de Estatística em 1968, possuía um contrato dual com o escritório de pesquisa da Marinha. Uma parte dava suporte à pesquisa básica de estatística e a outra era para consultoria estatística. Tínhamos um cofre no porão, onde se mantinham trabalhos confidenciais de consultoria, embora eu não soubesse qual acadêmico havia trabalhado neles[2].

Tukey também trabalhava próximo a membros do departamento de física de Princeton, que era "altamente envolvido no projeto da bomba atômica e, mais tarde, da bomba de hidrogênio"[3]. Depois de os Estados Unidos terem lançado a bomba atômica no Japão em 1945, o diretor do Projeto Manhattan, general Leslie R. Groves, pediu ao catedrático em física de Princeton, Henry Smyth, para escrever a explicação oficial da bomba, *Atomic Energy for Military Purposes* (Energia Atômica para Propósitos Militares). Em 1951, Princeton lançou um empreendimento secreto, o Projeto Matterhorn, para projetar armamentos termonucleares em seu vizinho Centro de Pesquisa de Forrestal. Tukey avaliou os projetos de Edward Teller e Stanislaw Ulam para a primeira bomba H no começo daquele ano. De acordo com seu curriculum vitae, Tukey serviu no Centro de Pesquisa de Forrestal como "supervisor, Analista de Sistemas Militar" de 1951 a 1956[4]. O físico e professor John A. Wheeler, que liderou o programa de armamento, declarou: "Acredito que o país inteiro – científica, industrial e financeiramente – está melhor por causa dele e apresenta evidências de sua influência"[5].

Somado a sua pesquisa militar em Princeton, Tukey dava aulas e supervisionava mais de cinquenta alunos de pós-graduação.

2 Stephen Fienberg em entrevista e por e-mail.
3 Brillinger em D.R. Brillinger, John W. Tukey: His Life and Professional Contibutions, *Anal of Statistics*, (30), p. 1549.
4 F.R. Anscombe, Quiet Contributor, *Statistical Science*, (18:3), p. 296.
5 Em D.R. Brillinger, John Wilder Tukey (1915-2000), *Notices of the American Mathematical Society*, (49:2), p. 193

Sua aparência podia ser de "um animado e corpulento extrovertido" e "de um tipo angelical, apresentando-se com uma maneira agradável". Mas seu estilo de dar aulas era oblíquo, na melhor das hipóteses. Convidado a falar no Imperial College em Londres, em 1977, Tukey parecia um grande homem-urso em velhas calças largas. Sentado de pernas-cruzadas em posição de Buda no tablado, deu início a sua aula perguntando lenta e deliberadamente: "Comentários, dúvidas, sugestões?"[6] Durante a longa espera que se seguia, ele comia ameixas – doze delas, uma por uma – até alguém na plateia finalmente perguntar se ele podia explicar uma ou outra coisa. Só então Tukey começava a falar. Quando um aluno de pós-graduação pediu um encontro em janeiro para discutir sua tese de Ph.D., Tukey verificou sua agenda e disse que ele estava indo a uma reunião em dois meses e se o aluno o levasse até lá, eles poderiam falar a respeito daquilo no carro.

Tukey, além de tudo, orientava o governo federal em uma vasta gama de problemas civis: qualidade do ar, poluição química, destruição da camada de ozônio, chuva ácida, metodologia de recenseamento e testes educacionais.

Como ele gerenciava tudo isso? Há uma multidão de histórias sobre Tukey, sentado na fileira de trás de um seminário, cochilando, lendo a correspondência, fazendo uma varredura nos jornais, ou editando artigos, mas, em seguida, levantando no fim da apresentação para criticá-la. Tukey rascunhava artigos à lápis, enquanto ouvia discos de música barroca de metais, terminando o artigo com as palavras "Por_____ e John W. Tukey", entregando o manuscrito para uma de suas secretárias de longa data e, então, procurava por um colaborador para finalizar o fragmento. Colocou seu nome em oitocentas publicações e trabalhou com mais de 105 coautores, incluindo Jerome Cornfield no NIH, mas com mais frequência com seu amigo Fred Mosteller, em Harvard.

---

6 Descrições sobre Tukey a partir de F.R. Ascombe, op. cit., p. 289; de entrevista com Bradford Murphy e de P. McCullagh, John Wilder Tukey, *Biographical Memoirs of the Fellows of the Royal Society London*, (49), 2003, p. 541.

Como resultado de sua dura carga de trabalho militar e na educação, seu futuro sogro supunha que ele fosse sacar um bloco e um lápis enquanto aguardava no altar pelo seu casamento. Sua noiva, Elizabeth R. Rapp, era diretora do departamento pessoal do Serviço de Teste Educacional para crianças de três anos de idade. Mais tarde, ela confidenciou que "como esposa de um dedicado *workaholic*, compreendo o amor abnegado e a devoção, a adaptação e privação exigidas para 'mantê-los na estrada'". Depois da morte de Elizabeth em 1998, Tukey disse: "Um é muito menos que dois"[7].

Segundo Elizabeth, Tukey organizava e simplificava sua vida pessoal como "um cidadão da Inglaterra de ponta a ponta"[8]. Sua conversa era tranquila e mensurada, e excluía comentários pessoais e conversa fiada. Seu sobrinho, Frank R. Anscombe afirmou que Tukey tinha poucos desejos, embora entre eles estava inclusa uma casa perto da praia, um conversível, um pequeno catamarã, discos de música clássica e picadinho de carne ou torta de maçã. Tukey viajava com sua própria raquete de tênis de mesa; colecionava em torno de 14 mil livros de mistério, de ficção científica e de aventura; almoçava enormes bocados de queijo e seis copos de leite desnatado; e dirigiu uma caminhonete 1936 com painel de madeira, até a porta do passageiro cair e seus ensaios voarem pela Nassau Street em Princeton. Durante quarenta anos vestiu o mesmo estilo de camisa polo preta, tão amarrotada que seus alunos às vezes o confundiam com um zelador. Porém sempre parecia capaz de se espremer em mais um projeto, desde que fosse intrigante o bastante.

Assim, dada a eminência de Tukey e seu ritmo de compromissos, como a NBC poderia convencê-lo de que o noticiário de Huntley-Brinkley justificaria sua atenção? Primeiro, a reputação das pesquisas de opinião, o sustentáculo da ciência social, era péssima. Embora formas de amostragem constituíssem a base da estatística, pesquisadores de mercado eram aflitivamente lentos para adotar amostragens

---

7   Elizabeth Tukey e Tukey em D.R. Brillinger, John W. Tukey: His Life and Professional Contibutions, op. cit., p. 1561-1562.
8   John Chambers, dos Laboratórios Bell.

aleatórias probabilísticas. Estando a serviço do comitê de estudo do Relatório Kinsey com Mosteller, Tukey dizia preferir uma amostra aleatória de três do que uma amostra de trezentos de Kinsey; a esposa de Kinsey dizia que queria envená-lo. Se Tukey tinha o objetivo de melhorar as práticas estatísticas na indústria da pesquisa eleitoral, a NBC News era um lugar de notoriedade para começar.

Segundo, os computadores RCA da NBC podem ter sido um atrativo. Se Tukey aceitasse a oferta da NBC, não precisaria mais de um exército de estudantes para cortar pedaços de papel da máquina de calcular. A RCA era uma grande fornecedora militar bem como uma gigante das comunicações; fabricava computadores de grande porte, altamente conceituados para os militares e grandes empresas. Durante os anos de 1940, o amplo laboratório de pesquisa da corporação havia projetado e construído o tubo de memória Selectron para os primeiros computadores, inclusive para o Johnniac de von Neumann.

A oportunidade de utilizar os computadores da RCA para analisar dados eleitorais deve ter sido tentador. Tukey havia previsto a íntima conexão entre computadores e estatística anos antes. Quando von Neumann projetou um computador eletrônico para o Instituto de Estudos Avançados de Princeton no final de 1945, Tukey era o único representante da Universidade de Princeton no comitê e ajudou a projetar a estrutura, os componentes e o circuito eletrônico de adição do computador. Ainda assim, "a relação mais marcante de Tukey com o computador foi de não usá-lo"; seu hardware consistia de lápis e papel[9].

A reforma eleitoral e potentes computadores, no entanto, podem ter perdido a importância, ao lado do fascínio da vasta quantidade de dados de votação da NBC. Quando aluno de graduação na Universidade Brown, Tukey escolheu como sua principal matéria de interesse profissional a química com doses de física e geologia, e seu Ph.D. de Princeton, obtido em 1939, foi em topologia, entre os mais puros ramos da matemática abstrata. Pesquisas militares

9 Ibidem.

durante a Segunda Guerra Mundial transformaram-no em um "analista de dados" comprometido não só com a luta contra a "rigidez mental" e as "fossilizações" da matemática pura e da estatística abstrata, como com a construção de uma ponte a entre matemática e a ciência[10]. A guerra levou-o muito além de seu papel inicial de estatístico como observador passivo.

Depois da guerra Tukey decidiu que desejava viajar "pela estrada pedregosa dos problemas reais em detrimento da estrada pavimentada das suposições do irreal, do critério arbitrário e dos resultados abstratos sem conexões reais"[11]. Ao fazer isso, aceitou empregos conjuntos com meia hora de intervalo na Universidade de Princeton e nos Laboratórios Bell. Mais tarde, sempre que lhe era oferecido cátedras em outras universidades ele perguntava: "Onde eu poderia arranjar outro Laboratório Bell?"[12] Da mesma maneira que Mosteller, ele preferia explorar a realidade, e a NBC News oferecia fartura disso.

Porém, de todas as tentações que a NBC poderia oferecer – restaurar a reputação das eleições, computadores velozes e dados reais – a mais importante deve ter sido a excitação da caça. Para bater outras redes em agilidade, ele teria que trabalhar em velocidade máxima, sujeito ao escrutínio internacional para dar sentido a uma vasta quantidade de informações incompletas e incertas. Essa seria, como colocou mais tarde, "a melhor educação em estatística em tempo real que qualquer um poderia ter"[13]. Assim, o consultor militar de presidentes juntou-se ao noticiário Huntley--Brinkley da NBC.

A primeira noite de Tukey no emprego, 8 de novembro de 1960, começou sem percalços. A corrida entre Kennedy e Nixon foi a mais apertada desde 1916, e Kennedy venceria por 120 mil votos a mais

10 J. W. Tukey, The Future of Data Analysis, *Annals of Mathematical Statistics*, (33), p. 5 e 7.
11 N.L. Johnson; S. Kotz (eds.), *Breakthroughs in Statistics*, v. 2, p. 449.
12 F.R. Anscombe, op. cit., p. 294.
13 Bell Labs News, (25), 1985, p. 18; e D.R. Brillinger, John W. Tukey: His Life and Professional Contibutions, op. cit., p. 1556.

que o seu opositor dentre os 70 milhões de votos disputados. De qualquer maneira, às 2:30 da manhã Tukey e seus colegas estavam prontos para telefonar ao vencedor. A pressão era muito grande na NBC. Os executivos da rede empurraram os estatísticos para uma sala sem telefones, trancaramo-nos e recusaram-se a deixá-los sair até às oito da manhã. Tukey e sua equipe ficaram girando os dedos polegares a noite inteira, impossibilitados de liberar seus resultados até de manhã, quando ficou evidente que Kennedy era o vitorioso. Ainda ssim, Tukey havia impedido a NBC de, por engano, declarar Nixon como o vencedor. Aliviada e impressionada, a rede pediu a ele para montar uma equipe para as eleições do congresso em 1962. Ele trabalharia para a NBC por mais dezoito anos.

O grupo escolhido de modo meticuloso por Tukey incluiu, com o tempo, o coinventor do Eniac*, John Mauchly; Cornfield, do NIH; Richard F. Link, o primeiro aluno de pós-graduação de Tukey, e o pesquisador de opinião pública chefe dos estatísticos, Louis Harris; o professor de psicologia de Yale, Robert Abelson; e David Brillinger, depois professor de estatística em Berkeley. Quando David Wallace terminou a análise de Mosteller dos artigos de *O Federalista*, ele também se uniu ao grupo.

Wallace chegou a supor um período de férias da lei de Bayes porque Tukey havia pensava em encará-la com desprezo. Tukey não é conhecido por alguma vez ter publicado qualquer coisa utilizando a lei de Bayes, e em uma observação muito citada, ele disse: "Há muitos tipos de problemas em que as análises bayesianas são razoáveis, sobretudo nos tipos com os quais tenho pouca familiaridade."[14] Entre eles estava o da tomada de decisão em negócios, o campo explorado por Howard Raiffa e Robert Schlaifer. A

---

* Primeiro computador digital eletrônico de grande escala. Criado em fevereiro de 1946 pelos cientistas norte-americanos John Eckert e John Mauchly, começou a ser desenvolvido em 1943, com o intuito de computar trajetórias táticas que exigissem conhecimento substancial em matemática, porém só se tornou operacional após o final da guerra. (N. da T.)

14 Tukey em D.R. Brillinger, John W. Tukey: His Life and Professional Contibutions, op. cit., p. 1561.

falta de metodologia para quantificar o antecedente inicial era o que mais irritava Tukey. Em geral ele era um analista de dados antibayesiano e, ainda, contra o uso de probabilidades.

Dessa forma, quando Wallace se juntou à equipe de Tukey da NBC, em 1964, ficou surpreso ao encontrar a lei de Bayes muito bem abrigada no programa de computador: "Imediatamente pensei, isso é tudo muito bayesiano. Além disso, fiz muitas codificações para muitos modelos ao longo dos dez anos e meio seguintes, e, no que me diz respeito, eu estava usando coisas bayesianas."[15] Os que concordaram incluíram Brillinger no grupo, que mais tarde se tornou biógrafo de Tukey e editor dos seus escritos, Pratt, de Harvard, e Fienberg de Carnegie Mellon. Fienberg disse que a pesquisa eleitoral empregava "uma forma empírica de Bayes, em que os resultados do passado eram utilizados para construir a distribuição antecedente"[16].

Todavia, em quase duas décadas de eleições os prognósticos de Tukey nunca aceitaram a utilização da lei de Bayes. Por que alguém desdenharia publicamente da lei de Bayes, e parecia encarar com deprezo seu uso para algo tão importante quanto o anúncio do próximo presidente dos Estados Unidos?

Muitos colegas enfatizavam que, a despeito das aparências, Tukey era um "homem muito reservado". Seu sobrinho retratou-o como um "Oráculo de Delfos elíptico e enigmático em uma camisa polo preta". Wallace concordava: "Tukey conseguia ser reservado. [...] Era um homem brilhante e de extrema potência e em alguns aspectos enigmático a repeito de si mesmo. [...] Nunca permitia que ninguém soubesse o que sua mão esquerda estava fazendo. Negava qualquer coisa de bayesiano na pesquisa eleitoral da NBC."[17]

Sua personalidade dominadora podia ser intimidante. Durante um seminário oferecido por George Box na Universidade de

---

15 Entrevista concedida por Wallace.
16 S.E. Fienberg, When did Bayesian Inference Become Bayeian?, *Bayesian Analysis* (1), p. 24.
17 F.R. Anscombe, op. cit., p. 290; e entrevista concedida por Wallace.

Princeton, Tukey achava que sabia o que Box ia dizer e interrompia-o o tempo todo com seu próprio comentário. Box finalmente pediu aos presentes para que levantassem as mãos. Quem gostaria que Tukey continuasse interrompendo e quem preferia que ele parasse? Quando Box obteve uma resposta positiva a seu favor, Tukey mostrou-se surpreso. "Em alguns aspectos ele era tão inteligente quanto uma criança de oito anos de idade", recorda Box. "Ele parecia não entender muito a respeito das relações interpessoais". Alguns colegas indicavam que em seus primeiros anos ele era uma criança prodígio, educado em casa por sua mãe e diziam que sua esposa, Elizabeth, ajudava a "aquecê-lo". Edgar Gilbert, dos Laboratórios Bell, concluía: "Ele era uma personalidade muito agradável, porém difícil de compreender". Peter McCullagh, um estatístico irlandês da Universidade de Chicago, descreveu-o como um "produtivo anarquista científico, [...] um fenômeno cultural, reverenciado por alguns, temido por outros, compreendido por poucos". Parte do problema, dizia Pratt, estava em que "Tukey podia argumentar em ambos os lados de qualquer coisa, e você não sabia em qual lado ele se mantinha"[18].

Somado à confusão foi a aceitação por Tukey de um dos mais controversos princípios de Savage: a subjetividade. Tukey dizia sobre a objetividade:

> uma herança de família [e] uma falácia. [...] Não se espera que os economistas deem conselhos idênticos em comissões do congresso. Não se espera dos engenheiros projetos semelhantes de pontes – ou de aeronaves. Por que deveríamos esperar dos estatísticos chegarem a resultados iguais a partir de exames do mesmo conjunto de dados?[19]

---

18 Entrevista concedida por Box e Edgard Gilbert. P. McCullagh, "John Wilder Tukey", *Biographical Memoirs of the Fellows of the Royal Society London*, p. 544 e 554; e entrevista concedida por John Pratt, respectivamente.
19 Em Lyle V. Jones (ed.), *The Collected Works of John W. Tukey*, v. IV, p. 589.

Se Tukey podia ser duro com a lei de Bayes, foi ainda mais terrível com Fisher. Tukey acreditava que a frequência com base em ideias de Fisher saía do "mundo da infância [...] a infância da estatística experimental, uma infância passada na escola de agronomia. [...] Quase invariavelmente, quando inspecionados de perto, os dados eram fornecidos para violar [as] premissas padrão" requeridas pela frequência. "Muito melhor uma resposta aproximada à questão *certa*, que muitas vezes é vaga, que uma resposta *exata* para a questão errada, que pode sempre ser tornada precisa". Tukey divulgou como até mesmo pequenos desvios do mundo natural poderiam bagunçar os métodos de Fisher, Neyman e Egon Pearson. Particularmente ele desprezava as "técnicas frequentistas por estimar a significância e afirmar a confiança. [...] Em geral, as grandes inovações em estatística [com base em frequência] não tiveram efeitos correspondentemente grandes em análise de dados". De fato, palavras duras[20].

Então, onde estaria localizado Tukey? Entre os antibayes *e* os antifrequentistas? Amigos afirmam que, como Mosteller, ele era contrário a qualquer filosofia monolítica. Brillinger acreditava que Tukey estava irritado, "não com os argumentos bayesianos *per se*; [...] [mas] com alguns dos bayesianos". Tukey disse: "Descartar técnicas bayesianas seria um verdadeiro equívoco; tentar usá-la em tudo, no entanto, em minha opinião, seria consideravelmente um grande equívoco". A questão era saber quando e onde. Várias vezes se queixou de "um natural, *mas perigoso* desejo por uma abordagem unificada", explicando que "o maior perigo que vejo da análise bayesiana deriva da crença de que tudo que é importante pode ser entulhado em uma única estrutura quantitativa"[21].

---

20 Idem, v. III, p. 108; v. IV, p. xiv; v. III, p. 188; e v. III, p. 394, respectivamente.
21 Em D.R. Brillinger, John W. Tukey: His Life and Professional Contibutions, op. cit., p. 1561; J.W. Tukey, *The Collected Works of John W. Tukey*, v. IV, p. 771-772; e G. Casella et al., Tribute to John W. Tukey, *Statistical Science* (18), p. 312, repectivamente.

Tukey empregava quase a mesma linguagem sobre a alternativa fiducial de Fisher para Bayes. Enquanto cortejava sua esposa, Tukey confidenciou que sua missão na vida era superar Fisher por meio do desenvolvimento de métodos para ciência de análise experimental. Mas depois de escrever 64 páginas em busca de um fundamento lógico para a probabilidade fiducial de Fisher, Tukey concluiu que "a crença em uma estrutura unificada para inferência é uma forma perigosa de húbris". Na época em que Tukey visitou Fisher em sua casa na Inglaterra e começou a fazer perguntas sobre os seus métodos, Fisher o espreitava furiosamente de longe, deixando Tukey encontrar sozinho o caminho para fora de sua casa. Em outra versão da história, Fisher jogou Tukey para fora do seu escritório, dizendo ao jovem rapaz que o seu ensaio era uma "extensa ladainha" e que ele iria compreender enunciados de probabilidade apenas "se você puder conseguir que sua mente teimosa pare e pense". Nas duas histórias, uma força irrefreável encontra um objeto imóvel[22].

Para Tukey, a única coisa que importava eram os dados – despido de informatização, matematização, probabilidade e de teoria. Chamava sua abordagem de *exploratory data analysis* (EDA) (análise exploratória de dados). Da mesma forma que os bayesianos, muitos dos seus defensores eram ridicularizados e tinham dificuldades para encontrar empregos.

Sendo assim, como Tukey resolveu seu paradoxal uso da lei de Bayes sem admiti-la? Ele a chamava de qualquer coisa. Enquanto Brillinger e Wallace chamavam sua pesquisa eleitoral da NBC de bayesiana, Tukey dizia que estava fazendo "empréstimos forçados"[23].

"Qualquer coisa que fazia, ele a chamaria de algo mais", comentou Wallace, mesmo que já estivesse claro e com uma nomenclatura

---

22 G. Casella et al., Tribute to John W. Tukey, op. cit., p. 332; e P. McCullagh, "John Wilder Tukey", *Biographical Memoirs of the Fellows of the Royal Society London*, p. 547, respectivamente.
23 L.V. Jones (ed.), op. cit, v. III, p. 277. "Um suporte [...] natural"; e G. Casella et al., op. cit., p. 312.

bem estabelecida. Novas nomenclaturas chamavam a atenção para ideias, e um colega computou cinquenta termos cunhados por Tukey. Entre aqueles que fixou estão os de programação linear, ANOVA, e análise de dados. Em um artigo, Mosteller teve dificuldade de falar-lhe do uso de notação musical – sustenidos, bemol e naturais. Outro colega ameaçou chamá-lo de J.W. Cutie por causa de termos tais como "saphe cracquing", "quefrency" e "alanysis". Como disse Wallace: "Essa nem sempre foi a melhor maneira de ganhar amigos e influenciar pessoas. [...] Mas quando eu falava com Tukey, eu tentava essencialmente empregar sua terminologia".

Ainda assim, a lei de Bayes, mesmo com qualquer outra nomenclatura, é a lei de Bayes. E Tukey e Mosteller queriam usar qualquer ferramenta estatística que fosse necessária, mesmo sendo bayesiana. Ao iniciar longo trabalho antes do Dia da Eleição, Wallace elaborou uma base de informação inicial ao combinar dados de apurações de votos pré-eleitorais; dados não estatísticos provenientes da opinião de especialistas em ciência política; e o histórico do voto das zonas eleitorais dos municípios, das cidades e dos estados. As pesquisas de votos de opinião pré-eleitoral nem sempre faziam as perguntas certas, então elas falhavam com frequência para se extrair todas as informações necessárias. O trabalho de formar a amostra de pessoas, avaliá-las, analisar suas respostas e resumir os resultados era complexo.

Na noite da eleição, na medida em que fluía o retorno parcial de municípios e o retorno completo de jurisdições selecionadas, Tukey e seus colegas olhavam para as oscilações e desvios do comportamento de votos do passado e das opiniões de cientistas políticos. Em seguida, eles modificavam as chances iniciais com a nova informação.

Ao reviver aquele momento, Wallace comenta:

> Digamos que estamos trabalhando com dados provenientes do nível municipal. Suponha que não há retorno de um município. Alguém estritamente não bayesiano

diria, "Não posso dizer-lhe nada dessa região", mas uma pessoa de leve tendência bayesiana diria, "Não sei o que está acontecendo no município A, mas o B é muito similar e isso mostra uma guinada de 5% em favor dos Republicanos". Você pode dizer que o município A *pode* estar indo no mesmo caminho, mas não deve lhe dar grande peso, porque você tem que sugerir um número. [...] "OK", dizia Tukey, "vá lá embaixo, tome um grupo de municípios similares entre si, pondere os dados que você conseguiu nesses municípios, dê um peso zero para municípios sem dados, e atualize, atualize-o o tempo todo".

Como Schlaifer na Escola de Negócios de Harvard, Tukey concluiu que posto que tenha tomado uma decisão com informação inadequada, seja qual fosse o conhecimento surgido era melhor que nada. Wallace prossegue:

Você toma informação de onde você tem e a computa com muitos limites de erros sobre ela em lugares onde você não possui dados. [...] Primeiro você trabalha toda a área dos municípios rurais, depois áreas ubanas, áreas norte, sul, não importa qual, faz isso separadamente e joga esse jogo de subir a regiões e atravessar estados. Isso é "empréstimo forçado", mas eu dizia que era [uma prática] bayesiana. [...] Você está usando dados históricos, de eleições anteriores, para mostrar a variabilidade entre municípios que é a fonte dos seus antecedentes, então isso é bem bayesiano, com um modelo hierárquico e historicamente baseado em variações anteriores.

Apesar de semanas de planejamento e ensaios, a noite de eleição não seguiu totalmente como o esperado. O Studio 8H no Rockefeller Center, onde Huntley ficava posicionado, era um local sagrado e inacessível a qualquer um sem um crachá de identificação especial. Mas quando Brillinger viu que a etiqueta de identificação especial parecia envelopes de açúcar da cantina da NBC, ele grampeou um envelope em sua camisa e perambulou com alegria pelos arredores. Na eleição de 1964 entre Lyndon Johnson e Barry Goldwater, a NBC exibiu sete dos seus computadores centrais no andar do palco do Studio 8H: vários dos primeiros modelos 301 da RCA e dois dos velozes novos modelos 3301. Todos os telespectadores podiam ver suas imponentes e grandes caixas pretas na tela atrás de Huntley. Infelizmente, os computadores não funcionaram naquela noite, ou porque seu sistema operacional estava incompleto, ou porque o calor das luzes do estúdio fritava-os. Portanto, ali estavam eles durante a noite inteira, como montes de trapos em estado de miséria, conexão de pensamento impressionante, mas inútil. Com a enxurrada de resultados de votos vinda de todo país, a equipe de Tukey esmurrava, furiosamente à distância, antiquadas calculadoras de mão e máquinas de somar. Por sorte, o trabalho foi simples naquela noite porque a vitória de LBJ era inevitável, e Johnson venceu registrando 61% do voto popular.

Em outra eleição, a equipe anunciou cedo os vitoriosos na Califórnia e em Nova York. Depois, na reta final chegaram números que contradiziam o anúncio deles. Duas horas tensas se passaram antes que os padrões de voto voltassem a se alinhar com suas previsões. Outra eleição extremamente apertada manteve a equipe trabalhando direto de terça-feira à tarde até a tarde de quinta-feira. Tukey e Wallace perceberam que precisavam melhorar sua técnica.

"Constatou-se que o problema de projetar o comparecimento às urnas era mais difícil que projetar a porcentagem do candidato", descobriu Wallace.

> A qualidade de dados que você recebe é duvidosa, e você tem relatórios claramente tendenciosos vindos de uma parte do país, e se tiver sorte, eles podem mostrar os dados de modo aleatório, mas os votos realizados em

urnas eletrônicas chegam mais rápido que os feitos sem elas. Às vezes também há trapaça. O comparecimento é *muito* difícil de prever e isso tem um efeito impressionante, então Bayes não estava servindo plenamente. Tive uma conversa com um estudante que estava prestando consultoria a uma das outras redes e ele me disse: "Isso é simplesmente formidável porque é a primeira situação em estatística em que todas as suas suposições são totalmente válidas". Fiquei estarrecido. [...] É uma amostra totalmente tendenciosa. E você vai se meter em sérios problemas se não perceber isso[24].

Tukey continuou a trabalhar para a NBC até a eleição de 1980. Depois disso, a NBC passou a fazer pesquisas de boca de urna com base em entrevistas de eleitores que surgem de suas jurisdições. As pesquisas de boca de urna eram mais baratas, mais fotogênicas, pessoais e informais. Eles estavam no polo oposto da pesquisa oculta de Tukey, complexa ao extremo, de abordagem matematizada.

Então veio a maior surpresa de todas. Assim como a mordaça de Churchill colocada em Bletchley Park no pós-guerra, Tukey se recusou a deixar seus colegas escreverem ou até mesmo falarem a respeito dos métodos de pesquisa eleitoral deles. Ele também nunca escreveu sobre isso. Disse que eram propriedade da RCA.

Por que o segredo? Por que Tukey desprezava a lei de Bayes em público, mas a utilizou de modo privado por duas décadas? No fim de sua vida admitiu que "provavelmente a melhor justificativa para a análise bayesiana é a necessidade [...] de combinar informação de outros corpos de dados, a visão geral dos especialistas etc., com a informação fornecida por dados anteriores aos nossos"[25]. Ele até mesmo defendeu o evangelho subjetivista de Savage, em

---

24 Wallace, em entrevista concedida à autora.
25 R. Gnanadesikan; D.C. Hoaglin, *A Discussion with Elizabeth and John Tukey*, Partes I e II, DVD, American Statistical Association, 1993.

que as pessoas podem olhar para a mesma informação e ainda chegar a diferentes conclusões. Rejeitar "o fetiche da objetividade", declarava Tukey[26]. Também usou um argumento bayesiano, quando testemunhou perante o Congresso que o Censo dos Estados Unidos deveria fazer ajustes em seus subregistros de minorias em algumas áreas, incorporando informação de outras, de regiões similares. Até 2010, o Departamento de Censo ainda não havia feito isso.

Então por que Tukey não usava – ou não podia usar – a palavra-B? Como notou Brillinger: "Bayes é uma palavra provocante"[27]. Com certeza, o termo de Tukey "empréstimo forçado" permitia a ele evitar Bayes. Talvez, ao fugir disso, esculpia um espaço neutro de trabalho. Talvez sentisse a necessidade de colocar sua própria marca no trabalho de outra pessoa. Ou talvez houvesse outra razão. Dada a personalidade de Tukey, é difícil de saber. Na metade de sua permanência na NBC, a RCA desistiu de tentar competir com a IBM e vendeu sua divisão de computadores para a empresa Sperry RAND. Depois disso, por que a RCA se preocuparia se o sistema de Tukey viria a público? Poderiam os patrocinadores militares da RCA ter tornado secretos os métodos de Tukey, e estaria ele empregando a lei de Bayes em sua pesquisa criptográfica confidencial?

Muitos detalhes da carreira de Tukey na segurança nacional permanecem "obscuras, deliberadamente de sua parte", concluiu seu sobrinho Anscombe. Mas como disse Wallace: "Se você fosse às agências de codificação secreta, você poderia achar que Bayes teve uma história volumosa. Não estou em posição de falar, porém I.J. Good é o principal contribuidor para o grupo bayesiano e ele tomava essa posição"[28]. Good foi assistente criptográfico de Alan Turing durante a Segunda Guerra Mundial. Então, Tukey teria usado a lei de Bayes, em decodificação, para a Agência Nacional de Segurança? E poderia ele ter mantido distância, por si mesmo, dos métodos bayesianos a fim de proteger o trabalho ali?

26 J.W. Tukey, *The Collected Works of John W. Tukey*, v. IV, p. 589.
27 Entrevista concedida por Brillinger.
28 Entrevista concedida por Wallace.

Os laços entre Tukey, Bayes e a decodificação ultrassecreta são vários e apertados. A lei de Bayes é natural para decodificadores que têm alguma suposição inicial, e deve minimizar o tempo ou o custo para se alcançar uma solução; ela tem sido amplamente usada para decodificação desde Bletchley Park. Os laços de Tukey com a criptografia norte-americana eram particularmente firmes. Segundo William O. Baker, líder dos laboratórios Bell, Tukey fazia parte da força que ajudava a descriptografar o sistema Enigma da Alemanha, durante a Segunda Guerra Mundial, e os códigos soviéticos no período da Guerra Fria. Tukey serviu no Conselho Consultivo de Ciência da NSA, que era devotada à criptografia. Este era um grupo de dez membros de cientistas de universidades, de empresas de laboratórios de pesquisa, e de grupos de pensadores; reuniam-se duas vezes anualmente em Fort Meade, Maryland, para discutir a aplicação de ciência e tecnologia na quebra de códigos, em criptografia e em escutas. Baker, íntimo colega de Tukey, foi provavelmente o membro mais importante do comitê. Baker presidiu um amplo estudo de recursos de codificação e decodificação norte-americano para a NSA e pediu um Projeto Manhattan como iniciativa para concentrar esforços, não em investigações publicáveis e livremente disponíveis, mas em estudos ultrassecretos. Se Tukey realmente se envolveu diretamente com criptografia não se sabe, mas como consultor profissional visitante do comitê, com certeza estava ciente de todos os métodos de estatística em uso.

A relação de Tukey com Good, uma das lideranças bayesianas e criptógrafo dos anos de 1950 e 1960, também é sugestiva. Tukey visitou Good na Grã-Bretanha e convidou-o para dar palestras nos Laboratórios Bell em outubro de 1955. No dia após a apresentação de Good, este estava surpreso por notar que Tukey, deitado no chão para relaxar, obviamente havia entendido tudo. Tukey, da mesma forma, foi simpático com os métodos bayesianos de Good o bastante para apresentá-lo a Cornfield no NIH, e sugeriu que Good poderia ajudar o instituto com métodos estatísticos; Cornfield tornou-se um proeminente bayesiano.

Claude Shannon também estava na plateia durante a fala de Good. Shannon havia utilizado a lei de Bayes nos Laboratórios Bell em seus pioneiros estudos criptográficos e de comunicações durante a Segunda Guerra Mundial. Tukey era próximo a Shannon; em 1946 Tukey cunhou a palavra "bit" para indicar o "dígito binário" de Shannon. Tukey, Shannon e John R. Pierce solicitaram juntos uma patente para um dispositivo de raios catódicos em 1948.

A evidência é substancial o suficiente para convencer alguns dos colegas de Tukey, inclusive Judith Tanur e Richard Link, de que ele provavelmente usou a lei de Bayes para decodificação nos Laboratórios Bell. Brillinger, o biógrafo de Tukey e seu colega nas pesquisas eleitorais da NBC, concluiu: "Não tenho problema em pensar que ele poderia ter usado mesmo"[29].

Seja lá qual for o motivo, o édito sigiloso de Tukey representou um grande papel na história da lei de Bayes. Como observou Wallace: "É importante para o desenvolvimento da estatística bayesina que grande parte foi mantido em segredo"[30]. A censura de Tukey sobre seus métodos de pesquisa eleitoral para a NBC News, como o *status* altamente sigiloso da criptografia bayesiana durante e depois da Segunda Guerra Mundial, é uma razão pouco percebida do quanto a lei de Bayes estava sendo usada.

A pesquisa eleitoral bayesiana de Tukey – conduzida no fulgor da publicidade internacional por dois dos mais populares âncoras da TV naquele tempo – poderia ter propagado a notícia do poder e da eficácia de Bayes, reforçado-a em intervalos regulares. Mas sua proibição de falar e escrever sobre isso significou que a lei de Bayes representou um papel estrelar na TV por quase duas décadas – sem que a maioria dos estatísticos soubesse disso.

Consequentemente, o único grande estudo bayesiano computadorizado de um problema prático no domínio do público, durante o renascimento bayesiano da década de 1960, foi o de

---

29 Brillinger por e-mail.
30 Entrevista concedida por Wallace.

Mosteller-Wallace sobre *O Federalista*, de 1964. Isso aconteceu onze anos antes da próxima aplicação bayesiana de maior expressão que apareceu ao público. E depois de Tukey ter parado sua consultoria para a NBC em 1980, passaram-se 28 anos até que pesquisas eleitorais empregassem novamente técnicas bayesianas. Quando Nate Silver empregou na FiveThirtyEight.com a hierárquica lei de Bayes durante a corrida presidencial em novembro de 2008, ele combinou informações de áreas externas para fortalecer pequenas amostras de áreas de baixa população e das sondagens de boca de urna com baixas taxas de resposta. Ele ponderou os resultados de outra sondagem eleitoral, segundo seus registros de comportamento e tamanho da amostragem e como estavam seus dados até a data de interesse. Além disso, combinou-os aos dados históricos de pesquisas eleitorais. Naquele mês, Silver previu corretamente quem seriam os vencedores em 49 estados, um recorde inigualável por qualquer outra sondagem eleitoral. Se Tukey tivesse tornado pública a utilização de métodos bayesianos pela NBC, a história da pesquisa eleitoral política e até mesmo de políticos norte-americanos poderia ter sido diferente.

14.
threemileisland

depois de anos trabalhando juntos, os dois velhos amigos Fred Mosteller e John Tukey relembravam, em 1967, a respeito de como "a batalha de Bayes foi travada por mais de dois séculos, às vezes de modo violento, outras quase placidamente, [...] uma combinação de dúvida e vigor". Thomas Bayes deu as costas para sua própria criação; um quarto de século mais tarde, Laplace glorificou-a. Durante o século XIX ela foi tanto empregada como minada. Ridicularizada no início do século XX, foi utilizada com perigosa discrição no decorrer da Segunda Guerra Mundial e depois empregada com impressionante vigor e condescendência[1]. Mas na década de 1970, a lei de Bayes estava escorregando para o marasmo.

Um perda de liderança, uma série de mudanças de carreira e deslocamentos geográficos contribuíram para a depressão. Jimmie Savage, o principal porta-voz de Bayes como um sistema lógico e compreensivo, morreu de ataque cardíaco em 1971. Depois do falecimento de Fermi, Harold Jeffreys e Edwin T. Jaynes, um físico norte-americano, fizeram campanhas em vão por Bayes nas ciências físicas; Jaynes, que dizia sempre verificar o que Laplace havia feito antes de enfrentar um problema

---

[1] J.W. Tukey, *The Collected Works of John W. Tukey*, v. IV, p. 686; e G.E.P. Box; G.C. Tiao, *Bayesian Inference in Statistical Analysis*, p. 1.

aplicado, desligou-se de muitos dos seus colegas com seu fervor bayesiano. Dennis Lindley lentamente estava instalando departamentos de estatística bayesiana no Reino Unido, porém abandonou a administração em 1977 para realizar pesquisas solitárias. Jack Good transferiu-se das agências de codificação e decodificação secretas da Grã-Bretanha para a academia em Virgina Tech. Albert Madansky, que gostava de qualquer técnica que funcionasse, saiu da RAND e foi para os negócios privados e, mais tarde, para a Escola de Negócios da Universidade de Chicago, onde alegou encontrar mais aplicações que em departamentos de estatística. George Box mostrou-se interessado em controle de qualidade de manufaturados e, com W. Edwards Deming e outros, tornou-se conselheiro da indústria automotiva do Japão. Howard Raiffa também fez uma mudança brusca em direção à atividade de negociar políticas públicas, enquanto Robert Schlaifer, o bayesiano que não era matemático, tentou programar computadores.

No momento em que James O. Berger tornou-se um bayesiano, nos anos de 1970, a comunidade ainda era tão pequena que ele podia acompanhar praticamente todas as suas atividades. A primeira conferência internacional sobre a lei de Bayes foi organizada em 1979, em Valência, na Espanha, e quase todos os renomados bayesianos se apresentaram – talvez cem no total.

Foi-se o sonho messiânico de que a lei de Bayes poderia substituir o frequentismo. Pragmáticos ecumênicos falaram em sintetizar métodos bayesianos e não bayesianos. O ideal menos controverso, Mosteller e Tukey concordavam nisso, era um antecedente com base em frequência ou antecedente "moderado" baseado em crenças, mas pronto para ser sobrepujado por novas informações.

Quando Box, J. Stuart Hunter e William G. Hunter escreveram *Statistics for Experimenters* (Estatística Para Experimentadores) em 1978, omitiram intencionalmente qualquer referência à lei de Bayes: controversa em demasia para se vender. Privado do "palavrão", o livro foi um *best-seller*. Ironicamente, um filósofo de Oxford, Richard Swinburne, não sentia tais compunções um ano depois:

ele inseriu opiniões pessoais em palpites antecedentes *e* em dados supostamente objetivos do teorema de Bayes para concluir que Deus tinha mais que 50% de possibilidade de existir; em seguida Swinburne calculou a probabilidade da ressureição de Jesus em "algo como 97%". Esses eram cálculos que nem o reverendo Thomas Bayes nem o reverendo Richard Price teriam se preocupado em fazer, e mesmo vários outros não estatísticos enxergavam a falta de cuidado de Swinburne na mensuração como uma mancha negra contra o próprio Bayes.

No decorrer de todo esse período, Jerzy Neyman permaneceu sendo o bastião do frequentismo em Berkeley, o centro inaugural de estatística dos Estados Unidos. O enorme departamento de estatística de Stanford, sustentando por Charles Stein e por outros professores da Universidade da Califórnia, que tinham se recusado a assinar o juramento de lealdade à era McCarthy, também eram frequentistas entusiastas e placas antibayesianas adornavam a porta das salas dos professores.

Os bayesianos estavam boiando. Quase sem saber, eles estavam esperando até que os computadores pudessem recuperar o terreno perdido. Na ausência de poderosos e acessíveis computadores e softwares, muitos bayesianos e antibayesianos tinham desistido de empreender aplicações realísticas e se refugiaram na matemática teórica. Herman Chernoff, cujo trabalho estatístico muitas vezes surgiu de problemas do Escritório de Pesquisa Naval, ficou tão impaciente com teóricos que estavam se voltando para generalizações cada vez mais elaboradas, que se transferiu de Stanford para o MIT em 1974, e, em seguida, para Harvard. "Chegamos a um ponto", escreveu, "em que tínhamos que confrontar o computador muito mais intensamente e também tínhamos que fazer muito mais trabalhos aplicados. [...] Pensei que, para o futuro, a área precisava de muito mais contato com aplicações reais a fim de proporcionar *insights* no caminho que deveria tomar, em vez de se concentrar em outras elaborações na teoria". Chernoff não era bayesiano, porém contou à estatística Susan Holmes, que estava iniciando sua carreira, como enfrentar problemas difíceis: "Comece com um pensamento bayesiano sobre o problema, e consiga a resposta certa. Então pode demostrá-lo da maneira que você quiser"[2].

Dentro dos círculos bayesianos, as opiniões ainda eram defendidas de modo apaixonado. Presente em sua primeira conferência bayesiana em 1976, Jim Berger ficou chocado ao ver metade da sala aos berros com a outra metade. Todos pareciam ser bons amigos, mas seus antecedentes estavam divididos entre personalidades subjetivas, como a de Savage, e objetivas, como a de Jeffrey – com experiências não definitivas para concluir a questão. Good movia-se de modo eclético entre os dois campos.

Em um frustrado círculo de censura, Persi Diaconis ficou chocado e furioso quando John Pratt usou métodos frequentistas para analisar dados de sua esposa sobre o comparecimento em salas de cinema, porque havia muito mais coisas para manipular na era dos computadores. Mas um dos momentos mais baixo na vida de Diaconis ocorreu em um café de Berkeley, quando estava corrigindo as provas finais de um artigo e Lindley censurou-o por utilizar métodos frequentistas no artigo. "E você é nosso principal bayesiano", queixou-se Lindley[3]. Lindley, por sua vez, atormentou Mosteller por ter deixado passar uma chance de fazer um grande projeto utilizando Bayes no lugar de frequência. Toda oportunidade perdida para Bayes era um golpe para a causa e motivo de recriminação. Em 1978, os frequentistas Neyman-Pearson mantinham "uma desconfortável supremacia" sobre os bayesianos, enquanto que um terceiro grupo, um pequeno grupo de fisherianos, "ficava de tocaia afastado de ambos os lados"[4].

Poucos teoremas podem se orgulhar de tal história. Os bayesianos desenvolveram um amplo sistema de teoria e métodos,

---

2   J. Bather, A Conversation with Herman Chernoff, *Statistical Science*, (11), p. 346-347; e entrevista concedida por Holmes, respectivamente.
3   Diaconis e Lindley recordaram desse incidente em entrevista.
4   B. Efron, Controversies in the Foundations of Statistics, *American Mathematical Monthly*, 85, p. 232.

mas o panorama para provar sua eficácia parecia desolador. De Finetti predisse uma mudança de paradigma para os métodos bayesianos – em 50 anos, pós-2020. O frequentista Bradley Efron, de Stanford, estimou a probabilidade de um bayesiano no século XXI em um mero 0,15.

Sobre o tratamento político para Bayes na Grã-Gretanha, disse Lindley:

> A mudança está acontecendo de modo muito mais lento do que eu esperava. [...] É um trabalho lento. [...] Assumi de forma ingênua que se eu passasse uma hora falando com um estatístico experiente sobre o argumento bayesiano, ele aceitaria meu raciocínio e mudaria. Isso não acontece; as pessoas não trabalham desse modo. [...] Acho que a mudança ganha lugar por meio dos estatísticos aplicados e não por meio dos teóricos.

Perguntado sobre como encorajar a teoria bayesiana, ele respondeu com sarcasmo: "Assista aos funerais"[5].

Com a teoria de Bayes no limbo, suas aparições públicas eram poucas e distantes entre si. Consequentemente, quando o Congresso dos Estados Unidos encomendou o primeiro estudo abrangente voltado para a segurança de centrais de usinas de energia nuclear, a questão apareceu: ninguém ousaria mencionar o nome de Bayes, e, na verdade, nem muito menos usaria a lei de Bayes?

O presidente Eisenhower lançou a indústria de energia nuclear com seu discurso "Átomos pela Paz", em 1953. Vinte anos mais tarde, embora nenhum estudo abrangente de riscos de segurança para o público ou para o meio ambiente tenha sido realizado, corporações privadas eram proprietárias e operavam cinquenta usinas de energia nuclear nos Estados Unidos. No momento em que o Congresso

---

5   Em Adrian Smith, A Conversation with Dennis Lindley, *Statistical Science*, (10), p. 313.

começou a debater se absolveria proprietários e operadores de usinas de qualquer responsabilidade por acidentes, a Comissão de Energia Atômica dos Estados Unidos finalmente encomendou um estudo de segurança.

De modo significativo, como se verificou, o homem indicado para liderar o estudo não era um estatístico, mas um físico e engenheiro. Nascido em Harrisburg, Pensilvânia, em 1927, Norman Carl Rasmussen tinha servido um ano na marinha depois da Segunda Guerra Mundial, havia se graduado em Gettysburg College, em 1950, e obteve um Ph.D. em física experimental de baixa energia nuclear no MIT, em 1956. Lecionou física ali até o MIT formar um dos primeiros departamentos de engenharia nuclear, em 1958.

Quando Rasmussen foi indicado para assessorar a segurança da indústria de energia nuclear, nunca tinha acontecido um acidente em usina nuclear. Acreditando que nenhum desses acidentes seria catastrófico, engenheiros projetaram as usinas de forma conservadora, e o governo regulou-as com firmeza.

Desprovido de quaisquer dados sobre dissolvição do núcleo de reatores, Rasmussen decidiu fazer aquilo que Madansky havia feito na RAND, ao estudar acidentes da bomba-H. Ele e seu coautor lidaram com a taxa de falha de bombas hidráulicas, válvulas e outros equipamentos. Quando essa taxa de falhas não produzia uma ou outra estatística suficiente, o grupo de Rasmussen voltava-se para uma fonte de informação politicamente explosiva: opinião de especialistas e análises bayesianas.

Engenheiros confiavam muito no julgamento profissional, mas frequentistas consideravam-no subjetivo e não reproduzível, e proibiram seu uso. Além disso, a Guerra do Vietnã tinha exterminado o encantamento dos norte-americanos pelos oráculos *experts* e pelos grupos de pensadores. A confiança nos líderes despencou, e uma "radical suposição de falência institucional" tomou seu lugar. A fé na tecnologia também caiu; em 1971 o Congresso cancelou sua participação no avião supersônico de passageiros, o SST, uma das poucas vezes que os Estados Unidos rejeitaram uma tecnologia nova e importante. Ativistas do "No Nukes" (Não às Armas Nucleares) protestavam em todo o país.

Na falta de evidências de acidentes em usinas nucleares, a equipe de Rasmussen sentiu que não tinha escolha a não ser solicitar a opinião de especialistas. Mas como poderiam combinar essa opinião com as taxas de falha de equipamentos? Normalmente, o teorema de Bayes fornecia o caminho. Porém o grupo de Rasmussen já tinha controvérsias o bastante em suas mãos com relação à energia nuclear. A última coisa que precisavam era de uma discussão a respeito de métodos.

Para se esquivar do uso da equação de Bayes, eles empregaram as árvores de decisão de Raiffa. Raiffa era um missionário bayesiano, e suas árvores tinham raízes bayesianas, mas isso não importava. Os membros da equipe fugiam até mesmo das palavras "lei de Bayes"; chamavam-na de abordagem subjetivista. Pensavam que o fato de manter o teorema de Bayes eclipsado iria absolvê-los de serem bayesianos.

O relatório final do comitê, emitido em 1974, era carregado de incertezas bayesianas e de distribuições de probabilidade a respeito das taxas de falha de equipamento e de erros humanos. Os frequentistas não atribuíam distribuições de probabilidade para incógnitas. A única referência à lei de Bayes, no entanto, estava escondida em um cantinho discreto do apêndice III: "O tratamento de dados com variáveis aleatórias às vezes é associado à abordagem bayesiana [...] a interpretação bayesiana também pode ser usada"[6].

Mas esquivar-se do uso da palavra "Bayes" não isentava o relatório de responsabilidade. Embora vários estudos posteriores aprovassem o uso das "probabilidades subjetivas", alguns dos relatórios de estatística estavam completamente condenados. Cinco anos depois, em janeiro de 1979, a Comissão Reguladora Nuclear dos Estados Unidos retirou seu apoio para o estudo. O relatório de Rasmussen parecia condenado ao esquecimento.

6 Entrevista concedida por Apostalakis.

Isto é, condenado até dois meses mais tarde, quando o núcleo do reator da unidade geradora nuclear Three Mile Island-2 foi danificado em um grave acidente. Quase na mesma época, Jane Fonda estreou o sucesso de bilheteria dos cinemas, *A Síndrome da China*, sobre o acobertamento de um acidente em uma usina de energia nuclear. A indústria civil de energia nuclear entrou em colapso em um dos mais extraordinários reveses no capitalismo norte-americano. Apesar de aproximadamente 20% da energia elétrica dos Estados Unidos virem de 104 usinas de energia nuclear em 2003, até o momento nenhuma nova unidade foi encomendada desde 1978.

Three Mile Island reavivou o Relatório Rasmussen e o uso da análise subjetivista. Depois do acidente a percepção do comitê parecia prescinte. Especialistas anteriores tinham pensado que as chances de sérios danos no núcleo reator eram extremamente baixas e que os efeitos seriam catastróficos. O Relatório Rasmussen concluiu o inverso: a probabilidade de danos no núcleo do reator eram superiores ao esperado, mas as consequências não seriam sempre catastróficas. O relatório havia identificado ainda dois problemas significantes que tiveram papéis representativos no acidente de Three Mile Island: o erro humano e a liberação de radioatividade para fora do prédio. O estudo identificou até mesmo a sequência de eventos que, em última análise, causaram o acidente.

A partir de 1981, duas indústrias deram apoio a estudos que finalmente empregaram o teorema de Bayes – e admitiram-no. Analistas usaram o teorema para combinar a probabilidade de falhas no equipamento com informações específicas de duas usinas de energia em particular: a Zion Nuclear Power, do norte de Chicago, e o reator Indian Point, no rio Hudson, 24 milhas ao norte da cidade de Nova York. Desde então, os métodos de análise de risco quantitativo e estudos probabilísticos de segurança têm usado métodos frequentistas e bayesianos para análise de segurança na indústria química, em usinas de energia nuclear, em depósitos de resíduos perigosos, na liberação de material radioativo de usinas de energia nuclear, na contaminação de Marte por microorganismos terrestres, na demolição de pontes e na exploração de depósitos minerais. Para o alívio da indústria, a análise de riscos também está identificando agora os chamados regulamentos de segurança inúteis que podem, presumivelmente, serem abandonados.

O julgamento subjetivo ainda perturba muitos cientistas físicos e engenheiros que não gostam de misturar informações subjetivas e objetivas em ciência. Evitar a palavra "Bayes", no entanto, já não é necessário – ou uma opção.

15.
buscasdamarinha

de modo surpreendente, dado o sucesso de Bayes no combate aos submarinos alemães durante a Segunda Guerra Mundial, a marinha norte-americana abraçou o método lentamente e com relutância no decorrer da Guerra Fria. Oficiais de alta patente foram ao encontro de Bayes quase que por acidente, na esperança, a princípio, de obter apenas os aparatos da estatística. Mais tarde, a marinha passaria, com crescente confiança e com o desenvolvimento de potentes computadores, a focar o método na luta contra submarinos. Nesse meio tempo, a Guarda Costeira lançava olhares ao método para resgate de pessoas perdidas no mar. Como era frequente no caso da lei de Bayes, uma série de emergências espetaculares trouxeram à tona o assunto.

O flerte da marinha com a abordagem começou no crepúsculo de 16 de janeiro de 1966, quando um jato B-52, armado com quatro bombas de hidrogênio, decolou da Base da Força Aérea de Seymour próximo a Raleigh, Carolina do Norte. Cada bomba tinha cerca de dez pés de comprimento e era tão corpulenta como uma lata de lixo, tendo o poder destrutivo de aproximadamente 1 milhão de toneladas de TNT. O capitão do jato, conhecido por fumar um cachimbo de sabugo de milho no cockpit, e sua tripulação de seis homens estavam programados para voar continuamente por 24 horas e abastecer várias vezes em pleno ar.

Em um programa controverso chamado Operação Chrome Dome, o SAC – Strategic Air Command (Comando Aéreo Estratégico), sob o comando do general Curtis LeMay, mantinha jatos equipados com armamentos nucleares voando o tempo todo para proteção contra ataques soviéticos. Em um processo caro e perigoso, aviões tanque abasteciam os jatos durante o voo.

O jato realizava o terceiro encontro programado para reabastecimento com um jato tanque KC-135 do SAC na manhã de 17 de janeiro. O bombardeiro e o jato tanque manobravam em paralelo sobre a costa sudeste da Espanha, seis milhas acima do pequeno vilarejo isolado de Palomares, nome espanhol para Place of the Doves (Praça dos Pombos). Eles usavam um extensor telescópico que obrigava os dois aviões a voar em paralelo, separados a uma distância de três ou quatro metros e a 600 milhas por hora durante pelo menos meia hora. Por um erro de cálculo de fração de segundo, o bocal do tanque de combustível do jato tanque golpeou a coluna de metal do bombardeiro e às 10:22 hs da manhã do horário local 151 mil litros de combustível explodiram em chamas. Sete dos onze tripulantes dos aviões morreram.

Membros da tripulação, as quatro bombas e 250 toneladas de fragmentos da aeronave caíram do céu. Felizmente era feriado e a maioria dos 1 500 residentes da área aproveitavam seu tempo livre fora de suas casas e assim ninguém foi atingido. Mais importante ainda, não ocorreu nenhuma explosão nuclear; as bombas não tinham sido "engatilhadas", ou ativadas. No entanto, os paraquedas de duas delas falharam ao abrir, e quando as bombas atingiram o terreno seus explosivos convencionais detonaram, contaminando a área com aerossol de plutônio radioativo. Três das bombas foram localizadas no espaço de 24 horas, mas a quarta não foi encontrada em parte alguma.

Somando-se à crise estava o fato de que, desconhecido do público, o incidente em Palomares foi pelo menos o 29º acidente sério envolvendo a força aérea e armamentos nucleares. Dez armamentos nucleares ligados a oito desses acidentes tinham sido ejetados e abandonados no mar ou em pântanos, onde presumivelmente permanecem até os dias de hoje. Os armamentos desaparecidos, nenhum deles envolvendo detonação nuclear, incluíam dois perdidos nas águas em 1950; duas cápsulas nucleares transportadas em estojos, em um avião que desapareceu no Mediterrâneo, em 1956; dois armamentos ejetados no Oceano Atlântico ao largo de New Jersey, próximo a Atlantic City, em 1957; um deixado na embocadura do rio Savannah, ao largo da praia de Tybee, na Geórgia, em 1958; mais outro que caiu no jardim de Walter Gregg próximo a Florence, Carolina do Sul, em 1958; um no estreito ou estuário de Puget, no estado de Washington, em 1959; urânio enterrado em Golsboro, na Carolina do Norte, em 1961; e uma bomba de um avião que rolou para fora de um porta-aviões, no Pacífico, em 1965. Trata-se de um recorde nada invejável que apenas lentamente foi atraindo a atenção da mídia.

Quando se tornou óbvio que a última bomba-H a cair de um jato do SAC deve ter afundado no Mar Mediterrâneo, o Departamento de Defesa telefonou a John Piña Craven, cientista chefe civil do Serviço de Projetos Especiais da Marinha dos Estados Unidos.

Craven tinha bacharelado no programa de treinamento em ciência naval da Universidade de Cornell e mestrado em física na Caltech. Trabalhando na época em um Ph.D. em física aplicada na Universidade de Iowa, passava seu tempo livre fazendo cursos avançados de todo tipo, de jornalismo e filosofia da ciência até de equações diferenciais parciais. Particularmente, em vista do que estava por vir, fez curso de estatística e obteve uma nota C. Em 1951, a graduação de Craven era do "tipo educado em tudo"[1]. Esses eram anos em que os militares estavam desenvolvendo programas intensivos para utilizar satélites de navegação e construir mísseis

---

[1] As citações de John Craven são – a menos que indicadas de outra maneira – de entrevistas com a autora.

balísticos, e sistemas de orientação para contra-atacar os soviéticos. Em tal atmosfera, o Pentágono via todo e qualquer graduado na Caltech como um jovem gênio da tecnologia.

Aos 31 anos, Craven tornou-se o que ele denominava "Oráculo de Delfos da marinha, [...] um físico em pesquisa aplicada que aconselha a Marinha a qualquer momento, no que diz respeito a missões ou problemas com equipamentos com os quais não conseguem lidar". Sua primeira tarefa foi a de inventar tecnologia para localizar minas soviéticas que bloquevam o porto de Wonson durante a guerra da Coreia. Três anos depois ele se tornou cientista chefe do Serviço de Projetos Especiais, desenvolvendo o Polaris Ballistic Missile Submarine System (Sistema Submarino de Frota de Míssil Balístico Polaris). Quando o submarino nuclear USS Thresher explodiu e afundou ao largo de Cape Cod em 1963 com 129 homens a bordo, ele recebeu ordens para desenvolver maneiras de encontrar objetos perdidos ou submersos em águas profundas. Para os militares à procura de uma bomba no Mar Mediterrâneo, Craven parecia ser o homem ideal para a empreitada.

"Acabamos de perder uma bomba de hidrogênio", disse W.M. "Jack" Howard, assistente da secretaria de defesa para energia atômica, quando telefonou para Craven.

"Oh, perdemos uma bomba de hidrogênio", recorda Craven, dizendo: "Esse problema é de vocês e não meu".

Howard persistia: "Mas uma das bombas caiu no oceano, e não sabemos como encontrá-la; outras três estão em terra".

Craven respondeu: "Você ligou corretamente para a Marinha, mas entrou em contato com o cara errado. O Supervisor de Resgate é o rapaz responsável por isso". Contudo, dentro de horas Craven e o chefe de resgate, capitão William F. Searle Jr., formavam um comitê conjunto de rejeitados: Craven, que havia falhado duas vezes ao tentar entrar na academia naval, e Searle, que se formou em Annapolis antes de ser substituído, por causa de sua deficiência visual, do trabalho de resgate subaquático em que, disse com sagacidade, qualquer um é mais ou menos cego.

"Craven, quero uma doutrina de busca", vociferou Searle. Ele precisava de uma doutrina – para um plano naval –, depois poderia começar a trabalhar na manhã seguinte, enviando navios e outros equipamentos militares para a Espanha. Naquela noite, Craven manteve-se dizendo a si mesmo: "Jesus, tenho que apresentar uma doutrina de busca".

Craven já conhecia algo a respeito dos princípios bayesianos. Seu mentor em varredura de minas, durante a guerra da Coreia em 1950-1952, foi o físico e matemático aplicado da marinha, Rufus K. Reber, que havia traduzido estudos bayesianos antisubmarinos, de Bernard Koopman, em tabelas práticas mas confidenciais, para planejamento de varreduras de busca a minas por capitães da marinha. Craven também teve informações sobre Bayes na época em que professores visitantes do MIT fizeram pesquisas secretas para o governo. Mais importante, ele ouviu, a propósito de Howard Raiffa, que este era pioneiro no uso de análises probabilísticas subjetivas para tomadas de decisões em negócios, em análise operacional e em teoria dos jogos na Escola de Negócios de Harvard[2].

Conforme a compreensão de Craven, Raiffa utilizava a probabilidade bayesiana para descobrir que apostadores de corrida de cavalos previam com exatidão as chances de vitória de cavalos no primeiro, segundo e terceiro placê. Para Craven, a chave de Raiffa para a cultura do hipódromo era sua confiança na combinação da opinião de pessoas "que realmente sabem o que está acontecendo e que não conseguem verbalizar, mas podem ter palpites a fazer apostas neles". Mais tarde, Raiffa comentou que ficava satisfeito por ter influenciado Craven a avaliar probabilidades subjetivas e

---

2 Craven escreveu *The Silent War: The Cold War Battle Beneath the Sea* (A Guerra Silenciosa: A Batalha da Guerra Fria Sob o Mar) a pedido da marinha, em duas semanas, sem notas, a fim de refutar o livro popular *Blind Man's Bluff: The Untold Story of American Submarine Espionage* (O Blefe do Homem Cego: A História Não Contada da Espionagem Submarina Americana), de Sherry Sontag e Christopher Drew. Em seu próprio livro, Craven disse que esteve presente em palestras de Raiffa; mais tarde contou-me que provavelmente ouviu sobre o trabalho de Raiffa por intermédio de outros, no MIT.

associando-as através de especialistas. Porém enfatizou que Bayes não entra em ação até que aqueles pontos de vista sejam atualizados com novas informações. Além disso, lembrou que falava sobre a previsão do tempo e não de corridas de cavalos.

"Sou muito bom em captar conceitos", comentaria Craven depois. "Sou péssimo em detalhes. Faço a aposta em probabilidades e faço também a conexão com as probabilidades condicionais de Bayes. Mas também compreendo a política da Marinha de 'getting things done' (fazer as coisas acontecerem), e digo que tenho que conseguir uma doutrina de busca."

Craven tinha especialistas em abundância à sua disposição. Alguns tinham conhecimento a respeito dos B-52, enquanto outros tinham familiaridade com as características da bomba-H; armazenamento de bomba em aviões; queda de bombas de aviões; se a bomba iria ficar com os destroços do avião; a probabilidade de um ou ambos dos dois paraquedas de uma bomba se desdobrar; correntes de vento e velocidade; se a bomba ficaria enterrada na areia; quão grande ela pareceria envolta em sua calha e assim por diante. Craven imaginava que seus especialistas poderiam elaborar hipóteses a respeito de onde a bomba cairia, e então determinar a probabilidade de cada hipótese.

Muitos estatísticos acadêmicos teriam jogado a toalha. Teriam acreditado, com Fisher e Neyman, que as fontes de informação deveriam ser restritas a amostras de dados verificáveis. Craven, é claro, não tinha desejo de repetir o experimento. Ele precisava encontrar a bomba. "Nesse ponto, eu não estava olhando para a matemática, estava apenas relembrando o que havia recebido de Raiffa."

Então a realidade interveio. Com apenas poucas horas e a assistência de um técnico, Craven foi forçado a ser

> o cara que entrevistava cada um daqueles especialistas para fazer as apostas. Sou o cara que decide quem são os apostadores, e também sou o cara – sejamos honestos quanto a isso – que imagina o que eu iria dizer se fosse o

cara com o qual eu não posso entrar em contato. Então estou fazendo um monte de imaginações técnicas. [...] Eu não tinha tempo para convocar todas essas pessoas.

O uso da suposição de especialistas por Craven seria espetacularmente subjetivo. Misturando de modo apressado telefonemas a especialistas, relatos de testemunhas do local e sua própria "imaginação técnica", Craven surgiu com sete hipóteses que ele chamou de cenários:

1. A bomba-H perdida teria permanecido no bombardeiro e seria encontrada nos escombros do bombardeiro;
2. A bomba seria encontrada nos escombros da bomba ao longo do trajeto da colisão;
3. A bomba caiu em queda livre e não estaria nos destroços do avião;
4. Um dos dois paraquedas da bomba se desdobrou e a levou longe, para o mar;
5. Os dois paraquedas da bomba se desdobraram e levaram-na a uma maior distância mar adentro;
6. Nenhuma das anteriores;
7. Um pescador espanhol viu a bomba entrar na água. (Essa hipótese chegou mais tarde, depois de os comandantes da marinha falarem com um tal Francisco Simo Orts.);

De forma ideal, nesse ponto, Craven teria conseguido colocar "todos aqueles cenários e todos aqueles gatos [seus especialistas] em uma sala e os teria mandado fazerem suas apostas". Mas com apenas uma noite para criar a doutrina de busca que era necessária, Craven percebeu: "Vou inventar os cenários por mim mesmo *e* supor o que um especialista diante deste cenário apostaria".

A emergência obrigou Craven a atravessar anos de dúvidas teóricas a respeito da construção de um antecedente bayesiano e da estimativa da probabilidade dos seus sucessos:

Enquanto fazia isso, eu percebi imediatamente que seria capaz de vender esse conceito para qualquer operador significante na área. Então pensei, que diabos vou fazer? Vou dizer a eles que isso é baseado na probabilidade subjetiva de Bayes. Em segundo lugar, vou contratar um bando de matemáticos e dizer a eles que quero que coloquem o manto da autenticidade ao utilizar o teorema de Bayes. [...] Então contratei Daniel H. Wagner, Associados para fazer isso.

Daniel H. Wagner era um matemático tão distraído que uma vez seu carro ficou três vezes sem combustível em um mesmo dia. Ele havia obtido um Ph.D. em matemática pura – nada aplicada – da Universidade de Brown em 1957. Vários anos trabalhando para contratantes de setores da defesa convenceram-no de que rigores matemáticos podiam ser aplicados na operação militar antisubmarina e no trabalho de busca e detecção. O fato de que ambos envolviam inumeráveis incertezas o fez recorrer à lei de Bayes. Como colocou Wagner:

> A lei de Bayes é sensível a informações de todos os tipos [...] mas *cada pista tem um erro agregado* porque, se não houvesse erro, não haveria problema de pesquisa: Você simplesmente iria ao alvo e o encontraria imediatamente. O problema é que [...] raramente lhe será dado o valor do erro esperado e assim você terá que deduzir a localização do erro a partir de outra informação.[3]

As pesquisas de operações eram novidade, porém Wagner vinha recomendado por duas autoridades: Capitão Frank A. Andrews (aposentado), o oficial que comandou a busca pelo submarino nuclear Thresher, e Koopman, então líder de uma divisão influente

---

3   *History of Daniel H. Wagner, Associates 1963-1986*, [s.l.]: Daniel H. Wagner, 1988.

do Instituto de Análises para Defesa, a organização com base no campus para os acadêmicos realizarem pesquisas militares secretas.

Indo ao escritório de Craven para informar-se mais sobre a bomba-H perdida, Wagner levou consigo o mais jovem e inexperiente dos três homens que compunham seu *staff*: Henry R. ("Tony") Richardson, que havia obtido um Ph.D. em teoria da probabilidade da Universidade de Brown sete meses antes. Ele seria o principal homem de Bayes em Palomares.

Na medida em que Wagner reconstruía a cena, Craven mostrava aos matemáticos uma interessante carta de navegação das águas de Palomares. O fundo do mar foi dividido em distintas células retangulares e, depois de interrogar especialistas da força aérea, Craven postulou os primeiros seis cenários dos sete que havia formulado. Então recorreu à teoria estatística para ponderar cada cenário quanto à sua possibilidade relativa. Suas ideias não eram quantitativas; ele havia desenhado uma carta topográfica com montanhas de altas probabilidades e vales de regiões improváveis. Ele não estava nem próximo das razões de cada hipótese. Richardson percebeu que, no que concernia a Craven, ele e Wagner eram apenas devoradores de números.

Para Richardson, o fascinante da apresentação do mapa de probabilidade de Craven estava no fato de que era inteiramente baseada em informação inicial anterior a qualquer começo de busca. Craven tinha construído uma regra do polegar* prévia, o primeiro componente da lei de Bayes. Richardson estava familiarizado com a teoria de busca de Koopman, mas os múltiplos-cenários antecedentes de Craven e a promessa de atualização bayesiana pareciam intrigantes. Ao assumir que suas probabilidades acabariam em formas de sino, Craven tornou isso possível para usar réguas de cálculo e calculadoras de mesa eletromecânicas para

---

* Espécie de guia, uma regra de aproximação baseada na experiência de muitos investigadores (não tendo qualquer base matemática ou lógica); o objetivo desta regra é estimar o tamanho mínimo da amostra, para que seja possível efetuar uma análise estatística adequada aos dados. (N. da T.)

desenvolver um mapa de localizações possíveis da bomba baseado na informação antecedente que lhe era disponível. Como Laplace, atribuiu diferentes pesos de probabilidades para cada cenário. Wagner e Richardson foram trabalhar na sede da empresa em Paoli, Pensilvânia, verificando e refinando os cálculos aproximados de Craven. Um colega de trabalho, Ed P. Loane, construiu uma distribuição de probabilidade mais precisa para a localização da bomba-H, perfurando dados em fita de papel e alimentando-os através de linhas de telefone público em um computador eletrônico no escritório próximo da Burroughs Corporation. Transformar caracteres de máquinas de escrever em telas gráficas em uma máquina de teletipo foi desafiador. Um mapa de probabilidade podia acabar tendo essa aparência:

$$\#\#\$\#\&$$
$$\&\$\&\&\#$$
$$\#\$\#\#\$$$

onde # significa uma probabilidade entre 0 e 0.05; $ era uma probabilidade entre 0,06 e 0,10, e assim por diante. Loane trabalhava para a Wagner Associados em período integral na época em que era aluno de meio período de pós-graduação em matemática aplicada na Universidade da Pensilvânia, e queria desesperadamente ir a Palomares no lugar de Richardson. Nesse ínterim, Craven recolhia dados do Pentágono para Richardson levar à Espanha. O jovem ficava impressionado ao ver Craven e outros altos funcionários correndo de um lado para o outro ao seu redor, abrindo portas para ele.

Quase todo dia planejando sessões com os militares logo convenceu os matemáticos de que seu objetivo – usando a lei de Bayes e a atualização para achar a bomba-H – não era a razão pela qual eles foram contratados. Bayes era uma fachada. Se a bomba-H não fosse encontrada, a marinha queria ser capaz de provar estatisticamente que ela não estava lá. "O impulso geral parecia ser o de chegar a uma certificação crível para o presidente de que a bomba-H não poderia ser encontrada, em vez de proceder com uma expectativa de que ela poderia ser achada. Sem dúvida, o primeiro propósito", concluiu Wagner, "é a principal razão pela qual fomos trazidos para a ação"[4].

Richardson concordava:

> Lembro que minhas ordens expressas eram para documentar estatisticamente a busca que estava sendo realizada e, na eventualidade de a bomba não ser encontrada, ser capaz de certificar o presidente e o Congresso de que estava sendo feito todo o possível e de uma forma cientificamente correta e cuidadosa. Então, isso foi praticamente do que fui encarregado de fazer. Tendo lido o trabalho de Koopman, e sabendo que havia alguma coisa como uma busca otimizada com base nas ideias bayesianas, eu estava esperando fazer mais.[5]

Richardson não estava interessado em usar Bayes como uma desculpa matemática para uma falha na expedição. Ele queria encontrar a bomba. Voou para a Espanha com o capitão Andrews, que tinha um Ph.D. em física por Yale e que, depois da busca do Thresher*, havia se aposentado da marinha para se juntar à faculdade da Universidade Católica. Andrews sabia que o Pentágono tinha grandes dúvidas de que a equipe de busca da marinha realmente encontraria a bomba. Além disso, ele tinha sido advertido de que, se a bomba não fosse localizada, o mundo inteiro saberia que a equipe de busca "havia falhado profissionalmente". Em resumo, a marinha estava na berlinda, e carreiras estavam em jogo. "A implicação era, claro, caso não encontrássemos o armamento, ninguém poderia fazê-lo", recordou Andrews mais tarde[6].

4 Ibidem, p. 9.
5 As citações de Henry R. ("Tony") Richardson são de entrevistas com a autora.
* Submarino nuclear desaparecido no mar. (N. da T.)
6 Capitão Frank A. Andrews por e-mail.

Durante o voo, Richard fez um resumo a Andrews da teoria de busca bayesiana. Andrews exclamou: "Oh, se tivéssemos apenas isso durante a busca ao Thresher."[7] Uma vez que uma grande área de busca fosse dividida em pequenas células, a lei de Bayes diria que o fracasso em encontrar algo em uma célula aumenta a probabilidade de encontrar esse algo nas outras. Bayes descreveu em termos matemáticos uma caçada diária por uma meia perdida: uma exaustiva mas estéril busca no quarto de dormir e uma rápida olhadela no banheiro sugeriram que a meia teria maior possibilidade de ser encontrada na lavanderia. Assim, Bayes poderia fornecer informação útil, mesmo se a busca fosse malsucedida.

Chegando em Palomares, eles procuraram um pobre vilarejo tão pequeno que não tinha telefone e nem aparecia nos mapas ou no censo da Espanha. A partir de 3 500 a.C., atividades de mineração e fundição de chumbo e prata haviam esburacado a área deserta com poços abertos e, amaldiçoada com menos de oito polegadas (20,32 cm) de chuva anualmente e um abastecimento de água salobra, a agricultura era limitada a tomates de inverno cultivados para exportação. A explosão aérea do B-52 e o vento tinham polvilhado 558 acres da cidade e seus campos com plutônio radioativo.

Somado a esses problemas, o vilarejo estava sob o cerco de um campo militar de 750 norte-americanos, completo com área de lavanderias, padarias e uma sala de cinema; de uma frota costeira de até dezoito navios por vez; de uma traineira soviética espionando em águas internacionais; e de dezenas de repórteres internacionais enfurecidos por causa de um ocultamento das notícias. Aplicar a lei de Bayes não seria um exercício abstrato de um livro-texto; seria uma operação na corda-bamba conduzida sob intenso escrutínio.

Por quatro dias os governos dos EUA e da Espanha se negaram a admitir que a bomba poderia estar carregada com algum tipo de armamento nuclear. Notícias sobre bombas nucleares e

---

7 Entrevista concedida por Richardson.

radioatividade vazaram só depois que um sargento norte-americano gritou para o primeiro repórter na cena: "Hei, amigo, você fala Espanhol?"

"Claro."

"Bom, diga ao camponês ali para sair da área, pelo amor de Deus. Não consigo fazê-lo entender porcaria nenhuma. Existe radioatividade ali e temos que manter as pessoas livres de contaminação".

Uma catástrofe em relações públicas estava sendo formada. Esse era o primeiro acidente envolvendo dispersão generalizada de material radioativo, e o primeiro que atraiu amplamente a atenção, o escrutínio altamente crítico da mídia mundial. Em três dias, os repórteres em Palomares sabiam que uma bomba nuclear estava perdida, mas seis semanas se passaram antes de o Departamento de Defesa dos EUA confirmar a notícia. A censura do ditador da Espanha, Francisco Franco, manteve as notícias da radioatividade fora das estações locais de rádio, enquanto as transmissões do leste europeu comunista espalharam a palavra. A rádio de Moscou anunciava que "a bomba ainda está no mar, expondo a água e os peixes à radiação", e o governo soviético reclamava que os Estados Unidos haviam quebrado o tratado de proibição do teste nuclear de 1963. O corpo da imprensa local ficou furioso por ter sido furado pela rádio de Moscou, pelos repórteres com base no Pentágono e até mesmo pela *Stars and Stripes*.

A população local estava compreensivelmente apavorada. O turismo e a exportação de frutas e tomates da Espanha entraram em colapso. Manifestantes na Cidade do México, Frankfurt e Filipinas fizeram uma versão da canção popular *My Fair Lady*: "The bomb in Spain lies mainly in the drain."[8] (A bomba na Espanha repousa principalmente no esgoto.) Somado à pressão, a Guerra do Vietnã estava em ascensão e as bases militares dos EUA ao redor do

---

8   F. Lewis, *One of Our H-Bombs is Missing*, New York, McGraw-Hill, 1967, p. 99-100, 133, 165, 168. Seu livro ganhador do Prêmio Pulitzer geralmente é visto como a melhor fonte *in loco*.

mundo encontravam-se em risco. O presidente Johnson telefonava ao Departamento de Defesa todo dia pedindo notícias sobre a busca.

Chegando a esse foco de tensão, o capitão Andrews imediatamente apresentou Richardson para o contra-almirante William S. Guest, comandante da força tarefa da marinha direcionada à procura da bomba. Guest era celebrado como o primeiro piloto de porta-aviões a afundar um navio inimigo na Segunda Guerra Mundial. Ele era notoriamente teimoso e, pelas suas costas, as pessoas chamavam-no de "Bull Dog". Guest entendia de aviões e de orçamentos, mas não de Bayes. Entretanto, compreendia a mensagem de Washington: "*Você vai* ouvir o Dr. Richardson e *nós* vamos ouvi-lo, então, basicamente [...] por essa razão você deve prestar atenção em você mesmo". Esperando uma autoridade augusta, Guest havia designado ao matemático uma cabine de capitão e um camareiro. Quando encontrou Richardson, que aparentava ser até mesmo mais jovem que os seus 26 anos, Bull Dog pigarreou: "Eu não sabia que estávamos recebendo um adolescente."

A primeira coisa que Guest disse a Richardson foi em tom irônico – mas não realmente. O matemático iria provar que a bomba perdida estava em terra porque a empreitada de Guest era procurá-la no mar, e se ela estivesse na terra, encontrá-la seria a tarefa de algum outro. De imediato, Richardson declarou: "Não acho que tenho capacidade para fazer isso."

Guest comandava 125 nadadores e mergulhadores que observavam águas pouco profundas da linha costeira, cruzeiros de detectores de minas em ondas fortes das águas mais profundas, três mil membros da marinha, 25 navios da marinha, quatro submarinos de pesquisa e uma tropa de pesquisadores civis e prestadores de serviço. A busca completa, chamada Aircraft Salvops Med, iria custar 12 milhões de dólares em 1966.

Guest queria economizar o dinheiro empregando o equipamento onde fosse mais adequado e, em seguida, devolvê-lo assim que fosse possível. Isso significa que ele desejava dar buscas em algumas áreas que eram realmente improváveis para se localizar a bomba-H.

A hipótese inicial de Craven era baseada em ventos predominantes, então a caçada inicial se concentrou em uma ampla área retangular chamada Alpha II, ao largo da praia de Palomares. Guest ordenou aos seus nadadores, mergulhadores e detectores de minas para dar buscas nessa área várias e várias vezes.

Richardson começou a trabalhar imediatamente, vasculhando as cartas de navegação da busca até aquela data. O primeiro ponto fraco notado por ele foi que, embora houvesse sinais de onde os navios tinham singrado de um lado para o outro, não havia menção de efetividade. "Só ficar indo e voltando não seria muito bom se não fosse possível vermos o fundo do oceano", disse.

E, de fato, esse era o caso. Qualquer um daqueles sensores utilizados por eles não conseguiria penetrar nas águas profundas, portanto eles estavam basicamente lá fora dando voltas, mas sem contribuir com coisa alguma para a efetividade da busca. [...] Nada disso é crítica. Era apenas uma situação horrível para a missão. Com o mundo todo olhando para você, você não pode amarrar os barcos na doca e dizer que eles são inúteis.

Assim, inspirado por uma conversa com Andrews, Richardson cunhou o termo "Search Effectiveness Probability" (SEP) (Probabilidade de Eficácia de Busca).

Olhando para o mapa do fundo do oceano dividido em uma grade de quadradinhos, Richardson calculou para cada um dos quadrados a probabilidade de que, se a bomba estivesse lá, teria sido encontrada pela quantidade de tentativas de buscas aplicadas naquela área. "Se a Probabilidade de Eficácia de Busca atingisse 95%, você poderia dizer para o almirante: 'Essa área tem tido grandes e exaustivas buscas, e talvez você queira ir para outro lugar'", disse Richardson.

Àquela altura, provavelmente ele sabia tanto quanto qualquer um sobre a busca em curso. Na quarentena dos repórteres curiosos em terra, ele trabalhou noites no escritório de contabilidade do navio. Sua bagagem, cheia de livros de referência e de tabelas de Reber para detectores de minas, que já não eram secretas, havia sido perdida em Madri, então ele meticulosamente recriou algumas das tabelas, sobrepondo pedaços de papel em curvas sobrepostas. Ele não tinha alternativa. Não havia computadores portáteis, e mesmo o computador central IBM possuía apenas 32 kilobytes (nem gigabytes nem megabytes) de memória. Equipado com seus papéis recortados, sua régua de cálculo e máquina de somar, que também podia multiplicar, computou a eficácia das operações de cada dia. Toda manhã saudava "Bull Dog" Guest com novas probabilidades. O almirante gostava de fazer brincadeiras sobre a aparência de menino de Richardson, porém as probabilidades preocupavam-no.

"Comecei calculando SEPs – a probabilidade que você teria de encontrar a bomba se ela estivesse lá – e um monte de zeros apareceu, indicando que, mesmo se ela tivesse estado lá, provavelmente você não a teria visto porque seus recursos não estavam à altura da tarefa." Na outra extremidade da escala SEP, um "um" significaria que a bomba teria sido encontrada, teria estado ali. Richardson estava calculando muito poucos "uns": "Todos aqueles zeros. Quando Guest os viu – lembre-se, esse é um jovem adolescente falando com ele –, no minuto em que viu zeros, ele foi muito sincero em suas perguntas. 'Por que você está me dando zeros quando estive lá por duas semanas?'"

Guest começou a usar avaliações de eficácia da busca como guias quantitativos para equipamentos móveis. Ele desejava documentar que seus equipamentos tinham conduzido suas investigações criteriosamente; não estava interessado em usar atualização bayesiana com a finalidade de encontrar novos lugares mais prováveis para inspecionar. Mesmo quando apareceu um local mais possível para se localizar a bomba-H, o almirante Guest agarrou-se ao seu "plano dos quadrados".

Anos depois, Craven queixou-se de que "o menos informado e sem capacidade de discernimento era o almirante Guest, o oficial comandante em cena". O almirante estava furioso "porque acha que estamos fora do nosso juízo". Richardson é mais indulgente. Guest "tinha outras preocupações". Bayes era um pouquinho pomposo demais. A SEP era compreensível. Mas se você começar a entrar em atualização bayesiana e lidar com palavras engraçadas como antecedentes e posteriores, o almirante tende a não ser paciente com esse negócio". Por isso, avaliar a eficácia da busca tornou-se o foco da busca da bomba-H. A ideia de usar a efetividade de dados para atualizar o primeiro componente bayesiano – cenários de pré--busca de Craven – desvanecia naquele pano de fundo.

Nesse ínterim, o testemunho ocular do veterano pescador Francisco Simo Orts foi rapidamente ganhando credibilidade. Na manhã da colisão, Orts viu um paraquedas enorme passar sobre o seu barco e cair na água a cem jardas de distância. Ele chamou aquilo de "metade de um homem, com as entranhas sendo arrastadas". Apesar da esquisita descrição, sua informação soava autêntica. Estranhamente rígido no ar, o objeto afundou rapidamente, em trinta segundos, paraquedas e tudo. Além disso, Orts disse que a calha era acinzentada; as calhas para o pessoal da força aérea eram da cor laranja e branca, mas eram cinza e branco para bombas. O pessoal da marinha havia entrevistado Orts logo depois da colisão, porém tinham-no descartado, porque ele não usava o procedimento padrão para triangular o local. Ao ter pescado naquelas águas durante toda sua vida, ele conseguia fazer um cálculo de marinheiro a olho, apresentando familiaridade com montanhas e aldeias ao longo da costa e identificando a localização.

O capitão de corveta J. Brad Mooney, oficial assistente de operações para submarinos de profundidade, imaginou que Orts talvez soubesse sobre o que ele estava falando. Mooney, depois promovido a comandante e chefe de pesquisa naval, veio de New Hampshire, onde pescadores de lagosta utilizavam métodos similares para achar suas armadilhas submersas. Ele e Jon Lindberg, um consultor de mergulho comercial, requisitaram um jipe, acharam Orts em um bar e levaram-no para o mar. Quando Orts apontou duas vezes para o mesmo ponto dos detectores de minas no Mediterrâneo, Mooney acreditou nele.

Em pouco tempo o testemunho de Orts formou a base para uma hipótese altamente possível: com um paraquedas desdobrado, a bomba havia mergulhado em um escarpado, em um *canyon* das águas profundas, cheio de resíduos de uma velha mina de chumbo. Mooney traçou um raio de uma milha em torno do local apontado por Orts e batizou-o como Alpha I.

Como recordou Craven: "Não achávamos a bomba durante muito tempo porque o lugar de alta probabilidade é um lugar que não conseguimos alcançar. Ela estava em uma fenda estreita, muito profunda". Muitos dos equipamentos militares necessários para uma busca nas profundezas do mar eram inadequados: cartas de navegação datadas do início do século xx; detectores eram "grosseiramente imprecisos", com erros de até mil jardas; e muitos dos dispositivos mais úteis ficaram disponíveis apenas a partir de fontes comerciais ou de pesquisa. Eles incluíram três pequenos submarinos: o mini Alvin do Instituto Oceanográfico de Woods Hole, o Aluminaut da Companhia Reynolds de Alumínio e o pequeno submarino amarelo chamado de Perry Club.

De toda esquadra de Guest, apenas o submarino Alvin, com capacidade de levar de dois a três homens, conseguiria penetrar as profundezas acidentadas do local de alta probabilidade. Mas a bateria do Alvin estava perdendo a força, e para recarregar sua energia o submarino tinha que ser alçado da água e ficar atracado por longos períodos.

Seis semanas depois da colisão do avião, o capitão Andrews pegou uma carona até a fenda com a tripulação do Alvin. Espiando através de suas portinholas de cinco polegadas, viram de repente um estranho rastro descendo uma encosta, "totalmente diferente de qualquer coisa dali", relembra Andrews, "basicamente como alguém arrastando um tronco pesado ou um barril encosta abaixo". A bateria do Alvin estava acabando novamente, assim eles tiveram que abandonar as marcas de derrapagem e voltar à superfície. Em seguida, por duas semanas uma grande tempestade circundou a área, aterrando e prejudicando o Alvin.

Durante esse tempo o presidente Johnson telefonava ao Departamento de Defesa todo dia, apenas para ser informado: "Não conseguimos dizer quando vamos recuperar a bomba. Podemos apenas expor a *probabilidade* de quando vamos recuperá-la". LBJ respondeu que não queria uma probabilidade; queria uma data. Em particular, Craven acrescentou: "Tenho certeza de que sua resposta foi rude."

Finalmente, o temperamento vulcânico de Johnson explodiu: "Quero que você tenha uma série de acadêmicos de alto nível para observar o plano dessa busca e me diga o que há de errado com ela. Não quero essa besteira de probabilidade. Quero um plano que me diga exatamente quando iremos encontrar essa bomba."

Craven reuniu um comitê de Cornell, Harvard e professores do MIT para ir ao Pentágono na manhã de 15 de março de 1966. Devoradores de números da Wagner Associados apresentaram "um modelo matemático cuja complexidade desafiava a compreensão de meros mortais"[9]. Os professores endossaram o plano bayesiano e pararam para almoçar.

Ao retornar ouviram que a tripulação do Alvin, durante seu décimo nono mergulho ao largo de Palomares, já havia localizado a bomba com seus enormes paraquedas esparramados nas rochas do fundo do mar. A tripulação do Alvin havia telefonado à superfície para informar a localização da bomba-H "como um fantasma lá embaixo [...] como um grande corpo envolvido numa mortalha"[10]. Ele tinha atingido o solo a 1 300 pés de profundidade da água e foi arrastado pela corrente a uma encosta íngreme de aproximadamente 2 850 pés de profundidade. Estava situado dentro da milha que Orts havia indicado.

Depois que a bomba foi recuperada com segurança, o pescador exigiu na justiça um prêmio de 5 milhões de dólares em dinheiro

---

9 J.P. Craven, *The Silent War*, p. 173.
10 F. Lewis, op. cit., 206 e 208.

pelo resgate. A pedido do governo, Richardson usou novamente a teoria de busca otimizada, baseada na lei de Bayes, para estimar o valor do testemunho de Orts: ele tinha salvado o governo com um trabalho duro no último ano. Em 1971, um tribunal do almirantado em Nova York outorgou a Orts 10 mil dólares. Os Estados Unidos já havia pago 600 mil dólares aos residentes de Palomares e dado à cidade uma usina de dessalinização de 200 mil dólares.

Assim como o estudo bayesiano da Corporação RAND tinha alertado há oito anos, a colisão do SAC em Palomares diminuiu a autoridade da Força Aérea dos EUA. Voos militares na Espanha foram proibidos, o número de missões de alerta aéreo do SAC foi reduzido à metade, e a responsabilidade por bases aéreas na Espanha foi transferida do SAC para o Comando Tático Aéreo dos EUA, na Alemanha. Em troca da permissão dada aos Estados Unidos para manter suas bases, Franco pediu ajuda norte-americana para conseguir o ingresso da Espanha na Otan e no Mercado Comum.

O próximo acidente do SAC, envolvendo armamentos nucleares, dois anos depois de Palomares, foi a gota d'água para a Operação Chrome Dome. O acidente ocorreu quando um B-52, carregado com quatro bombas nucleares, se chocou com um banco de gelo no mar, em uma base aérea fora dos EUA em Thule, Groelândia. Os armamentos foram destruídos pelo fogo, porém, como em Palomares, a radioatividade contaminou a área. Em consequência dos dois acidentes, do aumento do custo para manter aviões do SAC no ar, e com o advento de mísseis balísticos intercontinentais, o Secretário de Defesa Robert McNamara encerrou o programa de alerta aéreo do SAC em 1968.

Em 2002, quase quatro décadas depois do acidente de Palomares, as autoridades diziam que não encontraram perigo na área de radiação da superfície. Oficiais de saúde dos EUA e da Espanha relataram que não haviam sido detectadas notícias de câncer por radiação nos residentes de Palomares. Disseram também que os 1600 membros da força aérea que enviaram mil metros cúbicos de terra de Palomares em 4810 tambores de metal, para serem enterrados na Carolina do Sul, tinham sido expostos a insignificantes quantias de radiação, 1/10 do limite atual para pessoas que trabalham com radiação. Mesmo que o público veja o plutônio como extremamente perigoso, estudos do governo mostram que seus raios alfa são tão fracos que não penetram na pele ou na roupa e, se ingerido, deixa o corpo nas fezes. O grande perigo representado pelo plutônio ocorre quando é inalado. Dizem os relatórios oficiais que, apesar de mais de trinta anos vivendo e trabalhando em ambiente contaminado por plutônio, os habitantes de Palomares haviam inalado muito menos que a dose máxima de segurança identificada pelo Comitê Internacional Sobre Proteção Radiológica. A radioatividade descoberta em caracóis em 2006 despertou temores sobre níveis perigosos de plutônio abaixo do solo. Um estudo conjunto Espanha-EUA foi anunciado, e crianças foram avisadas para não brincar em áreas próximas ao local da explosão e não comerem caracóis, uma iguaria local.

Mas o que dizer de Bayes? Qual foi sua contribuição na busca pela bomba-H? Richardson concluiu que: "os números que eu calculava eram números de cobertura, para que [Guest] pudesse dizer que havia coberto essas áreas. [...] Cientificamente, a coisa mais importante na minha mente foi que Bayes foi uma iluminação lateral para a busca da bomba-H"[11].

A caça à bomba-H poderia ter sido o desabrochar máximo do exercício bayesiano. Os antecedentes das probabilidades dos cenários de pré-caçada de Craven poderiam ter sido atualizados com dados de bordo de Richardson para guiar a busca. No entanto, eles nunca foram combinados a tempo de ser de alguma utilidade na localização da bomba perdida. E sem atualização, não havia Bayes. Em vez de Bayes, os heróis foram Orts e o submarino Alvin. A busca pela bomba-H desenvolveu a metodologia para o cálculo dos SEPs (mais tarde chamado LEPs, sigla inglesa para "probabilidade de eficácia de localização"), mas Richardson não poderia começar um artigo a

---

11 Daniel H. Wagner, op. cit., p. 10.

respeito do uso de probabilidade para encontrar a bomba-H a ser publicado em um periódico acadêmico. A caçada à bomba-H foi uma demonstração evidente de quão difícil seria conseguir suporte operacional para a lei de Bayes, mesmo quando algo tão tangível e assutador como a perda de uma bomba termonuclear fosse temido.

Ainda assim, embora a atualização bayesiana não tenha sido utilizada em Palomares, o sucesso da busca fortaleceu a fé de Craven nas buscas cientificas e no potencial da lei de Bayes. Ele e sua equipe aprenderam como calcular hipóteses subjetivas de pré-buscas e pesar sua importância. Perceberam que o futuro dos métodos de busca bayesianos dependia crucialmente do poder computacional e da portabilidade da informação computadorizada. Essa não era uma compreensão insignificante. Richardson tinha sido o único membro da sua classe de pós-graduação em matemática pura a fazer curso de computador, e o cálculo de computador ainda era pensado de uma maneira covarde. Em poucos meses, no entanto, a Wagner Associados adquiriu um terminal de fita perfurada, seu primeiro acesso direto à computação eletrônica. Quando convocados novamente, os bayesianos possuiriam ferramentas melhores.

A marinha teve uma oportunidade dramática para empregar a lei de Bayes dois anos mais tarde, na primavera de 1968, quando dois submarinos de ataque, um soviético e outro norte-americano, desapareceram com suas tripulações no espaço de semanas entre um e outro. Como chefe do Deep Submergence Systems Project (Projeto de Sistemas de Submersão Profunda), Craven foi responsável pela busca dos submarinos. Apesar do papel limitado de Bayes na busca da bomba-H, Craven e Richardson permaneceram convencidos de que o método era cientificamente válido.

O primeiro submarino a desaparecer era movido a diesel e estava armado com um míssil soviético K-129, a fonte do *best-seller* de ficção de Tom Clancy denominado *The Hunt for Red October* (Caçada ao Outubro Vermelho). A Marinha dos Estados Unidos foi alertada para essa perda por causa de uma enorme busca soviética no Pacífico, ao largo da península de Kamchatka, na principal rota frequentada por seus submarinos. Aproximadamente na mesma hora, sensores subaquáticos dos EUA registraram um "estrondo de bom tamanho". O barulho era muito menor que o som de um submarino implodindo a si mesmo, mas isso ocorria em um lugar curioso, longe da operação de busca soviética e na Linha Internacional de Data*, em 40 graus norte e precisamente 180 graus de longitude. Por ser a linha de data um artefato humano, o barulho sugeria um evento feito pelo homem. Craven, uma das poucas pessoas dos Estados Unidos que conhecia casos "extremamente confidenciais", contratou a Wagner Associados para uma análise de probabilidade em grande escala, sem nem mesmo dizer a eles o que iriam procurar. Quarenta anos depois, Richardson ainda não sabia que havia trabalhado na busca por um submarino soviético.

Craven podia pensar em apenas três situações plausíveis para o desaparecimento do K-129: "Primeiro, que o som não tinha nada a ver com o submarino perdido. Segundo, que o som foi feito pelo submarino, mas que ele não afundou, e, como o Nautilus de Júlio Verne, ainda estava deslizando sob o mar". Terceiro, que o compartimento à prova d'água do submarino estava aberto quando ocorreu a crise e a embarcação foi inundada tão rapidamente que não houve colapso. Craven considerou que se o som registrado na Linha Internacional de Data viesse do submarino, *"então ele não estaria de fato onde supostamente era para estar,* e que era por isso que os soviéticos não conseguiam encontrá-lo".

Johnson, distraído durante os tumultuosos últimos meses da sua presidência, autorizou uma busca pelo submarino russo na hipótese de que aquilo poderia ser perigoso, mesmo que a perspectiva

---

* A Linha Internacional de Data (LID), também chamada de Linha Internacional de Mudança de Data ou apenas Linha de Data, é uma linha imaginária na superfície terrestre que implica uma mudança de data obrigatória ao cruzá-la. Ao cruzar a linha de data de leste para oeste soma-se um dia e ao passar de oeste para leste subtrai-se um dia no calendário. (N. da T.)

de encontrá-lo fosse pobre. Finalmente Craven concluiu que o submarino – armado com mísseis balísticos e tripulado por cerca de cem pessoas – era sem dúvida "um perigo, que se afastou por conta própria, em grave desobediência de ordens [...] (e possivelmente com planos para atacar o Havaí). Uma vez que os soviéticos não sabiam o quão longe fora do curso estava seu submarino, *os soviéticos não tinham ideia de que o seu navio era um perigo a menos que disséssemos a eles*"[12]. Autoridades norte-americanas informaram o líder soviético, Leonid Brejnev, sobre o local do estrondo e, em face da evidência de que seus militares deviam estar fora de controle, ele poderia ver a *détente* como uma opção atraente. Mais tarde, norte-americanos fotografaram o K-129, mas foram incapazes de o trazerem à tona.

Em maio de 1968, poucas semanas depois de afundar o submarino soviético, outro submarino, este de ataque a propulsão nuclear, denominado U.S.S. Scorpion, desapareceu com sua tripulação de 99 pessoas no oceano Atlântico. O Scorpion estava cruzando a oeste, indo para casa, em algum lugar ao longo de uma rota submarina de três mil milhas entre a Espanha e a Costa Leste dos Estados Unidos. De acordo com relatos, ele estava armado com dois torpedos nucleares. Segundo um estudo realizado em 1989, o reator e os torpedos do Scorpion estariam localizados entre pelo menos oito reatores nucleares e cinquenta ogivas nucleares que tinham sido perdidos no mar; desses materiais perdidos, 43 faziam parte de submarinos soviéticos afundados e oito eram originários de atividades militares dos Estados Unidos. Sendo que o local da última morada do Scorpion permanecia desconhecido, os militares lançaram uma busca em grande escala.

Craven e Andrews, naquele momento os principais especialistas do mundo em buscas, rapidamente remontaram sua equipe, a mesma da busca da bomba-H. No início, a caçada se estendeu através do oceano Atlântico. De qualquer forma, depois de algumas

---

[12] J.P. Craven, op. cit., p. 205-207.

sondagens burocráticas Craven soube que um posto de escuta ultrassecreto de "uma agência sem nome" havia registrado misteriosos "blips" (pontinhos de transmissão) na extrema profundeza da água a aproximadamente a quatrocentas milhas a sudoeste dos Açores. A localização dos blips correspondia ao itinerário esperado do submarino, o que reduziu drasticamente a área de busca de um retângulo de três mil milhas de comprimento para um quadrado de três ou quatro milhas de lado. Graças a Craven, a investigação deu um salto espetacular à frente.

Craven organizou uma caçada bayesiana bem desenvolvida ao Scorpion desde o início. Quando a bomba-H foi perdida, ao largo da costa espanhola, Craven havia se voltado para Bayes quase que de maneira acidental, na esperança de desviar o descontentamento do Congresso em caso de falha. Dessa vez, a Marinha propôs de modo hesitante, mas com fé crescente, explorar o método.

"Craven tinha confiança em uma abordagem científica desde o início, mas ele devia colocá-la de modo suave, pois essa não era a ideia de todos", disse Richardson. "Obstinado" é a palavra usada com mais frequência para descrever Craven, e para os cinco meses seguintes, de junho a outubro de 1968, ele defendeu Bayes com dedicação contra os céticos. Embora a busca da bomba-H em Palomares tenha falhado ao combinar antecedentes bayesianos e SEPS, Craven ficou entusiasmado quando Richardson propôs fazer a mesma coisa dessa vez. Um potente computador nos Estados Unidos iria calcular as probabilidades das várias hipóteses de pré-buscas. Em seguida, esse antecedente era para ser combinado e atualizado a bordo de um navio com os resultados diários de busca.

Logo depois do desaparecimento do submarino, Richardson voou para os Açores a fim de observar o plano de busca pelo Scorpion e para visitar o USNS Mizar, um navio de pesquisa condutor de operações submarinas. Membros do Laboratório de Pesquisa Naval, do Departamento de Oceanografia da Marinha e de vários fabricantes de equipamentos estavam a bordo do Mizar, trabalhando em turno de doze horas todos os dias. Nos últimos cinco meses, eles haviam cruzado a área por semanas seguidas, arrastando no fundo do oceano algo como que um trenó plataforma coberto com uma câmara de grande angular, sonares e magnetômetros. O cientista chefe a bordo do Mizar, Chester L. "Buck" Buchanan, tinha originalmente projetado o equipamento para encontrar o Thresher e o havia melhorado muito desde então. Ele prometeu não fazer a barba até que o Scorpion fosse encontrado.

A equipe de buscas para encontrar o Scorpion enfrentou até mais incertezas que os caçadores da bomba-H ao longo da costa do Mediterrâneo: uma localização remota a quatrocentas milhas da base em sistemas de navegação baseados na terra, um assoalho de oceano duas milhas abaixo de profundidade e nenhum relato de testemunhas oculares apontando exatamente a localização do Scorpion. O sistema de navegação também apresentava grandes erros e incertezas. Duas redes terrestres de rádio, a Loran e a Ômega, esta de notícias internacionais, eram muito imprecisas para serem utilizadas, satélites fixos estavam disponíveis apenas irregularmente e *transponders* (isto é, radares que recebem e transmitem sinais com frequências diferentes), ancorados no fundo do oceano, eram frequentemente indistinguíveis um do outro.

Quando Richardson chegou a bordo do Mizar, encontrou o navio seguindo ordens de Washington para dar buscas ao largo de Point Oscar (rocha pequena situada ao longo da costa norte da Baia de Terra Nova) – repetidas vezes. Análises iniciais de Craven de dados acústicos sugeriam que o Scorpion devia ter se fixado próximo a Oscar. Utilizando Bayes, no entanto, Richardson tentou mostrar graficamente que eles tinham feito muitas buscas em Point Oscar e que havia restado muita pouca probabilidade de encontrar o Scorpion ali. Apesar de sua brilhante demonstração, a busca em torno de Oscar continuava. Washington teria de emitir ordens para mudar as operações e isso iria requerer convencimento baseado em cálculo de um mapa de probabilidade detalhado, ou seja, de um antecedente bayesiano.

"Em todas as operações em que tenho participado você tem fortes personalidades com suas ideias próprias, e você tem que

para provar o seu valor

argumentar – a menos que alguém (como Craven) em Washington empurrem-nas garganta abaixo", disse Richardson. "Caso contrário, você tem que convencer as pessoas. E elas têm que chegar às suas próprias conclusões de que aquele é o modo certo a se seguir." Conquistadas por Craven, autoridades em Washington ordenaram mais tarde que o mapa de probabilidade antecedente fosse tratado como um fator importante na busca.

Em 18 de julho de 1968, um mês depois do desaparecimento do Scorpion, Craven concedeu um "brain dump" (despeja cérebro) a Richardson e a um novo funcionário de Wagner, Lawrence D. ("Larry") Stone. Craven relatou tudo que ele havia aprendido dos seus especialistas, e o capitão Andrews apresentou uma visão do que submarinistas em um submarino deveriam fazer em várias cirunstâncias. Trabalhando em Washington, Craven e Andrews esboçaram nove cenários que poderiam explicar como o Scorpion afundou. Em seguida atribuíam um peso para cada cenário de acordo com o que era crível. Essa era a mesma abordagem utilizada por Craven na busca da bomba-H. Cada cenário simulava os movimentos do Scorpion e múltiplas incertezas quanto ao seu curso, velocidade e posição no momento do "blip".

Um cenário de alta prioridade foi baseado em uma misteriosa peça de metal curva encontrada pelo Mizar durante um rápido levantamento da região antes do início da busca sistemática. O metal era tão brilhante que não poderia ter ficado por muito tempo no fundo do mar, e estava muito distante do local excessivamente investigado, o Point Oscar.

Richardson e Stone transmitiram suas numerosas notas à sede da Wagner Associados para quantificar as suposições de Craven e Andrews e computar um "mapa de probabilidade" antecedente da localização do submarino no solo do oceano. Primeiro estabeleceram uma grade de busca em torno do "blip", que Craven havia identificado como a provável localização da explosão do Scorpion. Cada célula na grade media uma milha norte-sul e 0,84 milhas leste-oeste, para um total de 140 milhas quadradas.

Na sugestão de Richardson, a equipe de busca dos Estados Unidos tomou uma decisão chave ao usar o método de Monte Carlo para modelar os movimentos do submarino antes e depois do acidente. Físicos do Projeto Manhattan foram pioneiros nas técnicas do método de Monte Carlo para seguir a pista de prováveis rotas de nêutrons em uma explosão de reação em cadeia. Richardson substituiu os nêutrons por "pequenos submarinos hipotéticos". Bayesianos acadêmicos não adotariam os métodos Monte Carlo nos próximos vinte anos.

Começando com a provável localização da explosão (o blip) sugerida por Craven, um computador central de grande porte calculou as probabilidades de que, nos estertores da morte, o submarino mudou o curso e moveu-se, por exemplo, outra milha em qualquer das várias direções aleatórias. Empregando a simplificação de Thomas Bayes, Richardson começou por considerar cada uma das direções como igualmente prováveis. Em seguida, fazendo um ponto em cada nova localização possível, o computador repetia o processo para produzir novos pontos, reiterando o procedimento 10 mil vezes para fazer 10 mil pontos no solo oceânico onde o submarino poderia ter pousado.

O uso da simulação de Monte Carlo para gerar números, com base nos cenários e ponderações pré-busca de Craven, representou um grande avanço nos trabalhos de busca. Segundo Richardson:

> A coisa boa com Monte Carlo é que você joga um jogo de faz de conta, como esse: primeiro de tudo existe dez cenários com diferentes probabilidades, então primeiro vamos escolher uma probabilidade. O dado nesse caso é um número aleatório gerado no computador. Você rola o dado e escolhe um cenário com o qual trabalhar. Então você rola o dado para fixar certa velocidade, e rola o dado de novo para ver qual direção foi tomada [pelo submarino]. A última ação é que ele colidiu com o fundo em um momento desconhecido, então você rola o dado

para o momento desconhecido. Agora você tem velocidade, direção, ponto inicial, tempo. Dado isso tudo, conheço precisamente onde ele (poderia ter) chegado no fundo. Você tem o computador colocando um ponto ali. Rolando o dado, chego a diferentes fatores para cada cenário. Se tivesse paciência o bastante, poderia fazer isso com lápis e papel. Calculamos 10 mil pontos. Assim, você tem dez mil pontos no fundo do oceano que representam possibilidades iguais de posições do submarino. Daí você desenha uma grade, conta os pontos em cada célula da grade, afirmando que 10% dos pontos caem nessa célula, 1% naquela outra célula e essas porcentagens são as que você usa como probabilidades para o antecedente relativo às distribuições individuais.

Os dez mil pontos são calculados em um computador central em uma pequena companhia de Princeton que criptografa dados secretos e perfura-os em fitas de papel. Tais computadores estavam disponíveis apenas no continente na década de 1960. No futuro seriam chamados de *modems* portáteis, *backbreakers* (disjuntores) de retorno de 45 libras de discagem para linhas telefônicas.

Tão enfadonhos como parecem hoje, o tempo compartilhado do computador central de grande porte tornou exequíveis os cálculos repetitivos de Bayes. Ele calculava as coordenadas de dez mil localizações possíveis do Scorpion e, em seguida, contava o número de pontos que caía em cada célula da grade de busca. Sem qualquer tipo de tela de exibição, o computador imprimia os números em fitas de papel de teletipo. Daí os dados eram transmitidos por instáveis linhas de telefone público para Richardson e Stone, em Paoli. Esse era o único modo prático de incorporar todos os dados de pré-busca acumulados por Craven e Andrews em Washington em um detalhado mapa de probabilidade.

Richardson depois se sentiu culpado por calcular apenas um "reduzido" dez mil pontos, mas naquele tempo esse parecia ser um número bem grande. Os computadores de hoje refinam os detalhes mesmo em áreas de baixa probabilidade. Quando os 10 mil pontos do mapa foram concluídos, estavam descritas as probabilidades iniciais em 172 células cobrindo 140 milhas quadradas. Duas células, E5 e B7, destacaram-se como estrelas do rock sob os holofotes. Com a simulação da pré-busca com "*hits*" [grandes sucessos] de 1250 e 1096 [nas células E5 e B7], respectivamente, elas eram de longe as localizações mais possíveis de permanência do Scorpion e de sua tripulação. As dezoito células que vinham a seguir com mais possibilidades apresentavam probabilidades muito mais baixas, entre cem e mil; e a maioria das células (que tinham pontuação abaixo de cem) pareciam quase irrelevantes. O mapa estava baseado em horas de conversas com Craven e Andrews, em seus cenários e em suas ponderações. Diferente das análises da bomba-H de dois anos antes, esse mapa representava um real avanço científico, principalmente por causa dos cálculos de Monte Carlo sobre os possíveis movimentos do Scorpion.

No final de julho, o mapa estava pronto, e Washington ordenou que ele fosse tratado como um fator importante na busca. Agora era o momento para a atualização bayesiana, com dados sobre a eficácia dos esforços da frota de busca em cada célula.

A bordo do Mizar, matemáticos da Wagner Associados acumulavam e registravam a eficácia da busca de cada dia. Stone e, mais tarde, dois jovens estudantes – Steven G. Simpson, candidato a um Ph.D. em matemática no MIT, e James A. Rosenberg, aluno de graduação e estudante cooperado na Universidade Drexel – trabalhavam na área identificada pelos cenários de Craven em duas mil jardas, a partir da peça de metal brilhante de Buchanan. Em cálculos feitos à mão, eles estimavam as capacidades das câmeras da frota, sonares e magnetômetros, e combinavam-nos em um único número, expressando a efetividade da busca conduzida em cada célula da grade no fundo do mar. Esses números finalmente se tornariam o segundo componente na fórmula de Bayes. A cada manhã os estudantes tinham a não invejável tarefa de, com tato, informar a uma série de comodoros da marinha sobre a efetividade de suas buscas: "Bem, senhor, penso que seria melhor se fizesse isso e não aquilo." Psicologicamente, uma busca pode ser difícil. Até o alvo ser encontrado, cada dia representa um insucesso. Como colocou Stone: "Bayes diz que quanto mais você procura sem encontrar o alvo, piores são suas perspectivas, porque o tempo restante para detectar o alvo fica mais longo, não mais curto.[13]" Por outro lado, aqueles com confiança na lei de Bayes poderiam traçar o seu progresso. "As áreas em que você faz busca diminuem em probabilidade", explicou Richardson,

> e áreas em que você não tem feito buscas aumenta [em probabilidade]. Assim, suas probabilidades atualizadas tornam-se mais altas onde você não tem feito buscas. [...] E geralmente é sempre mais adequado continuar procurando na área de maior probabilidade. No dia seguinte você tem uma área de alta probabilidade em outro lugar, provavelmente não onde você fez buscas, e elas emergem em outros lugares no terceiro dia, e você apenas se mantém fazendo buscas em áreas de alta probabilidade e volta a fazer isso no outro dia e no dia seguinte etc. E, a menos que tenha cometido algum erro drástico, finalmente você encontrará o que está procurando.

Assim como aconteceu na caçada à bomba-H, o maior problema acabou sendo superestimar as capacidades dos sensores. Muitos deles nunca haviam sido testados ou sistematicamente avaliados para saber o quão bem conseguiriam detectar uma peça de metal à esquerda ou direita dos seus detectores. Ao pensar sobre o problema, Richardson percebeu: "Você tem duas incertezas e, se o seu objetivo é produzir a expressão matemática para alocar recursos otimizados, eis um ponto interessante."

13 L.D. Stone, op. cit., p. 54.

Como comandantes navais iam e vinham durante as cinco navegações do Mizar para as buscas de localização, a lei de Bayes tornou-se o conjunto de memória da busca e seu principal coordenador. Pela primeira vez, a lei era usada do início ao fim de uma longa busca. Infelizmente, ninguém viu o mapa de antecedentes de Monte Carlo como uma poderosa ferramenta para direcionar as busca do Mizar. Levou quase um mês para se conseguir o mapa da cena de operações por atualizações bayesianas. A comunicação entre terra e mar era tão pobre que Stone finalmente levou o mapa em suas próprias mãos para os Açores, em 12 de agosto. Só a partir da quarta e quinta navegação do navio de pesquisa em outubro – cinco meses depois do desaparecimento do Scorpion – ficaram disponíveis as distribuições detalhadas dos antecedentes com base nos cenários de Craven e Andrew.

A quinta e última navegação do Mizar foi originalmente planejada para testar os sensores, refinar o sistema de rastreamento subaquático e estudar os contornos do fundo do oceano. Nesse interim, Craven tinha organizado estudos acústicos para calibrar com maior precisão a localização do "blip" registrado pelos sensores supersecretos. Pequenas cargas de intensidade estavam explodindo no oceano em posições precisamente conhecidas, e seus sons foram utilizados para refinar a informação registrada pelos postos de escuta navais durante os últimos momentos do Scorpion. Todo dia as análises acústicas de Craven se afinavam com o local mais provável pela proximidade do Scorpion à peça de metal brilhante de Buchanan.

No fim de outubro o cada vez mais impaciente e agora bastante barbudo Buchanan finalmente obteve aprovação para investigar o metal brilhante. Enquanto o trenó do Mizar fazia sua 74ª corrida no solo do oceano, seu magnetômetro apresentou altos picos em várias anomalias na célula F6. Ao retornar à área em 28 de outubro, o Mizar esforçou-se para apontar o local novamente. Por fim suas câmeras revelaram, em repouso no fundo do mar e parcialmente enterrado na areia, o submarino Scorpion. Um detector de sonar com funcionamento deficiente havia passado anteriormente à direita sobre o submarino sem encontrá-lo. A notícia de que Buchanan ia raspar a barba espalhou-se rapidamente nos Estados Unidos. Richardson estava de volta aos Estados Unidos quando recebeu um telefonema. "Eles me deram a localização em código", disse, "e eu o assinalei no gráfico; no começo pensei que fosse marcá-lo bem no meio daquele quadrado com mais alta probabilidade, e fiquei realmente excitado". Em vez disso, ele estava a 260 jardas de distância, próximo da misteriora peça de metal brilhante encontrada no início da busca. A peça mais tarde foi identificada como sendo um fragmento do Scorpion. Ainda assim, Richardson brincou com pesar: 260 jardas de distância, em uma área de 140 milhas quadradas em mar aberto, foi "perto o suficiente para o trabalho do governo".

Anos depois o capitão Andrews argumentou que Bayes estava apenas a um dia e meia milha atrás de Buchanan. Se Buchanan não houvesse retornado ao Mizar com o metal brilhante naquele dia, as probabilidades de pré-busca de Craven, atualizadas com seus posteriores estudos acústicos, teriam encontrado o Scorpion primeiro.

Em 1º de novembro, cinco meses depois do início da busca, Rosenberg, o estudante cooperado de Drexel, levou pessoalmente as fotos do Scorpion aos Estados Unidos. Excluindo o tempo gasto para estudar uma atraente forma enganosa, um casco em forma de rocha, o trenó de busca havia localizado o submarino depois de fazer a varredura de 1026 milhas do fundo do oceano a uma velocidade de um nó para o equivalente de 43 dias, dois dias antes que as previsões bayesianas.

O presidente Johnson foi informado: "a maior probabilidade era de que o naufrágio havia sido causado por um acidente a bordo do submarino"[14]. Dessa vez ele pôde ouvir as probabilidades.

Análises dos sons do Scorpion sugeriam que ele estava viajando a leste, em vez de a oeste, quando naufragou. Vinte anos depois Craven descobriu que o submarino poderia ter sido destruído por

---

14 J.P. Craven, op. cit., p. 202-203.

um "torpedo ativado". Outros submarinos da frota tinham substituído baterias dos torpedos com defeito, mas a marinha exigia que o Scorpion completasse primeiro sua missão. Se o Scorpion tivesse disparado um torpedo com defeito, ele teria perdido seu alvo e provavelmente teria retornado e atingido o submarino que o teria lançado.

Ansioso para documentar os métodos utilizados na busca pelo Scorpion, o Escritório de Pesquisa Naval encarregou Stone de escrever *Theory of Optimal Search* (Teoria da Busca Otimizada). Publicado em 1975, este é um livro descaradamente bayesiano, que agrega matemática aplicada, estatística, pesquisa de operações, teoria da otimização e programas de computador. Mais baratos e mais poderosos, os computadores transformaram as buscas bayesianas de problemas analíticos e matemáticos em algoritmos para programas de software. O livro de Stone tornou-se um clássico, importante para os militares, para a guarda costeira, pescadores, policiais, exploradores de petróleo e outros.

Enquanto Stone escrevia seu livro, os Estados Unidos concordaram em ajudar o Egito a remover do Canal de Suez a munição não detonada proveniente da guerra do Yom Kipur com Israel em 1973. Os explosivos produziram perigosas dragagens. Utilizando os SEPs desenvolvidos em Palomares, foi possível medir a eficácia da busca para se obter a probabilidade de que, se uma bomba estivesse ali, ela teria sido localizada. Mas como alguém poderia estimar o número de bombas que permaneciam no canal quando, para começar, ninguém sabia nem quantas eram? A Wagner Associados selecionou três antecedentes com probabilidades diferentes para expressar números altos, médios e baixos. Depois, empregando o conveniente sistema de conjugar antecedentes, descrito por Raiffa e Schlaifer em 1961, eles afirmaram que cada antecedente teria um posterior com a mesma classe de distribuições de probabilidade. Isso produziu três distribuições manejáveis (Poisson, binomial e binomial negativa) completas com aqueles desideratos estatísticos, valores médios e desvios padrão aceitáveis. Computar tornou-se "uma fatia de bolo", comentava Richardson, porém se revelou impossível para explicar o sistema a calejados especialistas de regulamentação de remoção com dedos que faltam. No fim, ninguém falou sobre Bayes em Suez.

Até aqui, no pós-guerra Bayes havia feito buscas apenas a objetos estacionários, como bombas em um canal, ou a bombas-H e submarinos no solo do oceano. Tecnicamente, estes eram problemas simples. Mas logo depois da limpeza do Canal de Suez e da publicação de *Theory of Optimal Search*, foram feitos intensos esforços para adaptar métodos bayesianos a alvos em movimento: barcos civis à deriva em previsíveis correntes e ventos.

A tecnologia era um perfeito aliado para coordenadores de resgate, como Joseph Discenza da Guarda Costeira dos Estados Unidos, cuja atividade no final dos anos de 1960 era de atender ao telefone quando alguém ligava dizendo: "Meu marido foi pescar com meu filho e eles não voltaram."[15] Depois de checar a área dos portos de escala do barco, ele usava uma Busca da Guarda Costeira e um Manual de Resgate para estimar manualmente a localização do alvo e seus prováveis deslocamentos.

"Como um cachorro com um osso entre os dentes"[16], Discenza começou a informatizar o manual da Guarda Costeira. Estudou teoria de busca e obteve um grau de mestre na Escola de Pós Graduação Naval em Monterey, Califórnia, e um Ph.D. na Universidade de Nova York. Nesse caminho, Discenza descobriu que desde a Segunda Guerra Mundial a Guarda Costeira vinha utilizando a teoria de busca bayesiana, desenvolvida por Koopman, para encontrar submarinos em mar aberto. Discenza preencheu a lacuna da memória da corporação entre as décadas de 1940 e de 1970. "A Guarda Costeira era bem bayesiana. Mesmo quando agia manualmente, fazia à maneira de Bayes", disse Stone. Porém até Discenza, eles eram como os primeiros atuários de seguro contra acidentes, empregavam a lei de Bayes sem percebê-la.

15 L.D. Stone et al., *Bayesian Multiple Target Tracking*, p. ix.
16 Entrevista concedida por Joseph H. Discenza.

Unindo forças com Discenza, a companhia de Wagner projetou, para a Guarda Costeira, um sistema de buscas computadorizado com base em princípios bayesianos. Uma consequência natural das buscas da bomba-H e do submarino Scorpion combinava pistas a respeito da localização original de uma embarcação e subsequentes movimentos em uma série de autoconsistentes cenários e, em seguida, ponderava-os quanto à sua possibilidade.

A Guarda Costeira moderava quais probabilidades de estimativa e ponderações deveriam ser uma decisão de grupo. Cada indivíduo envolvido teria que ponderar os cenários de forma pessoal, antes de serem combinados ou terem suas médias calculadas por consenso. Acima de tudo, nenhum cenário deveria ser descartado. "Deixar de lado a informação subjetiva é jogar fora a informação valiosa porque não há um modo único ou 'científico' para determinar quantidades", incitava Stone[17].

E se um navio em perigo emitisse através do rádio sua posição, mas um pequeno avião relatasse tê-lo visto uma hora depois a cem milhas de distância? Um ou outro teriam produzido um erro na posição, mas nenhum dos relatos deveria ser ignorado; a ambos seria necessário atribuir relativa confiabilidade. Assim, como comentou Stone: "Ao descartar um dos pedaços da informação, o que se está fazendo, na verdade, é o julgamento subjetivo em que uma das ponderações é zero e a outra é um."

A atualização bayesiana e, na insistência de Richardson, as técnicas de Monte Carlo foram incorporadas ao sistema da Guarda Costeira, em 1972, quase duas décadas antes de os teóricos de universidades popularizarem o método ou o termo "filtros". Os métodos de Monte Carlo estimavam um número enorme de possíveis latitudes, longitudes, velocidades, tempos e pesos para cada navio perdido, indicando dez mil possíveis localizações do alvo.

---

17 L.D. Stone et al., op. cit, p. ix; L.D. Stone, The Process of Search Planning: Current Approaches and Continuing Problems, *Operations Research* (31), 1983, p. 209.

Stone também utilizou um procedimento bayesiano, uma versão primitiva de um filtro de Kalman*, para separar e concentrar os dados ou sinais de acordo com critérios específicos e para pesar cada caminho possível do movimento do alvo segundo sua credibilidade. A técnica não se tornou popular entre os acadêmicos até a década de 1990, mas poupou imensa quantia de tempo de militares e empreendedores do espaço nos anos de 1960, porque seus computadores apresentavam pouca memória ou potência. Antes de Rudolf E. Kalman e Richard Bucy inventarem o procedimento em 1961, cada observação original tinha que ser recalculada completamente toda vez que uma nova surgisse; com o filtro, novas observações poderiam ser adicionadas sem haver necessidade de se fazer tudo de novo. Kalman negou veementemente que o teorema de Bayes tinha algo a ver com a sua invenção, mas Masanao Aoki provou matematicamente, em 1967, que ela pode ser derivada diretamente da lei de Bayes. Hoje, essa invenção é conhecida como filtro de Kalman ou filtro de Kalman-Bucy.

Uma vez adotados os métodos de Monte Carlo e os filtros, até mesmo rotas insustentáveis e altamente improváveis produziam valiosa informação e ajudavam os buscadores a determinar quais das restantes eram mais prováveis. Assim que mais informações chegavam dos sensores, de aeronaves da Guarda Costeira, de boletins meteorológicos, de tabelas das marés e de gráficos de correntes e ventos predominantes, os dados eram convertidos em funções de possibilidade e, em seguida, combinados com antecedentes a respeito dos movimentos do alvo para prever sua provável localização. Na medida em que dados eram acumulados com cada iteração, o filtro concentrava um número relativamente pequeno de rotas altamente prováveis.

O sistema da Guarda Costeira estava instalado e funcionando em 1974, quando um barco de atum afundou ao largo de Long Beach,

---

* Método matemático criado por Rudolf Kalman. Seu propósito é utilizar medições de grandezas realizadas ao longo do tempo (contaminadas com ruído e outras incertezas) e gerar resultados que tendam a se aproximar dos valores reais das grandezas medidas e valores associados. (N. da T.)

Califórnia. Dois dias depois, por mero acaso, um cargueiro encontrou doze dos sobreviventes em um bote salva-vidas. Empregando sua nova tecnologia, a Guarda Costeira fez um cálculo retroativo a partir da chance de resgate até o provável ponto de emborco do barco de atum e depois, à frente, novamente usou mapas de probabilidade de correntes oceânicas e a atualização bayesiana. Munida de um mapa de probabilidade bayesiano, a Guarda Costeira resgatou mais três homens no dia seguinte. Outra busca bem-sucedida aconteceu dois anos mais tarde, depois que um navio emborcou e naufragou enquanto atravessava o Pacífico. Cinco marinheiros foram retirados do mar em dois botes salva-vidas. Vinte e dois dias mais tarde, também por acaso, dois sobreviventes foram encontrados em um dos botes salva-vidas. Seis dias depois disso, o mesmo programa da Guarda Costeira encontrou um terceiro sobrevivente, que havia estado à deriva por 28 dias.

Bayes tinha encontrado objetos estacionários alojados no fundo do mar e havia perseguido barcos à deriva por meio de previsões de correntes e ventos. Mas o que havia feito com respeito à localização e perseguição de presas evasivas, um submarino soviético, digamos, ou um alvo em movimento operado por seres humanos? Bayes poderia adaptar-se ao comportamento humano?

"É Guerra Fria, e há submarinos lá fora que são uma ameaça para os Estados Unidos", recordou Richardson. "Eles são alvos móveis, então por que não fazer algo na guerra contra os submarinos. [...] Começamos a fazer alguma coisa nesse sentido nos anos de 1970 e continuamos por duas décadas, e eu pessoalmente trabalhei muito na busca de submarinos no oceano Atlântico e no Mediterrâneo."

Quando o futuro vice-almirante John "Nick" Nicholson assumiu o comando da frota de submarinos norte-americanos no Mediterrâneo, em 1975, ele conseguiu 100 mil dólares concedidos pela ONR (Office Naval Research) [Escritório de Pesquisa Naval] para deixar Richardson em Nápoles por um ano. Esse foi um dos maiores contratos da ONR, e os contadores da marinha consideravam isso um desperdício de dinheiro. Porém o Mediterrâneo estava repleto de navios soviéticos e da OTAN e os submarinos estavam de olho em um e em outro; os soviéticos sozinhos possuíam cinquenta embarcações, incluindo dez submarinos. No começo dos anos de 1970, o "Med" ficou tão abarrotado que os governos norte-americanos e soviéticos assinaram um pacto para reduzir as colisões. Quando a Marinha dos Estados Unidos deu início ao rastreamento de rotina dos submarinos soviéticos no Mediterrâneo, em 1976, Nicholson pensou que Richardson e a lei de Bayes poderiam ajudar.

Partindo do zero, Richardson acionou as informações da inteligência em um antiquado computador instalado em Nápoles: sinais prévios de submarinos; tipos especiais de submarinos soviéticos que eram aptos a tomar uma rota particular e executar manobras exatas; e relatórios a partir de boias com sonares, dispositivos de audição de acústica passiva, que eram lançados por uma aeronave em sistemas de vigilância fixados debaixo d'água. Diferente das análises meramente objetivas de Koopman, de transmissões de rádio e de sinais submarinos durante a Segunda Guerra Mundial, Richardson estava fazendo avaliações subjetivas do comportamento dos oficiais soviétivos. Além disso estava usando um *feedback* em tempo real dos resultados atuais de buscas, algo que caçadores de submarinos na Segunda Guerra Mundial teriam visto como ficção científica. A todos estes dados de inteligência, Richardson acrescentou ilhas, montanhas submarinas e passagens estreitas na constrita geografia da região. Esses obstáculos naturais tornaram-se características surpreendentemente úteis.

Por definição, pistas envolvem incertezas e estimativas que estão longe do ideal. Parâmetros mudam quando novos dados aparecem e, "para piorar as coisas, os dados podem ser consideravelmente não informativos e obtidos de diversas fontes", como escreveu Stone[18]. Um *scanner* óptico podia localizar um periscópio distante emergindo um pé acima do horizonte por dez segundos,

18 L.D. Stone et al., op. cit, p. ix.

mas falhava ao identificá-lo como um submarino. Operadores acompanhando sinais de radar em suas telas de computador nem sempre conseguiam distinguir um submarino de uma embarcação de superfície. Arranjos de hidrofones acústicos foram estendidos ao longo do solo marítimo por centenas de milhas para detectar sinais acústicos de baixa frequência emitidos por submarinos, porém seus dados eram, muitas vezes, altamente ambíguos. Alvos diferentes, por exemplo, irradiavam sinais acústicos na mesma ou próximos da mesma frequência. Até mesmo o oceano distorcia os sons. Ondas sonoras eram distorcidas a cada mudança na temperatura da água, e o estrondo da quebra de ondas afetava a razão ruído-sinal. A moeda corrente de Bayes – probabilidades – fundiu informações recolhidas dessas várias fontes. Entre tal falta de clareza e relatórios efêmeros, a lei de Bayes estava em seu elemento.

Em um dia de verão, em 1976, um submarino soviético movido a energia nuclear deslizava em silêncio através do Estreito de Gibraltar e penetrava no Mediterrâneo. Era uma embarcação classe Echo II de 5 600 toneladas, armada com mísseis de cruzeiro que podiam ser disparados da superfície. A frota norte-americana rastreou-o até a Itália antes de perdê-lo de vista. Ninguém conseguia dizer quando ele iria passar pelo Estreito da Sicília no Mediterrâneo oriental.

Além dos submarinos sob o seu comando, a Nicholson foram consignados quatro destróieres antisubmarinos que puxavam, com cabos rebocadores, trenós experimentais carregados de detectores de sonar. Arranjando suas forças de ponta a ponta no Estreito da Sicília, de modo que os destróieres tivessem uma chance de detectar o submarino soviético passando através do Estreito, Nicholson aguardou sob tensão. "A espera levou muito mais tempo que todo nosso pessoal de operações de (inteligência) estava esperando", relatou Nicholson anos mais tarde. "Tony continuava trabalhando em seu programa e seguia dizendo, 'Ainda acho que há uma possibilidade de x por cento de que ele não atravessou ainda.'"[19]

---

19 Entrevista concedida pelo vice-almirante John "Nick" Nicholson.

Superiores de Nicholson estavam pressionando-o para mobilizar seus submarinos e embarcações de superfície sobre o Mediterrâneo oriental para procurar o submarino por toda aquela região. Porém ele era um veterano em matéria de pressão; tinha sido oficial executivo e navegador do segundo submarino nuclear a navegar, sob a calota de gelo ártico, para o Polo Norte e comandou o primeiro submarino nuclear que foi do Pacífico ao Polo Norte no inverno. Richardson, ainda debruçado sobre o velho computador, encorajou Nicholson a ignorar seus comandantes. "Creio que devemos levar pelo menos um ou dois dias mais", disse. Ele estimou a probabilidade de que o submarino ainda não tinha deslizado em surdina pelo estreito em aproximadamente 55%. Nicholson não sabia quanta confiança podia depositar no sistema de Richardson. Era um sistema novo que englobava avaliações subjetivas do comportamento humano, e estava sendo usado para tomadas de decisão em tempo real. No entanto Richardson estava preenchendo um vazio que outros especialistas de inteligência e de operações não conseguiam. Ao tomar uma decisão ousada que poderia ter destruído sua carreira, Nicholson decidiu aguardar. "E eis que fizemos contato e fomos capazes de rastrear o sujeito através do Estreito". A Sexta Frota foi triunfante e, como Richardson descreveu a reação dos militares de alta patente, "a maioria deles se tornou crente" nos métodos de busca bayesiana.

Graças ao cabo rebocador de detectores de sonar, cada vez que o submarino soviético ia à superfície no Mediterrâneo oriental um dos destróieres de Nicholson estava passando por perto. Seus comandantes tinham ordens para não chegar muito próximo do submarino, mas, como disse Nicholson: "Estes rapazes dos destróieres não ouvem muito bem."

Numa certa manhã clara de domingo o submarino soviético foi à superfície com sua vela (uma estrutura metálica cobrindo periscópios e mastros) quatro pés fora da água. Acompanhando de perto se encontrava um dos destróieres de Nicholson, o Voge, de 3 400 toneladas. Para a surpresa de todos, o submarino soviético virou-se na direção do Voge e arremeteu a toda velocidade.

Conforme Nicholson narra a história:

> Todos no navio estavam tirando fotos daquela coisa, o submarino se deslocou à frente em vinte nós com sua vela fora da água, quando o capitão da embarcação de superfície diminuiu a velocidade por algum motivo. Aparentemente o capitão do submarino não visava diretamente [a embarcação de superfície], e a primeira coisa você sabe, o submarino abalroou direto o Voge. Acreditamos que o capitão soviético estava tentando cortar o cabo rebocador do sonar, o qual lhe tinha dado tais ímpetos explosivos.

O submarino ficou extremamente danificado e o seu capitão foi destituído do seu comando na mesma noite. O Voge foi rebocado para a França para reparos. O incidente provou o valor do sistema de rastreamento e do cabo rebocador de sonar de Richardson em embarcações de superfície. Mais tarde, os métodos bayesianos rastrearam submarinos soviéticos no Atlântico e Pacífico, embora depois da dissolução da URSS, em 1991, submarinos russos fora de sua área e em posicionamento estratégico tenham sido reduzidos em grande medida.

"A atividade da guerra antisubmarina foi praticamente o ponto auge das ações realmente bayesianas", ponderou Richardson. "Era como estar de volta à Espanha novamente. Eu estava dez ou quinze anos mais velho, sentado a noite inteira, operando meu computador e dando esclarecimentos ao almirante pela manhã. [...] Esse é o tipo de felicidade suprema, quando você pode fazer coisas se moverem ao redor do mundo com base em suas ideias."

Nesse meio tempo, os militares, que tinham sido tão lentos para adotar a teoria bayesiana de busca, estavam explorando seu uso para identificar asteroides que vinham em alta velocidade em direção à Terra e para localizar satélites soviéticos enquanto orbitavam no espaço. Em 1979 a Otan apoiou um simpósio em Portugal para incentivar a solução de "problemas reais" com métodos bayesianos.

A maioria dos presentes era do exército, mas Richardson e Stone deram palestras sobre suas caçadas submarinas, enquanto outros falaram a respeito de buscas e resgates, e de exploração de camadas de petróleo. Entre os civis presentes estava Ray Hilborn, um recém--intitulado Ph.D. em zoologia que estava interessado em salvar as populações de peixes nos oceanos do mundo. Ele havia obtido sua primeira exposição de aplicações bayesianas simples de um grupo de pensadores do Leste-Oeste conduzido por Raiffa, em Viena, seis anos antes.

Hilborn estava impressionado com o fato de que as pessoas na conferência da Otan lidavam com problemas práticos que requeriam tomadas de decisões. Sua própria atividade envolvia o estabelecimento de limites legais para a pesca de determinadas espécies e, ao ouvir os discursos, disse a si mesmo:

> Deus, esse é realmente o caminho para formular as questões que quero fazer. Todos que de fato estão envolvidos no mundo real fazem coisas de uma maneira bayesiana. O limite das abordagens [frequentistas] só não é óbvio até realmente você ter tomado algumas decisões. Você tem que ser capaz de perguntar: "Quais são os estados alternativos da natureza, e o quanto acredito que são verdadeiros?" (Frequentistas) não podem fazer essa questão. Os bayesianos, por outro lado, podem comparar hipóteses[20].

Levaria quase dez anos para ele encontrar um problema para Bayes na pesca, mas Hilborn era um homem paciente.

---

20 Entrevista concedida por Ray Hilborn.

parte cinco

vitória

16.
eureca!

na medida em que a revolução do computador inundava o mundo moderno com dados, a lei de Bayes enfrentava uma de suas maiores crises em 250 anos. Uma teoria do século XVIII – descoberta quando fatos estatísticos eram escassos e o cálculo era lento e trabalhoso – estava condenada ao esquecimento? Ela já havia sobrevivido a cinco golpes quase fatais: Bayes a tinha posto de lado; Price publicou-a, mas foi ignorada; Laplace descobriu sua própria versão, mas depois favoreceu sua teoria da frequência; o frequentismo virtualmente baniu-a; e os militares mantiveram-na em segredo.

Em 1980, qualquer um que estudasse o meio ambiente, a economia, saúde, educação ou ciências sociais estava teclando e recebendo dados em um terminal conectado a um computador central. "Input" tornou-se um verbo. Registros médicos, por exemplo, continham dúzias de medições de todos os pacientes, desde a idade, gênero e raça até a pressão arterial, peso, ataques cardíacos e histórico de tabagismo. Estatísticas de vinho incluíam medições químicas e índices de qualidade para todos os vinicultores, variedade e vindima.

Porém quem sabia quais dos vinte e tanto atributos de um paciente ou de um vinho eram importantes? Pesquisadores precisavam analisar mais de uma incógnita ao mesmo tempo, calcular a relação entre múltiplas variáveis e determinar o efeito que uma mudança em uma tinha nas outras. Além de tudo, fatos da vida real não se enquadravam nas bem comportadas curvas em forma de sino, e cada vez que as variáveis eram refinadas, mais incógnitas surgiam. Computadores estavam gerando uma revolução multivariada e semeando a praga das incógnitas chamada de maldição da alta-dimensionalidade. Os estatísticos tinham que saber se um método ideal para lançar algumas moedas de ouro poderia se adaptar ao mundo novo.

Os bayesianos ainda eram um grupo pequeno e sitiado composto por uma centena ou mais no começo dos anos de 1980. A computação chegou para ficar, de modo que muitos pesquisadores ainda estavam limitados a problemas de "passatempo" e a trivialidades. Os modelos não eram complexos o suficiente. O título de um encontro realizado em 1982, "Prática Estatística Bayesiana", era um oximoro absurdo. Um dos alunos de Lindley, A. Philip Dawid, da University College London, organizou a sessão mas admitiu que "computação bayesiana de alguma complexidade ainda era essencialmente impossível. [...] Não importa quais suas credenciais filosóficas, uma crítica válida e comum do bayesianismo naqueles dias era sobre sua absoluta impraticabilidade"[1].

A maldição da dimensionalidade atormentava tanto bayesianos quanto frequentistas. Vários estatísticos da comunidade acadêmica ainda debatiam se iriam ceder em tudo à análise intensiva por computador. A maioria dos estatísticos da época era composta de matemáticos, e muitos deles confundiam suas velhas e adoradas calculadoras – suas Brunsvigas manuais e Facits elétricas – com os novos computadores eletrônicos. Eles tentavam analisar os novos dados com métodos projetados pelas antigas ferramentas de cálculo. Um estatístico se gabava de que seu procedimento de cálculo consistia em caminhar em sua central de computação da universidade dizendo: "Vamos logo com isso."[2] Graças a pioneiros

---

[1] Entrevista concedida por A. Philip Dawid.
[2] Em D.B. Owen (ed.), *On the History of Statistics and Probability*, p. 421.

como Robert Schlaifer e Howard Raiffa, bayesianos mantinham influência em escolas de negócios e em economia teórica, ao passo que departamentos de estatística eram dominados pelos frequentistas, que se focavam em conjuntos de dados com poucas incógnitas em vez em dados abarrotados de incógnitas. Em consequência, vários departamentos de estatística assistiam de fora como físicos e biólgos analisavam dados a respeito de placas tectônicas, pulsares, biologia evolutiva, poluição, meio ambiente, economia, saúde, educação e ciências sociais. Sem demora, engenheiros, econometristas, cientistas da computação e tecnólogos da informação adquiriram a chancela que parecia faltar a insípidos estatísticos. Críticos torciam o nariz aos departamentos de estatística que estavam isolados, na defensiva e em declínio. As principais publicações de estatística eram tidas como tão matemáticas que poucos conseguiriam lê-las, e tão impraticáveis que poucos iriam desejar adquiri-las. A jovem geração parecia pensar que os computadores e seus algoritmos poderiam substituir completamente a matemática.

No que poderia ter sido uma ruptura computacional, Lindley e seu aluno Adrian F.M. Smith mostraram aos bayesianos como desenvolver modelos para quebrar complexos processos científicos em fases denominadas de hierarquias. Mais tarde o sistema iria se tornar um cavalo de batalha bayesiano, mas naquele tempo fracassou logo de saída. Os modelos eram muito especializados e estilizados para a maioria das aplicações científicas. Seriam necessários mais vinte anos antes que livros-textos bayesianos ensinassem modelos hierárquicos. As principais correntes de estatísticos e de cientistas simplesmente não acreditavam que Bayes poderia ser prático em algum momento. Indicativo dessa atitude é o fato de que enquanto os predecessores clericais de Thomas Bayes faziam parte do *Dictionary of National Biography* da Grã-Bretanha, ele próprio não estava lá.

No entanto, de modo surpreendente, no meio dessas dúvidas acadêmicas, um empreiteiro da Força Aérea dos Estados Unidos utilizava Bayes para analisar o risco de acidente de um ônibus espacial Challenger. A força aérea havia patrocinado um estudo bayesiano de Albert Madansky na RAND Corporation durante a Guerra Fria, mas a National Aeronautics and Space Administration (NASA) ainda desconfiava das representações subjetivas de incertezas. Consequentemente, foi a força aérea que patrocinou uma revisão, em 1983, das estimativas da NASA sobre a probabilidade de uma falha no transporte espacial. A empreteira Teledyne Energy Systems empregou uma análise bayesiana, usando a experiência antecedente de 32 falhas confirmadas durante o lançamento de 1902 propulsores de foguetes. Utilizando "probabilidades subjetivas e experiência operacional", a Teledyne estimou a probabilidade de falha de uma carga auxiliar de foguete de 1 em 35; a estimativa da NASA àquela altura era de 1 em 100 mil. A Teledyne, no entanto, insistia que "a abordagem prudente é apoiar-se em estimativas conservadoras de falha, com base na experiência antecedente e em análises probabilísticas"[3]. Em 28 de janeiro de 1986, durante o lançamento do vigésimo quinto ônibus espacial, o Challenger explodiu, matando todos os sete membros da tripulação a bordo.

A disparidade entre alguns momentos de aceitação de Bayes pelos militares e a recusa da comunidade acadêmica de estatística em adotá-lo ainda é enigmática. As experiências ultrassecretas dos militares com Bayes, durante a Segunda Guerra Mundial e a Guerra Fria, deram a eles confiança no método? Os militares tinham menos receio de usar computadores? Ou simplesmente tinham acesso mais fácil aos computadores mais potentes? Dado que muitas fontes que lidavam com a Segunda Guerra Mundial e com a Guerra Fria ainda são confidenciais, nunca poderemos saber a resposta dessas questões.

Vários pesquisadores civis enfrentavam até aqui problemas intratáveis concernentes à saúde pública, sociologia, epidemiologia e restauração de imagens fazendo experimentos durante os anos de 1980 com computadores por Bayes. Uma grande controvérsia a

---

[3] R.M. Cooke, *Experts in Uncertainty*, p. 20.

respeito do efeito das emissões do motor a diesel na qualidade do ar e no câncer inspirou o primeiro empenho. Na década de 1980, especialistas em câncer possuíam dados sólidos acerca dos efeitos nas pessoas, em animais de laboratório e em células, do hábito de fumar cigarros, porém tinham poucas informações precisas sobre a fumaça do diesel. William H. DuMouchel, do departamento de matemática do MIT, e Jeffrey E. Harris, do departamento de economia do MIT e do Hospital Geral de Massachussetts, uniram-se em 1983 para lançar a seguinte pergunta: "Seria possível apropriar-se e extrapolar e tirar proveito de informação de espécies não humanas para humanos?"[4] Tais metanálises, combinando os resultados de testes similares, eram complexas demais para frequentistas abordarem, mas DuMouchel era discípulo de Smith e do trabalho hierárquico deste com Lindley. Harris não era estatístico e não importava a ele qual método usaria, contanto que respondesse à questão. Ao adotar o Bayes hierárquico, eles se apropriaram de informações obtidas de testes laboratoriais com camundongos, células de embrião de hamsters e substâncias químicas. Incorporaram ainda opiniões de especialistas sobre a relevância biológica de não humanos para humanos e do cigarro para a fumaça de diesel. Bayes permitiu a eles considerar formalmente, para suas incertezas, a combinação de informação entre espécies.

Os microcomputadores não eram amplamente disponíveis. Muitos dos pesquisadores que estudavam a nova epidemia Acquired Immune Deficiency Syndrome-AIDS (Síndrome de Imunodeficiência Adquirida), por exemplo, faziam cálculos estatísticos à mão, e atalhos matemáticos ainda estavam sendo publicados para eles. Harris programava o projeto de diesel em APL, uma linguagem usada para multiplicação de matrizes, e o enviava por teletipo ao computador central do MIT. Ele fazia ilustrações em cartolinas, acrescentava legendas pressionando letras de cera e conseguiu, por um fotógrafo do MIT, tirar seus retratos.

4   Entrevista concedida por Jeffrey E. Harris.

Graças aos estudos em camundongos e em hamsters, DuMouchel e Harris foram capazes de concluir que mesmo se veículos a diesel para carga leve capturassem 25% da fatia do mercado em vinte anos, o risco de câncer de pulmão seria insignificante para o típico morador urbano comparado ao típico fumante de um maço de cigarro por dia. O risco do fumante era 420 mil vezes pior. Hoje, metanálises bayesianas são estatisticamente antiquadas, mas DuMouchel e Harris fizeram bayesianos se empolgarem com um número maior de métodos para grandes dados – e com a potência da computação para lidar com eles.

Enquanto pesquisadores de câncer no pulmão exploravam Bayes, Adrian Raftery trabalhava na Faculdade Trinity, em Dublin, em um bem conhecido conjunto de estatísticas acerca de fatais explosões de poeira de carvão nas minas britânicas no século XIX. Pesquisadores anteriores haviam utilizado técnicas de frequência para mostrar que taxas de acidentes em mineradoras de carvão tinham mudado ao longo do tempo. Eles supunham, entretanto, que a mudança tinha sido gradual. Raftery queria checar se elas tinham sido graduais ou abruptas. Primeiro, desenvolveu certa matemática frequentista pesada para analisar os dados. Em seguida, por curiosidade, fez experimentos com a lei de Bayes, comparando uma variedade de modelos teóricos, para ver qual tinha a maior probabilidade de determinar quando a taxa de acidentes de fato mudou. "Achei isso bem fácil. Simplesmente resolvi muito, muito rapidamente", recordou Raftery. E ao fazer isso descobriu um notável, e até então desconhecido, evento na história da Grã-Bretanha. A análise bayesiana de Raftery revelava que as taxas de acidentes caíram de repente no final dos anos de 1880 ou começo dos anos de 1890. Um amigo historiador sugeriu o por quê. Em 1889, os mineiros da Grã-Bretanha tinham criado a militante Federação dos Mineiros (que mais tarde tornou-se a União Nacional dos Trabalhadores em Minas). A segurança era o seu problema número um. Quase da noite para o dia, as minas de carvão tornaram-se seguras.

"Esse foi um momento Eureca", disse Raftery. "Foi totalmente excitante. E sem a estatística bayesiana, teria sido muito mais difícil fazer um teste daquelas hipóteses"[5]. A estatística com base em frequência operava bem quando uma hipótese era um caso especial de outra e ambas supunham comportamento gradativo. Mas quando hipóteses estavam competindo e nenhuma delas era um caso especial da outra, o frequentismo não era de grande ajuda, especialmente com dados envolvendo mudanças abruptas – como a formação de um sindicato militante.

Raftery terminou publicando dois artigos em 1986 sobre a modulação de taxas de mudança abrupta. O primeiro, um longo ensaio frequentista, era denso e praticamente não foi lido. O segundo, um ensaio bayesiano, era mais curto e simples, e teve um impacto muito maior. Um terceiro ensaio de Raftery de 1986, que se estendia por apenas uma e um quarto de páginas, obteve efeito imediato nos sociólogos. O artigo apareceu justo quando muitos sociólogos estavam prestes a desistir dos controversos valores-p do frequentismo. Um sociólogo típico podia trabalhar com grupos de dados sobre milhares de indivíduos, cada um com centenas de variáveis tais como idade, raça, religião, clima e estrutura familiar. Infelizmente, quando pesquisadores tentavam determinar a relevância dessas variáveis, usando métodos frequentistas desenvolvidos por Karl Pearson e R.A. Fisher para cinquenta até duzentos casos, os resultados eram muitas vezes estranhos. Efeitos obscuros tornavam-se importantes, ou iam em direções opostas, ou eram refutados por novos estudos. Ao selecionar um único modelo para amostras grandes, os frequentistas ignoravam incertezas sobre o modelo. Mesmo assim, alguns cientistas sociais podiam repetir seus levantamentos ou reprisar experimentos estritamente sob as mesmas condições. No início da década de 1980, vários sociólogos concluíram que, para testar hipóteses, sua intuição era mais acurada que o frequentismo.

[5] Entrevista concedida por Adrian Raftery.

Bayes, por outro lado, parecia produzir resultados que correspondiam mais proximamente à intuição dos sociólogos. Raftery comentou com seus colegas: "O ponto é que deveríamos estar *comparando* os modelos, não apenas estar à procura de discrepâncias possivelmente menores entre um deles e os dados."[6] Pesquisadores querem saber realmente qual dos seus modelos tem mais possibilidade de ser verdadeiro, considerando os dados. Com Bayes, pesquisadores podiam estudar mudanças súbitas de uma forma estável para outra em fases de crescimento biológico, em déficits comerciais e comportamento econômico, no abandono e restabelecimento de sítios arqueológicos e em condições clínicas, tais como rejeição e recuperação em transplantes de órgãos e em ondas cerebrais no Mal de Parkinson. Testes bayesianos de hipóteses bayesianas entusiasmaram a sociologia e a demografia, e o curto ensaio de Raftery ainda consta entre os mais citados em sociologia.

Nesse meio-tempo, o processamento e análise de imagens tornaram-se extremamente importantes para o exército, para a automação industrial e para diagnósticos médicos. Imagens embaçadas, distorcidas, imperfeitas vinham de aviões militares, de sensores infravermelhos, de aparelhos de ultrassom, de tomografia por emissão de fótons, de aparelhos de imagens por ressonância magnética, de microscopia eletrônica e de telescópios astronômicos. Todas essas imagens precisavam de processamento de sinais, remoção de ruídos e desembaçadores para torná-las reconhecíveis. Todos eram problemas inversos perfeitos para a análise bayesiana.

A primeira tentativa conhecida do uso de Bayes para processar e restaurar imagens envolvia um teste de armamentos nucleares no Laboratório Nacional de Los Alamos. Bobby R. Hunt sugeriu a lei de Bayes para o Laboratório e a utilizou em 1973 e 1974. O trabalho era confidencial, mas durante esse período ele e Harry C. Andrews escreveram um livro, *Digital Image Restoration* (Restauração

---

6   A.E. Raftery, Choosing Models for Cross-Classifications, *American Sociological Review*, (51:1), p. 145-146.

Digital de Imagem), a respeito da metodologia básica; o laboratório tirou o livro da condição de secreto e aprovou sua publicação em 1976. O Congresso dos Estados Unidos reteve Hunt em 1977 e 1978 para analisar imagens do tiro no presidente Kennedy. Em sua demostração, Hunt não se referiu a Bayes: "Muito técnico para uma audiência no Congresso", disse mais tarde.

Quase na mesma época em que Hunt vinha trabalhando na análise de imagem para os militares, Julian Besag, na Universidade de Durham, Inglaterra, estava utilizando plantas de tomate doentes para estudar o alastramento das epidemias. Bayes auxiliou-o a discernir as regularidades locais e interações vizinhas entre plantas em crescimento, em sistemas de retícula do tipo *pixel*. Ao olhar para um *pixel*, Besag percebeu que conseguiria estimar a probabilidade de que seus vizinhos poderiam compartilhar da mesma cor, uma ferramenta útil para melhorar imagens. Porém Besag não era um bayesiano de carteirinha, e seu trabalho passou amplamente despercebido naquele tempo.

Um grupo de pesquisadores, acompanhando Ulf Grenander na Universidade Brown, estava tentando projetar modelos matemáticos para representação de imagens médicas, explorando o efeito que um *pixel* poderia ter em alguns dos seus vizinhos. Os cálculos envolviam facilmente um milhão de incógnitas. Grenander pensou que uma vez que Bayes fosse incorporado em um problema real, objeções filosóficas sobre o seu uso iriam desaparecer.

Stuart Geman estava presente no seminário de Grenander em teoria da configuração e ele e seu irmão, Donald Geman, tentavam restaurar uma fotografia tremida de um letreiro de beira de estrada. Os Gemans estavam interessados na redução do ruído e em encontrar modos para capturar e explorar regularidades, para avivar as linhas e bordas de imagens desfocadas. Stuart possuía graduação em física e tinha conhecimentos sobre técnicas de amostragem para uso de Monte Carlo. Então os irmãos Geman inventaram uma variante de Monte Carlo, que era especialmente apropriada para problemas de imagens com muitos *pixels* e retículas.

Sentado em uma mesa em Paris, Donald Geman pensava em uma nomenclatura para o seu sistema. Um presente popular de dia das mães naquela época era uma Amostra Whitman de bombons de chocolate sortidos; um diagrama dentro da caixa na parte superior identificava o recheio escondido de cada bombom. Para Geman, o diagrama era uma matriz de variáveis desconhecidas mas sedutoras. "Vamos chamá-lo de amostragem de Gibbs", disse ele, em homenagem a Josiah Willard Gibbs, um físico norte-americano do século XIX que aplicou métodos estatísticos em sistemas físicos[7].

Os pontos estavam começando a se conectar. Mas os Gemans, assim como Besag, operavam em um pequeno nicho da área, a estatística espacial. E em vez de mordiscar em seu problema um *pixel* de cada vez, os Gemans tentaram devorá-lo inteiro. Operando em níveis de *pixels* em um fragmento célula de 64x64 de uma foto, produziam muito mais incógnitas que um computador poderia digerir em um dia. Descreveram minuciosamente sua amostra em um formidável e complexo ensaio e publicaram-no em 1984, em IEEE *Transactions on Pattern Analysis and Machine Intelligence*. Especialistas em processamento de imagem, em redes neurais e em sistemas adotaram rapidamente o método, que, com os computadores ganhando mais poder a cada dia, também despertou o interesse de muitos estatísticos. Os irmãos passaram os anos seguintes correndo ao redor do mundo, dando palestras como convidados.

Donald Geman usou a amostragem de Gibbs para melhorar imagens de satélites; Stuart utilizou-a para exames médicos. Muitos anos depois, estatísticos fora do pequeno território da comunidade de tratamento de imagens começaram a perceber que versões mais gerais poderiam ser úteis. A flexibilidade e confiabilidade da amostragem de Gibbs iriam torná-la o mais popular algoritmo de Monte Carlo. Ainda mais tarde, o Ocidente viria a saber que um matemático russo dissidente, Valentin Fedorovich Turchin, havia

---

[7] Entrevista concedida por Stuart Geman.

descoberto a amostragem de Gibbs em 1971, mas seu trabalho tinha sido publicado em periódicos de idioma russo, não envolvia computadores e foi negligenciado.

Em 1985, o velho debate entre bayesianos e frequentistas foi perdendo sua aguda polarização, e Glenn Shafer da Universidade de Rutgers acreditava que esse debate tinha se "calcificado em uma discussão estéril, bem ensaiada". Persi Diaconis fez uma observação semelhante, mas ainda assim surpreendente, que ninguém familiarizado com a batalha entre bayesianos, Karl Pearson, Ronald Fisher e Jerzy Neyman poderia ter imaginado. "É bom que nosso campo esteja assim, não competitivo", disse Diaconis. "Se você pegar vários outros campos, como a biologia, as pessoas simplesmente retalham umas às outras."[8]

Ainda assim, permaneceu a convicção de que sem computadores mais potentes e acessíveis e sem softwares econômicos e de fácil utilização, calcular problemas realísticos com Bayes era impossível.

Lindley vinha programando seus próprios computadores desde 1965 e enxergava Bayes como ideal para a computação: "Apenas alimenta-se com uma carga os axiomas e os dados e deixa-se o computador seguir as leis da aritmética." Ele chamou isso de "girar a manivela bayesiana". Porém seu aluno Smith viu algo que o seu mentor não percebeu: a chave para tornar Bayes útil no local de trabalho seria a facilidade computacional, não mais a teoria refinada. Depois Lindley escreveu: "Considero esse o principal erro da minha vida profissional, não ter reconhecido a necessidade da computação mais do que a análise matemática."[9]

Ignorando a postura defensiva de vários departamentos de estatística, Smith lançou uma ofensiva em uma nova direção radical. Amigos de Smith pensam nele como um homem prático, cheio de

---

8 G. Shafer, The Unity and Diversity of Probability, *Statistical Science*, (5:4), p. 440; Persi Diaconis, em M.H. DeGroot, A Conversation with Persi Diaconis, *Statistical Science*, (1:3), p. 334, respectivamente.
9 Lindley em P. Diaconis; P. Holmes, Are There Still Things to Do in Bayesian Statistics?, *Erkenntnis*, (45), p. 5; e em carta à autora.

vida, com habilidade e conhecimentos necessários para viver em uma zona urbana, com pessoas de habilidade e de personalidade confiante, o tipo de pessoa mais confortável em calções de corrida que em trajes acadêmicos. Certamente ele tinha o desejo de fazer o trabalho sujo necessário para tornar Bayes prático. Aprendeu italiano para ajudar a traduzir os dois volumes de *Teoria da Probabilidade* de De Finetti e, em seguida, publicá-los. Pela primeira vez a abordagem subjetivista de De Finetti estava amplamente disponível para estatísticos anglo-americanos. Smith desenvolveu também filtros, dispositivos práticos de computadores que facilitariam imensamente a computação bayesiana.

Em seguida, Smith e três outros colegas – Lindley, José M. Bernardo e Morris DeGroot – organizaram uma série de conferências internacionais para bayesianos em Valência, Espanha. Estas têm acontecido regularmente desde 1979. Smith esperava "a habitual crítica de não bayesianos em reação a qualquer coisa que eu dissesse". Como era previsto, frequentistas acusaram bayesianos de hábitos sectários, de se reunirem em locais remotos e em falsos cabarés, apresentando esquetes e canções com temas bayesianos. Outras disciplinas têm feito o mesmo, claro. As conferência desempenharam um papel vital, auxiliando na construção da camaradagem em uma pequena área sob ataque.

Em 1984, Smith lançou um manifesto – e deu ênfase, em itálico, ao seguinte trecho: *"Eficientes procedimentos de integração numérica são a chave para a maior expansão do uso dos métodos bayesianos."*[10] Com coleta e armazenamento de dados informatizados, análises manuais estavam se tornando impraticáveis. Quando surgiram os microcomputadores, ligados às redes velozes com gráficos e vasta capacidade de armazenamento, analistas de dados finalmente podiam ter esperanças de improvisar tão facilmente quanto fizeram com lápis e papel. Com a praticidade característica, Smith pôs seus alunos da Universidade de Nottingham para

10   A.F.M. Smith, Comment, JAVA (78), p. 245 e 255.

vitória

trabalhar, desenvolvendo softwares eficientes e de fácil utilização para problemas bayesianos em estatística espacial e epidemiologia. Intrigado com os projetos de Smith, Alan Gelfand, da Universidade de Connecticut, perguntou a Smith se poderia passar seu ano sabático em Nottingham. Quando Gelfand chegou, Smith sugeriu que ele começasse algo novo. Gelfand recorda: "Ele me deu os ensaios de Tanner e Wong, dizendo, 'Este é um tipo de ensaio interessante. Deve haver algo mais que isso.'" Wing Hung Wong e Martin A. Tanner, respectivamente da Universidade de Chicago e de Wisconsin, estavam interessados na análise de imagem espacial para identificar ligações genéticas e para mapear o cérebro utilizando tomografia por emissão de pósitron. Wong vinha adaptando o algoritmo EM para os bayesianos, um sistema iterativo desenvolvido secretamente pela Agência de Segurança Nacional durante a Segunda Guerra Mundial e no início da Guerra Fria. Arthur Dempster e seu aluno Nan Laird, de Harvard, descobriram o EM independentemente uma geração mais tarde e publicaram-no para uso civil em 1977. Como a amostragem de Gibbs, o algoritmo EM trabalhava de modo iterativo para transformar pequenas amostras de dados em estimativas possíveis de serem verdadeiras para uma população inteira.

Gelfand estava estudando o ensaio de Wong quando David Clayton da Universidade de Leicester passou por acaso e disse: "Ah, o ensaio dos irmãos Geman tem algo a ver com isso, eu acho." Clayton havia escrito um relatório técnico que, embora nunca tivesse sido publicado, era concernente à amostragem de Gibbs. No momento em que Gelfand viu o ensaio dos Gemans, as peças começaram a se encaixar: Bayes, a amostragem de Gibbs, as cadeias de Markov e iterações. Uma cadeia Markov pode ser composta de escores de *links*, e para cada um deles um intervalo de possíveis variáveis deve ser amostrada e calculada uma após a outra. Qualquer um que estude um efeito raro e sutil deve calcular cada cadeia repetidas vezes para chegar a um número grande o suficiente para revelar a raridade. Os números envolvidos tornam-se gigantescos, e a extensão e a monotonia dos cálculos faziam muitos pesquisadores desistirem.

Porém Gelfand e Smith viram que a substituição da difícil integração pelas amostragens seria uma maravilhosa ferramenta computacional para os bayesianos. "Você retorna às coisas mais básicas que se aprende em um curso introdutório de estatística", explicou Gelfand. "Se você quer aprender a respeito de uma distribuição ou de uma população, você toma amostras delas. Mas não tira amostra diretamente." Estatísticos espaciais e tratadores de imagens estavam procurando por modelos locais como um todo, mas Gelfand e Smith perceberam que eles deveriam construir longas cadeias, séries de observações geradas uma ou duas de cada vez, uma depois da outra. Como expôs Gelfand:

> O truque era procurar por distribuições simples uma de cada vez, mas nunca procurar o todo. O valor de cada uma dependia apenas do valor da precedente. Dividir o problema em partes minúsculas que são fáceis de resolver e em seguida fazer milhões de iterações. Então você substitui um traço de alta dimensionalidade por muitos traços de baixa dimensionalidade que são cômodos. A tecnologia já está instalada. Eis como você quebra a maldição da alta dimensionalidade[11].

Smith e Gelfand escreveram seu artigo tão rápido quanto podiam. Os elementos do sistema deles já eram conhecidos, mas a magnífica síntese era nova. Logo que outros pensaram a respeito disso, também perceberam a importância do método.

Na época em que Smith apresentou seu *workshop* em Quebec, em junho de 1989, ele mostrou que a cadeia de Markov Monte Carlo poderia ser aplicada em quase qualquer problema estatístico. Isso foi uma revelação. Bayesianos entraram em "choque induzido pela amplitude absoluta do método"[12]. Ao substituir a integração pelas

---

11 Entrevista concedida por Alan Gelfand.
12 C. Robert e G. Casella, A History of Markov Chain Monte Carlo (projeto inédito).

cadeias de Markov, eles conseguiriam, finalmente, depois de 250 anos, calcular antecedentes realísticos e funções de possibilidade, e fazer os cálculos difíceis necessários para obter probabilidades posteriores.

Para quem não é do meio, um dos incríveis aspectos da história de Bayes é que físicos e estatísticos tinham conhecimento das cadeias de Markov há décadas. Para ilustrar esse lapso intrigante, é preciso voltar ao passado. Monte Carlo começou em 1906, quando Andrei Andreyevich Markov, um matemático russo, inventou as cadeias de Markov de variáveis. De todo modo, os cálculos levavam tanto tempo que o próprio Markov aplicava suas cadeias apenas para vogais e consoantes em um poema de Pushkin.

Trinta anos depois, com o início da física nuclear na década de 1930, o físico italiano Enrico Fermi estava estudando nêutrons em reações de colisão. Fermi lutava contra a insônia por meio do cálculo de cadeias de Markov de cabeça, para descrever os caminhos de nêutrons em reações de colisão. Para a surpresa dos seus colegas na manhã seguinte, Fermi conseguia predizer seus resultados experimentais. Com uma pequena máquina mecânica de somar, Fermi construiu as cadeias de Markov para resolver também outros problemas. Os físicos chamavam-nas de cadeias de amostragem estatística.

Fermi não publicou seus métodos e, segundo Jack Good, a censura do governo manteve as cadeias de Markov sob rígido segredo durante a Segunda Guerra Mundial. Depois da guerra, Fermi auxiliou John von Neumann e Stanislaw Ulam a desenvolver a técnica para os elaboradores da bomba de hidrogênio utilizando o novo computador Eniac na Universidade da Pensilvânia. Para calcular a massa crítica de nêutrons necessária para criar uma explosão termonuclear, Maria Goeppert Mayer, uma futura vencedora do Prêmio Nobel em física, simulou o processo com as cadeias de Markov, acompanhando um nêutron de cada vez e tomando decisões em vários locais, de acordo com a maior possibilidade de o nêutron ser absorvido, ou escapar, ou morrer, ou sofrer fissão. Os cálculos eram muito complicados para o equipamento existente da IBM, e muitos pensavam que o trabalho estava além dos computadores. Porém Mayer relatou que os cálculos "não forçavam a capacidade do Eniac"[13]. Em 1949, em um simpósio organizado pelo National Bureau of Standards, pelo Oak Ridge National Laboratory e pela RAND, ela se dirigiu a físicos para informar matemáticos e estatísticos sobre as até então aplicações confidenciais.

Naquele mesmo ano, Nicholas Metropolis, que havia chamado o algoritmo de Monte Carlo de "jogo de aposta do tio Ulam", descreveu o método em termos gerais para estatísticos no prestigioso *Journal of the American Statistical Association*. Mas ele não detalhou a forma atual do algoritmo até 1953, quando seu artigo apareceu no *Journal of Chemical Physics*, que geralmente é encontrado apenas em bibliotecas de física e química. Além disso, ele e seus coautores – duas equipes de maridos e mulheres, Arianna e Marshall Rosenbluth e Augusta e Edward Teller – estavam preocupados estritamente com partículas se movendo em torno de um quadrado. Eles não generalizaram o método para outras aplicações. Assim, físicos e químicos foram os pioneiros dos métodos de Monte Carlo. Trabalhando nos primeiros computadores que possuíam entre 400 e 80 mil bytes de memória, eles lidavam com perdas de memória, fitas ilegíveis, falhas nas válvulas eletrônicas e programação em linguagem Assembly. Antigamente se levava literalmente meses para se localizar um pequeno erro de programação. Nos anos de 1950 a RAND desenvolveu uma série de conferências sobre técnicas de Monte Carlo, e empregou-as em um laboratório de simulação especialmente construído para testar caso a caso problemas muito complexos para fórmulas matemáticas.

Durante esse período de dificuldade, estatísticos eram aconselhados várias vezes a usar mais Monte Carlo com ou sem computadores. Em 1954, dois estatísticos associados ao British Atomic Energy Research Establishment (Estabelecimento de

---

13 Em A.S. Householder, *Monte Carlo Method*, p. 19.

Pesquisa Britânico de Energia Atômica) recomendaram que leitores do *Journal of the Royal Statistical Society* consultassem o "Pobre Homem de Monte Carlo", para cálculos com caneta e papel; John M. Hammersley e Keith W. Morton disseram que Monte Carlo era tão fácil como um "simples tricô". Lindley descreveu as cadeias de Markov em 1965 em um texto para os alunos da faculdade.

Em um caso particularmente pungente, W. Keith Hastings, um matemático da Universidade de Toronto, foi abordado por químicos que estavam estudando cem partículas que interagiam entre si quando sujeitas a forças externas. Por causa das seiscentas variáveis no caso, Hastings disse que percebeu imediatamente a importância das cadeias de Markov para as principais correntes da estatística e devotou todo seu tempo a elas: "Eu estava excitado porque o fundamento da ideia retornava a Metropolis. Assim que percebi isso, foi dada a largada. Eu só tinha que trabalhar. Não tinha escolha." Em 1970, ele publicou um artigo, generalizando o algoritmo de Metropolis no periódico de estatística *Biometrika*. De novo, bayesianos ignoraram o artigo. Hoje, computadores rotineiramente utilizam o algoritmo Hastings-Metropolis para trabalhar em problemas envolvendo mais de 500 mil hipóteses e milhares de problemas paralelos de inferência.

Hasting estava vinte anos à frente do seu tempo. Se tivesse publicado seu artigo quando potentes computadores passaram a ser amplamente acessíveis, sua carreira teria sido muito diferente. Como ele lembra: "Muitos estatísticos não foram direcionados para a computação. Eles fazem esses cursos teóricos, quebram a cabeça com artigos teóricos e alguns deles querem uma resposta exata."[14] O algoritmo Hastings-Metropolis fornece estimativas, não números precisos. Hastings saiu da pesquisa e se estabeleceu na Universidade de Victoria na Colúmbia Britânica, em 1971. Ele soube da importância do seu trabalho depois de se aposentar, em 1992.

---

14 Entrevista concedida por W. Keith Hastings.

Por que os estatísticos demoraram tanto para compreender as implicações de um velho método? E por que Gelfand e Smith foram os primeiros? "A melhor coisa que posso dizer é que nós meio que tropeçamos nele. Tivemos sorte", comenta Gelfand hoje em dia. "Tivemos apenas a sorte de estarmos ali sentados, aguardando as pessoas juntarem as peças."

O momento também foi de suma importância. Gelfand e Smith publicaram sua síntese quando computadores desktop de alta velocidade e baratos tornaram-se finalmente potentes o bastante para abrigar grandes pacotes de software que poderiam explorar relações entre diferentes variáveis. Bayes estava começando a ter a aparência de uma teoria que necessita de um computador. Os cálculos que haviam irritado Laplace nos anos de 1780 e que frequentistas evitavam com seus conjuntos de dados de variáveis escassas pareciam ser o problema – não a própria teoria.

No entanto, Smith e Gelfand ainda pensavam em Monte Carlo como um último recurso para ser usado na hora do desespero em casos complicados. Eles escreveram timidamente, com cuidado para usar a palavra Bayes apenas cinco vezes em doze páginas. "Havia sempre alguma preocupação a respeito do uso da palavra Bayes, uma atitude defensiva natural por parte dos bayesianos em termos de evitar problemas", disse Gelfand. "Éramos sempre uma minoria oprimida, tentando obter algum reconhecimento. E ainda que *nós* pensássemos estar fazendo as coisas do jeito certo, éramos apenas um pequeno componente da comunidade estatística e não tínhamos muito alcance na comunidade científica."[15]

O artigo de Gelfand-Smith era uma "epifania no mundo da estatística", como relataram os bayesianos Christian P. Robert e George Casella. E apenas no caso de alguém não perceber o sentido exato do que diziam, eles acrescentaram: "Definição: nota de epifania. Um evento espiritual [...] um súbito lampejo de reconhecimento." Anos depois, eles ainda descreveriam o impacto do artigo

---

15 Entrevista concedida por S. Gelfand.

de Gelfand-Smith em termos de "centelha", "lampejo", "choque",
"impacto" e "explosão"[16]. Livrando-se da timidez, Gelfand e Smith escreveram um segundo artigo seis meses depois, com Susan E. Hills e Amy Racine-Poon. Dessa vez eles pontuaram sua matemática de forma exuberante com palavras como "surpreendente", "universalidade", "versatilidade" e "implementado de forma trivial". Concluíram de modo grandioso: "O potencial da metodologia é enorme, interpretação objetiva da análise de um número de problemas até agora vistos como intratáveis de uma perspectiva bayesiana."[17] Luke Tierney, da Carnegie Mellon, amarrou a técnica ao método Metropolis, e o processo inteiro – que físicos haviam denominado de Monte Carlo – foi rebatizado como cadeia de Markov Monte Carlo, ou, abreviando, MCMC (Markov Chain Monte Carlo). A combinação de Bayes e MCMC tinha sido reconhecida como "comprovadamente o mecanismo mais poderoso jamais criado para processar dados e conhecimento"[18].

Quando Gelfand e Smith deram um workshop sobre MCMC na Universidade do Estado de Ohio, no início de 1991, ficaram estupefatos ao constatarem a presença de cerca de oitentas cientistas. Não eram estatísticos, mas vinham utilizando Monte Carlo em arqueologia, genética, economia e em outros assuntos durante anos.

Os cinco anos seguintes correram em um frenesi de excitação. Problemas que tinham sido um pesadelo quebraram tão facilmente como ovos para uma omelete. Doze anos antes, o título da conferência "Estatística Prática Bayesiana" era tido como uma piada. Porém, depois de 1990 estatísticos bayesianos conseguiam estudar conjuntos de dados em genômica ou climatologia, e criar modelos muito maiores que físicos podiam em algum momento ter imaginado quando começaram a desenvolver os métodos de Monte

---

16 C.P. Robert; G. Castella, op. cit.
17 A.E. Gelfand et al., Illustration of Bayesian Inferense in Normal Data Models Using Gibbs Sampling, *JASA*, (85:412), p. 972-985.
18 J. Gill, *Beysian Methods: A Social and Behavioral Sciences Approach*, p. 332.

Carlo. Pela primeira vez, os bayesianos não precisavam simplificar demais suposições de "brinquedo".

Na década seguinte, o mais expressivamente citado artigo na ciência matemática foi um estudo de aplicações práticas bayesianas em genética, esportes, ecologia, sociologia e psicologia. O número de publicações empregando MCMC aumentou exponencialmente.

Quase de modo instantâneo, MCMC e amostragem de Gibbs mudaram completamente o método de ataque dos estatísticos a problemas. Nas palavras de Thomas Kuhn, houve uma mudança de paradigma[19]. MCMC solucionava problemas reais, utilizando algoritmos de computador em vez de teoremas, e guiava estatísticos e cientistas em um mundo em que "exato" significava "simulado" e operações repetitivas de computador substituíam equações matemáticas. Foi um salto quântico em estatística.

Na época em que Smith e Gelfand publicaram seu artigo, os frequentistas podiam fazer uma grande quantidade de coisas a mais que os bayesianos. Mas dentro de anos os bayesianos puderam fazer mais que os frequentistas. Na excitação que se seguiu, o estatístico de Stanford, Jun S. Liu, trabalhando com o biólogo Charles E. Lawrence, demonstrou a analistas do genoma que Bayes e MCMC poderiam revelar motivos (estruturas relacionadas) em proteína e no DNA. O projeto internacional para sequenciar o genoma humano, lançado em 1990, estava produzindo enormes quantidades de dados. Liu demonstrou como em alguns segundos, em uma estação de trabalho programada em Bayes e em amostragem de MCMC iterativa, seria possível detectar padrões sutis, intimamente relacionados com as sequências de proteínas e de ácido nucleico. Em seguida, ele e Lawrence puderam inferir a crítica ausência de dados apontada em ancestrais comuns, em estruturas e em funções. Logo a genômica e a biologia computacional estavam tão infestadas de pesquisadores, que Gelfand decidiu procurar outro lugar para outro projeto de pesquisa.

---

19 *The Structure of Scietific Revolutions*. (Trad. bras. Beatriz Vianna Boeira e Nelson Boeira, *A Estrutura das Revoluções Científicas*.)

Entre 1995 e 2000 bayesianos desenvolveram filtros de partículas, como o filtro de Kalman, e aplicações em finanças em tempo real, análise de imagens, processamento de sinais e inteligência artificial. O número de participantes nas conferências bayesianas em Valência quadruplicou em vinte anos. Em 1993, mais de dois séculos depois de sua morte, Thomas Bayes finalmente juntou-se aos seus parentes clericais no *Dictionary of National Biography*.

Em meio ao frenesi da comunidade bayesiana sobre as MCMC e as amostragens de Gibbs, um programa de software genérico levou as ideias bayesianas para o mundo científico e do computador.

Em um exemplo de serendipidade, dois grupos separados por oitenta milhas de distância trabalharam de modo independente, durante o final da década de 1980, em diferentes aspectos do mesmo problema. Enquanto Smith e Gelfand desenvolviam a teoria para MCMC em Nottingham, o aluno de Smith, David Spiegelhalter, trabalhava em Cambridge, na unidade de bioestatística do Conselho de Pesquisa Médica. Ele possuía um ponto de vista ligeiramente diferente a respeito do uso de Bayes para simulações em computador. Os estatísticos nunca haviam considerado produzir softwares para que outros pudessem compartilhar dos seus trabalhos. Mas Spiegelhalter, influenciado pela ciência da computação e da inteligência artificial, decidiu que compartilharia o seu. Em 1989, começou a desenvolver um programa de software genérico para algumas pessoas que desejavam usar modelos gráficos para simulações. Mais uma vez, Clayton foi uma influência importante. Spiegelhalter apresentou o seu software como livre, o programa de prateleira* BUGS (abreviatura de Bayesian Statistics Using Gibbs Sampling) [Utilização da Amostragem de Gibbs pela Estatística Bayesiana], em 1991.

---

* Software de prateleira é comumente definido como um programa de computador produzido em larga escala, de maneira uniforme e colocado no mercado para aquisição por qualquer interessado. (N. da T.)

O BUGS causou o grande salto na popularidade bayesiana. Ele ainda é o software mais popular para análises bayesianas, e dissemina os métodos bayesianos por todo o mundo.

"Não era um projeto muito grande", admite Spiegelhalter. "Era uma ideia de grande eficácia e incrivelmente básica, relacionando a amostragem de Gibbs a um gráfico para escrever programas genéricos."[20] Seu código simples permanece exatamente o mesmo até os dias de hoje, desde 1991.

Ecologistas, sociólogos e geólogos rapidamente adotaram o BUGS e suas variantes: WinBUGS, para usuários da Microsoft; LinBUGS, pela Linux; e OpenBUGS. Porém a ciência da computação, a aprendizagem de máquinas e a inteligência artificial também consumiram o BUGS com regozijo. Desde então ele vem sendo aplicado para mapear doenças, é utilizado em farmacometria, ecologia, economia em saúde, na genética, em arqueologia, psicometria, engenharia costeira, desempenho educacional, estudos de comportamento, econometria, transcrição musical automatizada, modelagem de esportes, avaliação de estoques de pesca e ciência atuarial. Ao visitar um laboratório marinho, um bayesiano ficou surpreso ao descobrir que todos os cientistas do lugar utilizavam o BUGS sem nenhum estatístico por perto.

A pesquisa médica e testes de diagnósticos estavam entre os primeiros beneficiários da nova popularidade de Bayes. Justo no momento em que o frenezi das MCMC parecia estar diminuindo, Peter Green da Universidade de Bristol demonstrou aos bayesianos como comparar hipóteses elaboradas que os cientistas chamam de modelos. Antes de 1996, ninguém havia feito uma previsão aproximada do risco que havia de um derrame cerebral ao se colocar o foco em um modelo de cada vez. Green mostrou como passar entre os modelos sem gastar um tempo infinito em cada um. Estudos anteriores haviam identificado dez fatores possíveis envolvidos em

---

20 Entrevista concedida por David Spiegelhalter.

derrames cerebrais. Green identificou no máximo quatro: pressão arterial sistólica, exercícios, diabetes e ingestão diária de aspirina. Testes médicos, em especial, se beneficiaram da análise bayesiana. Muitos testes médicos envolvem imagem, e Larry Bretthorst, um aluno do físico bayesiano Ed Jaynes, aperfeiçoou a ressonância magnética nuclear, ou RMN, a detecção de sinal em várias ordens de magnitude, em 1990. Bretthorst tinha estudado problemas de imagem para aprimorar a detecção de sinais de radar para o Comando de Mísseis do Exército.

Em 1991, um público assustado com a epidemia da Aids exigia o rastreamento universal do *human immunodeficiency virus*-HIV (vírus da imunodeficiência humana). Rapidamente os bioestatísticos empregaram Bayes para demonstrar que o rastreamento de uma doença rara em uma população inteira seria contraproducente. Wesley O. Johnson e Joseph L. Gastwirth mostraram que um teste sensível, como o que seria realizado para o vírus HIV, revelaria a muitos pacientes que eles estariam infectados com o HIV, quando na verdade não estavam. Os meios de comunicação publicavam vários suicídios de pessoas que haviam recebido o resultado do teste como HIV positivo, porém não percebiam que elas não estavam necessariamente com o vírus. Assustando pessoas saudáveis e aplicando novos testes nelas com procedimentos mais sofisticados teria sido extremamente caro.

Em grande parte da mesma forma, contudo de modo mais controverso, uma abordagem bayesiana demonstrou que um teste de imagem por ressonância magnética para câncer de mama poderia ser apropriado para uma mulher cuja família possua muitos casos com câncer de mama, mas inapropriado para todas as mulheres entre 40 e 50 anos de idade. Uma mulher que faça uma mamografia a cada ano durante dez anos pode ter quase 100% de certeza de ter recebido um resultado positivo falso do teste, e o resultado da biópsia pode custar de mil a dois mil dólares. No caso do câncer de próstata, o teste de classificação para os níveis sanguíneos elevados do PSA, antígeno prostático específico, é altamente preciso quanto à identificação de homens com o câncer. Apesar disso a doença é tão rara que quase todos que obtêm um resultado positivo do teste não possuem o câncer. (Ver o apêndice B sobre como calcular um problema bayesiano envolvendo câncer de mama.)

Por outro lado, Bayes mostrou também que pessoas com resultados negativos de testes para câncer de mama e de próstata não podem se sentir despreocupadas. O teste de PSA é tão insensível, que as boas notícias oferecidas quase não garantem que um homem não possua de fato câncer de próstata. A mesma coisa acontece para uma menor extensão da mamografia: sua sensibilidade é de aproximadamente 85 ou 90%, e isso significa que uma mulher que descobre um caroço alguns meses depois de obter um resultado negativo da mamografia deve procurar um médico imediatamente. Um bayesiano rígido dá aos pacientes quais as probabilidades de eles terem câncer, em vez de um categórico sim ou não.

Pelo fato de a genética envolver doenças extremamente raras, testes imperfeitos e problemas complicados em que diminutos erros nos dados ou em cálculos podem afetar decisões, as probabilidades bayesianas deverão se tornar cada vez mais importantes para a avaliação de testes de diagnóstico.

Spiegelhalter passou mais de dez anos tentando convencer a comunidade médica de que o BUGS é um modo matemático de aprender a partir da experiência. Ele argumentava que "avanços nos cuidados com a saúde normalmente acontecem por meio da ampliação de conquistas em conhecimento, em vez de quebras por desvio de paradigma, e então esse domínio mostra-se particularmente brando para uma perpectiva bayesiana". Sustentava que "métodos estatísticos padrão são definidos para resumir a evidência a partir de estudos isolados ou de agrupamentos a partir de estudos similares, e têm dificuldades de tratar com a complexidade impregnada de múltiplas fontes de evidência"[21]. Enquanto frequen-

---

21 D.J. Spiegelhalter; K.R. Abrams; J.P. Myles, *Bayesian Approaches to Clinical Trials and Health-Care Evaluation*.

tistas podem elaborar apenas certas questões, um bayesiano pode formular qualquer questão.

Com a introdução de estações de trabalho de alto desempenho nos anos de 1980, tornou-se possível utilizar redes de comunicação para tratar de muitas variáveis interdependentes na medicina, como o fato de que um paciente com temperatura alta geralmente apresentaria também uma elevada contagem de glóbulos brancos. As redes de comunicação bayesianas são grafos de nós com articulações revelando relações de causa-efeito. As "redes" buscam por padrões específicos, designando probabilidades para partes do padrão, e atualizam as probabilidades empregando o teorema de Bayes. Muitas pessoas ajudaram a desenvolver as redes de comunicação bayesianas, que foram popularizadas em 1988, em um livro de Judea Pearl, um cientista da computação da UCLA. Ao tratar de causa e efeito como uma crença bayesiana quantificável, Pearl ajudou a reviver o campo da inteligência artificial.

Ron Howard, que ficou interessado por Bayes quando estava em Harvard, vinha trabalhando nas redes de comunicação bayesianas, no departamento de engenharia econômica de Stanford. Um estudante de medicina, David E. Heckerman, também ficou interessado em Bayes e em sua dissertação de Ph.D. escreveu um programa para ajudar patologistas a diagnosticar doenças linfáticas. Diagnósticos computadorizados tinham sido experimentados, mas abandonados há décadas. O Ph.D. de Heckerman em bioinformática relacionava-se à medicina, porém seu software ganhou prêmios de prestígio nacional em 1990 da Associação de Equipamentos de Computação, organização profissional da área de computação. Dois anos depois, Heckerman ingressou na Microsoft para trabalhar com redes de comunicação bayesianas.

A Federal Drug Administration (FDA) (Agência Federal de Medicamentos) permitiu aos fabricantes de aparelhos médicos utilizar Bayes em seus aplicativos finais para aprovação da FDA. Os aparelhos abarcam quase todo item médico – menos remédios ou produtos biológicos – tais como luvas de borracha, lentes intraoculares, implantes de mama, termômetros, kits domésticos de Aids e quadris e corações artificiais. Por terem geralmente aplicação localizada e por serem aperfeiçoados um passo de cada vez a todo momento, novos modelos de um aparelho deveriam vir equipados com informação entecedente objetiva.

Produtos farmacêuticos são diferentes. Ao contrário dos aparelhos, os produtos farmacêuticos são geralmente descobertas sistêmicas por etapas, de sorte que uma indústria poderia potencialmente induzir, de modo subjetivo, palpites antecedentes de Bayes. Assim, a FDA há muito tempo resistia às pressões vindas das companhias farmacêuticas que queriam usar Bayes quando se pretendia obter aprovação de venda de um medicamento nos Estados Unidos.

De acordo com Spiegelhalter, contudo, a mesma batalha parecia ter diminuído na Inglaterra. Companhias de medicamentos usavam WinBUGS de forma extensiva quando submetiam seus produtos farmacêuticos ao reembolso para o English National Health Service (Serviço Nacional Inglês de Saúde). O processo é, nas palavras de Spiegelhalter, "bem bayesiano sem usar a palavra-Bayes", pois usa antecedentes críticos a respeito do custo efetivo de um medicamento. Linhas de orientação internacional também permitiram aplicações bayesianas em medicamentos, porém essas linhas de orientação são amplamente consideradas vagas demais para serem efetivas.

Fora do diagnóstico e de aparelhos médicos de teste, os procedimentos matemáticos de Bayes tiveram pouco impacto na pesquisa ou na prática da clínica básica. Médicos em atividade sempre têm praticado uma forma intuitiva e não matemática de Bayes para diagnosticar pacientes. A maior incógnita em medicina, afinal de contas, é a questão: "O que está causando os sintomas no paciente?" Mas livros-textos tradicionais eram organizados por doença. Eles diziam que alguém com, por exemplo, sarampo, provavelmente apresentaria manchas vermelhas. No entanto, o médico com um paciente cheio de manchas queria saber o inverso: a probabilidade de o paciente com manchas vermelhas ter sarampo. Problemas bayesianos simples – por exemplo, "Qual seria a probabilidade de um ecocardiograma de esforço prever doenças cardíacas?" – começaram a aparecer em exames autorizados por médicos em 1992. Uma das poucas vezes em que médicos fazem cálculos bayesianos rudimentares ocorre quando um paciente possui sintomas que poderiam envolver um ataque cardíaco com risco de vida, uma trombose venosa profunda, ou uma embolia pulmonar. Para estimar o perigo, um médico atribui pontos para cada um dos fatores de risco do paciente e soma os pontos. No algoritmo de ataque cardíaco, a pontuação determina a probabilidade de que dentro das duas semanas seguintes o paciente viria a morrer, a ter um ataque do coração ou precisaria ter suas artérias coronárias desobstruídas. Os pontos para a trombose e embolia dizem se um paciente tem baixo, médio ou alto risco de desenvolver um coágulo, e qual teste pode produzir um melhor diagnóstico. Esperava-se que o software estaria disponível em breve, para informar a médicos e pacientes o efeito de um determinado resultado de teste em um diagnóstico.

Além da medicina, populações de peixes do oceano em risco de extinção, baleias e outros mamíferos estavam entre os primeiros a se beneficiarem com a robusta novidade computacional de Bayes. Apesar da Lei Norte-Americana de Proteção aos Mamíferos Marinhos de 1972, apenas poucas espécies visíveis e altamente divulgadas de baleias, golfinhos e outros mamíferos marinhos haviam sido protegidas. Algumas populações exploradas, incluindo várias espécies de baleias da Antártica, sofriam colapso enquanto criaturas "controladas". Tendo informações intensas e abundantes a respeito das espécies, frequentistas e bayesianos podiam chegar a decisões similares, porém quando a evidência era frágil – como acontece com frequência no caso de mamíferos marinhos – apenas Bayes incorporava incertezas acerca de dados à mão, e demonstrava claramente quando mais informações eram necessárias.

A maioria das populações de baleias se recuperou durante a década de 1980, mas em 1993 dois biólogos do governo, Barbara L. Taylor e Timothy Gerrodette, escreveram:

> Pelo menos parte da culpa pela espetacular superexploração [do passado] das grandes baleias pode ser colocada nos cientistas que são incapazes de concordar [...] [sobre uma] maneira clara para tratar de incertezas. [...] Em certas circunstâncias, uma população poderia ser extinta antes que um declínio significativo pudesse ser detectado.[22]

Durante a administração de Bill Clinton, a Lei de Proteção da Vida Selvagem foi retificada para aceitar análises bayesianas, o que alertou os primeiros conservacionistas para a necessidade de mais dados.

Cientistas avisaram à Comissão Internacional de Pesca de Baleias que estavam especialmente preocupados com respeito à incerteza de suas mensurações. Cada ano a comissão estabelecia o número de baleias da Groelândia ameaçadas de extinção que podem ser caçadas por esquimós nos mares árticos. Para assegurar a longo prazo a sobrevivência das baleias da Groelândia, cientistas calculam dois números a cada ano: o número de baleias da Groelândia e sua taxa de crescimento. As baleias, talvez os mamíferos mais longevos da Terra, podem crescer mais de sessenta pés de comprimento, pesar mais de sessenta toneladas e comer duas toneladas de comida por dia. Elas passam cerca de apenas 5% do seu tempo na superfície do oceano pois podem ficar submersas por trinta minutos a cada vez, e usam suas cabeças enormes para golpear direto o gelo quando precisam de ar na superfície. Na primavera, equipes de cientistas mantêm-se encarapitadas no alto

---

22 B.L. Taylor; T. Gerrodette, The Uses of Statistical Power in Conservation Biology, *Conservation Biology*, (7), p.489-787.

para detectar baleias da Groelândia contornando Point Barrow, no Alasca, em sua migração anual no oeste Ártico. A contagem era repleta de incertezas.

Cientistas representando todo um espectro de opiniões, do Greenpeace às nações baleeiras, se preocupavam que a falta de dados confiáveis sobre a população de baleias da Groelândia estivesse expondo a espécie a um risco muito grande. Durante uma semana inteira de encontros para discutir o problema, em 1991, a presidência da reunião perguntou: "O que podemos fazer?"[23] Fez-se um completo silêncio. Os cientistas eram os principais especialistas em baleias da Groelândia, porém nenhum deles conseguia responder à questão.

Quando Judith Zeh, presidente do comitê, voltou ao departamento de estatística na Universidade de Washington em Seattle, ela falou com Raftery, que recentemente havia deixado Dublin para se fixar ali. Não é de surpreender que, depois de sua experiência analisando acidentes em mineração de carvão, Raftery pensou que Bayes poderia ajudar no caso. Ao utilizá-lo, o comitê poderia atribuir incertezas para todos os seus dados, e aumentar sinais visuais com o registro de vocalizações de baleias próximo a hidrofones subaquáticos.

De forma providencial, a primavera de 1993 foi recompensadora para o recenseamento de baleias da Groelândia, e o avistamento mais a vocalização mostraram que as baleias estavam, quase sem dúvida, aumentando em uma taxa saudável. Seu restabelecimento indicava que protegendo outra grande população de baleias da caça comercial poderia ajudar a recuperá-las também.

O processo completo – envolvendo métodos rivais bayesianos e frequentistas e facções de caça às baleias, que amiúde estavam em profundo desacordo – poderia ter sido violentamente controverso. Mas os tempos estavam mudando. Pragmatismo regrado. Fazer análises bayesianas em larga escala para combinar dados

---

23 Entrevista concedida por Raftery.

acústicos e visuais era caro, e, por confirmarem estudos anteriores de frequentistas, elas foram interrompidas. Raftery foi adiante utilizando Bayes para a previsão do tempo por 48 horas.

Outros pesquisadores da vida selvagem ergueram a bandeira bayesiana. No momento em que Paul R. Wade decidiu, em 1988, usar Bayes em sua tese de Ph.D., ele disse: "Eu estava longe daquela pequena área da biologia dos mamíferos marinhos, mas sentia como se estivesse no centro de uma revolução na ciência." Dez anos depois, na Administração Nacional Oceânica e Atmosférica, ele estava comparando análises frequentistas e bayesianas de uma pequena e isolada população de duzentas ou trezentas baleias belugas, nas águas do Ártico e Sub-Ártico da Enseada de Cook, Alasca. A captura legal por caçadores nativos era de aproximadamente 87 baleias por ano. Métodos frequentistas iriam requerer sete anos de dados coletados para estimar se essa captura era sustentável. Com Bayes, cinco anos de dados mostravam que a população de belugas estava, quase com certeza, declinando substancialmente, e a experiência poderia ser concluída. "Com uma população pequena, mesmo o atraso de dois anos pode ser importante", dizia Wade[24]. Em maio de 1999, uma moratória de caça entrou em vigor para as belugas da Enseada Cook.

Nesse ínterim, um comitê do Conselho Nacional de Pesquisa na Academia Nacional de Ciências recomendou com rigor o uso vigoroso de métodos bayesianos para aperfeiçoar estimativas de unidades populacionais também de peixes marinhos. Membros do comitê enfatizaram em 1998 que, por causa da vastidão e opacidade dos oceanos, supervisores da vida selvagem precisavam de medições realistas das incertezas em suas observações e modelos. Caso contrário, políticos não podem avaliar os riscos potenciais para a vida selvagem. Hoje, muitas publicações de pesca lançam mão a análises bayesianas.

---

24 Entrevista concedida por Paul R. Wade.

Lindley previu que o século XXI seria uma era bayesiana porque a lógica superior da lei de Bayes iria esmagar os métodos com base na frequência. David Blackwell, de Berkeley, discordava, dizendo: "Se a abordagem bayesiana crescer no mundo estatístico, não será por causa da influência de atuários, engenheiros, pessoas de negócios e de outros que realmente gostam da abordagem bayesiana e utilizam-na."[25] Parecia que Blacwell estava certo: o pragmatismo poderia levar a um desvio de paradigma. As filosofias da ciência não mudaram. A diferença estava no fato de que finalmente Bayes funcionava.

Diaconis vinha se perguntado há anos: "Quando será nossa vez?" Em 1997, ele concluía: "Nossa vez é agora."[26]

Smith tornou-se o primeiro presidente bayesiano da Sociedade Real de Estatística em 1995. Três anos mais tarde surpreendeu seus amigos ao se retirar da estatística para se tornar um administrador da Universidade de Londres. Defensor da medicina baseada em evidência, ele queria ajudar a desenvolver também a política pública baseada em evidência. Colegas consternados puniram-no por abandonar a lei de Bayes. Porém Smith comentou com Lindley que todos os problemas de estatística haviam sido resolvidos. Temos o paradigma, disse, e com as MCMC sabemos implementá-lo. Ele falou a Diaconis que não havia nada mais para fazer com os problemas de estatística, pois bastava colocá-los em um computador e girar a manivela bayesiana.

Em 2008, quando Smith tornou-se consultor científico do Ministro do Ensino Superior, Ciência e Inovação do Reino Unido, um porta-voz da Sociedade Real contou que três estatísticos se tornaram primeiros ministros da Grã-Bretanha[27].

---

25 Em M.H. DeGroot, A Conversation with David Blackwell, *Statistical Science* (1:1), 40-53.
26 P. Diaconis; S. Holmes, op. cit, p. 5
27 Sir John Russell e William Gladstone, no século XIX, e Harold Wilson no século XX.

17.
pedrasderoseta

dois séculos e meio depois de Bayes e Laplace terem descoberto um modo de aplicar o raciocínio matemático em situações de alta incerteza, o método deles alçou voo, planando através da ciência e da internet, introduzindo-se em nosso dia a dia, dissolvendo barreira de linguagens e até mesmo, talvez, explicando nossas mentes. Longe estão os dias em que alguns indivíduos determinados procuraram por dados de orfanatos e mensagens codificadas, e organizaram exércitos de mulheres e estudantes para tratar de cálculos tediosos. Os bayesianos de hoje se deleitam em vastos arquivos de dados da internet, com softwares de prateleira, ferramentas como as MCMC e capacidade computacional tão barata que é basicamente gratuita.

A batalha entre forças bayesianas e frequentistas vem arrefecendo. O bayesianismo como uma estrutura superabrangente foi substituído pela aplicação de utilitários e pela computação. Cientistas da computação que se conectaram à comunidade bayesiana se preocuparam com resultados, não com teoria ou filosofia. E mesmo teóricos, que uma vez insistiram estritamente na adesão aos princípios fundamentais, agora aceitam a visão de John Tukey dos anos de 1950: "Muito melhor uma resposta aproximada para uma pergunta correta, [...] do que uma resposta exata para uma pergunta equivocada." Pesquisadores adotam a abordagem que melhor se ajusta às suas necessidades.

Nessa atmosfera ecumênica, dois oponentes de longa data – a lei de Bayes e a abordagem de possibilidade de Fisher – terminaram sua guerra fria e, em uma grande síntese, apoiaram uma revolução na modelagem. Muitas das novas aplicações práticas de métodos estatísticos são resultados dessa trégua.

Como uma coleção de maquinaria computacional e estatística, Bayes ainda é conduzido pela lei de Bayes. A palavra "Bayes" ainda comporta a ideia, compartilhada por De Finetti, Ramsey, Savage e Lindley, de que a probabilidade é a medida de crença e de que ela pode, como colocou Lindley, "escapar da repetição da unicidade". Dito isso, os atuais bayesianos aceitam que o frequentismo de Fisher, Neyman e de Egon Pearson ainda é eficaz para a maioria dos problemas estatísticos: para análises simples e de padrão, para verificar o quão bem uma hipótese se ajusta aos dados, na edificação de várias tecnologias modernas, em áreas como máquinas de aprender.

Frequentistas proeminentes também moderaram suas posições. Bradley Efron, agraciado com a Medalha Nacional de Ciência, que escreveu uma clássica defesa do frequentismo em 1986, recentemente declarou a um blogueiro: "Sempre fui um baysiano." Efron, que auxiliou a desenvolver procedimentos empíricos bayesianos, enquanto se mantinha um frequentista comprometido, afirmou a mim que Bayes é "um dos grandes ramos da inferência estatística. [...] Os bayesianos ficaram mais tolerantes nos dias de hoje, e os frequentistas estão vendo a necessidade de utilizar tipos de raciocínio bayesianos, então talvez estejamos caminhando para algum tipo de convergência".

A lei de Bayes tem influência em aspectos que seus pioneiros nunca poderiam ter imaginado. "Nem Bayes, nem Laplace", observou Robert E. Kass de Carnegie Mellon,

> reconheceram uma consequência fundamental de suas abordagens, a de que a acumulação de dados faz

com que observadores de mente aberta cheguem a um acordo e convirjam sobre a verdade. Harold Jeffrey, o fundador, em nossa época, da inferência bayesiana para a investigação científica, não avaliou a importância disso para a tomada de decisões. E os legalistas das décadas de 1960 e 1970 não perceberam que Bayes acabaria por ser aceito, não por causa da sua lógica superior, mas porque modelos de probabilidade são admiravelmente hábeis em imitar a variação em dados do mundo real.

Bayes se ampliou a tal ponto que chegou a superpor-se à ciência da computação, à máquina de aprender e à inteligência artificial. Foi autorizado pelas técnicas desenvolvidas tanto por bayesianos entusiastas, durante suas décadas no exílio, como por agnósticos, em relação à recente revolução computacional. O método de Bayes permite aos seus usuários estimarem incertezas, quando centenas ou milhares de modelos teóricos são levados em conta; combina evidências imperfeitas de múltiplas fontes e faz acertos entre modelos e dados; trata de análise de intensos dados computacionais e de máquinas de aprender; e, como por magia, encontra padrões ou estruturas sistemáticas profundamente escondidas em um emaranhado de observações. Tem se espalhado muito além das fronteiras da matemática e da estatística, chegando às altas finanças, astronomia, física, genética, tratamento de imagem e robótica, ao exército e ao antiterrorismo, à comunicação e ao comércio pela internet, ao reconhecimento de voz e à tradução automatizada. Tornou-se até mesmo guia para novas teorias sobre aprendizagem e uma metáfora para o funcionamento do cérebro humano.

Uma das surpresas é que Bayes, como palavra-chave, tem se tornado chique. O biólogo da Universidade de Stanford, Stephen H. Schneider, pretendendo personalizar um tratamento de câncer, apelou à sua lógica bayesiana, obteve sua terapia, entrou em recesso, e escreveu um livro a respeito da experiência. Stephen D. Unwin inventou um "fator fé-crença" pessoal de 28%, para elevar de 67% a "probabilidade bayesiana" de que Deus existe a 95%, e seu livro atingiu a lista dos mais vendidos. Uma expressão da moda, "Somos todos bayesianos agora", brinca sobre comentários feitos anos atrás por Milton Friedman e pelo presidente Richard Nixon como "Somos todos keynesianos agora". E o agente da CIA, em um *thriller* de Robert Ludlum, disse ao herói: "*Sorte*? Obviamente você não ouviu nada do que eu disse. Foi uma questão de aplicar o teorema de Bayes para estimar as probabilidades condicionais. Dando o devido peso às probabilidades *antecedentes*."[1]

É preciso reconhecer que nem todos partilham desse mesmo entusiasmo. Alguns campos importantes se esforçam em continuar a oposição. Talvez a maior ironia é que políticas partidárias mantêm o censo norte-americano antibayesiano, apesar da previsão de Laplace de que governos esclarecidos iriam adotá-lo.

As cortes anglo-americanas de julgamento continuam também, ainda, em ampla medida, fechadas a Bayes. Entre poucas exceções houve um caso, em 1994, em que Bayes foi usado para demonstrar que guardas do estado de Nova Jersey escolhiam motoristas afro-americanos para adverti-los por parar o trânsito. Durante um julgamento de estupro na década de 1990, advogados britânicos tentaram instruir juízes e júris a avaliar evidências, empregando a probabilidade bayesiana; os juízes concluíram que o método "mergulha o júri em domínios inapropriados e desnessários de teoria e complexidade"[2]. O laboratório de ciência forense na Grã-Bretanha

---

[1] S.D. Unwin, *The Probability of God*, p. 190; R. Ludlum, *The Ambler Warning*, p. 394; S.H. Schneider, *The Patient from Hell*. A frase "Somos todos bayesianos agora" à vezes é atribuída a John Maynard Keynes, mas pode ter aparecido pela primeira vez em 1976 em um artigo de John C. Henretta e Richard T Campbell, "Status Attainment and Status Maintenance: A Study of Stratification in Old Age", na *American Sociological Review*, (41), p. 981-992. Para complicar, Campbell estava parafraseando antes uma expressão popular, "Somos todos keynesianos agora", que tinha sido atribuída a Milton Friedman em 1966 e foi popularizada pelo presidente Richard Nixon em 1971. Sou grata a Stephen Senn, Michael Campbell e à Wikipedia por ajudarem a resolver as origens da citação "keynesianos".

[2] A.P. Dawid, Bayes's Theorem and Weighing Evidence by Juries, em R. Swinburne (ed.), *Bayes's Theorem*, p. 84.

e na Europa tem uma história diferente. Ao contrário do laboratório do FBI nos Estados Unidos, os Serviços de Ciências Forenses na Inglaterra seguiram os conselhos de Lindley e agora empregam métodos bayesianos de modo extensivo para avaliar evidências físicas. Os laboratórios da Europa Continental vêm desenvolvendo uma medida quantitativa para o cálculo de vários tipos de evidência, tanto quanto Turing e Shannon utilizaram Bayes para desenvolver *bans* e *bits* como unidade de mensuração para criptografia e computadores. Bayes – referido com tato em círculos forenses como uma abordagem "lógica" ou de "razão de possibilidade" – tem sido aplicado com êxito em casos nos quais os números estavam disponíveis, em especial na definição de perfil de DNA. Pelo fato de o banco de dados do DNA envolver probabilidades acerca de números minúsculos quase inimagináveis – um em vinte milhões, digamos, ou um em um bilhão – eles podem finalmente abrir mais portas de salas de audiência de julgamento para os métodos bayesianos.

Bayes foi manchete no ano 2000 quando aumentou, com dados estatísticos, evidências de DNA que concluíam ser Thomas Jefferson, quase com certeza, pai de seis crianças de sua escrava Sally Hemings. Evidências de DNA das famílias de Jefferson e de Hemings já haviam oferecido fortes provas de que o terceiro presidente, e autor da Declaração da Independência, era pai do filho mais moço de Hemings. Porém, Fraser D. Neiman, diretor de arqueologia na *plantation* Monticello de Jefferson, fez estudos para saber se outras concepções aconteceram durante ou próximo de uma das visitas esporádicas de Jefferson a Monticello. Depois utilizou Bayes para combinar o testemunho histórico antecedente e evidências de DNA com prováveis hipóteses baseadas na agenda de Jefferson. Supondo uma probabilidade de 50-50 de que as evidências antecedentes eram verdadeiras, Fraser concluiu que era quase certo – 99% provável – que Jefferson tinha a paternidade de seis crianças de Heming.

Em economia e finanças, Bayes aparece em múltiplos níveis que vão desde a matemática teórica e filosofia até detalhes práticos de se fazer dinheiro. O método figurou com destaque em três Prêmios

Nobel concedidos a teóricos da economia em 1990, 1994 e 2004. O primeiro Nobel envolveu o italiano bayesiano De Finetti, que antecipou em mais de uma década o trabalho vencedor do prêmio Nobel, Harry Markowitz. Os matemáticos da teoria dos jogos, John C. Harsanyi e John Nash (este último, tema de um livro e do filme *Uma Mente Brilhante*), dividiram um Nobel bayesiano em 1994. Harsanyi empregou frequentemente Bayes no estudo de situações competitivas, em que pessoas possuem informações incompletas ou incertas sobre umas e outras ou a respeito das regras. Harsanyi demonstrou também que o equilíbrio de Nash para jogos com informação incompleta ou imperfeita era uma forma de lei de Bayes.

Em 2002, Bayes talvez não tenha ganho o Prêmio Nobel inteiro mas, com certeza, parte de um. Os psicólogos Amos Tversky, que faleceu antes de o prêmio ser entregue, e Daniel Kahneman mostraram que pessoas não tomam decisões conforme procedimentos racionais bayesianos. As pessoas respondem as questões de pesquisas dependendo da formulação, e médicos optam pela cirurgia ou radioterapia para pacientes de câncer de acordo com a descrição dos tratamentos em termos de taxas de mortalidade ou de sobrevivência. Embora Tversky fosse amplamente visto como um filósofo bayesiano, ele relatava seus resultados utilizando métodos frequentistas. Quando James O. Berger da Duke University perguntou a ele por que, Tversky disse que era simplesmente por uma questão de conveniência. Durante os anos de 1970, era mais difícil publicar pesquisas bayesianas. "Ele apenas tomou o caminho mais fácil", disse Berger.

Alan Greenspan, ex-presidente da Federal Reserve, declarou que usava ideias bayesianas para estimar riscos em política monetária. "Em essência, a abordagem de gerenciamento de risco para a formulação de políticas monetárias é uma aplicação da tomada de decisão bayesiana", disse Greenspan à Associação Americana de Economia, em 2004[3]. O público de economistas acadêmicos e do

---

3   A. Greenspan, Risk and Uncertainty in Monetary Policy, *American Economic Review*, (94:2), p. 33-48.

governo perdeu o fôlego; poucos especialistas em finança analisam dados empíricos com Bayes.

Os economistas ainda estavam recuperando o fôlego quando Martin Feldstein, professor de economia em Harvard, levantou-se, no mesmo encontro, e proferiu um curso intensivo de teoria bayesiana. Feldstein tinha sido conselheiro chefe econômico do presidente Ronald Reagan e era presidente do Escritório Nacional de Pesquisa Econômica, uma destacada organização de pequisa. Ele conheceu a teoria bayesiana nos seminários de Howard Raiffa-Robert Schlaifer, na Escola de Negócios em Harvard, na década de 1960. Feldstein explicou que Bayes permite ao Federal Reserve ponderar um risco de baixa probabilidade de desastre mais decisivamente do que um risco de alta probabilidade que causaria pequenos prejuízos. E comparou Bayes a um homem que precisaria decidir levar um guarda-chuva mesmo quando a probabilidade de chuva é pequena. Se ele leva o guarda-chuva mas não chove, fica incomodado. Porém, se não leva o guarda-chuva e cai uma enxurrada, ele ficará encharcado. "Um bom bayesiano", concluiu Feldstein, "encontra-se carregando um guarda-chuva em muitos dias em que não chove"[4].

Quatro anos mais tarde a chuva inundou o mercado financeiro e bancário. Greenspan, que naquele momento havia se aposentado do Federal Reserve, declarou ao Congresso não ter previsto o colapso da bolha do crédito imobiliário em 2008. Não culpou a teoria utilizada por ele, mas seus dados econômicos, que "geralmente cobriam apenas duas décadas anteriores, um período de euforia [...] [em vez de] períodos históricos de estresse"[5].

Mas Greenspan realmente empregou a estatística bayesiana para quantificar dados econômicos empíricos? Ou eram os conceitos a respeito de incerteza apenas uma metáfora conveniente? O ex diretor do Conselho do Federal Reserve, Alan S. Blinder, de

---
4 Ibidem.
5 *New York Times*, 4 jan. 2009.

Princeton, acreditava que se tratava da última hipótese, e quando disse isso durante uma conferência, Greenspan, que estava na plateia, não objetou.

Em contraste pragmático ao Bayes abstrato nas cerimônias do Nobel e ao Bayes filosófico no Federal Reserve, a lei está por trás de um dos mais bem-sucedidos fundos *hedge* nos Estados Unidos. Em 1993, a Renaissance Technologies contratou da IBM um grupo bayesiano de pesquisadores em reconhecimento de voz liderado por Peter F. Brown e Robert L. Mercer. Eles se tornaram cogestores da carteira de títulos da RenTech e das transações técnicas. Por vários anos, seu Fundo Medallion, limitado a ex-funcionários e a atuais, apresentou retornos médios anuais de aproximadamente 35%. O fundo comprou e vendeu cotas tão rapidamente em um só dia, em 1997, que respondeu com mais de 10% de todas as transações da Nasdaq.

Para procurar padrões não aleatórios e movimentos que auxiliarão a prever os mercados, a RenTech reúne o máximo possível de informações. Inicia com conhecimentos antecedentes a respeito da história dos preços, e de como eles flutuam e se correlacionam uns com os outros. Em seguida a companhia atualiza continuamente essa base de antecedentes. Como explanou Mercer:

> A RenTech recebe 1 trilhão de bytes de dados por dia, vindos de jornais, da AP wire, de todos os negócios, cotações, dos boletins meteorológico, de relatórios de energia, de relatórios do governo, tudo com o objetivo de tentar descobrir qual vai ser o preço de uma coisa ou outra em cada momento do futuro. [...] Queremos saber em três segundos, três dias, três semanas, três meses. [...] A informação que temos hoje é uma versão truncada de qual preço será na semana que vem. As pessoas não compreendem quão ruidoso é o mercado. É muito difícil encontrar informação, mas ela está aí, e, em alguns casos, ela está aí há muito, muito tempo.

É bem próximo do problema da agulha no palheiro enfrentado pela ciência.

Como os investidores da RenTech, astrônomos, físicos e geneticistas usam Bayes para distinguir fenômenos elusivos, quase se afogando em incógnitas. Um cientista pode enfrentar centenas de milhares de variáveis que produzem as melhores previsões. Bayes permite a eles estimar os valores mais prováveis das suas incógnitas. Quando explodiu a Supernova 1987A, astrônomos detectaram precisamente dezoito neutrinos. As partículas tinham se originado da profundeza da estrela e eram as únicas pistas acerca do seu interior, de modo que os astrônomos desejavam extrair o máximo possível de informações dessa minúscula quantidade de dados. Tom Loredo, um aluno de pós-graduação na Universidade de Chicago, foi solicitado para ver o que poderia descobrir. Sendo que a Supernova era uma oportunidade única, métodos com base em frequência não se aplicavam. Loredo começou pela leitura de artigos de Lindley, de Jim Berger e de outras autoridades bayesianas e descobriu que Bayes permitiria a ele comparar várias hipóteses acerca de suas observações e escolher a mais provável. Sua tese de Ph.D., de 1990, acabou por introduzir métodos bayesianos modernos na astronomia.

Desde então, Bayes encontrou um nicho confortável em astrofísica de alta energia, na astronomia de raios-x, astronomia de raio gama, astronomia de raios cósmicos, em astrofísica de neutrinos e na análise de imagens. Em física, Bayes está à caça de elusivos neutrinos, de partículas como o bóson de Higgs e os top-quarks. Todos esses problemas lidam com agulhas no palheiro, e Loredo agora utiliza Bayes na Universidade Cornell em uma nova área: a astroestatística.

Em grande parte da mesma maneira, biólogos que estudam variações genéticas são limitados a pequenos fragmentos de informações quase perdidas entre quantidades gigantescas de dados insignificantes e altamente variáveis nos cromossomos. Buscas computacionais de biólogos por padrões genéticos, por *leitmotiven*, por marcadores e por erros de impressão genética causadores de doenças devem extrair os sinais fracos, mas importantes, do ruído de fundo ensurdecedor que mascara as informações.

Susan Holmes, professora do departamento de estatísticas de Stanford, trabalha em biologia computacional e molecular em aminoácidos. Alguns são extremamente raros, e se ela usasse métodos frequentistas teria que quantificá-los com um zero. Adotando técnicas criptográficas utilizadas por Turing e Good em Bletchley Park, ela tentou quebrar o código genético ao determinar uma pequena possibilidade a espécies ausentes.

Dado que o DNA contém em cada célula biológica instruções completas para fabricar todo tipo de proteína no corpo, o que diferencia a célula do rim da célula do cérebro? A resposta depende do fato de um determinado gene estar ativado ou desativado e se os genes trabalham em conjunto ou não. Holmes monta enormes microarranjos de dados genéticos cheios de ruído e de outras distrações, que podem esconder alguns sinais importantes de genes ativados. Cada microarranjo consiste de vários genes ordenados em um padrão regular sobre uma pequena lâmina de vidro ou membrana; com isso, ela pode analisar a expressão de milhares de genes de uma só vez.

"Isso é muito sutil", diz Susan Holmes.

> [Imagine que] você tem uma cidade à noite como Toronto ou Paris com uma população bastante densa e repleta de edifícios, e às duas horas da manhã você vê que as luzes estão acesas em todos os edifícios. Em seguida, às três e quatro da manhã, você olha de novo. Então você desenvolve um padrão de quais salas estão iluminadas, e destas você infere quem na cidade conhece quem. Isso representa o quanto o sinal é esparso e o quão longe é o salto que você tem que dar, para ver quais genes estão trabalhando juntos. Não é sempre que você possui telefones conectados. Mas a

imagem de algo iluminado é um pouco parecida com a imagem dos microarranjos. Os microarranjos apresentam muito ruído, parecem loucos. Você só tem sussurros, murmúrios de sinais e em seguida grande quantidade de ruído. Você gasta muito tempo observando uma grande quantidade de dados.

Pela necessidade de informação antecendente para montar as redes, muitos microarranjos são analisados com a utilização de métodos bayesianos. Daphne Koller, uma autoridade em inteligência artificial e em biologia computacional em Stanford, também trabalha sobre microarranjos. Ela gostaria de ver não apenas quais genes estão ativados ou não ativados, mas também o que os controla e regula. Ao observar níveis de atividade de genes em fermento, ela descobriu como eles são regulados. Em seguida, ela continuou o experimento com células de ratos e de seres humanos com a intenção de determinar as diferenças na regulação genética entre pessoas saudáveis e pacientes com câncer ou diabetes do Tipo II, especialmente a síndrome metabólica (resistência à insulina).

Sobre a polêmica questão dos antecedentes, Koller se considera em uma posição moderada descontraída. Em contrapartida, bayesianos puristas como Michael I. Jordan, de Berkeley, e Philip Dawid, de Cambridge, contestam o termo "redes bayesianas"; veem a nomenclatura criada por Judea Pearl como um termo impróprio, porque as redes bayesianas nem sempre apresentam antecedentes e Bayes sem antecedentes não é Bayes. Porém Koller insiste que suas redes são totalmente qualificadas como bayesianas, porque ela constrói cuidadosamente antecedentes para suas variáveis.

A fascinação de Koller pela incerteza vem deslocando-a da genética ao tratamento de imagem e à robótica. É típico das imagens apresentarem traços variáveis e ambíguos que são incorporados na confusão de fundo. O sistema visual humano envia dez milhões de sinais por segundo ao cérebro, de onde um bilhão de neurônios retira flutuações aleatórias e irrelevantes, informações ambíguas, para revelar forma, cor, textura, sombreamento, reflexos da superfície, rugosidades e outros traços. Como resultado, os seres humanos podem olhar para um padrão borrado, distorcido e ruidoso e num instante reconhecer uma plantação de tomate, um carro, ou uma ovelha. Contudo, um computador atual, com tecnologia de ponta, preparado para reconhecer carros e ovelhas, talvez retrate apenas retângulos sem sentido. A diferença é que o cérebro humano possui conhecimentos antecedentes para serem integrados às novas imagens.

"Isso é fascinante", diz Koller. O problema não é do hardware do computador; mas sim exclusivamente do software. "Um computador pode ser preparado com facilidade para distinguir um deserto de uma floresta, mas mostrar a localização de uma estrada e revelar a proximidade de um penhasco, isso é muito mais difícil."

Com o propósito de explorar tais problemas de tratamento de imagem, Sebastian Thrun, de Stanford, contruiu um carro sem motorista denominado Stanley. A Defense Advanced Research Project Agency (DARPA) (Agência de Projetos de Pesquisa Avançada de Defesa) lançou um concurso com um prêmio de dois milhões de dólares para o melhor carro sem motorista; o exército quer empregar robôs em vez de veículos tripulados em combate. Em um divisor de águas para a robótica, Stanley venceu a competição em 2005, ao cruzar 132 milhas do deserto de Nevada em sete horas.

Enquanto Stanley percorria o caminho a 35 milhas por hora, sua câmera tomava imagens da rota e o seu computador avaliava a probabilidade de vários obstáculos. Como o robô contornava curvas fechadas e penhascos, e geralmente permanecia no curso do caminho, seu computador conseguia estimar com a probabilidade de 90% um muro erguido nas proximidades e, com a probabilidade de 10%, avaliar se uma vala profunda estava nas adjacências. No caso pouco possível de que Stanley viesse a cair na vala, provavelmente ele teria sido destruído. Portanto, como o economista bayesiano que carrega um guarda-chuva em dias de sol, Stanley desacelerava para evitar até mesmo catástrofes inesperadas. A equipe de inteligência artificial de Thrun preparou os sensores de Stanley, algoritmos de máquinas de aprender e software com registro adaptado em deserto e em passagens nas montanhas. Thrun creditou a vitória de Stanley aos filtros de Kalman. "Cada parafuso daquele carro era bayesiano", disse, com orgulho, Diaconis. Após a corrida, Stanley retirou-se em glória para sua própria sala, no Museu Nacional Smithisoniano de História Americana, em Washington.

No ano seguinte, uma equipe bayesiana da Universidade Carnegie Mellon e da General Motors ganhou outros dois milhões de dólares da Darpa, ao manobrar um robô através do tráfego da cidade, enquanto evitava colidir com outros carros e obedecia os regulamentos do trânsito. Planejadores urbanos esperam que carros sem motoristas possam resolver o congestionamento do tráfego. Outra equipe da Carnegie Mellon contou com a lei de Bayes e com os filtros de Kalman para vencer um campeonato internacional de futebol de robôs envolvendo velozes sistemas multirrobôs.

O exército norte-americano está profundamente envolvido com questões de tratamento de imagens. Sua tecnologia de Automatic Target Recognition – ATR (Reconhecimento Automático de Alvos) faz um uso intenso de métodos bayesianos para robótica e guerra eletrônica, em veículos de combate, mísseis de cruzeiro, aviônica avançada, armamento inteligente, e em inteligência, vigilância e reconhecimento. Os sistemas ATR empregam radar, satélites e outros sensores para distinguir entre, por exemplo, um caminhão civil e um lançador de mísseis. Alguns programas ATR de computador iniciaram com as controversas chances de 50-50 de Bayes, embora elas possam ter forte impacto sobre raros eventos e talvez disponibilizar melhores informações. Ecoando gerações de críticos, pelo menos alguns analistas anônimos do ATR veem a lei de Bayes como "uma afronta, um truque barato e fácil. Ela depende de um palpite inicial. E ainda assim, revela-se como uma aproximação efetiva que parece resolver muitos dos problemas do mundo. Então a lei de Bayes é equivocada [...] exceto pelo fato de que ela funciona." Outras abordagens têm sido computacionalmente mais caras e não produzem resultados melhores.

Além de problemas de tratamento de imagens, os militares envolvem Bayes em rastreamento, em testes de armas e no antiterrorismo. A Ballistic Missile Defense, de Reagan, aplicou uma abordagem bayesiana para rastrear a entrada de mísseis balísticos inimigos. Uma vez que era suficientemente provável que um míssil real fosse detectado, Bayes levava sensores a comunicar apenas seus últimos dados, em vez de recalcular um problema inteiro a partir do zero a cada vez. O National Research Council da Academia Nacional de Ciências instou fortemente o exército dos Estados Unidos a utilizar métodos bayesianos para testar sistemas de armas, especificamente a família Stryker de luminárias cirúrgicas e de veículos leves de combate. Vários sistemas militares não podem ser testados nas enormes amostras requeridas pelos métodos frequentistas. Uma abordagem bayesiana permite aos analistas combinarem dados de teste com informações provenientes de sistemas similares e componentes, e de testes de desenvolvimento anteriores. Ameaças terroristas geralmente são estimadas com técnicas bayesianas. Mesmo antes dos ataques de 11 de setembro de 2001, a Digital Sandbox, da Tysons Corner, Virgínia, utilizou redes bayesianas para identificar o Pentágono como possível alvo. Bayes combinou opiniões de especialistas e opiniões subjetivas a respeito de possíveis eventos que nunca haviam ocorrido.

Os Estados Unidos não são o único país a tentar prever o terrorismo. Quando a Grã-Bretanha considerou elaborar um banco de dados nacional para detectar potenciais terroristas, Bayes soou o mesmo alarme acionado contra a multidão de HIV detectada. Os terroristas são tão raros que a definição de um terrorista terá de ser extremamente precisa, caso contrário muitas e muitas pessoas serão identificadas como perigosas quando de fato não têm nada a ver com essa designação.

Na internet, Bayes vem fazendo seu caminho em cada fibra da vida moderna. Auxilia filtros antispam; vende músicas, livros e filmes;

busca sites na rede; traduz línguas estrangeiras; e reconhece palavras pronunciadas. David Heckerman, que utilizou redes bayesianas para diagnosticar nódulos de doenças linfáticas em sua tese de Ph.D., tem a atitude moderna de profissional extremamente aberto com relação a Bayes: "A coisa toda sobre ser um bayesiano está em que toda probabilidade representa incertezas e, sempre que você vê incerteza, você a representa com probabilidade. E isso é muito maior que o teorema de Bayes."

Em 1992, Heckerman mudou-se de Stanford para a Microsoft, onde fundou e gerenciou a Máquina de Aprender e o Grupo de Estatística Aplicada do Departamento de Pesquisa da Microsoft. Lá os problemas são muito diferentes. Porque Stanford tinha muitos especialistas e poucos dados, ele disse que construiu redes bayesianas com antecedentes baseados na opinião de especialistas: "Porém a Microsoft possui muitos dados e apenas alguns especialistas, por isso entramos combinando conhecimento de especialistas com dados." Uma das primeiras aplicações bayesianas da Microsoft auxiliou os pais de crianças com doença tipificada, informando os sintomas dos seus filhos e a melhor linha de procedimento. Em 1996, Bill Gates, cofundador da Microsoft, colocou Bayes nas manchetes de primeira página ao anunciar que a vantagem competitiva da Microsoft reside em sua perícia em redes bayesianas.

Naquele mesmo ano, Heckerman, Robert Rounthwaite, Joshua Goodman, Eric Horwitz e outros iniciaram investigações em técnicas bayesianas de antispam. Lembram-se de vvi-@-gra, 10w mOrtg@ge rates, PARTNERSHIP INVESTMENT, e !!!! PHARAMMCYBYMAIL? Propagandas que eram indesejáveis, amiúde pornográficas e fraudulentas, são enviadas a milhões sem permissão. Rapidamente os spans passaram a representar mais da metade de todos os correios na internet, e alguns usuários de e-mail gastam meia hora por dia livrando-se deles.

Os métodos bayesianos combatem o spam ao empregar palavras e frases na mensagem para determinar a probabilidade de que a mensagem é indesejada. A pontuação que identifica um spam de e-mail pode disparar a um nível próximo da certeza absoluta, 0,9999, quando contêm frases do tipo "nosso preço" e "mais confiável"; palavras codificadas como "genierc virgaa"; e letras maiúsculas e pontuações como !!! ou $$$. Mensagens de alta pontuação são automaticamente banidas para arquivos de lixo eletrônico. Usuários refinam seus próprios filtros ao lerem mensagens de baixa pontuação, mantendo-as ou enviando-as para lixeiras eletrônicas. Esse uso de classificadores bayesianos mais eficientes é similar à técnica utilizada por Frederick Mosteller e David Wallace para determinar quem escreveu certos artigos do *Federalista*.

A teoria bayesiana está solidamente incorporada no sistema operacional Windows da Microsoft. Somado a isso, uma variedade de técnicas bayesianas participam do reconhecimento da caligrafia da Microsoft; de sistemas de recomendação; da caixa de perguntas e respostas, no canto superior direito do monitor de um PC; de um pacote de software de extração de dados para rastreamento de vendas comerciais; de um programa que infere os aplicativos que usuários gostariam de carregar previamente antes de solicitá-los; e de softwares que fazem previsões de congestionamentos, para motoristas verificarem antes do seu deslocamento.

Bayes foi repreendido – injustamente, dizem Heckerman e Horwitz – pelo memorável irritante clipe de papel da Microsoft que aparecia na tela do Word, conhecido como Clippy. O personagem de desenho animado foi originalmente programado utilizando-se redes de crença bayesianas para fazer inferências sobre o que um usuário conhecia ou não a respeito da escritura de uma carta. Depois que o escritor atingia certo limite da ignorância e da frustração, Clippy surgia alegremente com a observação gramaticalmente inconveniente: "Parece que você está escrevendo uma carta. Gostaria de ajuda?" Contudo, antes de Clippy ter sido apresentado para o mundo, não bayesianos tinham adotado um algoritmo mais grosseiro que fazia Clippy surgir de repente, de modo irritante, com frequência. O programa era tão impopular que foi retirado.

Bayes e Laplace provavelmente ficariam estarrecidos ao saber que a obra deles está fortemente envolvida com a venda de produtos. Grande quantidade do comércio on-line conta com filtros de recomendação, também chamados de filtros colaborativos, criados sobre o pressuposto de que pessoas que aprovam certo produto provavelmente aprovarão outro. Como diz o refrão do comércio on-line: "Se você gosta desse livro/música/filme, irá gostar desse também." A atualização usada nas máquinas de aprender não segue necessariamente o teorema de Bayes de modo formal, porém "partilha de suas perspectivas". Um concurso de um milhão de dólares, patrocinado pela Netflix.com, ilustra o papel proeminente dos conceitos bayesianos no atual comércio on-line e na teoria da aprendizagem. Em 2006, a companhia de locação de filme on-line, Netflix.com, lançou uma busca pelo melhor sistema de recomendação para aumentar seus próprios algoritmos. Mais de 50 mil competidores de 180 países disputaram ao longo dos quatro anos de competição. A equipe do AT&T Labs organizada em torno de Yehuda Koren, Christopher T. Volinsky e Robert M. Bell ganhou o prêmio em setembro de 2009.

Curiosamente, embora nenhum dos competidores tenha questionado a legitimidade do método de Bayes, quase nenhum deles redigiu um modelo bayesiano formal. O grupo vencedor confiava na Bayes empírica, mas estimou os antecedentes iniciais de acordo com suas frequências. O conjunto de dados da companhia de locação de filmes era muito grande e muito cheio de incógnitas para qualquer um – de forma quase imediata – criar um modelo, atribuir antecedentes, atualizar posteriores repetidas vezes e recomendar filmes aos clientes. Como alternativa, o algoritmo vencedor apresentava uma "perspectiva" bayesiana e foi enlaçado em "sabores" bayesianos. Contudo, de longe a lição mais importante aprendida da competição da Netflix surgiu conforme uma ideia bayesiana: o compartilhamento.

Volinsky havia utilizado o cálculo da média do modelo bayesiano para compartilhamento e modelos complementares do cálculo da média quando trabalhava, em 1997, em sua tese de Ph.D. sobre a previsão da probabilidade de um paciente vir a ter um derrame cerebral. Mas a equipe de Volinsky e Bell não empregou o método diretamente para a Netflix. Ainda assim, Volinsky enfatizou como:

> devido à minha experiência com a média do Modelo Bayesiano, foi bastante intuitivo para mim que combinar modelos iria ser o melhor modo de aumentar o desempenho preditivo. Estudos da média do Método Bayesiano mostram que quando dois modelos, que não são altamente correlacionados, são combinados de forma inteligente, a combinação é frequentemente melhor que qualquer modelo individual.

O concurso divulgou a reputação de Bayes como uma abordagem fértil para aprendizagem, muito além do que a mera tecnologia bayesiana.

Usuários da web empregaram várias formas de Bayes para buscar por entre bilhões de documentos e localizar o que desejavam. No entanto, antes que isso possa acontecer, cada documento deve ser perfilado ou categorizado, organizado e classificado, e suas prováveis interconectividades com outros documentos devem ser calculadas. Nesse ponto, podemos digitar em um mecanismo de busca as palavras-chave não relacionadas que pretendemos que apareçam em um documento, por exemplo, "papagaios", "madrigais" e "idioma afegão". A lei de Bayes pode peneirar entre bilhões de páginas da web e encontrar duas das mais páginas relevantes em 0,31 segundos. "São problemas inferenciais", diz Peter Hoff da Universidade de Washington. "Uma vez que você encontre um documento interessante, você pode encontrar outros documentos que interessariam também?"

Quando o Google começa seus projetos envolvendo amplos montantes de dados, seu enorme mecanismo de busca muitas vezes experimenta, em primeiro lugar, métodos bayesianos *naïve*. O Bayes *naïve* supõe, de modo simples, que toda variável é independente das outras; assim, a febre e a elevada contagem de glóbulos brancos de um paciente são sintomas tratados como se não tivessem nada a ver um com o outro. De acordo com o diretor de pesquisa do Google, Peter Norvig: "Deve ter havido dezenas de vezes em que um projeto foi iniciado com o Bayes *naïve*, só porque era mais fácil começar assim e esperávamos substitui-lo com algo mais sofisticado depois, porém, no fim, a vasta quantidade de dados significava que uma técnica mais complexa não era necessária."

O Google também utiliza técnicas bayesianas para identificar spam e pornografia, e para encontrar palavras, frases e documentos relacionados. Uma rede bayesiana bem ampla encontra sinônimo de palavras e frases. Em vez de baixar dicionários para um verificador ortográfico, o Google realizou uma busca de texto completo em toda a internet, à procura de todos os modos diferentes em que podem ser expressas as palavras. O resultado foi um sistema flexível que poderia identificar que "shaorn" deveria ser "Sharon" e corrigir o erro de digitação.

Ao mesmo tempo que Bayes tem ajudado a revolucionar a vida moderna na web, também vem auxiliando, com requinte, a Torre de Babel que separou as comunidades linguísticas por milênios. Durante a Segunda Guerra Mundial, Warren Weaver da Fundação Rockefeller ficou perplexo com o quanto "uma multiplicidade de línguas impede o intercâmbio cultural entre as pessoas do planeta Terra e é um grave obstáculo para o entendimento internacional"[6]. Impressionado pelo poder da criptografia mecanizada e pela nova teoria da comunicação de Claude Shannon, Weaver sugeriu que métodos de estatística computadorizados conseguiriam lidar com

---

[6] W. Weaver, Translation, em William N. Locke; Andrew D. Booth (eds.), *Machine Translation of Languages*, p. 15.

a tradução como um problema de criptografia. Na ausência de potentes computadores e de uma riqueza de textos eletronicamente legíveis, a ideia de Weaver permaneceu sem cultivo por décadas.

Desde então, o Santo Graal dos tradutores tem sido uma máquina universal que pode converter palavras escritas e faladas de uma língua em outra. Como parte dessa empreitada, linguistas como Noam Chomsky desenvolveram regras estruturais para sentenças, sujeitos, verbos, adjetivos e gramática inglesa, mas fracassaram na produção de um algoritmo capaz de esclarecer por que uma sequência de palavras cria uma sentença em inglês, ao passo que outra não.

Durante os anos de 1970 a IBM teve duas equipes concorrentes trabalhando em um problema similar: reconhecimento de fala. Um grupo, formado por linguistas, estudava as regras gramaticais. O outro grupo, liderado por Mercer e Brown, que mais tarde foram para a RenTech, era constituído por especialistas em comunicação com inclinação pela matemática, cientistas da computação e engenheiros. Eles tomaram um rumo diferente, substituindo a lógica gramatical pela lei de Bayes, e foram ignorados por uma década.

A ambição de Mercer era criar computadores para fazer coisas inteligentes, e reconhecimento de voz parecia ser a maneira de fazer isso acontecer. Para Mercer e Brown, o reconhecimento da fala era um problema relacionado a tomar um sinal que tivesse passado através de um canal de ruído, como um telefone, e, em seguida, determinar a sentença mais provável que o falante tinha em mente. Ignorando as regras da gramática, eles decidiram descobrir a probabilidade estatística com que palavras e frases em uma língua acabariam chegando a determinadas palavras e frases em outra. Eles não precisavam saber língua nenhuma. Estavam simplesmente calculando a probabilidade de uma única palavra dada fornecer todas as palavras que a precedem em uma sentença. Por exemplo, observando os pares de palavras no inglês, perceberam que depois da palavra "the" (o, a, os, as) era altamente improvável vir a palavra "the" (o, a, os, as) ou "a" (um, uma, uns, umas), mas é um pouco mais provável aparecer "cantaloupe" (cantalupo), e é ainda mais provável surgir "tree" (árvore).

"Tudo isso girava em torno do teorema de Bayes", recordava Mercer. "Foi dado a nós um *output* acústico, e desejávamos encontrar a sequência de palavras mais provável, dada a sequência acústica que ouvíamos." O conhecimento antecedente deles consistia da mais provável ordem das palavras em uma sentença em inglês, que eles poderiam obter através do estudo de uma enorme quantidade de textos em inglês.

O maior problema em toda década de 1970 era encontrar dados suficientes. Eles precisavam de corpos de texto com foco em um tópico razoavelmente pequeno, mas nenhum corpo com temas adultos como os encontrados no *New York Time*. No começo traçaram seu caminho através da idade: livros infantis não protegidos por direitos autorais; mil palavras de um experimento, com tecnologia laser do Escritório de Patentes dos Estados Unidos; e 60 milhões de palavras do texto de leitura em Braile, da American Printing House for the Blind (Oficina Gráfica Norte-Americana para Cegos).

Em um encontro internacional de acústica, fala e sinal, o grupo vestia uma camiseta na qual vinham impressas as palavras "Fundamental Equation of Speech Recognition" (Equação Fundamental de Reconhecimento de Fala), acompanhadas pelo teorema de Bayes. Eles desenvolveram "um pouco de arrogância, tenho vergonha de dizer", relembra Mercer. "Éramos um bando insolente naqueles dias."

Em um grande avanço, no final dos anos de 1980, eles ganharam acesso às traduções para o francês e para o inglês dos debates diários do parlamento canadense; aproximadamente 100 milhões de palavras em forma de suporte informático. Desses, a IBM extraiu cerca de três milhões de pares de sentenças, quase 99% destas eram verdadeiras traduções uma da outra. Era uma Pedra de Roseta em inglês e francês.

Você tinha a informação diária do inglês e a correspondente informação diária do francês, então as coisas eram alinhadas nessa extensão, mas não sabíamos se tal sentença ou palavra caminhava com esta ou com aquela sentença ou palavra. Por exemplo, enquanto o inglês gritava, "Hear! Hear!", o francês dizia, "Bravo!" Então começamos a trabalhar para conseguir um melhor alinhamento das sentenças. Estávamos usando os mesmos métodos do reconhecimento de fala: o teorema de Bayes e os modelos secretos de Markov.

Estes últimos são particularmente úteis para reconhecer padrões que envolvem prováveis sequências de tempo, por exemplo, predizendo uma palavra em uma sentença com base em uma palavra anterior.

Em um estudo fundamental de 1990, o grupo aplicou o teorema de Bayes em sentenças inteiras. Havia uma pequena probabilidade de que a sentença, "President Lincoln was a good lawyer" (O presidente Lincoln era um bom advogado), significasse "Le matin je me brosse les dents" (De manhã escovo os dentes), porém uma relativamente ampla probabilidade de que significasse "Le président Lincoln était un bon avocat" (O presidente Lincoln era um bom advogado). Depois desse estudo, os principais sistemas de tradução automática incorporaram a lei de Bayes.

Em 1993, atraídos pelo lucro e pelo desafio, Mercer e Brown deixaram a IBM e a tradução automática pela RenTech, onde tornaram-se vice-presidentes e cogestores da carteira de títulos para transação técnica. Foram tantos os membros do grupo de reconhecimento de fala da IBM que se juntaram aos dois, que críticos reclamaram deles pelo retrocesso de cinco anos no campo da tradução automática.

Depois do desastre de 11 de setembro e do começo da guerra no Iraque, os militares e as comunidades de inteligência derramaram dinheiro na área da tradução automática. A Darpa (Defense Advanced Research Project Agency) (Agência de Projetos de Pesquisa Avançada de Defesa), a Força Aérea dos Estados Unidos e os serviços de inteligência queriam aliviar o fardo de tradutores humanos que trabalham com idiomas pouco estudados, tais como o uzbeque, o pachto, o dárdico e o nepali.

A tradução automática teve ainda outro impulso, quando o Google fez um arrastão na internet em mais textos de Pedra de Roseta: novas histórias e documentos publicados em inglês e em outras línguas. Sozinhos, documentos das Nações Unidas contribuíram com 200 bilhões de palavras. A essa altura, a web estava produzindo enormes quantias de textos, livres para consulta. Vasculhando palavras em inglês na web, o Google contava todas as vezes que, por exemplo, uma sequência de duas palavras em inglês significava "of the". Para determinar quais palavras na sentença em inglês correspondem a certas palavras em outra língua, o Google utiliza Bayes para alinhar as sentenças no encaixe mais provável.

O "cordon bleu" que o Google ganhou em 2005, em um concurso de linguagem de máquina patrocinado pelo National Institute of Standards and Technology (Instituto Nacional de Qualidade e Tecnologia), mostrou que o progresso estava se aproximando não a partir de melhores algoritmos, mas vindo de mais dados de treinamento. Os computadores não "compreendem" nada, mas reconhecem padrões. Em 2009 o Google estava oferecendo traduções online em dezenas de línguas, incluindo inglês, albanês, árabe, búlgaro, catalão, chinês, croata, tcheco, dinamarquês, holandês, estoniano, filipino, finlandês e francês.

A Torre de Babel está desmoronando.

Ao mesmo tempo que a lei de Bayes vinha melhorando as comunicações humanas, estava perfazendo o círculo para a questão fundamental que havia ocupado Bayes, Price e Laplace: Como aprendemos? Utilizando a lei de Bayes, mais de meio milhão de estudantes nos Estados Unidos aprendem a resposta para essa questão a cada ano: combinamos conhecimento antigo com novos. Aproximadamente 2 600 escolas secundárias ensinam álgebra e geometria com programas de computador bayesianos desenvolvidos na Universidade Carnegie Mellon desde o fim dos anos de 1980. O software ensina também francês, inglês como uma segunda língua, química, física e estatística.

Os programas, denominados Tutores Cognitivos, são baseados na ideia de John R. Anderson de que Bayes é um sucedâneo para a maneira com a qual aprendemos naturalmente, quer dizer, gradualmente. A habilidade de acumular evidências é uma ótima estratégia de sobrevivência, mas nosso cérebro não pode atribuir uma elevada prioridade para tudo. Portanto, a maioria dos alunos deve observar e trabalhar várias vezes com um conceito de matemática antes que possam reavê-lo e aplicá-lo à vontade. Nossa capacidade de fazer isso depende da frequência e da constância com a qual estudamos o conceito.

Além de ver Bayes como um processo de aprendizagem contínuo, os Tutores Cognitivos dependem do teorema de Bayes para calcular o "skillometer"* de cada aluno, a probabilidade que o indivíduo tem de dominar um tópico, e se ele está pronto para um novo desafio. Dez anos depois de ter sido lançada essa abordagem bayesiana de dois gumes, seus alunos estavam aprendendo tanto quanto ou mais do que alunos ensinados da maneira convencional – em um terço do tempo.

O florescimento das redes bayesianas, das redes neurais e das redes de inteligência artificial vem auxiliando neurocientistas a estudar como os neurônios processam a informação do cérebro que chega direta e indiretamente, um pouco de cada vez, em pequenos pacotes, muitas vezes contraditórios. Como ferramenta computacional e teoria da aprendizagem, Bayes tem sido implicado no mapeamento do cérebro e na análise dos seus circuitos, bem como na decodificação de sinais de neurônios e no aproveitamento deles para criar melhores próteses e robôs.

* Gráfico de barras em que cada barra representa a probabilidade atual do desenvolvimento de uma capacidade em determinado momento do aprendizado. (N. da T.)

Centenas de megabits de informação sensorial bombardeiam o cérebro desperto a cada segundo. A partir desse fluxo de dados, 10 bilhões de células nervosas extraem informação e corrigem a compreensão antecedente várias vezes a cada 100 milissegundos. Discernir qual estímulo causou qual resposta neural é um problema difícil: os neurônios disparam de forma imprevisível, os cientistas não conseguem monitorar todos eles de uma só vez e o cérebro combina sinais provindos de fontes múltiplas. As regiões dos nossos cérebros relacionadas à visão, por exemplo, produzem cenas e objetos tridimensionais. Para fazer isso, contam com nosso conhecimento antecedente a respeito das regularidades em nosso ambiente – por exemplo, que a luz geralmente brilha de cima e que linhas retas e ângulos de 90 graus tendem a ser feitas pelo homem. Porém nosso cérebro refina esse conhecimento com novos dados que emanam da profundidade, dos contornos, da simetria, das linhas de curvatura, da textura, do sombreamento, da refletância, da proporção, do escorço e do movimento.

Em 1998, o neurocientista Emery N. Brown, do MIT e do Hospital Geral de Massachusetts, percebeu que métodos bayesianos poderiam lidar com essas incertezas. Utilizando os filtros de Kalman, ele e o neurocientista do MIT, Matthew A. Wilson, descreveram o cérebro de um rato quando processava informações a respeito da localização do animal em seu ambiente. Aproximadamente trinta dos chamados *place neurons* (neurônios de localização) no hipocampo mantêm o rato informado sobre sua localização. Enquanto um rato de laboratório forrageava em uma caixa com migalhas de chocolate espalhadas aleatoriamente, eletrôdos implantados em seu cérebro fotografavam como eram disparados alguns dos *place neurons*. Um filtro bayesiano sequencialmente atualizava a posição do rato na caixa. Os pesquisadores não podiam ver nem o rato nem a caixa, mas pela observação dos disparos dos neurônios, podiam seguir os movimentos do rato. Graças a Bayes, Brown conseguiu reconstruir a trajetória do rato amante de chocolate com apenas um quinto ou um décimo dos neurônios requeridos por métodos anteriores.

Para explorar a viabilidade de se usar o cérebro vivo para movimentar próteses e robôs, o método estatístico de Brown foi replicado com algumas dezenas de neurônios motores, algoritmos bayesianos e filtros bayesianos de partículas. A meta é desenvolver um braço artificial que possa fazer movimentos de alcance sem dificuldade, girar a mão, mover os dedos de forma independente e agarrar e tomar para si objetos. Ilustrando as possibilidades da abordagem, um macaco rhesus, no laboratório de Andrew B. Schwartz da Universidade de Pittsburgh, olhava ansiosamente para uma guloseima tentadora. Com seus braços imobilizados em tubos plásticos e com sua boca salivando, os neurônios motores em seu cérebro dispararam repetidas vezes, ativando um braço robótico. O controle do macaco foi tão preciso que ele podia avançar com seu braço robótico, agarrar o petisco e levá-lo para si para comer. Métodos frequentistas conseguem lidar com movimentos simples de ir e vir, mas neurocientistas bayesianos acreditam que seus algoritmos serão potentes e flexíveis o bastante para controlar a posição, rotação, aceleração, velocidade, *momentum* e ação de agarrar de um braço e mão robóticos.

Essas tentativas de capitalizar todas as informações disponíveis nos neurônios suscitam questões: O que o cérebro pode fazer por si só? Ele maximiza a informação que recebe de um mundo incerto, executando cálculos como os de tipo bayesianos? Em discussões sobre essas questões, Bayes se tornou mais que apenas um auxiliar para análise de dados e tomada de decisão. Ele vem se transformando em um arcabouço teórico para explicar como trabalha o cérebro. De fato, como tal, o "Cérebro Bayesiano" se tornou uma metáfora para o cérebro humano que simula probabilidade.

Nossa batalha para sobreviver em um mundo de incertezas e mudanças, nossos sistemas motores e sensoriais muitas vezes produzem sinais que são incompletos, ambíguos, variáveis ou corrompidos pelas flutuações aleatórias. Se colocamos uma mão embaixo de uma mesa e avaliamos sua localização, podemos ter uma margem de erro de até dez centímetros. Todo o tempo o cérebro gera um comando por ação, produzimos um movimento levemente diferente. Nesse mundo confuso, Bayes tem aparecido como um útil arcabouço teórico. Ele auxilia a explicar como o cérebro pode aprender. E demonstra de forma matemática como combinamos dois tipos de informação: as nossas crenças antecedentes a respeito do mundo com as evidências repletas de erros vindos dos nossos sentidos.

Como enfatizou Lindley há anos, se estamos certos acerca da evidência repetida por nossos sentidos, então confiamos nela. Mas quando confrontados com dados sensoriais não confiáveis, valemo-nos de nossa acumulação de antecedentes de crenças a respeito do mundo.

Na época em que Daniel Wolpert, da Universidade de Cambridge, testou a teoria com um jogo de tênis virtual, ele demonstrou que jogadores combinam, de modo inconsciente, seus conhecimentos prévios sobre o quique da bola em geral com dados sensoriais acerca de uma determinada bola chegando próximo à rede. Em resumo, inconscientemente eles se comportam como bons bayesianos. Somado a isso, disse Wolpert, a coisa mais bacana sobre Bayes era que ele não produzia um só número. Porém era capaz de fazer múltiplas previsões no que diz respeito a toda situação oferecida por dados sensoriais. Assim, a bola de tênis teria maior probabilidade de saltar em um ponto específico – mas também existia uma chance razoável de que cairia em outros lugares.

De acordo com Bayes, o cérebro armazena uma vasta gama de possibilidades, porém atribui a elas altas e baixas probabilidades. A visão das cores já é conhecida por operar dessa maneira. Pensamos que percebemos o vermelho, mas, na verdade, vemos um espectro inteiro de cores, atribuímos a mais elevada probabilidade ao vermelho, *e* mantemos fora da mente as possibilidades de que a cor pode ser rosa ou roxo.

Wolpert concluiu que o pensamento bayesiano é básico para tudo o que faz o ser humano, do falar ao agir. O cérebro biológico está implicado em minimizar as incertezas do mundo por pensar de forma bayesiana. Em suma, crescentes evidências sugerem que possuímos cérebros bayesianos.

Dado o passado controverso de Bayes e suas prolíficas contribuições, como será o seu futuro? A abordagem já tem provado seus méritos pelo avanço da ciência e tecnologia desde a alta finança até o e-comércio, da sociologia à aprendizagem de máquina, e da astronomia à neurofisiologia. Ela é a expressão fundamental de como pensamos e vemos nosso mundo. Sua simplicidade matemática e elegância continuam a capturar a imaginação dos seus usuários.

Mas o que dizer dos anos vindouros? A força bruta dos computadores pode organizar quantidades impressionantes de informação, porém agrupa e busca documentos de forma grosseira, de acordo com palavras-chave. Apenas o cérebro examina documentos e imagens segundo seu significado e conteúdo. Qual será a abordagem mais útil? Será que os computadores se tornarão tão potentes que enormes quantidades de dados por si só vão nos ensinar tudo? Será que os cientistas não precisarão mais teorizar ou lançar hipóteses antes de experimentar ou reunir seus dados? Ou será que princípios organizacionais bayesianos permanecerão fundamentais? Estratégias correntes para projetar computadores que poderiam atuar em níveis biológicos exploram tais princípios antigos como peças reutilizáveis, estruturas hierárquicas, variações sobre temas e como sistemas reguladores.

O ponto de partida para esse debate está em Bayes e seus antecedentes, diz Stuart Geman, cuja amostragem de Gibbs auxiliou a lançar a atual revolução bayesiana: "Nesse debate, não existe argumento mais poderoso para Bayes que o seu reconhecimento das estruturas internas do cérebro e suas expectativas antecedentes." A velha controvérsia entre bayesianos e frequentistas vem sendo reformulada em termos de: Usamos probabilidades ou não? Velhas ou novas, as questões são similares, se não idênticas, diz Geman. E em seu novo aspecto, a aprendizagem bayesiana e seus antecedentes ocupam o centro do debate.

Podemos olhar para frente, para uma época em que os computadores podem competir com nossos cérebros biológicos para a compreensão das coisas? Serão eles programados com Bayes? Ou com outra coisa qualquer?

Qualquer que seja o resultado da revolução, Diaconis insiste que Bayes terá um papel. "Bayes ainda é jovem. A questão da probabilidade não tinha nada de matemática até 1700. Bayes cresceu em circunstâncias de escassez de dados e computacionalmente pobre. Ele ainda não se estabeleceu. Podemos dar-lhe tempo. Estamos apenas começando."

apêndices

o livro de registros do dr. fisher: o doutor vê a luz

por Michael J. Campbell

Na medida em que alguém envelhece, os pensamentos desse alguém se voltam para a religião, e fui meditando sobre as metáforas religiosas na estatística. Claramente os frequentistas são católicos metafóricos; dividindo resultados em "significante" e "não significante" no lugar de dividir pecados em "mortais" (i.e. significante) e veniais. A randomização é a graça que salva o mundo. Na confissão, o padre está interessado na frequência com que se cometeu um pecado (posso me imaginar passando ao padre um gráfico de barras mostrando quantas vezes jurei, ou quanto fui pouco caridoso, ao invés de entregar-lhe uma lista verbal – muito mais informativo!). Depois da confissão, frequentistas/católicos são perdoados e então, tendo rejeitado a hipótese nula de $p < 0.05$, uma vez que eles a tornaram pública estão livres para usar 0.05 como limite novamente. A oração frequentista é "Fisher nosso, que estais no Céu". Seus santos são Pearson e Neyman. Em vez de Céu e Inferno eles possuem hipóteses nulas e alternativas, e no seu Credo, no lugar de "Você rejeita Satanás?", eles professam "Você rejeita a hipótese nula?"

Por sua vez, os bayesianos são fundamentalistas renascidos. É preciso ser um "crente", e muitas vezes os bayesianos podem apontar o dia em que Bayes entrou (ou até mesmo "revelou-se") em suas vidas, quando se desprenderam daqueles hábitos frequentistas pueris. Claramente o reverendo Thomas Bayes é o seu líder e guia espiritual, e até mesmo imitou o Deus cristão por não publicar nada em sua própria vida (lembre-se, tenho ouvido não bayesianos desejarem que alguns dos seus seguidores tivessem feito o mesmo). Os bayesianos dividem o mundo em pessoas que acreditam e pessoas que não acreditam, e perguntará a completos estranhos em conferências de estatística "Você é bayesiano?", como se isso fosse uma importante característica determinante. Ao encontrar um não bayesiano, eles vão expressar espanto com as coisas que o não bayesiano faz, apontando as certezas de suas próprias crenças e tentando converter o não crente.

Depois há as seitas. Os agnósticos são aqueles que pensam que a estatística não paramétrica é a resposta para tudo. De modo similar os *bootstrappers* (aqueles que criam seu próprio sucesso) não conseguem ver, de modo algum, a necessidade de invocar Deus nisso. Existe o culto à "curva-sino" dos que acham que tudo pode ser explicado pela referência à distribuição Normal. Os simuladores acreditam que Deus é uma invenção puramente humana.

Onde me coloco? Bem, à moda inglesa tipicamente nebulosa, eu me considero um anglicano. Acredito na estatística como um modo de encontrar a verdade, e estou feliz por adotar quaisquer meios que me ajudarão a chegar lá. Posso ver perigos no extremismo em qualquer direção e então tento me orientar por um "caminho do meio". Ainda utilizo valores-p e intervalos de confiança, porém eu os tempero com crenças antecedentes. Gosto da ideia da "Bayes empírica", em que são utilizados estudos anteriores para informar antecedentes de cada um. Consigo ver as vantagens dos métodos bayesianos para a modelagem de sistemas complexos e anexação de incertezas para parâmetros e penso que de muitas maneiras eles refletem melhor a inferência científica. Contudo, prefiro me denominar como um crédulo, e não colocar etiquetas nessas crenças.

Por falar em religião, estou me lembrando de tiras de cartuns que apareceram tempos atrás sobre bayesianos. Elas mostravam uma série de macacos. Um deles tinha o olhar perdido, um estava vestido de soldado, outro segurava um guia de turismo e mais outro mostrava a língua. Eles representavam, respectivamente, um antecedente vago, um antecedente uniforme, um antecedente informativo e, claro, um antecedente malcriado...

aplicando a lei de bayes em mamogramas e em câncer de mama

Em 2009, uma força tarefa do governo norte-americano, voltada para o rastreamento do câncer de mama, aconselhou a maioria das mulheres de quarenta anos a não fazerem mamogramas anuais. A reação do público foi imediata e, em grande medida, furiosa. Eis uma versão simples do cálculo bayesiano que estava colocada no cerne da controvérsia.

Uma mulher de quarenta anos sem nenhum sintoma ou histórico familiar de câncer de mama faz um mamograma como parte do seu *checkup* de rotina. Uma semana depois ela recebe uma carta dizendo que o resultado do teste apresenta anomalias. Ela precisa de mais testes. Qual é a probabilidade de ela realmente ter câncer de mama?

Muito baixa.

Vários iniciantes nos estudos da estatística – e muitos médicos – ficam surpresos com isso porque mamogramas, assim como testes de rastreio, são razoavelmente precisos. Eles identificam aproximadamente 80% das mulheres com quarenta anos de idade que possuem câncer de mama no momento do exame, e fornecem resultados positivos de testes para apenas cerca de 10% de mulheres sem a doença.

No entanto, o câncer de mama é relativamente raro. E a lei de Bayes leva em conta informações da taxa da doença como conhecimento antecedente. Como resultado, Bayes destaca o fato de que nem todos os que recebem um teste positivo para uma doença realmente possuem essa doeça. Também ressalta o fato de a probabilidade do câncer de mama ser maior em uma mulher que encontra um caroço em sua mama, do que em uma que tem a mamografia como parte do seu *checkup* de rotina.

Para ilustrar:

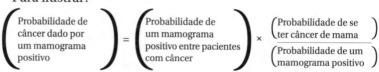

De acordo com essa fórmula, precisamos de três pedaços de informação, que estarão no lado direito da equação:

1. A probabilidade de se ter câncer de mama: Esse é nosso conhecimento antecedente sobre a taxa da doença câncer de mama entre mulheres de quarenta anos, no momento em que elas fazem um mamograma. De acordo com os periódicos *Cancer* e *Jama*, isso significa aproximadamente 4/10 de 1%. Assim, de cada 10 mil mulheres de quarenta anos que se submeteram ao mamograma, podemos estimar que cerca de quarenta realmente apresentam a doença. O número: 40/10.000.
2. A probabilidade de uma paciente com câncer de mama receber um mamograma positivo: Segundo o Instituto Nacional do Câncer e evidências provindas de mamografias, aproximadamente 32 de quarenta mulheres com câncer de mama receberão um teste positivo resultante do mamograma. O número: 32/10.000.
3. A probabilidade de receber um mamograma positivo: O número total de mulheres que obtêm resultados positivos (estando o câncer presente ou não) inclui mulheres com câncer

e mulheres que recebem a informação falsa de que elas possuem a doença. Os mamogramas fornecem um resultado positivo ("anormal") a algumas mulheres que não têm a doença; são chamados de falsos positivos. Para mamografia, esta taxa é muito elevada, cerca de 10%, segundo o *New England Journal of Medicine*. Portanto, das 10 mil mulheres com quarenta anos de idade, 996 irão receber uma carta dizendo que o resultado do seu teste foi anormal. Para descartar o câncer de mama, essas mulheres terão que fazer mais mamografias, ultrassons, ou fornecer amostras de tecido, talvez até mesmo seja necessário que façam uma biopsia. Às 996 mulheres apontadas acima, devem ser acrescentadas as 32 pacientes com câncer de mama que receberão um mamograma positivo, e dividir esse número por 10 mil. O número total: 1028/10.000 ou pouco mais de 10% das mulheres examinadas.

Inserindo esses números na fórmula, obtemos o seguinte:

$$\frac{P(A)\ P(B|A)}{P(B)} = \frac{\left(\frac{40}{10.000}\right) \times \left(\frac{32}{10.000}\right)}{\left(\frac{1.028}{10.000}\right)}$$

O cálculo aritmético gera 0,03 ou 3%. Dessa forma, a probabilidade de uma mulher, cujos testes são positivos, ter um câncer de mama é de apenas 3%. Ela tem 97 chances em 100 de estar livre da doença.

Nada disso é estático. Cada vez mais dados de pesquisa se tornam disponíveis, e a lei de Bayes deve ser recalculada.

No que diz respeito a Bayes, o rastreamento universal para uma doença que afeta apenas 4/10 de 1% da população pode sujeitar muitas mulheres saudáveis a preocupações desnecessárias e a tratamentos adicionais que podem, por sua vez, causar problemas médicos. Somado a isso, o dinheiro gasto em um rastreamento universal poderia ser potencialmente utilizado para outros projetos relevantes. Assim Bayes salienta a importância da melhoria de técnicas de rastreio do câncer de mama e da redução do número de positivos falsos. Ainda outro fato aponta para a necessidade de melhores mamografias: os resultados de testes negativos erram 1 em 5 cânceres.

Para aplicar a lei de Bayes em outros problemas, eis a equação geral:

$$P(A|B) = \frac{P(A)\,P(B|A)}{P(B)}$$

onde A é uma hipótese e B são os dados.

glossário

A PRIORI
: *ver* antecedente.

ALGORITMO
: uma fórmula que define uma sequência de passos a fim de solucionar um problema.

AMOSTRAGEM
: seleção de um número finito de observações, a fim de adquirir conhecimento sobre uma população estatística muito maior.

ANÁLISE
: ramo mais avançado da matemática.

ANÁLISE SEQUENCIAL
: análise contínua de dados à medida que chegam, levando em conta, ao mesmo tempo, o efeito de dados anteriores.

ANTECEDENTE
: a probabilidade de uma hipótese antes de novos dados serem observados.

AXIOMA
: uma suposição sobre a qual uma teoria matemática se baseia.

BAN
: uma medida de probabilidade expressa em logaritmos de base 10, de modo que a multiplicação possa ser substituída pela adição.

BAYES HIERÁRQUICO
: método que desenvolve modelos matemáticos quebrando processos complexos em etapas denominadas hierarquias.

BAYES NAÏVE
: um tipo especial e rápido de rede bayesiana.

CADEIA DE MARKOV
: processo que supõe a probabilidade de um evento depender apenas dos eventos imediatamente precedentes.

CREDIBILIDADE
medida de crença que atuários colocam em um corpo especial de experiências de sinistros, enquanto definem as taxas de apólices de seguros.

CRIPTOGRAFIA
escrita e quebra de códigos, comunicações que terceiros não podem compreender.

DADOS
bits de informação que podem ser representados numericamente.

ESTATÍSTICA
ramo da matemática aplicada que mede incertezas e examina suas consequências.

FILTRO
processo que torna dados imunes aos ruídos em um sistema e que extrai informação dos dados.

FREQUÊNCIA
ramo da teoria da probabilidade que mede a frequência relativa de um evento que pode ser repetido várias e várias vezes sob muitas das mesmas condições.

FUNÇÃO GERADORA
atalho matemático para fazer aproximações.

HIPÓTESE
proposição para ser testada ou modificada com novas evidências.

HIPÓTESE NULA
hipótese plausível que pode explicar um conjunto particular de dados; uma hipótese nula pode ser comparada com outras alternativas.

INDUÇÃO
extrair conclusões a respeito de leis naturais ou regularidades de uma observação ou experimento; o oposto de dedução.

INFERIR
derivar leis naturais ou regularidades a partir de enunciado bem definido ou de observação.

LEI DE BAYES
um dispositivo matemático que combina informações antecedentes com evidências a partir de dados (sua fórmula aparece na p. 64 com uma versão simplificada na p. 418).

glossário

MALDIÇÃO DA ALTA-DIMENSIONALIDADE
crescimento explosivo de conjuntos de dados na medida em que mais variáveis são adicionadas.

MCMC
processo que combina as cadeias de Markov e o procedimento de Monte Carlo.

MÉTODO MONTE CARLO
método computacional para simular distribuições de probabilidade a partir de amostras aleatórias.

MODELO
sistema matemático utilizado para se compreender diferentes sistemas matemáticos, físicos, biológicos ou sociais.

MULTIVARIADO
conter muitas incógnitas e variáveis.

PARÂMETRO
em uma expressão matemática, uma quantidade que é normalmente assumida para ser constante; o valor da constante, no entanto, pode ser alterado conforme as condições são alteradas.

PESQUISA DE OPERAÇÕES OU PESQUISA OPERACIONAL
abordagem científica para tomada de decisão.

PONTO DE MUDANÇA
ponto em que ocorre mudança em dados ordenados no tempo.

PONTOS DE CENTRALIZAÇÃO
tipos de médias, por exemplo, a média, a mediana, e a moda.

POSTERIOR
no teorema de Bayes, a probabilidade de uma conclusão após evidências terem sido consideradas.

PRINCÍPIO DE POSSIBILIDADE
abordagem para utilizar o teorema de Bayes sem presumir quaisquer probabilidades antecedentes.

PROBABILIDADE
a matemática da incerteza; a medida numérica de incerteza.

PROBABILIDADE FIDUCIAL
tentativa controversa de R.A. Fisher para aplicar probabilidade em parâmetros desconhecidos sem utilizar a lei de Bayes ou antecedentes.

PROBABILIDADE INVERSA
ramo da teoria da probabilidade que tira conclusões acerca de antecedentes ou causas de eventos observados, por exemplo, a lei de Bayes.

PROBABILIDADE SUBJETIVA
probabilidade bayesiana, uma medida de crença pessoal em uma hipótese particular.

RAZÃO DE POSSIBILIDADE
comparação entre as probabilidades de uma observação quando uma hipótese é verdadeira e quando ela não é verdadeira.

REDE BAYESIANA
modelo gráfico que representa de forma compacta probabilidades e suas relações. Cada variável aleatória é denotada por um nó, e uma linha entre dois nós indica a sua interdependência.

REGRA DE INTERRUPÇÃO
método de amostragem em que dados são avaliados na medida em que são coletados; a amostragem cessa quando são obtidos resultados significativos.

ROTORES
rodas engrenadas em máquinas Enigma.

TRANSFORMAÇÃO
ferramentas matemáticas que transformam um tipo de função em outra mais fácil de se utilizar.

abreviações

JASA	*Journal of the American Statistical Association*
JRSS	*Journal of the Royal Statistical Society*
OC	*Oeuvres Completes de Laplace*
PCAS	*Proceedings of the Casualty Actuarial Society*

bibliografia

PARTE UM: ILUMINISMO E A REAÇÃO ANTIBAYESIANA
1. Causas no Ar

BAYES, Joshua. *Sermons and Funeral Orations*. English Short Title Database of 18th-Century Microfilms. Rolos 7358 n. 08; 7324 n. 06; 7426 n. 03; e 7355 n. 08.

BAYES, Thomas. *Divine Benevolence: Or, an Attempt to Prove that the Principal End of the Divine Providence and Government Is the Happiness of His Creatures*. London: Printed for John Noon, 1731.

_____. [1763]. *An Introduction to the Doctrine of Fluxions, and Defence of the Mathematicians Against the Objections of the Author of the Analyst so Far as They Are Designed to Affect Their General Methods of Reasoning*. Editado por J. Noon. London: The Eighteenth Century Research Publications Microfilm A 7173 rolo 3774 n. 06.

BAYES, Thomas; PRICE, Richard. [1763]. *An Essay Towards Solving a Problem in the Doctrine of Chances. By the late Rev. Mr. Bayes, F.R.S. Communicated by Mr. Price, in a letter to John Canton, A.M.F.R.S. A letter from the late Reverend Mr. Thomas Bayes, F.R.S., to John Canton, M.A. and F.R.S.* Author(s): Mr. Bayes and Mr. Price. Philosophical Transactions (1683-1775) (53) 370-418. London: Royal Society. The original Bayes-Price article.

BEBB, ED. *Nonconformity and Social and Economic Life 1660-1800*. London: Epworth Press, 1935.

BELLHOUSE, David R. On Some Recently Discovered Manuscripts of Thomas Bayes. *Historia Mathematica* (29), 2002.

_____. The Reverend Thomas Bayes, FRS: A Biography to Celebrate the Tercentenary of His Birth. *Statistical Science* (19:1), 2007. (Ao lado da obra *Most Honourable Remembrance: The Life and Work of Thomas Bayes*, de Andrew I. Dale, é a principal fonte para biografia de Bayes.)

_____. Lord Stanhope's Papers on the Doctrine of Chances. *Historia Mathematica* (34), 2007.

BRU, Bernard. Préface. In: *Thomas Bayes: Essai en vue de résoudre un problème de la doctrine des chances.* Trad. e ed. J.-P. Clero. Paris: Société Française d'Historie des Sciences et des Techniques, 1988.

_____. Estimations laplaciennes. Un exemple: La Recherche de la population d'un grand empire, 1785-1812. *J. Soc. Stat. Paris* (129), 1988.

CANTOR, Geoffrey. Berkeley's The Analyst Revisited. *Isis* (75), dec. 1984.

CHESTERFLELD, Philip Dormer Stanhope. *Letters to His Son: On the Fine Art of Becoming a Man of the World and a Gentleman.* Washington: M. Walter Dunne, 1901.

CONE, Cari B. *Torchbearer of Freedom: The Influence of Richard Price on Eighteenth-Century Thought.* Lexington: University of Kentucky Press, 1952.

DALE, Andrew I. On Bayes' Theorem and the Inverse Bernoulli Theorem. *Historia Mathematica* (15), New York, 1988.

_____. Thomas Bayes's Work on Infinite Series. *Historia Mathematica* (18), New York, 1991.

_____. *A History of Inverse Probability from Thomas Bayes to Karl Pearson.* 2. ed. New York: Springer, 1999. Uma das obras fundamentais da história da probabilidade.

_____. *Most Honourable Remembrance: The Life and Work of Thomas Bayes.* New York: Springer, 2003. (Ao lado de Bellhouse, a principal fonte para a biografia de Bayes.)

DASTON, Lorraine. *Classical Probability in the Enlightenment.* Princeton: Princeton University Press, 1988.

DEMING, W. Edwards (ed.). *Facsimiles of Two Papers by Bayes, With Commentaries by W.E. Deming and E.C. Molina.* Washington: Graduate School, Department of Agriculture, 1940.

EARMAN, John. Bayes' Bayesianism. *Studies in History and Philosophy of Science* (21), 1990.

_____. Bayes, Hume, Price, and Miracles. In: SWINBURNE, Richard (ed.), *Bayes's Theorem.* Oxford: Oxford University Press, 2002.

GILLIES, Donald A. Was Bayes a Bayesian? *Historia Mathematica* (14), New York, 1987.

HAAKONSSEN, Knud. *Enlightenment and Religion: Rational Dissent in Eighteenth-Century Britain.* New York: Cambridge University Press, 1996.

HACKING, Ian. *The Taming of Chance.* New York: Cambridge University Press, 1990.

_____. "Bayes, Thomas". *Biographical Dictionary of Mathematicians v. 1*. New York: Charles Scribner's Sons, 1991.

HALD, Anders. *A History of Probability and Statistics and Their Applications Before 1750*. New York: John Wiley and Sons, 1990.

_____. *A History of Mathematical Statistics from 1750 to 1930*. New York: John Wiley and Sons, 1998. (Um clássico.)

HEMBRY, Phyllis M. *The English Spa 1560-1815: A Short History*. London/Rutherford: Athlone Press/Fairleigh Dickinson University Press, 1990.

HOLDER, Rodney D. Hume on Miracles: Bayesian Interpretation, Multiple Testimony, and the Existence of God. *British Journal for the Philosophy of Science* (49). Edinburg, 1998.

HOLLAND, J.D. An Eighteenth-Century Pioneer Richard Price, D.D., F.R.S. (1723-1791). *Notes and Records of the Royal Society of London* (23). London, 1968.

HUME, David [1748]. *An Enquiry Concerning Human Understanding*. Disponível em: <http://www.gutenberg.org/>. Acesso em: 10.7.2013.

JACOB, Margaret C. *The Newtonians and the English Revolution 1689-1720*. Ithaca: Cornell University Press, 1976.

JESSEPH, Douglas Michael. *Berkeley's Philosophy of Mathematics*. Chicago: University of Chicago Press, 1993.

KLEIN, Lawrence E. *Shaftesbury and the Culture of Politeness: Moral Discourse and Cultural Politics in Early Eighteenth-Century England*. New York: Cambridge University Press, 1994.

MILLER, Peter N. *Defining the Common Good: Empire, Religion and Philosophy in Eighteenth Century England*. New York: Cambridge University Press, 1994.

OWEN, David. Hume Versus Price on Miracles and Prior Probabilities: Testimony and the Bayesian Calculation. *Philosophical Quarterly* (37). St. Andrews, 1987.

PRICE, Richard. Dissertation IV: On the Nature of Historical Evidence and Miracles. *Four Dissertations*. 3. ed. [1772]. (Google online)

SOBEL, Jordan Howard. On the Evidence of Testimony for Miracles: A Bayesian Interpretation of David Hume's Analysis. *Philosophical Quarterly* (37:147). St. Andrews, 1987.

STANHOPE, Ghita; GOOCH, G.P. *The Life of Charles Third Earl Stanhope*. London/ New York: Longmans/Green, 1914.

STATISTICAL *Science*. Edição dedicada a Thomas Bayes. (19:1), 2004. (Vários artigos úteis.)

STIGLER, Stephen M. Who Discovered Bayes's Theorem? *American Statistician* (37), 1983.

_____. *The History of Statistics: The Measurement of Uncertainty Before 1900.* Cambridge: Belknap Press of Harvard University Press, 1986. (Um clássico e a obra ideal para se iniciar em Thomas Bayes.)

_____. *Statistics on the Table: The History of Statistical Concepts and Methods.* Cambridge: Harvard University Press, 1999.

THOMAS, David Oswald. *The Honest Mind: The Thought and Work of Richard Price.* Oxford: Clarendon Press, 1977. (Thomas é uma autoridade em Price e editou sua correspondência.)

THOMAS, David Oswald; PEACH, W. Bernard. (eds.). *The Correspondence of Richard Price, v. 1-3.* Durham: Duke University Press, 1994.

WATTS, Michael R. *The Dissenters v. 1 e 2.* Oxford: Clarendon Press, 1978.

2. O Homem que Fez Tudo

ALBRECHT, Peter. What Do You Think of Smallpox Inoculations? A Crucial Question in the Eighteenth Century, Not Only for Physicians. In: ZANDE, Johan van der; POPKIN, Richard H. (eds.) *The Skeptical Tradition Around 1800.* Boston: Kluwer Academic Publishers, 1998.

ARAGO, F. "Laplace: Eulogy Before the French Academy". Trad. Baden Powell. *Smithsonian Institution. Annual report 1874 in Congressional Papers for 43rd Congress.* Washington, 1875.

ARBUTHNOT, J. An Argument for Divine Providence, Taken from the Constant Regularity Observed in the Births of Both Sexes. *Philos. Trans. Roy. Soc., London* (27). 1711.

BAKER, Keith Michael. *Condorcet: From Natural Philosophy to Social Mathematics.* Chicago: University of Chicago Press, 1975.

BIOT, J.B. Une Anecdote Relative à M. Laplace. *Journal des Savants,* 1850.

BUFFON. [1774] A Monsieur de la Place. *Journal Officiel,* May 24, 1879; e em *Comptes rendus hebdomadaires des séances de L'Académie des Sciences* (88) 1879. (Agradeço a Roger Hahn por indicar esta carta.)

BUGGE, Thomas; CROSLAND, Maurice. *Science in France in the Revolutionary Era.* Cambridge: Society for the History of Technology and MIT Press, 1969.

CLARK, William; GOLINSKI, Joan; SCHAFFER, Simon. *The Sciences in Enlightened Europe.* Chicago: University of Chicago Press, 1999.

CONDORCET, Jean-Antoine-Nicolas de Caritat; BRU, Bernard; CRÉPEL, Pierre. *Condorcet, arithmétique politique: Textes rares ou inédits (1767-1789).* Paris: PUF, 1994.

bibliografia

CROSLAND, Maurice P. *The Society of Arcueil: A View of French Science at the Time of Napoleon I*. Cambridge: Harvard University Press, 1967.

DALE, Andrew I. *Pierre-Simon Laplace: Philosophical Essay on Probabilities*. Trad. e notas de Dale. New York: Springer, 1995.

_____. *A History of Inverse Probability from Thomas Bayes to Karl Pearson*. 2. ed. New York: Springer, 1999. (Uma das obras fundamentais sobre probabilidade.)

DASTON, Lorraine. D'Alembert's Critique of Probability Theory. *Historia Mathematica* (6), 1979.

DHOMBRES, Jean. Books: Reshaping Science. In: DARNTON, Robert; ROCHE, Daniel. (eds.). *Revolution in Print: The Press in France 1775-1800*. Berkeley: University of California Press, 1989.

DOEI, Ronald E. Theories and Origins in Planetary Physics. *Isis* (90). Chicago, 1990.

DREYER, John Louis Emil (ed.) *The Scientific Papers of Sir William Herschel*, v. I. London: Royal Society and Royal Astronomical Society, 1912.

DUNNINGTON, G. Waldo. *Carl Friedrich Gauss: Titan of Science*. New York: Exposition Press, 1955.

DUVEEN, D.I.; HAHN, R. Laplace's Succession to Bézouts Post of Examinateur des Élèves de l'Artillerie. *Isis* (48), 1957.

_____. Deux lettres de Laplace à Lavoisier. *Revue d'Histoire des Sciences et de Leurs Applications* (11:4), 1958.

FOURIER, Joseph. *Historical Eulogy of the M. le Marquis de Laplace*. Trad. R.W. Haskins. Buffalo. 1830.

_____. Eloge historique de M. le marquis de Laplace, prononcé ... le 15 juin 1829, MASIF (10), 1831.

FOX, Robert. The Rise and Fall of Laplacian Physics. *Historical Studies in the Physical Sciences* (4), 1974.

_____. La Professionalisation: Un concept pour l'historien de la science française au XIXe siècle. *History and Technology* (4), 1987.

GILLISPIE, Charles C. Probability and Politics: Laplace, Condorcet, and Turgot. *Proceedings of the American Philosphical Society* (116), 1972.

_____. Laplace, Pierre-Simon, Marquis De. *Dictionary of Scientific Biography*, Supplement I, v. XV. New York: Charles Scribner's Sons, 1978.

_____. Mémoires inedits ou anonymes de Laplace. *Revue d'Histoire des Sciences et de Leurs Applications* (32). Paris, 1979.

_____. *Science and Polity in France: The End of the Old Regime*. Princeton: Princeton University Press, 2004.

_____. *Science and Polity in France: The Revolutionary and Napoleonic Years*. Princeton: Princeton University Press, 2004.

GILLISPIE, Charles C.; FOX, Robert; GRATTAN-GUINNESS, Ivor. *Pierre-Simon Laplace 1749-1827: A Life in Exact Science*. Princeton: Princeton University Press, 1997.

GREENBERG, John. Mathematical Physics in Eighteenth-Century France. *Isis* (77), 1986.

GRIMAUX, Édouard. *Lavoisier 1743-1794*. Paris: Alcan, 1888.

GRIMSLEY, Ronald. *Jean d'Alembert 1717-83*. Oxford: Clarendon Press, 1963.

GUERLAC, Henry. Chemistry as a Branch of Physics: Laplace's Collaboration with Lavoisier. *Historical Studies in the Physical Sciences* (7), 1976.

HAHN, Roger. Laplace's Religious Views. *Archives Internationals d'Histoire des Sciences* (8), 1955.

_____. *Laplace as a Newtonian Scientist*. Los Angeles: William A. Clark Memorial Library, 1967.

_____. Laplace's First Formulation of Scientific Determinism in 1773. *Nadbitka. Actes du XLe Congrès International d'Histoire des Sciences*. (2), 1967.

_____. Elite scientifique et democratie politique dans la France révolutionnaire. *Dix-Huitième Siècle* (1), 1969.

_____. Scientific Careers in Eighteenth-Century France. In: CROSSLAND, Maurice (ed.). *The Emergence of Science in Western Europe*. New York: Science History Publications, 1976.

_____. Laplace and the Vanishing Role of God in the Physical Universe. In: WOOLF, Harry (ed.). *The Analytic Spirit*. Ithaca: Cornell University Press, 1981.

_____. Changing Patterns for the Support of Scientists from Louis XIV to Napoleon. *History and Technology* (4), 1987.

_____. Laplace and Boscovich. In: BOSSI, Michele; TUCCI, Pasquale (eds.). *Proceedings of the Bicentennial Commemoration of R.G. Boscovich*. Milan: Unicopli, 1988.

_____. The Triumph of Scientific Activity: From Louis XVI to Napoleon. *Proceedings of the Annual Meeting of the Western Society for French History* (16), 1989.

_____. The Laplacean View of Calculation. In: FRÄNGSMYR, Tore; HEILBRON, H.L.; RIDER, Robin E. (eds.). *The Quantifying Spirit in the 18th Century*. Berkeley: University of California Press, 1990.

_____. Le Role de Laplace à l'École Polytechnique. In: BELHOSTE, Bruno; DAHAN-DALMÉDICO, Amy; PION, Antoine (eds.). *La Formation polytechnicienne, 1794-1994*. Paris: Dunod, 1994.

_____. Lavoisier et ses collaborateurs: Une Equipe au travail. In: DEMEULEN-AERE-DOUYÈRE, Cristiane (ed.). *Il y a 200 ans Lavoisier*. Paris: Technique et Documentation Lavoisier, 1995.

_____. *Pierre Simon Laplace, 1749-1827: A Determined Scientist*. Harvard University Press, 2005. *Le Système du monde: Pierre Simon Laplace, Un Itinéraire dans la science*. Trad. Patrick Hersant. Paris: Gallimard, 2004. (São os mesmos livros, sendo o original em inglês e a tradução em francês. Eles são minhas primeiras fontes sobre a vida de Laplace.)

HALD, Anders. *A History of Mathematical Statistics from 1750 to 1930*. New York: John Wiley, 1998. (Um clássico.)

HANKINS, Thomas L. *Jean d'Alembert: Science and the Enlightenment*. Oxford: Oxford University Press, 1970.

_____. *Science and the Enlightenment*. New York: Cambridge University Press, 1985.

HARTE, Henry H. *On the System of the World. English translation of Laplace's Exposition du système du monde*. Dublin: Dublin University Press, 1830.

HEILBRON, H.L. Introductory Essay and The Measure of Enlightenment. In: FRÄNGSMYR, Tore; HEILBRON, H.L.; RIDER, Robin E. (eds.). *The Quantifying Spirit in the 18th Century*. Berkeley: University of California Press, 1990.

HERIVEL, John. *Joseph Fourier: The Man and the Physicist*. Oxford: Clarendon Press, 1975.

HOLMES, Frederick Lawrence. *Antoine Lavoisier: The Next Crucial Year; or, the Sources of His Quantitative Method in Chemistry*. Ithaca: Cornell University Press, 1961.

KODA, Harold; BOLTON, Andrew. *Dangerous Liaisons: Fashion and Furniture in the Eighteenth Century*. New York: Metropolitan Museum of Art and Yale University Press, 2006.

LAPLACE, Pierre Simon. *Oeuvres complètes de Laplace (OC)*. Paris: National Bibliothèque de la France, 1878-1912. 14 v. (Disponível online. Em alguns casos, dois dados são oferecidos: o primeiro é o ano em que Laplace leu sua comunicação para a academia; o segundo, em que foi publicado. Somos gratos a Charles C. Gillispie por nos explicar os dados de publicação de Laplace.)

_____. Recherches: 1º. Sur l'intégration des equations différentielles aux différences finies, and sur leur usage dans la théorie des hazards; 2º. Sur le principe de la gravitation universelle, and sur les inégalités séculaires des planètes qui en dependent. OC (8), 10 fev. 1773.

_____. Mémoire sur la probabilité des causes par les événements. OC (8), 1774. (Essa é a descoberta de Laplace da probabilidade inversa, sua primeira versão daquilo que hoje é conhecido como lei de Bayes. Para a tradução inglesa com notações matemáticas atuais, ver S.M. Stigler, Laplace's 1774 Memoir on Inverse Probability. *Statistical Science* (1), 1986.)

_____. Mémoire sur les suites récurro-récurrentes et sur leurs usages dans la théorie des hazards. OC (8), 1774.

_____. Sur le principe de la gravitation universelle et sur les inégalités séculaires des planets qui en dependente. OC (8), 1776.

_____. Mémoire sur les probabilités. OC (9), 1778/1781.

_____. Mémoire sur les approximations des formules qui sont functions de très grands nombres. OC (10), 1782/1785.

_____. Mémoire sur les approximations des formules qui sont functions de très grands nombres (suite). OC (10), 1783/1786.

_____. Sur les naissances, les mariages, et les morts à Paris, depuis 1771 jusqu'en 1784, et dans toute l'étendue de la France, pendant les années 1781 et 1782. OC (11), 1783/1786.

_____. Sur l'équation séculaire de la lune. OC (11), 1787/1788.

_____. Théorie de Júpiter et de Saturne. OC (11), 1788.

_____. *Séances des Écoles Normales, recueillies par des sténographes, et revues par les professeurs*. Nouvelle édition, tome sixième. Paris: l'Primerie du Cercle-Social, 1800.

_____. Sur l'Application du calcul des probabilités à la philosophie naturelle. OC (13), 1815/1818.

_____. Troisième Supplément, Application de calcul des probabilités aux opérations géodésiques. OC (7), 1818.

_____. Mémoire sur les deux grandes inégalités de Júpiter et de Saturne. OC (13), 1826/1828.

LIND, Vera. Skepticism and the Discourse About Suicide in the Eighteenth Century. In: ZANDE, Johan van der; POPKIN, Richard H. (eds.). *The Skeptical Tradition Around 1700*. Dordrecht: Kluwer Academic Publishers, 1998.

LINDBERG, David C.; NUMBERS, Ronald L. (eds.) *God and Nature: Historical Essays on the Encounter Between Christianity and Science*. Berkeley: University of California Press, 1986

_____. *When Science and Christianity Meet*. Chicago: University of Chicago Press, 2003.

LIMA, Frederick A. de. The Dean Street Style of Revolution: J.-P. Brissot, jeune philosophe. *French Historical Studies* (17:1), 1991.

MARÉCHAL, Pierre Sylvain. (VIII) *Dictionnaire des athées anciens et modernes*. Paris.

MARMOTTAN, Paul. *Lettres de Madame de Laplace à Elisa Napoléon, princesse de Lucques et de Piombino*. Paris: A. Charles, 1897.

MAZZOTTI, Massimo. The Geometers of God: Mathematics and Reaction in the Kingdom of Naples. *Isis* (89), 1998.

NUMBERS, Ronald L. *Creation by Natural Law: Laplace's Nebular Hypothesis in American Thought*. Seattle: University of Washington Press, 1977.

ORIEUX, Jean. *Talleyrand: The Art of Survival*. New York: Alfred A. Knopf, 1974. (Um clássico sobre a época de Laplace).

OUTRAM, Dorinda. The Ordeal of Vocation: The Paris Academy of Sciences and the Terror, 1793-95. *History of Science* (21), 1983.

PARCAUT, M. et al. History of France. *Encyclopaedia Britannica* (7), 1979.

PELSENEER, Jean. La Religion de Laplace. *Isis* (36), 1946.

POIRIER, Jean-Pierre. *Lavoisier: Chemist, Biologist, Economist*. Trad. Rebecca Balinski. Philadelphia: University of Pennsylvania Press, 1998.

PORTER, Roy. Introduction. In: PORTER, Roy (ed.). *The Cambridge History of Science, v. 4 Eighteenth-Century Science*. New York: Cambridge University Press, 2003.

RAPPAPORT, Rhoda. The Liberties of the Paris Academy of Sciences 1716-1785. In: WOOLF, Harry (ed.). *The Analytic Spirit*. Ithaca: Cornell University Press, 1981.

RICHARDS, Joan L. Historical Mathematics in the French Eighteenth Century. *Isis* (97), 2006.

ROCHE, Daniel. *France in the Enlightenment*. Trad. Arthur Goldhammer. Cambridge: Harvard University Press, 1998. (Um clássico).

SARTON, George. Laplace's Religion. *Isis* (33), 1941.

SHAFER, Glenn. The Unity and Diversity of Probability. *Statistical Science* (5:4), 1990.

SHEPHERD, W. *Paris in Eighteen Hundred and Two and Eighteen Hundred and Fifteen*. 2. ed. M. Carey, 1814.

SIMON, Lao G. The Influence of French Mathematicians at the End of the Eighteenth Century Upon the Teaching of Mathematics in American Colleges. *Isis* (15), 1931.

STIGLER, Stephen M. Napoleonic Statistics: The Work of Laplace. *Biometrika* (62:2), 1975.

_____. Laplace's Early Work: Chronology and Citations. *Isis* (69), 1978.

_____. Thomas Bayes's Bayesian Inference. *JRSS*, A. (145) Part 2, 1982. (Artigo de Bayes com notação matemática atual e comentário de Stigler. Ponto de partida para interessados em Bayes.)

_____. Who Discovered Bayes's Theorem? *American Statistician* (37), 1983.
_____. Laplace's 1774 Memoir on Inverse Probability. *Statistical Science* (1), 1986. (Tradução de Stigler para o inglês com notação matemática atual. A melhor publicação para ler as famosas comunicações de Laplace).
_____. *The History of Statistics: The Measurement of Uncertainty Before 1900*. Cambridge: Belknap Press of Harvard University Press, 1986. (Um clássico).
_____. Casanova's Lottery. *University of Chicago Record* (37:4), 2003.
TODHUNTER, Isaac. *A History of the Mathematical Theory of Probability: From the Time of Pascal to that of Laplace*. Cambridge: Cambridge University Press, 1865.
ULBRICHT, Otto. The Debate About Capital Punishment and Skepticism in Late Enlightenment Germany. In: ZANDE, Johan van der; POPKIN, Richard H. (eds.). *The Skeptical Tradition Around 1800*. Dordrecht: Kluwer Academic, 1998.
UNION des Physiciens de Caen. [1999] L'Année Laplace. Section Académique de Caen. Disponível em: <http://www.udppc.asso.fr/section/caen/caen.htm>.
VOLTAIRE. On the Church of England, on the Presbyterians, on Academies. In: *Philosophical Letters*. Bobbs-Merrill, 1961.
WILLIAMS, L. Pearce. Science, Education and Napoleon I. *Isis* (47), 1956.
ZABELL, S.L. Buffon, Price, and Laplace: Scientific Attribution in the 18th Century. *Archive for the History of Exact Sciences* (39), 1988.

3. Muitas Dúvidas, Poucos Defensores

ALEXANDER, R. Amir. Tragic Mathematics: Romantic Narratives and the Refounding of Mathematics in the Early Nineteenth Century. *Isis* (97), 2006.
Anônimo. Traps Mercier and Maurel: Capt. Freystaetter Convicts Both of Giving False Evidence – Bertillon Affords More Amusement. *The New York Times* 1,2, 27 ago. 1899. (De um repórter na sala do tribunal no julgamento de Dreyfus).
_____.Edward C. Molina. *American Statistician* (18:3), 1964.
BARNARD, George A. Review: [sem título]. *JASA* (42:240), 1947.
BELL, Eric Temple. [1937]. *Men of Mathematics*. New York: Touchstone, 1986.
BELLAMY, Paul B. *A History of Workmens Compensation 1898-1915: From Courtroom to Boardroom*. New York: Garland, 1997.
BENNETT, J.H. (ed.). *Statistical Inference and Analysis: Selected Correspondence of R.A. Fisher*. Oxford: Clarendon, 1990.
BOLT, Bruce A. Sir Harold Jeffreys and Geophysical Inverse Problems, *Chance* (4:2), 1991.

BOX, Joan Fisher. *R.A. Fisher: The Life of a Scientist*. New York: John Wiley, 1978.
BROEMLING, Lyle D. The Bayesian Contributions of Edmond Lhoste. *ISBA Bulletin* 3-4, 2002.
BRU, Bernard. Doeblin's Life and Work from His Correspondence". *Contemporary Mathematics* (149), 1993.
_____. Problème de l'efficacité du tir à l'école d'artillerie de Metz: Aspects théoriques et expérimentaux. *Mathématiques et sciences humaines* (136), 1996.
_____. Borel, Lévy, Neyman, Pearson et les autres. *MATAPLI* (60), 1999.
_____. Les Leçons de calcul des probabilités de Joseph Bertrand: Les Lois du hazard. *Journ@l électronique d'Histoire des Probabilités et de la Statistique/ Electronic Journal of History of Probability and Statistics.* (2:2), 2006. Disponível em: <www.jehps.net>.
CLERKE, Agnes Mary. "Laplace". *Encyclopaedia Britannica* (16), 1911.
COCHRAN, W.M. Early Development of Techniques in Comparative Experimentation. In: OWEN, Donald B. (ed.). *On the History of Statistics and Probability*. New York: Mareei Dekker, 1976.
COOK, Alan. Sir Harold Jeffreys, 2 April 1891-18 March 1989. *Biographical Memoirs of Fellows of the Royal Society* (36), 1990.
CRÉPEL, Pierre. Henri et la droite de Henry. *MATAPLI* (36), 1993.
DALE, Andrew I. *A History of Inverse Probability from Thomas Bayes to Karl Pearson*. 2. ed. New York: Springer, 1999. (Uma das obras fundamentais em história da probabilidade).
DASTON, Lorraine J. The Domestication of Risk: Mathematical Probability and Insurance 1650-1830. In: KRÜGER, Lorenz; DASTON, Lorraine J.; HEIDELBERGER, Michael (eds.). *The Probabilistic Revolution I*. Cambridge: MIT Press, 1987.
_____. How Probabilities Came to Be Objective and Subjective. *Historia Mathematica* (21), 1994.
DASTON, Lorraine, GALISON, Peter. *Objectivity*. New York: Zone Books, 2007.
DAVID, Florence Nightingale. *Games, Gods and Gambling*. London: Charles Griffin, 1962. Mineola: Dover, 1998.
DAWSON, Cree S., et al. Operations Research at Bell Laboratories Through the 1970s: Part 1. *Operations Research* (48), 2000.
DE FINETTI, Bruno. *Probability, Induction and Statistics: The Art of Guessing*. London/New York: John Wiley, 1972.
DE MORGAN, Augustus. [1839] "Laplace". *Penny Cyclopaedia of the Society for the Diffusion of Useful Knowledge*. (13) London: Knight, 1833-1846.

EDWARDS, A.W.F. R.A. Fisher on Karl Pearson. *Notes and Records of the Royal Society of London* (48), 1994.

_____. What did Fisher Mean by "Inverse Probability" in 1912-1922? *Statistical Science* (12), 1997.

EFRON, Bradley. R.A. Fisher in the 21st century. *Statistical Science* (13), 1998.

ESTIENNE, J.E. Étude sur les erreurs d'observation. In: *Archives de LInstitut de France*. Paris: Académie des Sciences, 10 mar. 1890.

_____. La Probabilité de plusieurs causes étant connue, à quelle cause est-il plausible d'attribuer l'arrivé de l'évènement? *Comptes Rendus des Séances de L'Académie des Sciences* (114: semester 1892), 1892.

_____. *Loisirs d'Artilleurs*. Berger-Levrault, 1905-1906.

FAGEN, M.D. (ed.). *The History of Engineering and Science in the Bell System: The History of the Early Years 1875-1925*. V. 1. New York: Bell Telephone Laboratories, 1975.

FIENBERG, Stephen E. Brief History of Statistics in Three and One-Half Chapters: A Review Essay. *Statistical Science* (7), 1992.

FILON, L.N.G. Karl Pearson 1857-1936. *Obituary Notices of the Royal Society* (2), 1936.

FISHER, Arne. Note on an Application of Bayes' Rule in the Classification of Hazards in Experience Rating. PCAS (3), 1916.

FISHER, Ronald Aylmer. *Statistical Methods for Research Workers*. Edinburgh/London: Oliver and Boyd, 1925.

GIGERENZER, Gerd et al. *The Empire of Chance: How Probability Changed Science And Everyday Life*. Cambridge/New York: Cambridge University Press, 1989. (Vários artigos úteis).

GILL, Jeff. *Bayesian Methods: A Social and Behavioral Sciences Approach*. Boca Raton: Chapman and Hall, 2002.

GOODMAN, Steven N. Introduction to Bayesian Methods I: Measuring the Strength of Evidence. *Clinical Trials* (2:4), 2005.

HACKING, Ian. Was there a Probabilistic Revolution 1800-1930? In: KRÜGER, Lorenz; DASTON, Lorraine J.; HEIDELBERGER, Michael (eds.). *The Probabilistic Revolution*. V. 1. Cambridge: MIT Press, 1989.

HALD, Anders. *A History of Mathematical Statistics from 1750 to 1930*. New York: John Wiley and Sons, 1998. (Um clássico).

HOWIE, David. *Interpreting Probability: Controversies and Developments in the Early Twentieth Century*. Cambridge: Cambridge University Press, 2002. (O debate Fisher-Jeffreys).

HUZURBAZAR, Vassant S. Sir Harold Jeffreys: Recollections of a Student", *Chance* (4:2), 1991.
JEFFREYS, Bertha Swirles. Harold Jeffreys: Some Reminiscences, *Chance* (4:2), 1991.
JEFFREYS, Harold. *Theory of Probability*. Oxford: Clarendon, 1939, 1948, 1961.
JOHNSON, Norman Lloyd; KOTZ, Samuel. (eds.). *Breakthroughs in Statistics*, v. 1. New York: Springer, 1997.
KASS, R.E.; RAFTERY, A.E. Bayes Factors. *JASA* (90:430), 1995.
KAYE, David H. "Revisiting *Dreyfus*: A More Complete Account of a Trial by Mathematics". *Minnesota Law Review* (91:3), 2007.
KAYE, David H.; BERNSTEIN, David; MNOOKIN, Jennnifer L. *The New Wigmore, A Treatise on Evidence: Expert Evidence*. New York: Aspen Publishers, 2004.
KNOPOFF, Leon. Sir Harold Jeffreys: The Earth: Its Origin, History, and Physical Constitution. *Chance* (4:2), 1991.
KOLMOGOROV, Aandrej N.; YUSHKEVICH, Aleksandr P. *Mathematics of the 19th Century*, v. 1. Basel: Birkäuser, 1992.
KRÜGER, Lorenz; DASTON, Lorraine J.; HEIDELBERGER, Michael (eds.). *The Probabilistic Revolution, v. 1: Ideas in History*. Cambridge/London: MIT Press, 1987.
KRÜGER, Lorenz; GIGERENZER, Gerd; MORGAN, Mary S. (eds.). *The Probabilistic Revolution, v. 2: Ideas in the Sciences*. Cambridge/London: MIT Press, 1987.
KRUSKAL, William. The Significance of Fisher: A Review of R.A. Fisher: The Life of a Scientist. *Journal of the American Statistical Association* (75), 1980.
LE PROCESS Dreyfus devant le conseil de guerre de Rennes (7 aout-9 septembre 1899): compte-rendu sténographique in extenso. Disponível em: <http://gallica2.bnf.fr/ark:/12148/bpt6k242524.zoom.r=procès.f335.1 zangEN.tableDesMatieres>.
LIGHTMAN, Bernard V. *Victorian Popularizers of Science*. Chicago: University of Chicago Press, 2007.
LINDLEY, Dennis V. Transcription of a Conversation Between Sir Harold Jeffreys and Professor D.V. Lindley from a Videotape Made on Behalf of the Royal Statistical Society. In St. John's College, Cambridge, UK, Papers of Sir Harold Jeffreys A25, 1983.
_____. On Re-reading Jeffreys. In: FRANCIS, Ivor S. ; MANLY, Bryan F.J. ; LAM, Frederic Che-Yuen (eds.) *Pacific Statistical Congress*. Amsterdam/New York: Elsevier, 1986.
_____. Bruno De Finetti, 1906-1985. *JRSS Series A (General)* (149), 1986.
_____. Obituary: Harold Jeffreys, 1891-1989. *JRSS Series A (Statistics in Society)* (152:3), 1989.

_____. Sir Harold Jeffreys. *Chance* (4:2), 1991.

LOVELAND, Jeff. Buffon, the Certainty of Sunrise, and the Probabilistic *Reductio ad Absurdum*. *Archives of the History of Exact Sciences* (55), 2001.

MACKENZIE, Donald A. *Statistics in Britain 1865-1930: The Social Construction of Scientific Knowledge*. Edinburgh: Edinburgh University Press, 1981.

_____. Probability and Statistics in Historical Perspective. *Isis* (80), 1989.

MAGNELLO, M. Eileen. Karl Pearson's Gresham Lectures: W.F.R. Weldon, Speciation and the Origins of Pearsonian Statistics. *British Journal for the History of Science* (29:1), 1996.

MARIE, Maximilien. *Histoire des sciences mathématiques et physiques*, v. 10. Paris: Gauthier-Villars, 1833-1888.

MELLOR, D.H. Better than the Stars: A Radio Portrait of Frank Ramsey. *Philosophy* (70), 1995. A versão original foi difundida pela Rádio 3 da BBC em 27 de fevereiro de 1978. Disponível em: <http://www.Dar.cam.ac.uk/~dhmll/RanseyLect.html>. Acesso em: 21 mai. 2004.

MILLMAN, Sidney. *The History of Communications and Sciences (1925-1980)*, v. 5. Indianapolis: AT&T Bell Labs, 1984.

MIRANTI, Paul J. Jr. Corporate Learning and Traffic Management at the Bell System, 1900-1929: Probability Theory and the Evolution of Organizational Capabilities. *Business History Review* (76:4), 2002.

MOLINA, Edward C. Computation Formula for the Probability of an Event Happening at Least C Times in N Trials. *American Mathematical Monthly* (20), 1913.

_____. The Theory of Probabilities Applied to Telephone Trunking Problems. *Bell System Technical Journal* (1), 1922.

_____. Bayes's Theorem. *Annals of Mathematical Statistics* (2), 1931.

_____. Commentary. In: DEMING, W. Edwards (ed.). *Facsimiles of Two Papers by Bayes*. Graduate School, Department of Agriculture, 1941.

_____. Some Fundamental Curves for the Solution of Sampling Problems. *Annals of Mathematical Statistics* (17), 1946.

MOORE, Calvin C. *Mathematics at Berkeley: A History*. Wellesley: AK Peters, 2007.

MOREHEAD, E.J. *Our Yesterdays: The History of the Actuarial Profession in North America 1809-1979*. Schaumburg, III.: Society of Actuaries, 1989.

MOWBRAY, A.H. How Extensive a Payroll Exposure Is Necessary to Give a Dependable Pure Premium? *PCAS* (1), 1914-1915.

_____. The Determination of Pure Premiums for Minor Classifications on Which the Experience Data Is Insufficient for Direct Estimate" *PCAS* (2), 1915.

NEYMAN, Jerzy. Statistical Problems in Agricultural Experiment. With Discussion. *Supplement to the JRSS.* (2:2), 1934. (Discussion, p. 154-180.)
_____. The Emergence of Mathematical Statistics: A Historical Sketch with Particular Reference to the United States. OWEN, Donald B. (ed.). *On the History of Statistics and Probability.* New York: Mareei Dekker, 1976.
OLKIN, Ingram. A Conversation with Churchill Eisenhart. *Statistical Science* (7), 1992.
OTIS, Stanley L. A Letter of Historical Interest. PCAS (1), 1914-1915.
PEARSON, Egon S. Bayes' Theorem Examined in the Light of Experimental Sampling. *Biometrika* (17), 1925.
_____. Karl Pearson: An Appreciation of Some Aspects of His Life and Work. *Biometrika* (28), 1936 e (29) 1937.
_____. Some Thoughts on Statistical Inference. *Annals of Mathematical Statistics.* (33:2), 1962.
_____. Studies in the History of Probability and Statistics. XX: Some Early Correspondence Between W.S. Gosset, R.A. Fisher, and Karl Pearson, with Notes and Comments. *Biometrika* (55:3), 1968.
PEARSON, Karl. *The Grammar of Science.* London: W. Scott, 1892.
_____. *The Ethic of Freethought and Other Addresses and Essays.* 2. ed. London: Charles Black, 1901.
_____. *Social Problems: Their Treatment, Past, Present, and Future.* London: Dulau, 1912.
_____. "Laplace, Being Extracts from Lectures Delivered by Karl Pearson". *Biometrika* (21), 1929.
PERKS, Wilfred. Some Observations on Inverse Probability Including a New Indifference Rule. *Journal of the Institute of Actuaries* (73), 1947.
PERRYMAN, Francis S. Experience Rating Plan Credibilities. PCAS (24), 1937.
PORTER, Theodore M. *The Rise of Statistical Thinking, 1820-1900.* Pricenton: Princeton University Press, 1986.
_____. *Trust in Numbers: The Pursuit of Objectivity in Science and Public Life.* Princeton: Princeton University Press, 1995.
_____. Statistics and Physical Theories. NYE, Mary Jo (ed.). *The Cambridge History of Science, v. 5: The Modern Physical and Mathematical Sciences.* Cambridge/New York: Cambridge University Press, 2003.
_____. *Karl Pearson: The Scientific Life in a Statistical Age.* Princeton: Princeton University Press, 2004.
PRUITT, Dudley M. The First Fifty Years. PCAS (51), 1964.

REED, Lowell J. "Statistical Treatment of Biological Problems in Irradiation". DUGGAR, Benjamin Minge (ed.). *Biological Effects of Radiation, v. 1*. New York/London: McGraw-Hill, 1936.

REID, Constance. *Neyman: from Life*. New York: Springer, 1982.

RUBINOW, Isaac M. *Social Insurance*. New York: Henry Holt, 1913.

_____. Scientific Methods of Computing Compensation Rates. PCAS (1), 1914-1915.

_____. Liability Loss Reserves. PCAS (1:3), 1915.

_____. The Theory and Practice of Law Differentials. PCAS (4), 1917.

_____. A Letter. PCAS (21), 1934.

SCHINDLER, G.E. Jr. (ed.) *A History of Switching Technology (1925-1975), v. 3*. New York: Bell Telephone Laboratories, 1982.

SEARLE, Geoffrey Russel (ed.). *Eugenics and Politics in Britain 1900-1914*. Leyden: Noordhoff International Publishing, 1976.

SEDDIK-AMEUR, Nacira. Les Tests de normalité de Lhoste. *Mathematics and Social Sciences/Mathématiques et Sciences Humaines* (162: summer), 2003.

STIGLER, Stephen M. *The History of Statistics: The Measurement of Uncertainty Before 1900*. Cambridge: Belknap Press of Harvard University Press, 1986. (Um clássico).

_____. *Statistics on the Table: The History of Statistical Concepts and Methods*. Cambridge: Harvard University Press, 1999.

TAQQU, Murad S. Bachelier and His Times: A Conversation with Bernard Bru. *Finance and Stochastics* (5), 2001.

WHITNEY, Albert W. The Theory of Experience Rating. PCAS (4), 1918.

WILHELMSEN, L. Actuarial Activity in General Insurance in the Northern Countries of Europe. ASTIN *Bulletin* (1), 1958.

WILKINSON, R.I. An Appreciation of E.C. Molina. *First International Teletraffic Congress, Copenhagen, June 20th-June 23rd, 1955*. International Teletraffic Congress, 1955.

WILLOUGHBY, William Franklin. *Workingmen's Insurance*. New York: Thomas Y. Crowell, 1898.

ZABELL, Sandy L. R.A. Fisher on the History of Inverse Probability. *Statistical Science* (4), 1989.

_____. The Rule of Succession. *Erkenntnis* (31), 1989.

_____. R.A. Fisher and Fiducial Argument. *Statistical Science* (7), 1992.

PARTE DOIS: O PERÍODO DA SEGUNDA GUERRA MUNDIAL
4. Bayes Vai à Guerra

ANDRESEN, Scott L. Donald Michie: Secrets of Colossus Revealed. IEEE *Intelligent Systems*, nov.-dec. 2001.
ARNOLD, V.I. A.N. Kolmogorov and Natural Science. *Russian Math. Surveys* (59:1), 2004.
BARNARD, G.A.; PLACKETT, R.L. Statistics in the United Kingdom, 1939-45.
ATKINSON, A.C.; FIENBERG, Stephen E. (eds.). *A Celebration of Statistics*. New York: Springer, 1985.
BARNARD, G.A. Rescuing Our Manufacturing Industry: Some of the Statistical Problems. *The Statistician* (35), 1986.
BAUER, Friedrich Ludwig. *Decrypted Secrets*. Berlin/New York: Springer, 2000.
BOOSS-BAVNBEK, Bernhelm; HOEYRUP, Jens. *Mathematics and War*. Basel/ Boston: Birkhäuser, 2003.
BRITTON, J.L. *Collected Works of A.M. Turing: Pure Mathematics*. Amsterdam/ New York: North-Holland, 1992.
BUDIANSKY, Stephen. *Battle of Wits: The Complete Story of Codebreaking in World War II*. New York: Free Press, 2000.
BURROUGHS, J.; LIEBERMAN, D.; REEDS, J. The Secret Life of Andy Gleason. *Notices of the American Mathematical Society*, 2009.
CARTER, Frank L. *Codebreaking with the Colossus Computer*. Milton Keynes: Bletchley Park Trust, 1998.
_____. *Breaking Naval Enigma*. Milton Keynes: Bletchley Park Trust, 2008.
CHAMPAGNE, L.; CARL, R.G.; HILL, R. Multi-Agent Techniques: Hunting U-boats in the Bay of Biscay. *Proceedings of SimTecT May*, Adelaide, 2003.
CHENTSOV, Nikolai N. The Unfathomable Influence of Kolmogorov. *Annals of Statistics* (18:03), 1990.
CHURCHILL, Winston. *Their Finest Hour*. Boston: Houghton Mifflin, 1949.
COLLINS, Graham P. Claude E. Shannon: Founder of Information Theory. *Scientific American*, October 14, 2002.
COPELAND, B. Jack (ed.) *The Essential Turing*. Oxford: Clarendon Press, 2004. (Ensaios essenciais.)
COPELAND, B. Jack et al. *Colossus: The Secrets of Bletchley Parks Codebreaking Computers*. Oxford/New York: Oxford University Press, 2006. (Ensaios essenciais.)

EISENHART, Churchill. The Birth of Sequential Analysis (Obituary Note on Retired RAdm. Garret Lansing Schuyler). *Amstat News* (33:3), 1977.

EPSTEIN, Robert S.; ROBERT, Gary; BEBER, Grace (eds.). *Parsing the Turing Test: Philosophical and Methodological Issues in the Quest for the Thinking Computer*. Dordrecht/London: Springer, 2008.

ERSKINE, Ralph. The Poles Reveal Their Secrets: Alastair Denniston's Account of the July 1939 Meeting at Pyry. *Cryptologia* (30), October 2006.

FAGEN, M.D. *The History of Engineering and Science in the Bell System: National Service in War and Peace (1925-1975)*, v. 2. New York: Bell Telephone Labs, 1978.

FEFERMAN, Anita Burdman; FEFERMAN, Solomon. *Alfred Tarski: Life and Logic*. Cambridge/New York: Cambridge University Press, 2004.

FIENBERG, Stephen E. Statistical Developments in World War II: An International Perspective. ATKINSON, A.C.; FIENBERG, Stephen E. (eds.). *A Celebration of Statistics*. New York: Springer, 1985.

GANDY, R.O.; YATES, C.E.M. (eds.). *Collected Works of A.M. Turing: Mathematical Logic*. Amsterdam: North-Holland, 2001.

GOOD, Irving John. *Probability and the Weighing of Evidence*. London: Charles Griffin, 1950.

_____. The Interaction Algorithm and Practical Fourier Analysis. *JRSS. Series B.* (20), 1958.

_____. Significance Tests in Parallel and in Series. *JASA* (53), 1958.

_____. *The Estimation of Probabilities: An Essay on Modern Bayesian Methods*. Cambridge: MIT Press, 1965. (Pesquisa Monográfica.)

_____. Studies in the History of Probability and Statistics. XXXVII A.M. Turing's Statistical Work in World War II. *Biometrika* (66:2), 1979. Reimpresso com observações introdutórias em BRITTON, J.L. (ed.) *Pure Mathematics*, volume de *Collected Works of AM. Turing*. Amsterdam/New York: North-Holland, 1992.

_____. *Good Thinking: The Foundations of Probability and Its Applications*. Minneapolis: University of Minnesota Press, 1983.

_____. A Bayesian Approach in the Philosophy of Inference. *British Journal for the Philosophy of Science* (35), 1984.

_____. (2000) Turing's Anticipation of Empirical Bayes in Connection with the Cryptanalysis of the Naval Enigma. *Journal of Statistical Computation and Simulation* (66) 2000; e em GANDY, R.O.; YATES, C.E.M. (eds.). *Collected Works of A.M. Turing: Mathematical Logic*. Amsterdam: North-Holland, 2001.

HINSLEY, Francis Harry; STRIPP, Alan (eds.). *Codebreakers: The Inside Story of Bletchley Park*. Oxford/New York: Oxford University Press, 1993.

HILTON, Peter. "Reminiscences and Reflections of a Codebreaker. JOYNER, W. David (ed.). *Coding Theory and Cryptography: From Enigma and Geheimschreiber to Quantum Theory*. Berlin/New York: Springer, 2000.

HODGES, Andrew. *Alan Turing: The Enigma*. New York: Walker, 2000. (Um clássico.)

_____. The Alan Turing Webpage. Disponível em: <http://www.turing.org.uk/turing/>. Acesso em: 3 jul. 2013.

_____. Turing, a Natural Philosopher. Routledge. MONK, Ray; RAPHAEL, Frederic (eds.). *The Great Philosophers*. London: Weidenfeld and Nicolson, 2000.

_____. Alan Turing: A Cambridge Scientific Mind. HARMON, Peter; MITTON, Simon (eds.). *Cambridge Scientific Minds*. Cambridge/New York: Cambridge University Press, 2002.

HOSGOOD, Steven. Disponível em: <http://tallyho.bc.nu/~steve/banburismus.html>.

KAHN, David. *The Codebreakers: The Story of Secret Writing*. New York: Macmillan, 1967. (Um clássico.)

KENDALL, David G. Kolmogorov as I Remember Him. *Statistical Science* (6:3), 1991.

_____. Andrei Nikolaevich Kolmogorov. 25 April 1903-20 October 1987. *Biographical Memoirs of Fellows of the Royal Society* (37), 1991.

KOLMOGOROV, Andrei Nikolaevich. Determination of the Center of Scattering and the Measure of Accuracy by a Limited Number of Observations. *Izvestiia Akademii nauk SSSR. Series Mathematics* (6), 1942. (Em russo.)

KOLMOGOROV, Andrei Nikolaevich; HEWITT, E. (1948) *Collection of Articles on the Theory of Firing*. Santa Monica: Rand Publications. Editado por Kolmogorov e traduzido por Hewitt.

KOOPMAN, Bernard Osgood. *OEG Report n. 56, Search and Screening*. Washington: Operations Evaluation Group, Office of the Chief of Naval Operations, Navy Department, 1946.

_____. *Searching and Screening: General Principles with Historical Applications*. Elmsford: Pergamon, 1980.

KOZACZUK, Wladyslaw. *Enigma: How the German Machine Cipher Was Broken, and How It Was Read by the Allies in World War Two*. Trad. De Christopher Kasparek. University Publications of America, 1984.

KURATOWSKI, Kazimierz. *A Half Century of Polish Mathematics, Remembrances and Reflections*. New York: Pergamon, 1980.

LEE, Jan (1994). Interviews with I. Jack Good and Donald Michie, 1992. Disponível em: <http://ei.cs.vt.edu/~history/Good.html>. Acesso em: 14 fev. 2006.

MICHIE, Donald. Turingery and Turing's Sequential Bayes Rule. Não publicado. (Agradeço à família de Jack Copeland e de Michie por me deixar ler este capítulo em processo.)

MILLLMAN, S. (ed.). *The History of Communications Sciences (1925-1980)*, v. 5. Indianapolis: AT&T Bell Labs, 1984.

MORISON, Samuel Eliot. *The Battle of the Atlantic: September 1939-May 1943*. University of Illinois Press, 2001. (1947 edition by Boston: Little, Brown.)

MORSE, Philip M.; KIMBALL, George E. *Methods of Operations Research*. Cambridge/New York: Technology Press of MIT/John Wiley and Sons, 1951.

_____. In Memoriam: Bernard Osgood Koopman, 1900-1981. *Operations Research* (30) 1982.

NEWMAN, M.H.A. "Alan Mathison Turing, 1912-1954". *Biographical Memoirs of Fellows of the Royal Society* (1), 1953.

RANDELL, B. The Colossus. METROPLOIS, Nicholas; HOWLERR, Jack; ROTA, GianCarlo (eds.). *A History of Computing in the Twentieth Century: A Collection of Essays*. New York: Academic Press, 1980.

REJEWSKI, M. How Polish Mathematicians Deciphered the Enigma. *Annals of the History of Computing* (3), 1981.

RUKHIN, Andrew L. Kolmogorov's Contributions to Mathematical Statistics. *Annals of Statistics* (18:3), 1990.

SALES, Tony. Disponível em: <www.codesandciphers.org.uk>. Acesso em: 3 jul. 2013.

SHANNON, Claude E. A Mathematical Theory of Communication. *Bell System Technical Journal* (27) jul./oct. 1948.

_____. (1949) Communication Theory of Secrecy Systems. Disponível em: <netlab.cs.ucla.edu/wiki/files/Shannonl949.pdf>. Acesso em: 31 mar. 2007.

SHIRYAEV, Albert N. Kolmogorov: Life and Creative Activities. *Annals of Probability* (17:3), 1989.

_____. Everything About Kolmogorov Was Unusual. *Statistical Science* (6:3), 1991.

_____. On the Defense Work of A.N. Kolmogorov During World War II. BOOSS, Bernhelm; HOEYRUP, Jens (eds.) *Mathematics and War*. Basel/Boston: Birkhäuser, 2003.

SLOANE, Neil J.A.; WYNER, Aaron D. (eds.). *Claude Elwood Shannon: Collected Papers*. New York: IEEE Press, 1993.

SYRETT, David. *The Battle of the Atlantic and Signals Intelligence: U-Boat Tracking Papers, 1941-1947*. Navy Records Society, 2002.

TURING, Alan M. (1942) *Report by Dr. A.M. Turing, Ph.D.* and *Report on Cryptographic Machinery Available at Navy Department, Washington.* Disponível em: <http://www.turing.org.uk/sources/washington.html>. Acesso em: 2 jun. 2009.

_____. *A.M. Turing's Ace Report of 1946 and Other Papers.* CARPENTER, B.E.; DORAN, R.W. (eds.). Cambridge: MIT Press, 1986.

WADDINGTON, Conrad H. *O.R. in World War 2: Operations Research Against the U-Boat.* London: Scientific Books, 1973.

WEIERUD, Frode. Disponível em: <http://cryptocellar.web.cern.ch/cryptocellar/Enigma/index.html>. Acesso em: 3 jul. 2013. (Um dos principais arquivos para a história da criptoanálise durante a Segunda Guerra Mundial.)

WELCHMAN, Gordon. *The Hut Six Story: Breaking the Enigma Codes.* New York: McGraw-Hill, 1983.

WIENER, Norbert. *I Am a Mathematician.* Cambridge: MIT Press, 1956.

ZABELL, S.L. Alan Turing and the Central Limit Theorem. *American Mathematical Monthly* (102:6), 1995.

5. Morto e Enterrado Novamente

BOX, George E.P.; TIAO, George C. *Bayesian Inference in Statistical Analysis.* Reading: Addison-Wesley, 1973.

COX, Gertrude. Statistical Frontiers. *JASA* (52), 1957.

DEGROOT, Morris H. A Conversation with David Blackwell. *Statistical Science* (1:1), 1986.

ERICKSON, W.A. (ed.). *The Writings of Leonard Jimmie Savage: A Memorial Selection.* Washington: American Statistical Association and Institute of Mathematical Statistics, 1981.

FIENBERG, Stephen E. When Did Bayesian Inference Become Bayesian? *Bayesian Analysis* (1), 2006.

LINDLEY, Dennis V. Comments on Cox. KOTZ, Samuel; JOHNSON, Norma Lloyd (eds.). *Breakthroughs in Statistics I.* 1957

PERKS, Wilfred. Some Observations on Inverse Probability Including a New Indifference Rule. *Journal of the Institute of Actuaries* (73), 1947.

REID, Constance. *Neyman: From Life.* New York: Springer, 1982.

SAMPSON, A.R.; SPENCER, B.; SAVAGE, I.R. A Conversation with I. Richard Savage. *Statistical Science* (14), 1999.

PARTE TRÊS. O GLORIOSO RESSURGIMENTO
6. Arthur Bailey

ALBERS, Donald J. *Mathematical People*. Boston: Birkhäuser, 1983.
BAILEY, Arthur L. *A Summary of Advanced Statistical Methods*. Boston: United Fruit Co., 1929. (Departamento de Pesquisa. Reimpresso em 1931 como Circular n. 7.)
_____. Sampling Theory in Casualty Insurance, Parts I Through VII. *PCAS* (29), 1942 e (30), 1943.
_____. A Generalized Theory of Credibility. *PCAS* (32), 1945.
_____. Workmen's Compensation D-ratio Revisions. *PCAS* (35), 1948.
_____. Credibility Procedures: Laplace's Generalization of Bayes's Rule and the Combination of Collateral Knowledge with Observed Data". *PCAS* (37), 1950. (Seis discussões desse artigo e réplica do autor estão nesse mesmo volume nas p. 94-115.)
_____. Discussion of Introduction to Credibility Theory by L.H. Longley-Cook Reimpresso da discussão de 1950 em *PCAS* (50), 1963.
BAILEY, Robert A.; SIMON, L.J. An Actuarial Note on the Credibility of Experience of a Single Private Passenger Car. *PCAS* (46), 1959.
BAILEY, Robert A.; SIMON, L.J. Two Studies in Automobile Insurance Ratemaking. *PCAS* (47), 1960. Reimpresso em *ASTIN Bulletin* (1).
BAILEY, Robert A. Experience Rating Reassessed. *PCAS* (48), 1961.
BORCH, Karl. Recent Developments in Economic Theory and Their Application to Insurance. *ASTIN Bulletin* (2), 1963.
BÜHLMANN, Hans. Experience Rating and Credibility. *ASTIN Bulletin* (4), 1967.
BÜHLMANN, Hans; STRAUB, E. Credibility for Loss Ratios. *Bulletin of the Swiss Association of Actuaries* (70), 1970. (Tradução para o inglês de C.E. Brooks.)
CARR, William H.A. *Perils: Named and Unnamed. The Story of the Insurance Company of North America*. New York: McGraw-Hill, 1967.
COX, Gertrude. Statistical Frontiers. *JASA* (52), 1957.
DEGROOT, Morris H. A Conversation with David Blackwell. *Statistical Science* (1:1), 1986.
HACHEMEISTER, Charles A. [1974]. Credibility for Regression Models with Application to Trend. KAHN, P.M. (ed.). *Credibility: Theory and Applications*. New York/London: Academic Press, 1975.
HEWITT, Charles C., Jr. Discussion. *PCAS* (51), 1964; (52), 1965; (56), 1969.

_____. Credibility for Severity. PCAS (57), 1970.
_____. Credibility for the Layman. KAHN, P.M. (ed.). *Credibility: Theory and Applications*. New York/London: Academic Press, 1975; e em KAHN, P.M. (ed.). *Proceedings of the Berkeley Actuarial Research Conference on Credibility, September 19-21, 1974, the University of California, Berkeley*. New York: Academic Press, 1975.
HICKMAN, James C.; HEACOX, Linda. Credibility Theory: The Cornerstone of Actuarial Science. *North American Actuarial Journal* (3:2), 1999.
JEWELL, William S. Bayesian Statistics. *Encyclopedia of Actuarial Science*. New York: Wiley. 2004.
Kahn, P.M. *Credibility: Theory and Applications*. New York/London: Academic Press, 1975.
KLUGMAN, Stuart A.; PANJER, Harry H.; WILLMOT, Gordon E. *Loss Models: From Data to Decisions*. New York: John Wiley and Sons, 1998.
LONGLEY-COOK, Laurence H. The Casualty Actuarial Society and Actuarial Studies in Development of Non-Life Insurance in North America. *ASTIN Bulletin* (1), 1958.
_____. An Introduction to Credibility Theory. PCAS (49), 1962.
_____. Early Actuarial Studies in the Field of Property and Liability Insurance. PCAS (51), 1964.
_____. Actuarial Aspects of Industry Problems. PCAS (49), 1972.
LUNDBERG, Ove. Une Note sur des systèmes de tarification basées sur des modèles du type Poisson composé. *ASTIN Bulletin* (4), 1966.
MAYERSON, Allen L. A Bayesian View of Credibility. PCAS (51), 1964.
MILLER, Robert B.; HICKMAN, J.C. Insurance Credibility Theory and Bayesian Estimation. KAHN, P.M. (ed.). *Credibility: Theory and Applications*. New York/London: Academic Press, 1975.
MILLER, Robert B. Actuarial Applications of Bayesian Statistics. ZELLNER, Arnold; KRIEGER, Robert E. (eds.). *Bayesian Analysis in Econometrics and Statistics: Essays in Honor of Harold Jeffreys*. Malabar: Robert E. Krieger, 1989.
MORRIS, C.; VAN SLYKE, L. Empirical Bayes Methods for Pricing Insurance Classes. *Proceedings of the Business and Economics Statistics Section*. Disponível em: <Statweb.byu.edu/faculty/gwf/revnaaj.pdf>, 1978.
PERKS, Wilfred. Some Observations on Inverse Probability Including a New Indifference Rule. *Journal of the Institute of Actuaries* (73), 1947.
PRUITT, Dudley M. The First Fifty Years. PCAS (51), 1964.
TAYLOR, G.C. Abstract Credibility. *Scandinavian Actuarial Journal*, 1977.

_____. Credibility Analysis of a General Hierarchical Model. *Scandinavian Actuarial Journal*, 1979.
VENTER, Gary G. Credibility. *CAS Forum*, 1987.

7. Da Ferramenta à Teologia

ARMITAGE, P. Dennis Lindley: The First 70 Years. FREEMAN, Peter Ronald; SMITH, Adrian M. (eds.). *Aspects of Uncertainty: A Tribute to D.V. Lindley*. Chichester: John Wiley and Sons, 1994.
BANKS, David L. A Conversation with I.J. Good. *Statistical Science* (11), 1996.
DUBINS, Lester E.; SAVAGE, Leonard J. *Inequalities for Stochastic Processes (How to Gamble if You Must)*. New York: Dover, 1976.
BOX, George E.P. et al. *Improving Almost Anything*. Hoboken: Wiley, 2006.
BOX, George E.P.; TIAO, George C. *Bayesian Inference in Statistical Analysis*. Reading: Addison-Wesley, 1973.
CRAMÉR, H. Half of a Century of Probability Theory: Some Personal Recollections. *Annals of Probability* (4), 1976.
D'AGOSTINI, Giulio. The Fermi's Bayes Theorem. *Bulletin of the International Society of Bayesian Analysis* (1), 2005.
EDWARDS, W.; LINDMAN, R.; SAVAGE, L.J. Bayesian Statistical Inference for Psychological Research. *Psychological Review* (70), 1963.
ERICKSON, W.A. (ed.). *The Writings of Leonard Jimmie Savage: A Memorial Selection*. Washington: American Statistical Association and Institute of Mathematical Statistics, 1981.
FERGUSON, Thomas S. Development of the Decision Model. OWEN, Donald B. (ed.). *On the History of Statistics and Probability*. New York: Marcel Dekker, 1976.
FIENBERG, Stephen E. When Did Bayesian Inference Become Bayesian? *Bayesian Analysis* (1), 2006.
JOHNSON, Norman Lloyd; KOTZ, Samuel (eds.). *Breakthroughs in Statistics*, v. 1-3. New York: Springer, 1997. (Reimpressão de artigos importantes do século XX, principalmente pós-1940.)
KENDALL, Maurice G. On the Future of Statistics: A Second Look. *Journal of the Royal Statistical Society Series A* (131), 1968.
LINDLEY, Dennis V. Statistical Inference (With Discussion). *JRSS, Series B* (15), 1953.
_____. A Statistical Paradox. *Biometrika* (44: 1-2), 1957.
_____. Decision Making. *The Statistician* (18), 1968.

_____. L.J. Savage: His Work in Probability and Statistics. *Annals of Statistics* (8), 1980.

_____. Theory and Practice of Bayesian Statistics. *The Statistician* (32), 1983.

_____. Savage Revisited: Comment. *Statistical Science* (1), 1986.

_____. Good's Work in Probability, Statistics and the Philosophy of Science. *J. Statistical Planning and Inference* (25), 1990.

_____. The Philosophy of Statistics. *The Statistician* (49), 2000.

_____. Bayesian Thoughts. *Significance* (1), 2004.

MATHEWS, John; WALKER, Robert Lee. *Mathematical Methods of Physics*. New York: W.A. Benjamin, 1965.

OLD, Bruce S. The Evolution of the Office of Naval Research. *Physics Today* (14), 1961.

RIGBY, Fred D. Pioneering in Federal Support of Statistics Research" OWEN, Donald B. (ed.). *On the History of Statistics and Probability*. New York: Marcel Dekker, 1976.

RIVETT, Patrick. Aspects of Uncertainty [Review]. *Journal of the Operational Research Society* (46), 1995.

SAMPSON, A.R.; SPENCER, B.; SAVAGE, I.R. A Conversation with I. Richard Savage. *Statistical Science* (14), 1999.

SAVAGE, Leonard J. *The Foundations of Statistics*. New York: Wiley, 1954.

_____. *The Foundations of Statistical Inference: A Discussion*. London: Methuen, 1962.

_____. On Rereading R.A. Fisher. *Annals of Statistics* (4), 1976.

SCHRÖDINGER, Erwin. The Statistical Law of Nature. *Nature* (153), 1944.

SHAFER, Glenn. Savage Revisited. *Statistical Science* (1), 1986.

SMITH, Adrian. A Conversation with Dennis Lindley. *Statistical Science* (10), 1995.

STEPHAN, F.F. et al. Stanley S. Willks. *JASA* (60:312), 1965.

8. Jerome Cornfield, Câncer de Pulmão e Ataque Cardíaco

ANÔNIMO. Obituary: Jerome Cornfield 1912-1979. *Biometrics* (36), 1980.

ARMITAGE, Peter. Before and After Bradford Hill: Some Trends in Medical Statistics. *JRSS, Series A* (158), 1995.

CENTERS for Disease Control. Achievements in Public Health, 1900-1999: Decline in Deaths from Heart Disease and Stroke, United States, 1900-1999. *MMWR Weekly* (48:30), 1999.

CORNFIELD, Jerome. [1951] A Method of Estimating Comparative Rates from Clinical Data: Applications to Cancer of the Lung, Breast, and Cervix. KOTZ,

Samuel; JOHNSON, Norman Lloyd (eds.). *Breakthroughs in Statistics*, v. 3. New York: Springer, 1993. (Introdução de Mitchell H. Gail.)

_____. Joint Dependence of Risk of Coronary Heart Disease on Serum Cholesterol and Systolic Blood Pressure: A Discriminant Function Analysis. *Federation Proceedings* (21:4), 1962.

_____. Bayes Theorem. *Review of the International Statistical Institute* (35), 1967.

_____. The Bayesian Outlook and Its Application. *Biometrics* (25:4), 1969.

_____. A Statistician's Apology. *JASA* (70), 1975.

_____. Jerome Cornfield Memorial Issue. *Biometrics Supplement, Current Topics in Biostatistics and Epidemiology* (38), mar. 1982.

DOLL, Richard. Austin Bradford Hill. *Biographical Memoirs of Fellows of the Royal Society*. (40), 1994.

_____. Smoking and Lung Cancer. *American Journal of Respiratory and Critical Care Medicine* (162:1), 2000.

_____. Sir Austin Bradford Hill: A Personal View of His Contribution to Epidemiology. *JRSS: Series A (Statistics in Society)* (158), 1995.

DUNCAN, Joseph W.; SHELTON, William Chastain. *Revolution in United States Government Statistics 1926-1976*. Washington: U.S. Department of Commerce, 1978.

GAIL, Mitchell H. Statistics in Action. *JASA* (91:322), 1996.

GREEN, Sylvan B. A Conversation with Fred Ederer. *Statistical Science* (12:2), 1997.

GREENHOUSE, Samuel W. Jerome Cornfield's Contributions to Epidemiology. *Biometrics* (Supplement), 1982.

GREENHOUSE, Samuel W.; GREENHOUSE, J.B. "Cornfield, Jerome". ARMITAGE, P.; COLTON, Theodore (eds.). *Encyclopedia of Biostatistics*, v. 1. Chichester/New York: J. Wiley, 1998.

GREENHOUSE, Samuel W.; HALPERIN, M. "Jerome Cornfield, 1912-1979". *American Statistician* (34), 1980.

KASS, R.E.; GREENHOUSE, J.B. Comment: A Bayesian Perspective. *Statistical Science* (4:4).

MEMORIAL Symposium in Honor of Jerome Cornfield. Jerome Cornfield: Curriculum, Vitae, Publications and Personal Reminiscences. From Fred Ederer-Jerome Cornfield Collection, Acc 1999-022, *The History of Medicine Division, National Library of Medicine*, 1981.

NATIONAL Cancer Institute. *Tobacco and the Clinician* (5), 1994.

SADOWSKY, D.A.; GILLIAM, A.G.; CORNFIELD, J. The Statistical Association Between Smoking and Carcinoma of the Lung. *Journal of the National Cancer Institute* (13:5), 1953.

SALSBURG, David. *The Lady Tasting Tea: How Statistics Revolutionized Science in the Twentieth Century*. New York: W.H. Freeman, 2001.

TRUETT, J.; CORNFIELD, J.; KANNEL, W. A Multivariate Analysis of the Risk of Coronary Heart Disease in Framingham. *Journal of Chronic Diseases* (20:7), 1967.

ZELEN, Marvin. The Contributions of Jerome Cornfield to the Theory of Statistics in A Memorial Symposium in Honor of Jerome Cornfield, March 1982. *Biometrics* (38), 1982.

9. Sempre Há uma Primeira Vez

ANÔNIMO. (1991) U.S. Nuclear Weapons Accidents; Danger in Our Midst. *Defense Monitor*. Center for Defense Information, World Security Institute. Disponível em: <http://www/Milnet.com>. Acesso em: 25 jan. 2007.

CALDWELL, Dan. Permissive Action Links. *Survival* (29), 1987.

GOTT, Richard. The Evolution of the Independent British Deterrent. *International Affairs (Royal Institute of International Affairs 1944-)* (39), 1963.

HERKEN, Gregg. *Counsels of War*. New York: Knopf, 1985.

HOUNSHELL, David. The Cold War, RAND, and the Generation of Knowledge, 1946-1962. *Historical Studies in the Physical and Biological Sciences* (27), 1997.

IKLÉ, Fred Charles. *The Social Impact of Bomb Destruction*. Norman: University of Oklahoma Press, 1958.

_____. *Annihilation from Within: The Ultimate Threat to Nations*. New York: Columbia University Press, 2006.

IKLÉ, Fred Charles; ARONSON, G.J.; MADANSKY, A. On the Risk of an Accidental or Unauthorized Nuclear Detonation. RM-2251 U.S. Air Force Project Rand. RAND Corp, 1958.

JARDINI, David R. *Out of the Blue Yonder: The RAND Corporation's Diversification into Social Welfare Research, 1946-1968*. Dissertation, Carnegie Mellon University, 1996.

KAPLAN, Fred. *The Wizards of Armageddon*. New York: Simon and Schuster, 1983.

MADANSKY, Albert. *Externally Bayesian Groups*. Santa Monica: RAND Corp., 1964

_____. Bayesian Analysis with Incompletely Specified Prior Distributions. GEISSER, S. (ed.). *Bayesian and Likelihood Methods in Statistics and Econometrics: Essays in Honor of George A. Barnard*. Amsterdam/New York: North Holland, 1990.

MANGRAVITE, Andrew. Cracking Bert's Shell and Loving the Bomb. *Chemical Heritage* (24:1), spring 2006.

SMITH, Bruce Lee Raymond. *The RAND Corporation: Case Study of a Nonprofit Advisory Corporation*. Cambridge: Harvard University Press, 1966.

U.S. DEPARTMENT of Defense. (April 1981) *Narrative Summaries of Accidents Involving U.S. Nuclear Weapons 1950-1980*. Disponível em: <http://www.dod.mil/pubs/foi/reading_room/63S.pdf>. Acesso em: 29 jan. 2007. (Agradeço ao Center for Defense Information por essa referência.)

WOHLSTETTER, Albert. J. et al. *Selection and Use of Strategic Air Bases*. Santa Monica: RAND Corporation Publication R266, apr. 1954.

WOHLSTETTER, Albert J. *The Delicate Balance of Terror*. Santa Monica: RAND Corp. Publication 1472, 1958.

WYDEN, Peter. The Chances of Accidental War. *Saturday Evening Post*, 3 jun. 1961.

10. 46.656 Variantes

ANÔNIMO. Bayes-Turing. NSA *Technical Journal*, 1965. (Penso que I.J. Good seja o autor.)

_____. Multiple Hypothesis Testing. NSA *Technical Journal*, 1971.

_____. The Strength of the Bayes Score. NSA *Technical Journal*, 1972.

BATHER, John. A Conversation with Herman Chernoff. *Statistical Science* (11), 1996.

BENNETT, J.H. (ed.). *Statistical Inference and Analysis: Selected Correspondence of R.A. Fisher*. Oxford: Clarendon Press, 1990.

BOX, George E.P. et al. *Improving Almost Anything*. Hoboken: Wiley, 2006.

DEGROOT, M.H. A Conversation with Charles Stein. *Statistical Science* (1), 1986.

EDWARDS, W.; LINDMAN, H.; SAVAGE, L.J. Bayesian Statistical Inference for Psychological Research. *Psychological Research* (70:3), 1963.

EFRON, Bradley. Stein's Paradox in Statistics. *Scientific American* (236), 1977.

_____. Controversies in the Foundations of Statistics. *American Mathematical Monthly* (85), 1978.

ERICKSON, W.A. (ed.). *The Writings of Leonard Jimmie Savage: A Memorial Selection*. Washington: American Statistical Association and Institute of Mathematical Statistics, 1981. GOOD, I.J. 46656 Varieties of Bayesians. Letter to the Editor. *American Statistician* (25), 1971.

JAHN, R.G.; DUNNE, B.J.; NELSON, R.D. Engineering Anomalies Research. *Journal of Scientific Exploration* (1:1), 1987.

JAMES, W.; STEIN, C.M. Estimation with Quadratic Loss Function. *Proc. of the 4th Berkeley Symp. Math. Statist. and Prob.* (1), 1961.

JEFFERYS, William H. Bayesian Analysis of Random Event Generator Data. *Journal of Scientific Exploration* (4:2), 1990.

LEAHY, F.T. Bayes Marches on. NSA *Technical Journal* (U), 1960.

_____. Bayes Factors. NSA *Technical Journal*, 1964.

_____. Bayes Factors. NSA *Technical Journal*, 1965.

ROBBINS, Herbert. An Empirical Bayes Approach to Statistics. *Proc. of the 3rd Berkeley Symp. Math. Statist. and Prob. 1954-1955* (1). University of California Press, 1956.

SAVAGE, Leonard J. *The Foundations of Statistical Inference: A Discussion*. London: Methuen, 1962.

SMITH, Adrian. A Conversation with Dennis Lindley. *Statistical Science* 10, 1995.

STEIN, Charles. Inadmissibility of the Usual Estimator for the Mean of a Multivariate Normal Distribution. NEYMAN, J. (ed,). *Proc. of the 3rd Berkeley Symp. Math. Statist. and Prob., 1954-1955*, v. I. University of California Press, 1956.

TRIBE, Laurence H. Trial by Mathematics: Precision and Ritual in the Legal Process. *Harvard Law Review* (84:6), 1971.

_____. A Further Critique of Mathematical Proof. *Harvard Law Review* (84:8), 1971.

ZELLNER, Arnold. S. James Press and Bayesian Analysis. *Macroeconomic Dynamics*. (10), 2006.

PARTE QUATRO: PARA PROVAR O SEU VALOR
Capítulo 11. Decisões de Negócios

Nota: HBSA GC. O arquivo está na Faculty Biography Collection. Harvard Business School Archives, Baker Library, Harvard Business School.

AISNER, Jim. Renowned Harvard Business School Professor Robert O. Schlaifer Dead at 79. Harvard University, 1994.

ANÔNIMO. Interpretation and Reinterpretation: The Chicago Meeting, 1959. *American Historical Review* (65), 1959.

_____. Math + Intuition = Decision. *Business Week* 54, 56, 60. HBSA Fac. Biography series GC 772.20, Harvard Business School Archives, Baker Library, Harvard Business School, 24 mar. 1962.

_____. *Harbus News*, 22 nov. 1963.

_____. Yale Statistician Leonard Savage Dies; Authored Book on Gambling. *New Haven Register*, 3 nov. 1971.

_____. Schlaifer and Fuller Retire. *HBS Bulletin*. HBSA GC File, R.O. Schlaifer, oct. 1985.

_____. Schlaifer Awarded Ramsey Medal. *Decision Analysis Society Newsletter* (11:2), 1992.

BILSTEIN, Roger E. Development of Aircraft Engines and Fuels. *Technology and Culture* (18), 1977.

BIRNBERG, J.G. Bayesian Statistics: A Review. *Journal of Accounting Research* (2), 1964.

FIENBERG, Stephen E. The Early Statistical Years: 1947-1967. A Conversation with Howard Raiffa. *Statistical Science* (23:1), 2008.

_____. When Did Bayesian Inference Become Bayesian? *Bayesian Analysis* (1), 2006.

FIENBERG, Stephen E. et al. (eds.) *A Statistical Model: Frederick Mosteller's Contributions to Statistics, Science and Public Policy*. New York: Springer, 1990.

FIENBERG, Stephen E.; ZELLNER, Arnold. *Studies in Bayesian Econometrics and Statistics: In Honor of Leonard J. Savage*. Amsterdam: North-Holland, 1975.

GOTTLIEB, Morris J. Probability and Statistics for Business Decisions. *Journal of Marketing* (25), 1960.

HARVARD University Statistics Department. Disponível em: <http//www.stat.Harvard.edu/People/ Department_History.html>.

KEMP, Freda. Applied Statistical Decision Theory: Understanding Robust and Exploratory Data Analysis. *The Statistician* (50), 2001.

MASSIE, Joseph L. Development of Aircraft Engines; Development of Aviation Fuels. *Journal of Business of the University of Chicago* (24), 1951.

MCGINNIS, John A. Only God Can Make a Tree. *Harbus News*. HBSA Faculty Biography Series GC 772.20, Robert O. Schlaifer, 22 nov. 1963.

MEMORIAL Service, Robert O. Schlaifer, Friday, December 2, 1994. HBSA GC 772.20, Faculty Biography.

NOCERA, John. *A Piece of the Action: How the Middle Class Joined the Money Class*. New York: Simon and Schuster, 1994.

PRATT, John W.; RAIFFA, Howard; SCHLAIFER, Robert. The Foundations of Decision Under Uncertainty: An Elementary Exposition. *JASA* (59), 1964.

_____. *Introduction to Statistical Decision Theory*. New York: McGraw-Hill, 1965.

PRATT, John W. [Savage Revisited]: Comment. *Statistical Science* (1), 1985.

RAIFFA, Howard. *Decision Analysis: Introductory Lectures on Choices under Uncertainty*. Reading: Addison-Wesley, 1968.

_____. [2002] Tribute to Robert Wilson on His 65th Birthday. Berkeley Electronic Press. Disponível em: <http://www.bepress.com/wilson/art2>. Acesso em: 7 jul. 2013.

_____. (2006) A Memoir: Analytical Roots of a Decision Scientist. (Não publicado. Agradeço ao Dr. Raiffa por me permitir ler e citar o seu manuscrito.)

RAIFFA, Howard; SCHLAIFER, Robert. *Applied Statistical Decision Theory*. Massachusetts: MIT Press, 1961.

RAMSEY Award Winners. Videotaped Talk by Howard Raiffa, Ronald Howard, Peter C. Fishburn, and Ward Edwards at the Joint National Meeting of the Operations Research Society of America. San Diego, 1988. (Agradeço à INFORMS por me permitir assistir ao vídeo.)

SAVAGE, Jimmie. Letter to Committee on Statistics Faculty, Chicago. In: *Manuscripts and Archives*. Yale University Library, 1 out. 1956.

SAXON, Wolfgang. Robert O. Schlaifer, 79, Managerial Economist. *The New York Times*, 28 jul. 1994.

SCHLAIFER, Robert. Greek Theories of Slavery from Homer to Aristotle. *Harvard Studies in Classical Philology* (47), 1936.

SCHLAIFER, Robert; HERON, S.D. *Development of Aircraft Engines. Development of Aviation Fuels*. Boston: Graduate School of Business Administration, Harvard University, 1950.

SCHLAIFER, Robert O. *Probability and Statistics for Business Decisions: An Introduction to Managerial Economics under Uncertainty*. New York: McGraw-Hill, 1959.

12. Quem Escreveu *O Federalista?*

ALBERS, Donald J.: ALEXANDERSON, Gerald L.; REID, Constance (eds.). *More Mathematical People*. Boston: Harcourt Brace Jovanovich, 1990.

BROOKS, E. Bruce. [2001] Tales of Statisticians: Frederick Mosteller. Disponível em: <www.UMass.edu/wsp/statistics/tales/mosteller.html>. Acesso em: 21 dez. 2004.

CHANG, Kenneth. C. Frederick Mosteller, a Pioneer in Statistics, dies at 89. *The New York Times*, 27 jul. 2006.

COCHRAN, William Gemmel; MOSTELLER, Frederick; TUKEY, John W. *Statistical Problems of the Kinsey Report on Sexual Behavior in the Human Male*. Washington: American Statistical Association, 1954.

CONVERSE, Jean M. *Survey Research in the United States: Roots and Emergence 1890-1960*. Berkeley: University of California Press, 1987.

DEGROOT, Morris H. A Conversation with Persi Diaconis. *Statistical Science* (1:3), 1986.

FIENBERG, Stephen E.; HOAGLIN, David C. (eds.) *Selected Papers of Frederick Mosteller*. New York: Springer, 2006.

FIENBERG, Stephen E. et al. (eds.) *A Statistical Model: Frederick Mosteller's Contributions to Statistics, Science and Public Policy*. New York: Springer, 1990.

HEDLEY-WHYTE, J. Frederick Mosteller (1916-2006): Mentoring, A Memoir. *International Journal of Technology Assessment in Health Care* (23), 2007.

INGELFINGER, Joseph et al. *Biostatistics in Clinical Medicine*. New York: Macmillan, 1987.

JONES, James H. *Alfred C. Kinsey: A Public/Private Life*. New York: W.W. Norton, 1997.

KINSEY, Alfred C.; POMEROY, Wardell Baxter; MARTIN Clyde E. *Sexual Behavior in the Human Male*. Philadelphia: WB Saunders, 1948.

KOLATA, Gina Bari. Frederick Mosteller and Applied Statistics. *Science* (204), 1979.

KRUSKAL, W.; MOSTELLER, F. Representative Sampling, IV: The History of the Concept in Statistics, 1895-1939. *International Statistical Review* (48), 1980.

MOSTELLER, Frederick et al. *The Pre-Election Polls of 1948*. New York: Social Science Research Council, 1949.

MOSTELLER, Frederick; TUKEY, John. Data Analysis, Including Statistics. JONES, Lyle V. (ed.). *The Collected Works of John W. Tukey*, v. 4. Belmont: Wadsworth and Brooks, 1954.

MOSTELLER, Frederick; ROURKE, Robert E.K.; THOMAS, George B. Jr. *Probability with Statistical Applications*. Reading: Addison-Wesley, 1961, 1970.

MOSTELLER, Frederick; WALLACE, David L. *Inference and Disputed Authorship, The Federalist*. Reading: Addison-Wesley, 1964; e _____. *Applied Bayesian and Classical Inference: The Case of the Federalist Papers*. New York: Springer, 1984. (Esses dois livros são idênticos, porém foram destinados a públicos diferentes.)

MOSTELLER, Frederick; WALLACE, David L. Deciding Authorship. TANUR, Judith M. et al (eds.). *Statistics: A Guide to the Unknown*. Pacific Grove: Wadsworth and Brooks/Cole, 1989.

PETROSINO, Anthony. [2004] Charles Frederick [Fred] Mosteller. Disponível em: <www.jameslindlibrary.org>. Acesso em: 7 jul. 2013.

SQUIRE, Peverill. Why the 1936 Literary Digest Poll Failed. *Public Opinion Quarterly* (52), 1988.

bibliografia

ZECKHAUSER, Richard J.; KEENEY, Ralph L.; SEBENIUS, James K. *Wise Choices: Decisions, Games, and Negotiations*. Boston: Harvard Business School Press, 1996.

13. O Guerreiro Frio

ANSCOMBE, F. R. Quiet Contributor: The Civic Career and Times of John W; Tukey. *Statistical Science* (18:3), 2003.
BAMFORD, James. *The Puzzle Palace: A Report on America's Most Secret Agency*. New York: Penguin, 1983.
BEAN, Louis H. The Pre-Election Polls of 1948 (Review). *JASA* (45), 1950.
BELL Labs. Memories of John W. Tukey. Disponível em: <http://cm.bell-labs.com/cm/ms/departments/sia/tukey/>. Acesso em: 07 jul. 2013.
BELL Telephone Labs. *The History of Engineering and Science in the Bell System*, v. 1-7. New York: The Laboratories, 1975-1985.
BRILLINGER, David R. John W. Tukey: His Life and Professional Contributions. *Annals of Statistics* (30), 2002.
_____. John Wilder Tukey (1915-2000). *Notices of the American Mathematical Society* (49:2), 2002.
_____. John W. Tukey's Work on Time Series and Spectrum Analysis. *Annals of Statistics* (30), 2002.
CASELLA, G. et al. Tribute to John W. Tukey. *Statistical Science* (18), 2003.
COMPUTER History Museum. Selling the Computer Revolution. Disponível em: <www.computerhistory.org/brochures/companies>. Acesso em: 7 mar. 2007.
DEMPSTER, Arthur P. John W. Tukey as "Philosopher". *Annals of Statistics* (30), 2002.
FIENBERG, Stephen E. When Did Bayesian Inference Become Bayesian? *Bayesian Analysis* (1), 2006.
GNANADESIKAN, Ram; HOAGLIN, David C. *A Discussion with Elizabeth and John Tukey, Parts I and II*. DVD. Alexandria, VA: American Statistical Association, 1993.
JOHNSON, Norman Lloyd; KOTZ, Samuel. (eds.). *Breakthroughs in Statistics*, v. 1. New York: Springer, 1997.
JONES, Lyle V. (ed.). *The Collected Works of John W. Tukey, v. III: Philosophy and Principies of Data Analysis: 1949-1964*. Belmont: Wadsworth and Brooks/Cole, 1986.
LEONHARDT, David. John Tukey: Statistician Who Coined 2 Crucial Words. Disponível em: <www.imstat.org/Bulletin/Sept2000/node18.html>. Acesso em: 7 apr. 2007.

LINK, Richard F. Election Night on Television. TANUR, Judith M. et al (ed.). *Statistics: A Guide to the Unknown*. Pacific Grove: Wadsworth and Brooks/Cole, 1989.

MCCULLAGH, Peter. John Wilder Tukey. *Biographical Memoirs of the Fellows of the Royal Society London* (49), 2003.

MOSTELLER, Frederick; TUKEY, John W. Data Analysis, Including Statistics. JONES, Lyle V. (ed.).*The Collected Works of John W. Tukey, v. IV*. Belmont: Wadsworth and Brooks/Cole, 1954.

ROBINSON, Daniel J. *The Measure of Democracy: Polling, Market Research, and Public Life, 1930-1945*. Toronto: University of Toronto Press, 1999.

TEDESCO, John; HUNTLEY, Chet. Museum of Broadcast Communications. Disponível em: <www.museum.tv/archives/etv/H/htmlH/huntleychet/huntleychet.htm>. Acesso em: 17 jul. 2007.

TUKEY, John W. The Future of Data Analysis. *Annals of Mathematical Statistics* (33), 1962.

_____. *The Collected Works of John W. Tukey, v. 1, 2: Time Series: 1949-1964,1965-1984*. BTILLINGER, David R. (ed.). Belmont: Wadsworth, 1984.

_____. *The Collected Works of John W. Tukey v. 3, 4: Philosophy and Principies of Data Analysis, 1949-1953; 1965-1986*. JONES, Lyle V. (ed.). Belmont: Wadsworth Advanced Books and Software, 1984.

WAITE, C.H.; BRINKLEY, David. Museum of Broadcast Communications. Disponível em: <www.museum.tv/archives/etv/B/htmlB/brinkleydav/brinkleydav.html>. Acesso em: 16 jul. 2007.

14. Three Mile Island

ANÔNIMO. Using Experience to Calculate Nuclear Risks. *Science* (217), 1982.

APOSTOLAKIS, George E. Editorial: The Interpretation of Probability in Probabilistic Safety Assessments. *Reliability Engineering and System Safety* (23), 1988.

_____. The Concept of Probability in Safety Assessments of Technological Systems. *Science* (250), 1990.

_____. How Useful Is Quantitative Risk Assessment? *Risk Analysis* (24), 2004.

BARNETT, Vic. *Comparative Statistical Inference*. Chichester/New York: John Wiley and Sons, 1973, 1982, 1999.

BATHER, John. A Conversation with Herman Chernoff. *Statistical Science* (11), 1996.

BIER, Vicki M. Challenges to the Acceptance of Probabilistic Risk Analysis. *Society for Risk Analysis* (19), 1999.

BOX, George E.P.; TIAO, George C. *Bayesian Inference in Statistical Analysis*. Reading: Addison-Wesley, 1973.

COOKE, Roger M. *Experts in Uncertainty: Opinion and Subjective Probability in Science*. New York: Oxford University Press, 1991.

EFRON, Bradley. Controversies in the Foundations of Statistics. *American Mathematical Monthly* (85), 1978.

FEYNMAN, Richard P. (1986) Appendix F: Personal observations on the reliability of the Shuttle. Disponível em: <http://www.science.ksc.nasa.gov/shuttle/missions/51-l/docs/rogers-commission/Appendix-F.txt>. Acesso em: 9 jul. 2013.

_____. Mr. Feynman Goes to Washington. *Engineering and Science*. California Institute of Technology, (v. 50), 1987.

HARRIS, Bernard. Mathematical Methods in Combating Terrorism. *Risk Analysis* (24:4), 2004.

MARTZ, H.F.; ZIMMER, W.J. The Risk of Catastrophic Failure of the Solid Rocket Boosters on the Space Shuttle. *American Statistician* (46), 1992.

RUSSELL, Cristine. Study Gives Good Odds on Nuclear Reactor Safety. *BioScience* (24), 1974.

SELVIDGE, Judith. A Three-Step Procedure for Assigning Probabilities to Rare Events. WENT, Dirk; VLEK, Charles (eds.). *Utility, Probability, and Human Decision Making*. Dordrecht: Reidel Publishing, 1973.

SMITH, Adrian. A Conversation with Dennis Lindley. *Statistical Science* (10), 1995.

TUKEY, John W. *The Collected Works of John W. Tukey v. 3, 4: Philosophy and Principles of Data Analysis, 1949-1953; 1965-1986*. JONES, Lyle V. (ed.). Belmont: Wadsworth Advanced Books and Software, 1984.

U.S. ATOMIC Energy Commission. *Reactor Safety Study: An Assessment of Accident Risks in U.S. Commercial Nuclear Power Plants*. WASH-1400. Washington: NUREG-75/014. National Technical Information Service, 1974.

WEBB, Richard E. *The Accident Hazards of Nuclear Power Plants*. Amherst: University of Massachusetts Press, 1976.

WILSON, Richard. Resource Letter: RA-1: Risk Analysis. *American Journal of Physics* (70), 2002.

15. Buscas da Marinha

ANDREWS, Capt. Frank A. (ed.) *Aircraft Salvops Med: Sea Search and Recovery of an Unarmed Nuclear Weapon by Task Force 65, Interim Report*. Chief of Naval Operations, U.S. Navy, 1966.

ARKIN, William; HANDLER, Joshua. *Naval Accidents 1945-1988, Neptune Paper n. 3*. Washington: Greenpeace, 1989.

ASSOCIATED Press Soviet Sub and U.S. Frigate Damaged in Crash. *The New York Times* 5; U.S. Frigate and Soviet Submarine Collide. *The Times of London* 5, 31 aug. 1976.

BELKIN, Barry [1974]. Appendix A: An Alternative Measure of Search Effectiveness for a Clearance Operation. Wagner, Associates. Não publicado.

CENTERS for Disease Control and Prevention (CDC). (April 20, 2005) Plutonium. Department of Health and Human Services Agency, CDC Radiation Emergencies Radioisotope Brief. Disponível em: <www.bt.cdc.gov/radiation>. Acesso em: 29 jul. 2006.

CHURCH, B.W. et al. *Comparative Plutonium-239 Dose Assessment for Three Desert Sites: Maralinga, Australia; Palomares, Spain; and the Nevada Test Site, USA Before and After Remedial Action*. Washington: Lawrence Livermore National Laboratory, 2000.

CRAVEN, John Piña. *The Silent War: The Cold War Battle Beneath the Sea*. New York: Simon and Schuster, 2002.

DESTROYERSONLINE webpage. Disponível em: http/www.destroyersonline.com/usndd/fflo47/flo47pho.htm. Voge collision picture.

FEYNMAN, Richard P. *Surely You're Joking, Mr. Feynman!* New York: W.W. Norton, 1985.

GONZALEZ E. Iranzo, Ruiz S. Salvador. *Doses from Potential Inhalation by People Living Near Plutonium Contaminated Areas*. Oak Ridge National Laboratory, 1983.

HANDLER, Joshua; WICKENHEISER, Amy; ARKIN, William M. Naval Safety 1989: The Year of the Accident, *Neptune Paper n. 4*. Washington: Greenpeace, 1990.

LEWIS, Flora. *One of Our H-BOMBS is Missing*. New York: McGraw-Hill, 1967. (Vencedor do Prêmio Pulitzer.)

MOODY, Dewitt H. 40th Anniversary of Palomares. *Faceplate* (10:2), 2006.

NICHOLSON, John H. Foreword. In: LEARY, William. *Under Ice: Waldo Lyon and the Development of the Arctic Submarine*. College Station: Texas A&M University Press, 1999.

OTTO, M. Course "Filling Station." Foreign Technology Division, Wright-Patterson AFB, 1998.

PLACE, W.M.; COBB, F.C.; DEFFERDING, C.G. *Palomares Summary Report*. Defense Nuclear Agency, Kirtland Air Force Base, 1975.

REUTERS. Radioactive Snails Lead to Spain-U.S. Atomic Probe, 11 oct. 2006.

RICHARDSON, H.R.; STONE, L.D. Operations Analysis During the Underwater Search for Scorpion. *Naval Research Logistics Quarterly* (18), 1971.

_____. *Advances in Search Theory with Application to Petroleum Exploration, Report to National Science Foundation*. Daniel H. Wagner, Associates, 1984.

RICHARDSON, Henry R.; DISCENZA, J.H. The United States Coast Guard Computer-Assisted Search Planning System (CASP). *Naval Research Logistics Quarterly* (27:4), 1980.

RICHARDSON, H.R.; WEISINGER, J.R. The Search for Lost Satellites. ATHANS, Michael; LEVIS, A. (eds.) *Proceedings of the 7th MIT-ONR Workshop on C3 Systems*. Cambridge: MIT, 1984.

RICHARDSON, Henry R. *Search Theory. Center for Naval Analyses*, Alexandria: Center of Naval Analyses, 1986.

RICHARDSON, Henry R.; STONE, L.D.; MONARCH, W.R.; DISCENZA, J.H. *Proceedings of the SPIE Conference on Optics and Photonics, San Diego*. Bellingham: SPIE, 2003.

SONTAG, Sherry; DREW, Christopher; DREW, Annette Lawrence. *Blind Man's Bluff: The Untold Story of American Submarine Espionage*. New York: Public Affairs, 1998.

STONE, Lawrence D. *Theory of Optimal Search*. New York: Academic Press, 1975.

_____. The Process of Search Planning: Current Approaches and Continuing Problems. *Operations Research* (31), 1983.

_____. What's Happened in Search Theory Since the 1975 Lanchester Prize? *Operations Research* (37), 1989.

_____. Bayesian Estimation of Undiscovered Pool Sizes Using the Discovery Record. *Mathematical Geology* (22), 1990.

STONE, Lawrence D.; BARLOW, Carl A.; CORWIN, Thomas L. *Bayesian Multiple Target Tracking*. Boston: Artech House, 1999.

TAFF, L.G. Optimal Searches for Asteroids. *Icarus* (57), 1984.

U.S. AIR Force Medical Service. (July 29, 2006) Air Force Releases Reports on Palomares, Spain and Thule Airbase, Greenland Nuclear Weapons Accidents. Disponível em: <AFMS.mil/latestnews/palomares.htm>. Acesso em: 29 jul. 2006.

U.S. DEPARTMENT of Energy. Palomares, Spain Medical Surveillance and Environmental Monitoring. Disponível em: <www.eh.doe.gov/health/ihp/indalo/spain/html>. Acesso em: 29 jul. 2006.

WAGNER, Daniel H. *History of Daniel H. Wagner, Associates 1963-1986*. [s.l.]:Daniel H. Wagner, 1988.

PARTE CINCO: VITÓRIA
16. Eureca!

ALDER, Berni J. Transcript of Interview with Berni J. Alder Conducted June 18, 1990. *American Institute of Physics.* Center for the History of Physics, 1990.

BAYARRI, M.J.; BERGER, J.O. The Interplay of Bayesian and Frequentist Analysis. *Statistical Science* (19), 2004.

BERGER, James O. Bayesian Analysis: A Look at Today and Thoughts of Tomorrow. *JASA* (95), 2000.

_____. The Case for Objective Bayesian Analysis. *Bayesian Analysis* (1:3), 2006.

BESAG, Julian. Spatial Interaction in the Statistical Analysis of Lattice Systems. *JRSS B* (36), 1974.

BRITTON, J.L. (ed.) *Collected Works of A.M. Turing: Pure Mathematics.* Amsterdam/New York: North-Holland, 1992.

CAPPÉ, O.; ROBERT, C.P. Markov Chain Monte Carlo: 10 Years and Still Running! *JASA* (95), 2000.

COOKE, Roger M. *Experts in Uncertainty: Opinion and Subjective Probability in Science.* New York: Oxford University Press, 1991.

COUZIN, Jennifer. The New Math of Clinical Trials. *Science* (303), 2004.

DEGROOT, Morris H. A Conversation with Persi Diaconis. *Statistical Science* (1:3), 1986.

_____. A Conversation with David Blackwell. *Statistical Science* (1:1), 1986.

DIACONIS, Persi; EFRON, Bradley. Computer-Intensive Methods in Statistics. *Scientific American* (248), 1983.

DIACONIS, Persi. Bayesian Statistics as Honest Work. LE CAM, Lucien M.; OLSHEN, Richard A. (eds.). *Proceedings of the Berkeley Conference in Honor of Jerzy Neyman and Jack Kiefer* (1). Monterey: Wadsworth, 1985.

DIACONIS, Persi; HOLMES, S. Are There Still Things to Do in Bayesian Statistics? *Erkenntnis* (45), 1996.

DIACONIS, Persi. A Place for Philosophy? The Rise of Modeling in Statistical Science. *Quarterly of Applied Mathematics* (56:4), 1998.

DUMOUCHEL, W.H.; HARRIS, J.E. Bayes Methods for Combining the Results of Cancer Studies in Humans and Other Species. *JASA* (78), 1983.

EFRON, Bradley. Why Isn't Everyone a Bayesian? *American Statistician* (40), 1986.

GELFAND, Alan E. *Looking Back on 15 Years of MCMC: Its Impact on the Statistical (and Broader) Research Community.* 2006. (Transcrição da fala de Gelfand, quando recebeu o prêmio Parzen de Inovação Estatística.)

GELFAND, Alan E.; SMITH, A.F.M. Sampling-Based Approaches to Calculating Marginal Densities. *JASA* (85:410), jun. 1990.

GELFAND, Alan E. et al. Illustration of Bayesian Inference in Normal Data Models Using Gibbs Sampling. *JASA* (85:412), dec. 1990.

GEMAN, S.; GEMAN, D. Stochastic Relaxation, Gibbs Distributions and the Bayesian Restoration of Images. *IEEE Trans. Pattern Anal. Mach. Intell.* (6), 1984.

GILL, Jeff. *Bayesian Methods: A Social and Behavioral Sciences Approach*. Boca Raton: Chapman and Hall, 2002.

HANSON, K.M. Introduction to Bayesian Image Analysis. LOEW, M.H. (ed.) *Medical Imaging: Image Processing*. Proc. SPIE [1898], 1993.

HASTINGS, W.K. Monte Carlo Sampling Methods Using Markov Chains and Their Applications. *Biometrika* (57:1), 1970.

HIVELY, Will. The Mathematics of Making Up Your Mind" *Discover* (17:5) 90(8), 1996. (Começo da descrição de Bayes em nível popular.)

HOUSEHOLDER, Alston S. *Monte Carlo Method: Proceedings of a Symposium Held June 29, 30, and July 1, 1949*. Washington: National Bureau of Standards Applied Mathematics Series 12. v., 1951.

HUBERT, Peter J. Data Analysis: In Search of an Identity. LE CAM, Lucien M.; OLSHEN, Richard A. (eds.). *Proceedings of the Berkeley Conference in Honor of Jerzy Neyman and Jack Kiefer*. Monterey: Wadsworth, 1985.

HUNT, B.R. Bayesian Methods in Nonlinear Digital Image Restoration. *IEEE Transactions on Computers* (C-26:3), 1977.

KAY, John. What Is the Chance of Your Being Guilty? *Financial Times*, London, 21, 29 jun, 2003.

KUHN, Thomas S. *The Structure of Scientific Revolutions*. Chicago, IL.: University of Chicago Press, 1962. (Trad. bras. de Beatriz Vianna Boeira e Nelson Boeira, *A Estrutura das Revoluções Científicas*, 11. ed., São Paulo, Perspectiva, 2011.)

LEONHARDT, David. Adding Art to the Rigor of Statistical Science. *The New York Times*, 28 apr. 2001 B 9.

LINDLEY, Dennis Victor. *Introduction to Probability and Statistics from a Bayesian Viewpoint*. Cambridge: Cambridge University Press, 1965.

LUCE, R. Duncan. Whatever Happened to Information Theory in Psychology? *Review of General Psychology* (7:2), 2003.

MALAKOFF, David. Bayes Offers a "New" Way to Make Sense of Numbers; A Brief Guide to Bayes Theorem; The Reverend Bayes Goes to Court; e An Improbable Statistician. *Science* (286:5444), 1999.

MARKOFF, John. Microsoft Sees Software "Agent" as Way to Avoid Distractions. *The New York Times*, 17 jul 2000 Cl.

METROPOLIS, Nicholas; ULAM, S. The Monte Carlo Method. *JASA* (44:247), 1949.

METROPOLIS, Nicholas. The Beginning of the Monte Carlo Method. *Los Alamos Science* (15), 1987.

NEIMAN, Fraser D. Coincidence or Causal Connection? The Relationship Between Thomas Jefferson's Visits to Monticello and Sally Heming's Conceptions. *William and Mary Quarterly*, 3d ser. (57:1), 2000.

OWEN, Donald B. (ed.). *On the History of Statistics and Probability*. New York: Mareei Dekker, 1976.

PRESS, S. James. [Why Isn't Everyone a Bayesian?]: Comment. *American Statistician* (40), 1986.

RAFTERY, Adrian E. Choosing Models for Cross-Classifications. *American Sociological Review* (51:1), 1986.

RAFTERY, A.E.; ZEH, J.E. Estimating Bowhead Whale Population Size and Rate of Increase from the 1993 Census. *JASA* (93:442), 1998.

ROBERT, Christian P.; CASELLA, George. A History of Markov Chain Monte Carlo-Subjective Recollections from Incomplete Data. 2008. (Projeto inédito gentilmente cedido por C. Robert.)

ROYAL Statistical Society. News Release: Royal Statistical Society Concerned by Issues Raised in Sally Clark Case. 23 oct. 2001. Disponível em: <http://www.rss.org.uk/archive/reports/ sclark.html>. Acesso em: 13 feb. 2004.

SALSBURG, David. *The Lady Tasting Tea: How Statistics Revolutionized Science in the Twentieth Century*. New York: W.H. Freeman, 2001.

SHAFER, Glenn. The Unity and Diversity of Probability. *Statistical Science* (5:4), 1990.

SIVIA, D.S. *Data Analysis: A Bayesian Tutorial*. Oxford: Clarendon Press, 1996.

SMITH, Adrian F.M. Comment. *JASA* (78), 1983.

SPIEGELHALTER, David J. et al. An Introduction to Bayesian Methods in Health Technology Assessment. *British Medical Journal* (319), 1999.

SPIEGELHALTER, David J.; ABRAMS, Keith R.; MYLES, Jonathan P. *Bayesian Approaches to Clinical Trials and Health-Care Evaluation*. Chichester: John Wiley, 2004.

SPIEGELHALTER, David J. Incorporating Bayesian Ideas into Health-Care Evaluation. *Statistical Science* (19), 2004.

TAYLOR, Barbara L.; GERRODETTE, Timothy. The Uses of Statistical Power in Conservation Biology: The Vaquita and Northern Spotted Owl. *Conservation Biology* (7), 1993.

WEINBERGER, Steven E. Diagnostic Evaluation and Initial Management of the Solitary Pulmonary Nodule. Online em BASOW, D.S. (ed.) *UpToDate.* Waltham, 2008.

17. Pedras de Roseta

ABAZOV, V.M. et al. Search for Production of Single Top Quarks Via *t c g* and *tug* Flavor-Changing-Neutral-Current Couplings. *Physical Review Letters* (99), 2007.

ANDERSON, Philip W. The Reverend Thomas Bayes, Needles in Haystacks, and the Fifth Force. *Physics Today* (45:1), 1992.

AOKI, Masanao. *The Optimization of Stochastic Systems.* New York: Academic Press, 1967.

BERGER, J.O. Could Fisher, Jeffreys and Neyman Have Agreed on Testing? *Statistical Science* (18:1), 2003.

BROCKWELL, A.E.; ROJAS, A.L.; KASS, R.E. Recursive Bayesian Decoding of Motor Cortical Signals by Particle Filtering. *Journal of Neurophysiology* (91), 2004.

BROEMELING, Lyle D. *Bayesian Biostatistics and Diagnostic Medicine.* Boca Raton: Chapman and Hall, 2007.

BROWN, Emery N. et al. A Statistical Paradigm for Neural Spike Train Decoding Applied to Position Prediction from Ensemble Firing Patterns of Rat Hippocampal Place Cells. *Journal of Neuroscience* (18), 1998.

CAMPBELL, Gregory. Bayesian Statistics at the FDA: The Trailblazing Experience with Medical Devices. Emerging Issues in Clinical Trials, Rutgers Biostatistics Day, April 3, 2009. Disponível em: <http://www.stat.rutgers.edu?iob/bioconfo9/slides/campbell.pdf>. Acesso em: 8 oct. 2009.

COMMITTEE on Fish Stock Assessment Methods, National Research Council. *Improving Fish Stock Assessments.* Washington: National Academy of Sciences, 1998.

DAWID, A.P. Bayes's Theorem and Weighing Evidence by Juries. SWINBURNE, Richard (ed.). *Bayes's Theorem.* Oxford/New York: Published for British Academy by Oxford University Press, 2002.

DOYA, Kenji et al (eds.). *Bayesian Brain: Probabilistic Approaches to Neural Coding.* Cambridge: MIT Press, 2007.

EFRON, Bradley. Bayesians, Frequentists, and Scientists. *JASA* (469), 2005.

_____. [2005] Modem Science and the Bayesian-Frequentist Controversy. Disponível em: <www.stat.Stanford.edu/~brad/papers/NEW-Mod-Sci_2005>. Acesso em: 13 jun. 2007.

_____. [2006] Microarrays, Empirical Bayes, and the Two-Groups Model. Disponível em: <www.stat.Stanford.edu/brad/papers/twogroups.pdf>. Acesso em: 13 jun. 2007.

FRITH, Chris. *Making Up the Mind: How the Brain Creates Our Mental World*. Malden: Blackwell, 2007.

GASTWIRTH, J.L.; JOHNSON, W.O.; RENEAU, D.M. Bayesian Analysis of Screening Data: Application to AIDS in Blood Donors. *Canadian Journal of Statistics* (19), 1993.

GEISLER, W.S.; KERSTEN, D. Illusions, Perception and Bayes. *Nature Neuroscience* (5:6), 2002.

GOODMAN, J.; HECKERMAN, D. Fighting Spam with Statistics. *Significance* (1), 2004.

GOODMAN, Steven N. Toward Evidence-Based Medical Statistics, Parts 1 and 2. *Annals of Internal Medicine* (130:12), 1999.

_____. Introduction to Bayesian Methods I: Measuring the Strength of Evidence. *Clinical Trials* (2:4), 2005.

GREENSPAN, Alan. Risk and Uncertainty in Monetary Policy. With Panel Discussion by Martin Feldstein, Mervyn King, Janet L. Yellen. *American Economic Review* (94:2), 2004.

HELM, Leslie. [Oct. 28, 1996] Improbable Inspiration. Los Angeles Times B1. Disponível em: <http://www.latimes.com>.

HEUER, Richards J. Jr. (ed.). *Quantitative Approaches to Political Intelligence: The CIA Experience*. Boulder, Color: Westview, 1978.

HILLBORN, R.; MANGEL, M. *The Ecological Detective: Confronting Models with Data*. Princeton: Princeton University Press, 1997.

HIVELY, Will. The Mathematics of Making Up Your Mind. *Discovery* (17) (8), 1996.

KASS, Robert E. Kinds of Bayesians (Comment on articles by Berger and by Goldstein). *Bayesian Analysis* (1), 2006.

KAYE, David H. *The Double Helix and the Law of Evidence*. Cambridge: Harvard University Press, 2010.

KAYE, David H.; BERNSTEIN, David; MNOOKIN, Jennifer L. *The New Wigmore, A Treatise on Evidence: Expert Evidence*. New York: Aspen Publishers, 2004.

KERSTEN, D.; MAMASSIAN, P.; YUILLE, A. Object Perception as Bayesian Inference. *Annual Review of Psychology* (55), 2004.

KIANI, R.; SHADLEN, M.N. Representation of Confidence Associated with a Decision by Neurons in the Parietal Cortex. *Science* (324), 2009.

KNILL, D.C.; POUGET, A. The Bayesian Brain: The Role of Uncertainty in Neural Coding and Computation. *Trends in Neurosciences* (27), 2004.

KÖRDING, K.P.; WOLPERT, D.M. Bayesian Integration in Sensorimotor Learning. *Nature* (427), 2004.

LEAMER, Edward E. Let's Take the Con Out of Econometrics. *American Economic Review* (73), 1983.

LEBIERE, Christian. The Dynamics of Cognition: An ACT-% Model of Cognitive Arithmetic. *Kognitionswissenschaft* (8), 1999.

LINDEN, G.; SMITH, B.; YORK, J. Amazon.com Recommendations. IEEE *Internet Computing* (7:1), 2003.

LUDLUM, Robert. *The Ambler Warning*. New York: St. Martin's, 2005.

O'HAGAN, Anthony; LUCE, Bryan R. *A Primer on Bayesian Statistics in Health Economics and Outcomes Research*. MEDTAP International, 2003.

PEARL, Judea. *Probabilistic Reasoning in Intelligence Systems: Networks of Plausible Inference*. San Mateo: Morgan Kaufman Publishers, 1988.

POUGET, A. et al. (2009) *Neural Computations as Laplacian (or is it Bayesian?) Probabilistic Inference*. (Em projeto.)

QUATSE, J.T.; NAJMI, A. Empirical Bayesian Targeting. Proceedings, *2007 World Congress in Computer Science, Computer Engineering, and Applied Computing*, 25-28 jun. 2007.

SCHAFER, J.B.; KONSTAN, J.; RIEDL, J. Recommender Systems in E-commerce. ACM *Conference on Electronic Commerce* (EC-99), 1999.

SCHAFER, J.B.; KONSTAN, J.; RIEDL, J. Recommender Systems in E-commerce. *Data Mining and Knowledge Discovery* (5), 2001.

SCHNEIDER, Stephen Henry. *The Patient from Hell*. London: Perseus Books, 2005.

SPOLSKY, Joel. [2005] Disponível em: <http://www.joelonsoftware.com/items/2005/10/17.html>. Acesso em: 11 jul. 2013.

SWINBURNE, Richard (ed.) *Bayes's Theorem*. Oxford/New York: Oxford University Press, 2002.

TAYLOR, B.L. et al. Incorporating Uncertainty into Management Models for Marine Mammals. *Conservation Biology* (14), 2000.

UNWIN, Stephen D. *The Probability of God: A Simple Calculation that Proves the Ultimate Proof*. New York: Random House, 2003.

WADE, Paul R. A Comparison of Statistical Methods for Fitting Population Models to Data. GARNER, Gerald Warren et al (eds.). *Marine Mammal Survey and Assessment Methods*. Rotterdam: AA Balkema, 1999.

_____. Bayesian Methods in Conservation Biology. *Conservation Biology* (14), 2000.

_____. Conservation of Exploited Species in an Uncertain World: Novel Methods and the Failure of Traditional Techniques. REYNOLDS, John D.

et al. (eds.) *Conservation of Exploited Species.* Cambridge U.K./New York: Cambridge University Press, 2001.

WEAVER, Warren. Translation. LOCKE, William N.; BOOTH, Andrew D. (eds.) *Machine Translation of Languages: Fourteen Essays.* Cambridge/New York: MIT Technology Press/John Wiley, 1955.

_____. *Lady Luck: The Theory of Probability.* New York: Dover Publications, 1963.

WESTERFIELD, H. Bradford (ed.) *Inside CIA's Private World: Declassified Articles from the Agency's Internal Journal, 1955-1992.* New Haven: Yale University Press, 1995.

WOLPERT, D.M.; GHAHRAMANI, Z. Bayes' Rule in Perception, Action, and Cognition. GREGORY, Richard L. (ed.).*The Oxford Companion to the Mind.* Oxford: Oxford Reference OnLine, 2005.

WOLPERT, D.M. The Puppet Master: How the Brain Controls the Body. Francis Crick Lecture, Royal Society. Online, 8 dec. 2005.

ZELLNER, Arnold. *Bayesian Econometrics: Past, Present and Future.* HGB Alexander Research Foundation, University of Chicago. Paper 0607. 2006.

Apêndices

CAMPBELL, Michael J. The Doctor Sees the Light. *Significance* (5:4), 2008.

FRITH, Chris. *Making Up The Mind: How the Brain Creates our Mental World.* Malden, MA.: Blackwell, 2007.

ELMORE, Joann G. et al. Ten-Year Risk of False Positive Screening Mammograms and Clinical Breast Examinations. *New England Journal of Medicine* (338:16), 16 apr. 1998.

KERLIKOWSKE, Karla et al. Positive Predictive Value of Screening Mammography by Age and Family History of Breast Cancer. JAMA (270: 20), 24 nov. 1993.

KOLATA, Gina. Behind Cancer Guidelines, Quest for Data. *The New York Times*, 23 nov. 2009.

NATIONAL Cancer Institute. *Breast Cancer Screening: Harms of Screening.* Acesso em: 16 oct. 2009.

WEAVER, D.L. et al. Pathologic Findings from the Breast Cancer Surveillance Consortium: Population-Based Outcomes in Women Undergoing Biopsy After Screening Mammography. *Cancer* (106), 2006. Citado em: FLETCHER, Suzanne W. [2010] *Screening for Breast Cancer.* Disponível em: <www.uptodate.com>

índiceremissivo

11 de setembro de 2001, ataques terroristas, 247, 394, 402
Abelson, Robert, 279
abordagem unificada, 170
Academia Real de Ciências, 40-41, 61
acidente de Palomares, 303-323
acidente em Thule, 322
acidentes. *Ver* segurança
Adair, Douglass, 265
Alexander, Hugh, 128, 146, 147
amostragem estatística, 363
análise de imagens, 356, 369, 389
análise sequencial, 124, 212, 241
análise exploratória de dados, 283
Anderson, John R., 404
Andrews, Frank A., 310, 313-317, 320, 329, 331-332, 335
Andrews, Harry C, 356
Anscombe, Frank R., 276, 280, 288
antissemitismo, 240
antecedentes conjugados, 213, 247, 248
antecedentes
　análise de imagens e, 392
　antecedentes conjugados, 213, 247, 248
　armamentos nucleares e, 206-214, 309, 311-312, 323
　artigos de *O Federalista* e, 265-266
　busca e, 309, 311-312, 323, 326, 327-328, 335-336, 337-338, 340-343
　ciência genética e, 390
　comércio online e, 395-396
　computadores e, 395, 396-397
　criptografia e, 132, 147, 173-174
　em comunicações, 137
　em estudos de doenças cardíacas, 198
　em seguro, 161, 162, 163-164
　estatística e, 94, 161, 178, 201, 222
　farmacêuticos, produtos e, 374
　finança e, 387-388
　Fisher sobre, 91
　frequentismo e, 181, 295
　Guarda Costeira dos Estados Unidos e, 337-338.
　médias e, 222
　na lei de Bayes, em geral, 29, 64-65, 157
　na teoria da credibilidade, 167
　negócios e, 153, 238, 250
　objetividade e, 179, 296
　Pearson, Egon, usos, 93
　pesquisa de operações e, 140
　probabilidade e, 224
　probabilidade fiducial e, 224
　resultados de eleições e, 278-279, 284
　subjetividade e, 219, 296
　submarinos e, 326, 327-334, 340-343
　terremotos e, 103
　Tukey e, 279-280
Aoki, Masanao, 339
aplicações práticas
　ciência social e, 260-261, 268
　computação e, 294-295
　em negócios, 159, 167, 233-256, 293-294
　frequentismo e, 345
　Lindley e, 296
　Neyman e, 242-243
　para a lei de Bayes, em geral, 233-234, 345, 379
　Savage e, 252
　Tukey e, 277
aprendizagem, 143, 263, 370, 383, 397, 398, 404, 408. *Ver também* educação

armamentos nucleares
  acidente de Palomares, 321-336
  acidente em Thule, 322
  análise de imagens e, 356
  antecedentes e, 319-339
  cadeias de Markov e, 363-365
  desenvolvimento de, 216
  hipóteses e, 308-309, 324, 327
  localização de, 13, 391
  matemática e, 313, 324
  opinião de especialistas e, 298
  pesquisa de operações e, 336
  probabilidade e, 309, 332
  segurança de, 209, 214, 216, 321
  subjetividade e, 219
  terremotos e, 273
Aronson, Gerald J., 213, 215
artilharia, 60, 61, 75, 76, 114, 129-131, 142, 200
árvore invertida, 251
árvores de decisão, 248-249, 299
Associação Americana de Estatística, 201, 228
asteroides, 344
astronomia, 38-39, 42-43, 45, 46, 66, 74, 389
AT&T Labs, 397-398
ataques cardíacos, 13, 186, 191, 201, 349
atualização
  Bayes e, 8, 11
  CIA e, 273
  Dreyfus e, 77-78
  eleições e, 285
  Laplace e, 33
  marinha e, 80, 192, 195, 201-2
  Netflix e, 397-398
  RAND e 124
  redes de comunicação bayesianas e, 373
  seguro e, 166-167
  Wall Street e, 388
Automatic Target Recognition-ATR
  (Reconhecimento Automático de Alvos), 241

Bailey, Arthur L., 159-167, 205, 213, 223
Bailey, Helen, 159
Bailey, Robert A., 166
Baker, William O., 289
baleias, 375-378
Banburismus, 120-128, 134, 143
Barnard, George A., 124, 224

Barnett, Otto, 229
Bayes empírica, versão da lei, 219, 227
Bayes, Thomas
  data da morte de, 22 n.1
  lei de Bayes descoberta por, 12, 21, 26-32, 49-50, 220
  no *Dictionary of National Biography*, 351, 369
  retrato de, 22 n.1
  vida e morte de, 21-25
Bell, E. T., 70
Bell, Robert M., 397, 398
Berger, James (Jim) O., 104, 294, 296, 386
Berkeley, George, 23
Berkson, Joseph, 194
Bernardo, José M., 360
Bernoulli, Jakob, 206
Berthollet, Claude, 62
Bertillon, Alphonse, 76
Bertrand, Joseph Louis François, 74, 75, 76, 77, 130
Besag, Julian, 357
biologia. *Ver* ciência genética; medicina
Birch, Frank, 119
Birnbaum, Allan, 224
Blackwell, David, 154, 379
Bletchley Park, 117-118, 120-121, 123-124, 127-129, 131-134, 137, 139, 142-145, 147-148, 151, 287, 289, 390. *Ver também* código da Enigma
Blinder, Alan S., 387
Blunt, Anthony, 150, 152
bomba de hidrogênio, 151, 206, 216, 274, 306, 363. *Ver também* armamentos nucleares
bombas, 65-67, 70-72, 74, 75-76, 80
Borel, Émile, 96, 178
Bouvard, Alexis, 66
Box, George E. P., 95, 176, 248, 280, 294
Brejnev, Leonid, 326
Bretthorst, Larry, 371
Brillinger, David R., 279
Brinkley, David, 271
Brown, Emery N., 405
Brown, Gordon, 152
Brown, Peter F., 388
Brown, Tommy, 133
Buchanan, Chester L., 328, 332, 334, 335
Bucy, Richard, 339
BUGS, 369, 370, 372
Bühlmann, Hans, 167
Burgess, Guy, 152

índice remissivo

busca
  antecedente e, 250
  computadores e, 336
  de armamentos nucleares, 13, 304
  de explosivos no Canal de Suez, 236-237
  de Monte Carlo, 330, 334
  de satélites, 344
  de submarinos alemães, 139
  de submarinos, 13, 139-141
  de varredura de minas, 307
  hipóteses e, 185-86, 193, 195, 197, 198
  incerteza e, 198, 201, 206-208
  matemáticos e, 186-9, 201
  opinião de especialistas e, 251-252, 284, 298-299
  pela Guarda Costeira dos EUA, 303, 337-340
  pesquisa de operações e, 336
  por poços de petróleo, 249
  probabilidade e, 185-86, 187-88, 191-92, 193, 195, 197, 198-202, 203-204, 204-5, 206-208
  subjetividade e, 185-86, 195, 204-205, 206-208
  submarinos de, 316

cadeias de Markov, 148, 361-365, 367
Campbell, George Ashley, 79
Canal de Suez, 336-337
câncer, 13, 187-189, 191-199, 371-372, 383, 413-416
Canton, John, 24
Casella, George, 366
Cassels, Ian, 145
causa e efeito, 5-6, 9, 10-11, 19-21, 35
censo, 58, 288
Central Intelligence Agency-CIA (Agência Central de Inteligência), 215, 228, 272
cérebro, 14, 404-409
Challenger, 13, 178, 351-352
Chernoff, Herman, 295
Chomsky, Noam, 400
Chrystal, George, 75
Churchill, Winston, 128, 136, 147
ciência, 63. *Ver também os campos específicos*
ciência forense, 384-385
ciências físicas, 178, 293, 351, 363-364, 389
  Ver também astronomia; terremotos
ciência genética, 14, 87-90, 368, 385
ciências sociais
  aplicações práticas pelas, 261, 349, 351
  estatística e, 258

frequentismo e, 349
Laplace e, 54, 58, 65
probabilidade e, 65
Ver também economia; sistemas judiciais; psicologia
Clairaut, Aléxis Claude, 38
Clancy, Tom, 324
Clayton, David, 361, 369
Clippy, 396
Cochran, William, 244
código da Enigma
  Banburismus e, 119-128, 133, 143
  bombas e, 117-120, 126-129, 133, 134-135, 142-143
  depois da Segunda Guerra Mundial, 147-148, 175
  desenvolvimento do, 112-114
  hipóteses e, 119-122, 124-135
  lei de Bayes aplicada ao, 12, 21, 120-125, 130-132, 134-135
  livros de códigos para, 127, 133
  matemática e, 113, 114
  operação de, 113, 125
  probabilidade e, 120
  probabilidade inversa e, 123
  quebra de, 12, 21, 134, 142-143
  subjetividade e, 121-122
  submarinos alemães e, 111-112, 118, 125, 127, 133, 137, 142-143, 148.
  trabalhos de Tukey sobre o, 189
  trabalhos de Turing sobre o, 12, 21, 117-129, 132, 134-136
  Ver também código JN-25; códigos da Tunny-Lorenz
código JN-25, 145-146
códigos da Tunny-Lorenz, 132, 143, 148
Coleman, James, 244
colesterol, 13, 199
Colossus, 132, 143-145, 147-148
comércio online, 14, 397-398
cometa Halley, 39
Companhia Americana de Telefones e Telégrafos, 12, 78-81
compensação de seguro de trabalhadores, 84, 160, 222
computação
  computadores e, 294, 324, 329-330, 349-351, 381, 382, 408-409
  dimensionalidade e, 350-352;

frequentismo e, 349, 355
hierarquias e, 351
integração de funções e, 227-228
lei de Bayes e, em geral, 234-235, 294, 295
negócios e, 247-249
computadores
   antecedentes e, 395, 396-397
   artigos de *O Federalista* e, 262, 265
   busca e, 326, 329-330
   cadeias de Markov e, 361-370
   Colossus, 132, 143-145, 147-148
   como cérebros, 407-408
   computação e, 234, 295-296, 324, 329-330, 349-351, 358-364, 381, 381, 382, 408-409
   da Radio Corporation of America, 271, 277, 286, 287
   dados e, 382, 395, 407-408
   desenvolvimento dos, 150, 172
   estatística e, 277, 368
   incerteza e, 383
   linguagens para, 14, 266-267
   na medicina, 228-229
   na RAND Corporation, 213
   software para, 369, 373, 396-400, 403-404
comunicações, 13, 78-80, 136-137
Condorcet, Marques de, 45, 51, 58, 61, 74
Conselho de Pesquisa de Ciência Social, 257
Cook, James, 44
Coolidge, Julian L., 87
Copérnico, Nicolau, 42
Cornfield, Jerome, 187-202, 258, 275, 279, 289
Cournot, Antoine-Augustin, 206
Cox, Gertrude, 154
Craven, John Piña, 305-312, 317-335
Credibilidade, 85-86, 164-167
crença
   na lei de Bayes, em geral, 11, 14, 28-29, 34, 382
   probabilidade e, 72, 96-97, 260-261, 382
   seguro e, 162
   Ver também intuição; subjetividade
criptografia, 130-131, 172-173, 228-229, 272-273, 288-291, 399. *Ver também* código da Enigma
Curie, Marie, 97

D'Alembert, Jean Le Rond, 41-46
dados
   busca por, 401, 403

cérebros e, 404-408
computadores e, 383, 396, 408-409
   em astronomia, 43, 46, 49
   em comunicações, 136-137
   em estatística, 94-95, 179
   em matemática, 46
   finança e, 387-388
   gênero e, 56
   Laplace e, 43-44, 53
   na lei de Bayes, em geral, 11, 13, 26-31, 33, 98-100, 260, 382
   negócios e, 237, 246-248
   objetividade e, 179
   princípio da possibilidade e, 181, 224
   probabilidade e, 72, 94, 102-104
   probabilidade inversa e, 72, 99-100
   quantidade de, 121, 137
   reconhecimento de fala e, 402
   resultados de eleições e, 284, 286, 287
   seguro e, 162
   sistemas de telefonia e, 78
   subjetividade e, 178
Dale, Andrew I., 29
Darwin, Charles Galton, 149
Darwin, Leonard, 89
David, Florence Nightingale, 70
Dawid, A. Philip, 350, 391
de Buffon, Conde, 54
De Finetti, Bruno
   influência de, 179, 248
   Lindley em sobre, 105
   predição de, 296
   Prêmio Nobel e, 385-386
   probabilidade e, 381-382
   publicação de, 154-360
   seguro e, 165-166
   subjetividade e, 87, 100, 121-122
De Morgan, Augustus, 69
DeGroot, Morris H., 228, 360
Delambre, Jean-Baptiste, 61
Deming, W. Edwards, 190, 294
de Moivre, Abraham, 26, 45
Dempster, Arthur P., 361
Denniston, Alastair G., 126
Departamento de Censo dos Estados Unidos, 288
derrame cerebral, 370-371, 398

índice remissivo

Deus
 causa e efeito e, 25-26
 existência de, 25, 32,45,63
 felicidade e, 23
 lei de Bayes e, 33-34, 43-47, 295
 lei natural e, 12, 62
 mal e, 23
 probabilidade e, 25-26
 Ver também religião
Dewey, Thomas, 257
Diaconis, Persi, 264, 269, 296, 359, 393, 409
Dictionary of Natural Biography, 351, 369
Digital Sandbox, 394
dimensionalidade, 349-352
Discenza, Joseph H., 337
distribuição de Poisson, 81
DNA. *Ver* ciência genética
Dodds, Harry W., 257
Doeblin, Wolfgang, 115
doença. *Ver* medicina
Doenitz, Karl, 125
Doll, Richard, 188, 192, 193
Dreyfus, Alfred, 12, 21, 76-77
Driscoll, Agnes Meyer, 134
Dulles, John Foster, 257
DuMouchel, William H., 353-354

e-mail, 14, 395-396, 398-399
economia, 228, 385-389 *Ver também* negócios
educação, 23-24, 38, 263, 274-275, 403-404
Edwards, Ward, 225
Efron, Bradley, 297, 382
Eisenhower, Dwight, 144, 203, 297
eleições, 13, 257, 271-272, 276-288, 290-291
Enciclopédia Britânica, 69, 79
Encyclopédie, 41
energia nuclear, 13, 297-301, 342
epidemiologia, 187-202, 352-353
Escola de Negócios de Harvard, 233-236, 247, 254, 261, 285, 294, 307
espionagem, 76, 149-151, 271, 307. *Ver também* criptografia
Essen-Möller, Erik, 98, 99
estatística
 antecedentes e, 73, 94, 223, 249, 252
 armamentos nucleares e, 176, 209
 artigos de *O Federalista* e, 259-260, 262, 268, 279

Associação Americana de Estatística e, 201, 258
 causa e efeito e, 48
 ciência e, 169
 ciência genética e, 181
 ciência social e, 259-260
 computadores e, 277, 294, 303, 350, 365
 departamentos de, 90, 171, 242, 253, 294, 351, 359, 363
 frequentismo e, 99, 154, 181, 185, 200, 221, 237, 294-295, 355, 382
 informação na, 49-50, 103, 167
 jogo de apostas e, 185, 237, 263
 Laplace e, 50
 matemática e, 114-116, 123, 131, 159, 170-171, 176, 178, 203, 241
 médias e, 130-32
 militares e, 97, 119
 objetividade e, 13, 72, 244
 opinião eleitoral e, 260
 probabilidade e, 30, 47, 65, 72, 94, 146, 402
 probabilidades iguais e, 76
 problemas de classificação na, 258
 religião e, 413
 Segunda Guerra Mundial e, 169-170
 sistemas de telefonia e, 79-80
 subjetividade e, 72, 139, 283
 terremotos e, 99, 101
 usos do governo federal, 189, 191
Estienne, Jean Baptiste Eugène, 78
eugenia, 86-91
experiência, 11, 14, 25, 27-30, 34

farmacêuticos, produtos, 374
Fasson, Anthony, 133
Fator de Bayes, 199
Federal Drug Administration-FDA (Agência Federal de Medicamentos), 373-374
Federalista, O 21, 259-263, 265-268, 396
Feldstein, Martin, 387
felicidade e, 23, 344
Fermi, Enrico, 178, 293, 363
Feynman, Richard, 178
Fienberg, Stephen, 273, 280
filmes, 251, 296, 397
filosofia
 frequentismo e, 412-413

lei de Bayes como, 21, 169, 182-183, 199-200, 209, 246-247, 412-413
filtros, 14, 338-339, 369, 393, 394-399, 405
filtros de Kalman, 393, 405. Também denominado filtros de Kalman-Bucy.
finança. *Ver* economia
Fisher, Ronald Aylmer
  antecedentes e, 219
  armamentos nucleares e, 206
  câncer e, 193-195, 200
  frequentismo e, em geral, 87-92, 93-96, 99-100, 382
  influência de, 153-155, 161, 164, 236, 245, 296
  intuição e, 176
  Jeffreys e, 102-106
  Lindley e, 226
  na Escola de Pós Graduação, 190
  Neymane e, 171-172
  princípio da possibilidade e, 90, 100, 161-162, 382
  probabilidade fiducial e, 224-225, 226
  probabilidades iguais e, 226-227
  Segunda Guerra Mundial e, 116
  sobre impossibilidade, 206
  Tukey e, 282-283
Fleming, Ian, 127
Flowers, Thomas H., 143, 144
Força Aérea dos EUA, 402. *Ver também* Comando Estratégico Aéreo
força psicocinética, 225
Fox, Robert, 70
Franco, Francisco, 315, 322
frequentismo
  abordagem unificada e, 282
  aceitação da lei de Bayes no, 381-382
  análise de imagens e, 358-359
  antecedentes e, 180-181, 294-295
  aplicações práticas e, no geral, 344-345
  armamentos nucleares e, 209
  artigos de *O Federalista* e, 262-263, 265-267
  ciência genética e, 90-91
  ciência social e, 355-356
  comparação empírica da lei de Bayes, 261-263, 265-266
  computação e, 350-351, 368
  Cornfield e, 200-201
  dimensionalidade e, 350-351
  estatística e, 90-91, 153-155, 171-172, 181-182, 237, 350, 382, 412

filmes e, 296
filosofia e, 411-413
hipóteses e, 199-200, 237, 355, 382
incerteza e, 102-105, 237-238
militares e, 393-394
mudança de pontos e, 354-355
negócios e, 236, 237-238
opinião de especialistas e, 298
Paradoxo de Lindley e, 225-226
Paradoxo de Stein e, 221-224
princípio da possibilidade e, 224, 382
probabilidade e, 72, 94, 102-105, 172-173, 220, 237, 243-244, 263, 283
seguro e, 160-161, 163-164
subjetividade e, 181, 219
teoria da decisão e, 386
Tukey e, 281-282
Friedman, Milton, 178, 265, 384
Fuchs, Klaus, 150
funções geradoras, 55

Gastwirth, Joseph L., 371
Gates, Bill, 395
Gauss, C. F., 178, 250
Gelfand, Alan E., 361-362, 366-369
Geman, Donald, 357-358
Geman, Stuart, 357-358, 408
gênero, 57, 198, 349
Gerrodette, Timothy, 376
Gibbs, Josiah Willard, 358
  amostragem de, 358, 370, 408
Gilbert, Edgar N., 281
Gillispie, Charles Coulston, 52, 56, 70
Gini, Corrado, 198
Gleason, Andrew, 147
Goheen, Robert F., 273
Goldwater, Barry M., 286
Good, I. J. "Jack":
  antecedentes e, 295
  ciência genética e, 239
  computadores Colossus e, 132
  criptografia e, 123, 147, 152, 173-174, 288, 290
  na Sociedade Real de Estatística, 153-154, 173, 185, 379
  na Virginia Tech, 170, 294
  publicações de, 229
  sobre as cadeias de Markov, 361

índice remissivo

sobre as variantes na lei de Bayes, 123, 229, 288
Goodman, Joshua, 395
Goodman, Steven N., 104
Google, 13-14, 398,403
Gorry, Anthony, 229
governo federal, 191. *Ver também* agências individuais
Graham, Evarts A., 189
Grattan-Guinness, Ivor, 70
Graunt, John, 54-55
gravitação, 26, 42-43, 60, 103
Grazier, Colin, 133
Green, Peter, 370-371
Greenspan, Alan, 386-388
Gregg, Walter, 208-209, 305
Grenander, Ulf, 357
Groves, Leslie R., 274
Guarda Costeira dos Estados Unidos, 337-340
Guerra Fria
   armamentos nucleares e a, 13, 21, 204-205, 211-212
   criptografia e, 147
   militares na, 352
   Tukey na, 265, 287-291
Guerras Mundiais, 97, 180. *Ver* Primeira Guerra Mundial; Segunda Guerra Mundial
Guest, William S., 316-320, 323

Hald, Anders, 57, 75, 87, 91
Halley, Edmond, 38
Hamilton, Alexander, 259-262, 265-267
Hammersley, John M., 365
Hammond, E. Cuyler, 193
Harris, Jeffrey E., 353-354
Harris, Louis, 279
Harsanyi, John C, 386
Hartley, David, 31
Hastings, W. Keith, 365
Heckerman, David E., 373, 395-396
Hemings, Sally, 385
hierarquias, 351, 417
Hilborn, Ray, 345
Hill, Austin Bradford "Tony," 188-189, 191-194, 247, 252, 315
Hills, Susan E., 367
hipóteses
   armamentos nucleares e, 304-305, 326

astronomia e, 389
busca e, 304-305, 313, 319
ciência social e, 276
Cornfield e, 200
criptografia e, 123, 135-137
frequentismo e, 200, 209
Guarda Costeira dos Estado Unidos e, 337
negócios e, 307
Paradoxo de Lindley e, 225
submarinos e, 303, 316, 320
teoria de Neyman-Pearson para, 93
terremotos e, 103
Hiss, Alger, 150
Hitler, Adolf, 118, 129, 131, 144
Hoff, Peter, 398
Hoffenberg, Marvin, 189-190
Holmes, Susan, 295-296, 359, 379, 390
homosexualidade, 150-151
Horn, Daniel, 193
Horvitz, Eric, 395
Howard, Ron, 373
Howard, W. M. "Jack," 307
Hume, David, 25-26, 33-34, 206
Hung, Wing H., 361
Hunt, Bobby R., 324, 356-357
Hunter, J. Stuart, 294
Hunter, William G., 294
Huntley, Chet, 271, 285-286
Huntley-Brinkley Report, 271, 276-278

IBM, 400-402
Iklé, Fred Charles, 204-205, 207, 209, 212-216
impossibilidade, 121
incerteza
   cérebros e, 248-50
   computadores e, 234
   crenças e, 52
   energia nuclear e, 180
   epidemiologia e, 116-17
   frequentismo e, 55-57, 142
   gênero e, 26
   lei de Bayes e, em geral, 8, 14
   localização e, 201, 206-8
   militares e, 119
   negócios e, 142, 145-46, 150
   pesquisa de operações e, 79
   probabilidade e, 19, 26, 52, 55-57, 242

sistemas de telefonia e, 40-42
submarinos e, 201, 206-208
inferência bayesiana, 220. *Ver também*
  probabilidade inversa
integração, 227-228,
inteligência artificial, 143, 407-409
internet, 381, 383, 394, 395, 399, 403
intuição, 67, 83, 121, 251, 355-356. *Ver também*
  crença; subjetividade

Jahn, Robert G., 225
James, Willard D., 222
Jay, John, 259
Jaynes, Edwin T., 293, 371
Jefferson, Thomas, 385
Jeffreys, Harold
  aplicações práticas e, 261
  ciências físicas e, 293
  computação e, 116, 261
  Cornfield e, 199
  influência de, 225
  objetividade e, 243
  Paradoxo de Lindley e, 225
  publicação de, 87
  Segunda Guerra Mundial e, 100, 106-107
  terremotos e, 101-102
  tomada de decisão e, 228
Jesus Cristo, 171, 295, 307
jogo de apostas
  astronomia e, 36
  crenças e, 51-52
  estatística e, 106-107
  Laplace e, 19, 20, 21, 32
  lei de Bayes e, 11
  na Escola de Negócios de Harvard, 148
  probabilidade e, 6, 9, 51-52
  subjetividade e, 185
  teoria do jogo, 236
Johnson, Lyndon B., 316, 321, 325, 335
Johnson, Wesley O., 371
Jordan, Michael I., 391

Kahn, David, 136, 174
Kahneman, Daniel, 386
Kalman, Rudolf E., 393, 405
Kass, Robert E., 183, 269, 382
Keen, Harold "Doc", 118

Kemble, Edwin, 236
Kempthorne, Oscar, 154
Kennedy, John F., 216, 247, 253-254, 271-272, 279, 357
Kepler, Johannes, 42
Keynes, John Maynard, 73, 87, 384
Kimball, George E., 139
King, Ernest, 138
Kinsey, Alfred C, 201, 257
Knox, Dillwyn, 117
Koller, Daphne, 391-392
Kolmogorov, Andrei, 12, 129-131, 135, 137, 142, 176, 206
Koopman, Bernard O., 139-140, 142, 307, 310-311, 313, 337, 341
Koren, Yehuda, 397
Kruskal, William, 88, 91, 184
Kuhn, Thomas, 368

Laboratório Nacional de Los Alamos, 356
Laboratórios Bell, 79, 121, 135, 136
Laird, Nan, 361
Lalande, Joseph, 38
Laplace, Marie Anne, 60
Laplace, Pierre Simon
  Academia Real de Ciências e, 40-41, 44, 54, 61
  astronomia e, 14, 42-47, 60, 62, 66, 74
  descoberta da lei de Bayes por, 12, 21, 35, 46, 51, 65
  detalhes biográficos sobre, 21, 35, 37-44
  estatística e, 47, 50, 74, 92
  gênero e, 57
  intuição de, 67
  jogo de apostas e, 33, 73, 185, 237, 263
  matemática e, 21-26, 39-47, 49-50, 52-58, 63, 67, 71-72, 76, 90
  métodos de frequência e, 99
  probabilidade inversa e, 34-35, 87, 91-92, 101-102, 220
  religião e, 3
  teorema do limite central e, 49, 63
  utilização por Bailey, 163
Lavoisier, Antoine, 61
Lawrence, Charles E., 368
Leahy, F. T., 228
Ledley, Robert S., 228
lei da paternidade, 98-99
lei de Bayes
  abandono da, 31-32, 34-35, 74-75, 78, 111, 152, 153-155, 293-294, 349

índice remissivo

abordagem unificada e, 282
aceitação da, 11, 13-14, 21-22, 86-87, 186, 227-230, 268-269, 290-291, 301, 336, 354-355, 362-363, 367-368, 379, 381-385, 407-409
antecedentes na, 29, 64-65, 153, 234
aplicações práticas para, em geral, 233-235, 344-345
Bayes empírica e, 219, 227
causa e efeito e, 25-26, 33
como filosofia, 21-22, 169, 182-184, 200-201, 209-210, 246-247
comparação empírica com o frequentismo, 261-262, 265-267
computação e, 227-228, 234, 265-268, 295-296, 324
crença na, 11, 13-14, 28-30, 34, 382
dados na, 11, 13-14, 26-31, 34, 52, 99-100, 260, 382-383
descoberta da, 11-12, 21, 25-31, 47-50, 52, 64-65, 219-230, 238, 239, 293
discordância sobre, 11, 13, 21, 30-31, 71-76, 105-106, 182-184
enunciados da, 11, 29-30, 33-35, 47, 52, 64-65
experiência na, 11, 14, 27-30, 34
Fator de Bayes, 199
incerteza e, 14, 29
inferência bayesiana, 220
integração de funções na, 227-228
nome da, 11-12, 33, 34-35, 65-66, 72
objetividade e, 11, 12-13, 28-29, 34
possibilidade na, 29
posteriores na, 29
probabilidade inversa na, 26-32, 34
probabilidade na, 26-31, 34, 382
probabilidades iguais na, 30-31, 49-50, 52, 72-73, 87
publicações da, 31-33, 47, 49-50, 162-163, 190
segredo sobre a, 21-22, 81, 147-152, 280, 283-284, 287-288, 349, 366
subjetividade e, 11, 12, 30
suporte institucional para a, 228-229, 295, 349-351, 360, 362-363, 367-368
terminologia da, 29-30
variedades da, 219-220
lei de Cromwell, 210
lei natural, 12
lei. *Ver* sistemas judiciais

Leibniz, Gottfried, 39
LeMay, Curtis E., 203, 204, 215, 216, 304
Lepaute, Nicole-Reine, 38
Lindberg, Jon, 319
Lindley, Dennis
 administração por, 294
 aplicações práticas e, 233, 382
 ciência forense e, 385
 computação e, 254, 350, 359-360
 Cornfield e, 202
 Diaconise, 296, 359
 hierarquia e, 351
 Jeffreys e, 102, 105, 107
 matemática e, 385-386
 Mosteller e, 295-296
 na lei de Bayes, em geral, 102, 105, 107
 na Sociedade Real de Estatística, 185-186, 379
 Paradoxo de Lindley, 225
 probabilidade e, 220-228
 publicação de, 173, 176, 248
 sobre antecedentes, 224-226
 sobre cadeias de Markov, 365
 sobre informação, 353
 sobre Laplace, 381-382
 sobre Schlaifer, 254, 294
Lindman, Harold, 225
linguagem, 29, 65, 115, 262, 266, 282, 353, 364, 403
linguagens de computador, 14, 266
Link, Richard F., 269
Liu, Jun S., 368
Loane, Ed P., 312
Longley-Cook, L. H., 164-165
Loredo, Tom, 389
LSD, 214
Ludlum, Robert, 384
Luís XVIII, 66
Lusted, Lee B., 228

Maclean, Donald, 151-152
Madansky, Albert, 205, 216, 219, 250, 294, 298, 352
Madison, James, 259, 261, 265-268
Mahon, Patrick, 118, 123
maldição da alta-dimensionalidade, 350
mamogramas, 413-415
Máquinas Lorenz, 148
Marie, Maximilien, 69
Marinha dos EUA, 141, 169-170, 209, 216

Markov, Andrei Andreyevich, 250, 253, 361, 363, 365, 367, 402
Markowitz, Harry, 386
matemática
  armamentos nucleares e, 186-192, 193
  artigos de *O Federalista* e, 279
  astronomia e, 42, 45, 46, 74, 116, 383, 408
  busca e, 314, 316
  ciência e, 258
  código da Enigma e, 117, 119, 129
  estatística e, 106, 115-116, 383
  Laplace e, 21, 39-40, 74
  militares e, 45
  negócios e, 307
  probabilidade e, 26, 46, 74, 117
  razão e, 23, 30
  religião e, 25
  Segunda Guerra Mundial e, 100, 106, 112
  submarinos e, 336
Mauchly, John, 149, 278-279
Maxwell, James Clerk, 74
Mayer, Maria Goeppert, 363-364
Mayerson, Allen L., 166
McCarthy, Joseph, 150-153
McCullagh, Peter, 275, 281, 283
MCMC, 361-365, 367. *Ver também* cadeias de Markov; simulação de Monte Carlo
McNamara, Robert, 322
mecânica quântica, 105
médias, 221-223
medicina
  ataques cardíacos e, 187, 191, 201, 349
  câncer e, 179, 187-189, 191-197, 201-201, 256, 322, 353-354, 371-372, 383, 386, 391, 413, 416
  derrame cerebral e, 37-3710, 398
  diagnóstico em, 187, 228-229, 356,370, 372-375
  raios-x e, 99
  tratamento em, 182, 192, 200, 263, 235
Mercer, Robert L., 388, 400-402
Meshenberg, M. P., 176
meta-análise, 263
método bayesiano *naïve*, 399
Metropolis, Nicholas, 364-365, 367
Michie, Donald, 124, 143-147, 174
Microsoft, 370, 373, 395-396
militares
  análise de imagem e, 357
  armamentos nucleares e, 204-216, 304
  asteroides de, 344
  da França, 86, 112, 115, 130
  da Rússia, 131
  estatística e, 336
  matemática e, 176
  na Guerra Fria, em geral, 203-205, 272, 352
  probabilidade inversa e, 76
  probabilidades iguais e, 76
  robótica e, 393
  satélites e, 305
  sistemas de armamentos e, 393-394
  submarinos e, 319-320, 324, 326
  tradução e, 402
  Ver também Segunda Guerra Mundial
Mill, John Stuart, 72, 97
Milner-Barry, P. Stuart, 128
minas de carvão, 354-357
modelagem
  BUGS e, 369-370, 372
  cálculo da media e, 397
  comparação e, 370
  depois de 1998, 378
  Netflix e, 397-398
  revolução em, 382-383
  sociologia e, 368
  tratamento de imagem e, 391-392
Molina, Edward C, 79-81, 84, 135, 163, 190
Montagu, Elizabeth, 24
Mooney, J. Brad, 319-320
Morgenstern, Oskar, 241
Morse, Philip M, 139
Morton, Keith W., 365
Mosteller, Frederick, 244, 257, 261-269, 275, 277-279, 282, 284, 290, 293-294, 296, 396
motor a diesel, 353
Moynihan, Daniel Patrick, 265, 269
mulheres, 60, 71, 80, 122, 191, 195, 257, 264, 364
Murdoch, Patrick, 244-255

Napoleão Bonaparte, 58, 62, 66, 70
Nash, John, 386
National Aeronautics and Space Administration-Nasa, 352
National Broadcasting Corporation-NBC, 263, 271-273, 276-280, 283, 286-291,

índice remissivo

National Institutes of Health-NIH (Instituto Nacional de Saúde), 189-192, 199-202, 275, 279, 289
National Security Agency-NSA (Agência de Segurança Nacional), 135-136, 164-165, 173-174
naufrágios, 14, 76
negócios, 140, 141-143, 145-153, 168, 176-177, 243-244. *Ver também* economia; seguro
Neiman, Fraser D., 385
Netflix, 397-398
neurociência, 248-250
Newman, Max, 119,143, 148-150
Newton, Isaac, 23, 26, 34, 39, 42-43, 48, 51, 53, 61-62, 66, 103
Neyman, Jerzy:
  antecedentes e, 161
  aplicações práticas e, em geral, 383
  Bayes empírica e, 227
  câncer e, 382-383
  em UC Berkeley, 96, 167, 171, 186, 226, 295-296
  Fisher e, 226-227
  frequentismo e, em geral, 105, 154, 161, 172, 181, 185, 237, 242, 294, 382
  influência de, em geral, 186,190,193, 219, 226-228
  Lindley e, 226, 228, 296, 359, 382
  na Escola de Pós Graduação, 190
  Segunda Guerra Mundial e, 106
  Tukey e, 282
Nicholson, John, 340-344
Nightingale, Florence, 70-71
Nixon, Richard M., 271-272, 279, 384
Nollet, Jean Antoine, 40
Norvig, Peter, 399
Novak, Kim, 197

objetividade
  antecedentes e, 319-339
  estatística e, 72
  informação e, 103
  lei de Bayes e, em geral, 145-146
  probabilidade e, 72, 146
  probabilidade inversa e, 75
  Ver também subjetividade
ônibus espacial, 13, 178, 351-352
Operação Chrome Dome, 304, 322
opinião de especialistas, 250-251, 298, 308-309
opinião eleitoral, 257-258, 271-272, 276

Orear, Jay, 178
Orts, Francisco Simo, 309, 319-320, 322

Paradoxo de Lindley, 225
Paradoxo de Stein, 221-224
Pearl, Judea, 373, 391
Pearson, Egon
  aplicações práticas e, 233, 243
  Bayes empírica e, 227
  frequentismo e, em geral, 91-92, 382
  influência de, 221, 236, 246, 296
  Tukey e, 283
Pearson, Karl, 70, 87-88, 91-92, 224
Peirce, Charles Sanders, 75
pena capital, 59
pensamento, 248-251. *Ver também* aprendizagem
perfuração de poços de petróleo, 249, 345
pesca, 345, 376-377
pesquisa de operações, 137-142, 203, 236, 309-319
Pierce, John R., 290
plano de saúde. *Ver* medicina
Poincaré, Henri, 77, 78
pontos de mudança, 354
população, 57
possibilidade, 14, 8, 104, 132, 222, 233
posteriores
  antecedentes conjugados e, 249
  armamentos nucleares e, 212
  em comunicações, 137
  em estudos de doenças cardíacas, 197-198
  localização e, 335-336
  na lei de Bayes, 29
  probabilidade fiducial e, 226
Pratt, John W., 233, 245, 250-251, 252, 256, 273, 280, 296
Pratt, Joy, 252-253
Prêmio Nobel, 178, 182, 363, 386, 388
pressão sanguínea, 199
previsões, 13, 257, 271-272, 276-288, 289-290
Price, Richard, 12, 31, 32-33, 51, 65, 164, 206
Primeira Guerra Mundial, 78, 84, 112, 188
probabilidade.
  análise de imagens e, 391-392
  antecedentes e, 224
  armamentos nucleares e, 206-207, 308-309, 310-311, 318-319, 320, 323
  astronomia e, 45

causa e efeito e, 26, 45-48
cérebros e, 381-382
ciências sociais e, 115
crenças e, 72, 96-97, 261, 381-382
criptografia e, 118-119, 145-146
de câncer, 413-416
Deus e, 45-46
documentos de *O Federalista* e, 262-263, 264-265
em estudos de doenças cardíacas, 197-198
energia nuclear e, 299
estatística e, 71, 93-96, 115, 172, 180-181, 184
frequentismo e, 72, 94, 102-105, 172, 221, 237, 242-243, 261, 282
Guarda Costeira dos Estados Unidos e, 337-338
impossibilidade e, 206
incerteza e, 45, 56, 97, 102-105, 395
informação e, 72, 94, 102-103
jogo de azar e, 26, 30, 96-97
Kolmogorov e, 129, 176
localização e, 308-309, 311-312, 317-318, 320, 323, 326, 328-334, 336-337, 338-339
matemática e, 51-52, 67, 129
na lei de Bayes, em geral, 26-31, 33, 381-382
negócios e, 237, 243-244
objetividade e, 72, 73, 184
pesquisa de operações e, 140
probabilidade fiducial, 224, 226, 283
robótica e, 391-392
seguro e, 29-30, 45
sistemas de telefonia e, 80
subjetividade e, 72, 74, 94, 95-96, 179, 180-181, 182, 242-243
submarinos e, 326, 328-334, 340-343
terminologia de, 14
utilidade e, 179
Ver também probabilidades de causas; probabilidade inversa; possibilidade
probabilidade de causas. *Ver* probabilidade inversa
probabilidade de eficácia de busca (SEP), 317-323
probabilidade de eficácia de localização, 323
probabilidade fiducial, 224, 225, 226, 283
probabilidade inversa
análise de imagens e, 389
astronomia e, 42-43, 46-47
câncer e, 187-188

causa e efeito e, 26
código da Enigma e, 143
crenças e, 26-27
dados e, 36, 53-54
Fisher em, 143
Laplace e, 35, 87, 101-102, 220
lei de Bayes e, em geral, 12-14
militares e, 86
objetividade e, 146
pesquisa de operações e, 237
subjetividade e, 87
teorema do limite central e, 49, 63
terminologia da, 220
terremotos e, 101-102
probabilidades iguais
artigos de *O Federalista* e, 261-262, 268
astronomia e, 73
criptografia e, 173-174
estatística e, 94
Fisher e, 91, 226-227
gênero e, 54-55
militares e, 75-76, 130-131, 394
na lei de Bayes, em geral, 30, 48-49, 50-51, 72-73, 153
problemas de classificação, 258, 395-396
projeto experimental, 201
próteses, 404, 406
psicólogos/psicologia, 186, 279, 368, 386

qualidade do ar, 353
Quetelet, Adolphe, 74

Racine-Poon, Amy, 367
Radio Corporation of America-RCA, 271
Raftery, Adrian, 354-356, 377-378
Raiffa, Howard
  antecedentes conjugados e, 248, 250-251
  aplicações práticas e, 249, 261
  árvores de decisão de, 248, 299
  Craven e, 307, 311
  detalhes biográficos sobre, 240-256
  na política pública, 239, 253
  negócios e, 239-245, 253-255, 279, 294, 351, 387-388
Rainich G. Y., 177
raio-x, 99
Ramsey, Frank P., 97-99, 106, 122, 154, 178-179, 245, 248, 382

índice remissivo

RAND Corporation, 21, 203, 353
randomização, 90, 188, 411
Rapp, Elizabeth R., 276
Rasmussen, Norman Carl, 298-300
razão, 4, 35-36
Reber, Rufus K., 307, 318
reconhecimento de fala, 400-402
Redes de comunicação, 373
Reed, Lowell J., 99
Rejewski, Marián, 113
RelatórioKinsey, 257-258, 262, 277,
religião
  Bayes e, 3-5
  ciência e, 30
  estatística e, 355
  Laplace e, 13-14, 14-15, 19-20, 30, 36
  matemática e, 4, 5-6, 11
  Ver também Deus
Reserva Federal, 386, 387, 388
Revolução Francesa, 60, 72
revolução multivariada, 350
Richardson, Henry R., 311-314, 316-319, 322-327, 331-336, 338, 340-341, 343-345
Robbins, Herbert, 227
Robert, Christian R, 366
robótica, 135, 383, 391-393
Rommel, Erwin, 144
Roosevelt, Franklin D., 136
Rosenberg, Ethel e Julius, 50
Rosenberg, James A., 332, 335
Rosenbluth, Arianna e Marshall, 364
Rounthwaite, Robert, 395
Rubinow, Isaac M., 82-84

satélites, 66, 305, 328, 344, 358, 393
saúde pública, 140, 199, 263, 352
Saunderson, Nicholas, 31
Savage, Leonard Jimmie
  aplicações práticas e, 249, 261, 382
  armamentos nucleares e, 203-205
  De Finetti e, 166, 178, 248, 382
  economia e, 228, 238
  epidemiologia e, 199-200
  influência de, 165, 228
  matemática e, 248
  morte de, 185-186
  Mosteller e, 296

  na Universidadede Chicago, 260, 281
  Paradoxo de Lindley e, 225
  probabilidade e, 382
  publicação de, 176
  sobre Birnbaum, 224
  sobre Fisher, 88, 92, 172, 176, 200, 224-227, 245, 296, 382
  sobre probabilidade fiducial, 224-226
  sobre Schlaifer, 238, 252
  subjetividade e, 281
  Tukey e, 281
Savage, Richard, 177
Schlaifer, Robert
  antecedentes conjugados e, 213, 248
  aplicações práticas e, 261
  computadores e, 234
  detalhes biográficos sobre, 234
  negócios e, 234-238, 244-245, 247, 261, 279
Schleifer, Arthur, Jr., 235, 246, 247, 250
Schneider, Stephen H., 383-384
Schrödinger, Erwin, 182
Schwartz, Andrew B., 406
Scott, George C., 215
Searle, William F., Jr., 306-307
Segunda Guerra Mundial
  batalhas da, 131
  computadores durante a, 172-173
  comunicações durante a, 113
  estatística e, 190, 352
  lei de Bayes aplicada durante a, 13, 200, 205, 220
  matemática e, 106-112
  pesquisa de operações durante a, 139, 170-172, 272
  Raiffa durante a, 240, 242, 253
  Schlaifer durante a, 240, 242
  submarinos alemães na, 111-112, 118-119, 127, 130-133, 137-138, 148, 174, 236, 303
  Ver também código da Enigma
segurança
  de armas nucleares, 216, 290-301
  de energia nuclear, 13, 216, 290-301
  de minas de carvão, 354, 377
  de ônibus espacial, 13, 178, 351-352
seguro contra acidentes, 3, 91-96
seguro de automóveis, 165-166
seguro
  compensação de trabalhadores, 81, 86

contra acidentes, 159, 167
probabilidade e, 30
subjetividade e, 96, 98
sexualidade, 201, 258
Shafer, Glenn, 65, 220, 359
Shannon, Claude, 121, 135-137, 289-290, 385, 399
SigSaly, encriptador de voz, 136
Silver, Nate, 291
Simon, Leroy J., 166
Simpson, Edward H., 145-146
Simpson, Steven G., 332
simulação de Monte Carlo, 330-332, 364
Síndrome de Imunodeficiência Adquirida-AIDS, 353, 371
sistema métrico, 61
sistemas de armamentos, 356. *Ver também* armamentos nucleares
Sistema Bell de telefonia, 12, 78, 81
sistemas de telefonia, 13, 40-42
sistemas judiciais, 59
Smith, Adrian F. M., 173, 177, 185, 226, 254, 297, 351, 353, 359-362, 366-369, 379
Smyth, Henry, 274
Sociedade Internacional para Análises Bayesianas, 228
Sociedade Real de Estatística, 153, 173, 379
Sociedade Real, 186, 379
software de computador, 369, 373, 375, 395-400, 403-404
Spiegelhalter, David J., 182-183, 369, 370, 372-374
Stanhope, Philip, segundo conde de, 24-26
Stein, Charles, 85, 221-224, 295
Stigler, Stephen M., 31, 45-46, 56, 59
Stone, Lawrence D., 329, 331-336, 339, 341
Strategic Air Command-SAC (Comando Estratégico Aéreo), 203, 304
subjetividade
antecedentes e, 129, 178
armamentos nucleares e, 185-186, 195
código da Enigma e, 129
crença e, 96
energia nuclear e, 180
estatística e, 50, 103, 104-105, 106, 220
frequentismo e, 221, 237
Guarda Costeira dos Estados Unidos e, 204-205
informação e, 97
jogo de apostas e, 263

lei de Bayes e, em geral, 12, 13, 15
localização e, 309, 312
negócios e, 238, 243, 245, 307
probabilidade e, 36, 37, 50, 51-52, 103, 104-105, 106, 145
probabilidade inversa e, 36, 37
Raiffa e, 241-242
razão e, 35-36
seguro e, 44-45, 93
submarinos e, 206-208
Tukey e, 169, 173
utilidade e, 103
Ver também crença; intuição
submarinos
localização de, 13, 21, 324
para localização, 320, 326
silenciamento, 236
Ver também submarinos alemães
submarinos alemães
batalhas com, 131, 216
código da Enigma e, 125, 133
localização de, 142
Sulzberger, Arthur, 257
supernova 1987A, 389
Swinburne, Richard, 294-295, 384
Swirles, Bertha, 54

tabagismo, 13, 194-196, 199, 349
Tanner, Martin A., 361
Tanur, Judith, 290
Taylor, Barbara L., 376
tecnologias do Renascimento, 116, 173, 230
Teledyne Energy Systems, 352
Teller, Augusta, 274, 364
Teller, Edward, 274, 364
teorema do limite central, 49, 63
teoria da decisão, 105-106, 385-386
teoria do jogo, 236. *Ver também* jogo de apostas
terminologia, 14, 31, 284
Terra, 13, 101
terremotos, 13, 101-107, 273
terrorismo, 394
Three Mile Island, 201, 300
Thrun, Sebastian, 392-393
Tierney, Luke, 367
tradução, 245-247
Travis, Robert F., 208

índice remissivo

Tribe, Laurence H., 230
Truman, Harry, 257, 262
Tukey, John W., 96, 137, 265, 271-294, 381
Turchin, Valentin Fedorovich, 358
Turing, Alan M.
 Bayes empírica e, 227
 ciência forense e, 385
 ciência genética e, 14, 87-90, 368, 385, 390
 código da Enigma e, 13, 21, 118-119, 134, 136
 código JN-25 e, 146
 códigos da Tunny-Lorenz e, 132, 143, 148
 computadores e, 116, 150, 227
 depois da Segunda Guerra Mundial, 117, 145, 149, 151, 174
 detalhes biográficos sobre, 117, 152
Tutores Cognitivos, 404
Tutte, William T., 132
Tversky, Amos, 386
Twinn, Peter, 114, 119, 126-127

U.S.S. Scorpion, 326, 338
Ulam, Stanislaw, 274, 363-364
Universidade de Harvard, 257
Universidade de Princeton, 272
Unwin, Stephen D., 235
utilidade, 179

valores-p, 90, 102-104, 225, 355, 412
Van Dusen, Henry P., 257
varredura de minas, 307
vírus da imunodeficiência humana-HIV, 371
visão, 407, 409
Volinsky, Christopher T., 397-398
Voltaire, 40
von Humboldt, Alexander, 57

von Mises, Hilda, 242
von Mises, Richard, 164
von Neumann, John, 213, 277, 363
votação, 58, 277

Waddington, Conrad H., 138
Wade, Paul R., 378
Wagner, Daniel H., 310-313, 323-325, 329, 332, 336, 338
Wald, Abraham, 224, 241-242
Wallace, David
 artigos de *O Federalista* e, 260
 computação e, 266
 filtro de e-mail e, 393
 resultado de eleições e, 279
 sobre criptografia, 290
 Tukey e, 290
Wallis, Allen, 178
Warner, Homer, 228
Weaver, Warren, 399-400
Welchman, Gordon, 118, 126, 128, 133
Wheeler, John A., 274
Whitney, Albert Wurts, 84-86, 162, 222
Whitworth, Jimmy, 145
Williams, Frederick, 259
Wilson, Matthew A., 405
Wohlstetter, Albert, 209
Wolpert, Daniel, 407
Wynder, Ernst L., 189, 191

Youtz, Cleo, 264, 266

Zeh, Judith, 377
Zellner, Arnold, 228
Zola Émile, 76

Este livro foi impresso em São Paulo,
nas oficinas da Orgrafic Gráfica e Editora, em julho de 2015,
para a Editora Perspectiva